Jetzt helfe ich mir selbst

Motor buch Verlag

Einbandgestaltung: Louis Dos Santos

Abbildungen: Skoda Auto Deutschland und Volkswagen AG; Althaus-Fichtmüller; Armor All; ATH-Heinl GmbH, Celestron, Continental AG, Dunlop, Finkbeiner (finkbeiner-lifts), Hella, Kreishandwerkerschaft Fulda, Lenz-Gruppe; Michelin, Dr. Wack; Motor-Presse Stuttgart, Robert Bosch GmbH.

Text und redaktionelle Bearbeitung:
Rainer Althaus-Fichtmüller

Vielen Dank für tatkräftige Unterstützung an:
Zemke Autohaus Bernau GmbH: Kevin Schönebeck.

Alle Angaben und Ratschläge in diesem Ratgeber wurden nach bestem Wissen und Gewissen erteilt. Eine Haftung der Autoren oder des Verlages und seiner Beauftragten für Personen-, Sach- und Vermögensschäden ist jedoch ausgeschlossen.
Dieser Band entspricht dem Kenntnisstand zum Zeitpunkt der Drucklegung. Abweichungen durch Weiterentwicklung der beschriebenen Fahrzeuge, geänderte Anweisungen des Fahrzeugherstellers bzw. neue gesetzliche Bestimmungen sind möglich.

ISBN 978-3-613-03449-5

1. Auflage 2013

Lizenznehmer des Motorbuch Verlags,
Postfach 10 37 43, 70032 Stuttgart
Ein Unternehmen der Paul Pietsch
Verlage GmbH & Co. KG

Sie finden uns im Internet unter:
www.motorbuch-verlag.de

Herstellung: Althaus-Fichtmüller, 16321 Bernau
Druck und Bindung: Appel & Klinger,
96277 Schneckenlohe
Printed in Germany

Škoda Superb II

ab Modelljahr 2008

Benzinmotoren	
1,4 Liter TSI 92 kW / 125 PS	(auch Green tec)
1,8 Liter TSI 118 kW / 160 PS	(auch mit DSG; im Combi 4x4)
2,0 Liter TSI 147 kW / 200 PS	(mit DSG)
3,6 Liter TSI V6 191 kW / 260 PS	(4x4 und DSG)
Dieselmotoren	
1,6 Liter TDI 77 kW / 105 PS	
2,0 Liter TDI 103 kW / 140 PS	(auch Green tec, 4x4 und DSG)
2,0 Liter TDI 125 kW / 170 PS	(auch mit DSG; im Combi 4x4)

Inhalt

Ein Ratgeber stellt sich vor

»An den neuen Autos kann ich ja doch nichts mehr selber machen.« Diesen Satz hören wir häufig, aber wir stimmen ihm ebenso wenig zu wie Sie. Wir denken, dass trotz allem Fortschritt immer noch genügend Spielraum für richtig angepackte Selbsthilfe bleibt. Natürlich ist durch den wachsenden Anteil von Elektronik und durch die Vernetzung der Systeme im Fahrzeug mancher Fehler nicht mehr so leicht zu orten wie früher. Gerade durch die Elektronik sind moderne Autos aber wesentlich zuverlässiger, sicherer und umweltfreundlicher als die einfacher aufgebauten, doch wartungsintensiven Fahrzeuge früherer Tage.

Hilfe zur Selbsthilfe

Was Sie tun können, wenn das Auto den Dienst verweigert, oder besser noch: was Sie tun sollten, damit es gar nicht erst soweit kommt, ist Gegenstand dieses Ratgebers. Selbst wenn Sie den Fehler vielleicht nicht selbst beheben können, ist es doch viel Wert, die Ursache präzise einzukreisen. So können Sie der Werkstatt wesentliche Informationen liefern und kostbare Arbeitszeit für die Fehlersuche einsparen.

Tipps und Wissenswertes

Wir wollen Einblicke in die Autotechnik geben, Fachbegriffe im umfangreichen Techniklexikon erläutern und Sie über Wissenswertes aus der Welt der Technik informieren. Wir geben Tipps, die zum Teil bares Geld wert sind.
Ein ganzes Kapitel widmen wir dem Thema Winter, weil in der dunklen Jahreszeit besonders viel zu beachten ist. Das fängt bei der Wahl der richtigen Bereifung an und reicht bis zu den robusten Schuhen im Kofferraum. Denn trotz Gesetz und Vorschrift wagen sich immer noch viele Autofahrer in dem festen Glauben, es werde schon gut gehen, mit Reifen ohne Schneeflockensymbol auf die Piste. Damit aber eben wirklich alles gut geht, präsentieren wir Ihnen nützliche Hinweise, die für den Urlaub so gut sind wie für jede tägliche Fahrt.

Sicherheit hat Vorrang

Natürlich wollen wir Sie mit diesem Ratgeber auch durch die übrigen Jahreszeiten begleiten. Sicherheit und Zufriedenheit stehen dabei an erster Stelle.
Wichtiger als das Reparieren von sicherheitsrelevanten Baugruppen ist das frühzeitige Erkennen eines Schadens. Dabei wollen wir Sie unterstützen. Ein »Störungsbeistand« ist daher Bestandteil vieler Kapitel. Ein Diagnose-Schema soll ganz allgemein eventuelle Unzulänglichkeiten am Auto offenlegen, bevor etwas schief läuft, und auch helfen, bei einer Hauptuntersuchung jede Menge Ärger und Geld zu sparen. Regelmäßig wiederkehrende Überprüfungsarbeiten haben wir in einer Übersicht zusammengefasst, zum kopieren und abheften.

Reparaturen in der Garage daheim

Sollten Sie bereits im Umgang mit Werkzeug geübt sein, werden wir Sie Schritt für Schritt durch die einzelnen Arbeitsgänge führen. Dabei beschränken wir uns in der Reihe »Jetzt helfe ich mir selbst« auf leichte Wartungs-, Pflege- und Reparaturmaßnahmen, die Sie ohne Weiteres in der heimischen Garage durchführen können. Welche Grundausstattung Sie dafür benötigen und wie das Ganze ideal in Ihre Garage passt, haben wir hier zusammengefasst. Für alle weiter führenden Arbeiten möchten wir auf einen entsprechenden Band »Reparaturanleitung« des Bucheli-Verlages hinweisen. Dort wird mit bewährter Präzision das Zerlegen komplizierter Baugruppen beschrieben.

Für mehr Spaß am Auto

In manchem Kapitel bieten wir einen Überblick zum Thema »besser machen«. In diesem Abschnitt stellen wir eine Auswahl von empfehlenswerten Zubehör- und Anbauteilen vor, die Sie in Eigenregie montieren können. Dadurch sollen Sie in Zukunft noch mehr Freude an Ihrem Auto haben.

Damit Sie sich gut zurechtfinden

Wenn Sie etwas Bestimmtes in diesem Buch suchen, haben Sie verschiedene Möglichkeiten. Natürlich können Sie auf das vertraute Inhaltsverzeichnis zurückgreifen. Aber auch beim schnellen Durchblättern werden Sie sich leicht zurechtfinden. Den Hinweis, in welchem Kapitel Sie sich bewegen, finden Sie oben links. Dazu die Information, ob es sich in diesem Abschnitt um theoretisches Wissen, konkrete Arbeitsanleitungen oder Vorschläge zur Optimierung handelt. Rechts oben auf jeder Seite haben wir den Bereich dargestellt, der im jeweiligen Abschnitt behandelt wird. Damit können Sie auf der Suche nach bestimmten Inhalten auch durchaus einmal ohne Inhaltsverzeichnis auskommen.

INFORMATION

Bevor man Teile ausbaut oder etwas auseinander nimmt, sollte man die technischen Zusammenhänge kennen. Wenn Sie dieses Zeichen sehen, erklären wir die Funktion der Technik, ihre Bedeutung für das gesamte Auto und den richtigen Umgang damit. Oder wir informieren über den historischen Hintergrund der Entwicklung. Dieser Abschnitt soll Sie mit Baugruppen wie Kühlsystem, Luftfilter, Bremsen, Stromversorgung (Bild 1: Generator) oder Vorglühanlage vertraut machen. Mit diesem Wissen schraubt es sich oft leichter.

1

ARBEITSSCHRITTE

Arbeit am Auto signalisiert dieses Symbol. Hier erhalten Sie Schritt für Schritt Anleitungen zum Aus- und Einbau von Teilen. Wir beschränken uns auf das, was in der heimischen Garage noch machbar ist, und raten von manchem ab. Bei unserer Arbeit (hier an einem Aktivkohlebehälter) haben wir gebrauchtes Werkzeug benutzt, uns nicht ständig die Hände gewaschen und nicht immerfort Staub gewischt. Vielleicht machen ja diese Fotos Appetit aufs Schrauben.

2
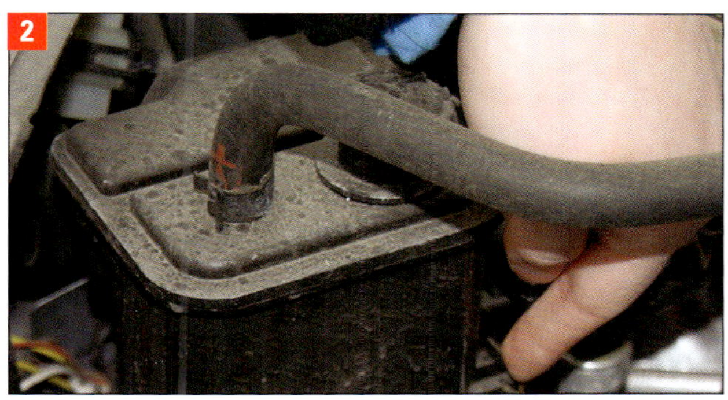

BESSER MACHEN

Nicht alles muss serienmäßig bleiben. Oft wird tiefer gelegt, werden neue Felgen mit anderen Reifen eingebaut, verändert man Karosserieteile oder individualisiert die Innenausstattung. Verbessern Sie mit Hilfe dieses Buches also auch gezielt Ihr Auto! Wir erläutern, was bei Zubehör und »Tuning« zu beachten ist, auch wenn es sich wie hier im Bild nur um eine drahtlose Handy-Vorbereitung handelt.

3

Bluetooth®-Zeichen

Rechte und Pflichten

Als Käufer eines gebrauchten oder neuen Kraftfahrzeugs müssen Sie Ihre Rechte und Pflichten kennen. Wir möchten Sie daher hier auch in gebotener Kürze darüber informieren, mit welchem Hintergrund Sie eine nötige Reklamation auf den Weg bringen können. Wenn Sie Fehler reklamieren wollen, müssen Sie sicherstellen, dass Sie wirklich keinem Irrtum unterliegen. Nach § 434 BGB ist eine Sache frei von Mängeln, wenn sie sich für die Verwendung eignet, für die sie gemäß Kaufvertrag gedacht war. Liegt nach dieser Definition tatsächlich ein Mangel vor, sollten Sie im Gespräch mit dem Kundendiensttechniker Ihr Recht auf der Basis der folgenden Kriterien einfordern.

Die Garantie

Garantie ist eine freiwillige zusätzliche Leistung des Herstellers oder Verkäufers. Sie kann nach Belieben ausgestaltet oder befristet sein und folgt aus einer eigenständigen Vereinbarung im Rahmen des Kaufvertrages oder in Verbindung mit ihm. Auf Verlangen müssen Ihnen die Garantiebestimmungen schriftlich ausgehändigt werden.

Verwirken Sie aber später nicht das Ihnen Zugestandene durch Falschverhalten! Die Garantie kann an bestimmte Voraussetzungen geknüpft sein, bestimmte Kosten ausschließen und auch die Leistungen einschränken. Sie ist oft nur gegeben, wenn Sie das Fahrzeug in der dem Händler angegliederten Werkstatt warten lassen, und gesteht Ihnen bei Schäden häufig nur Material-, aber keine Arbeitskosten zu.

Hinweis: Unsere Darlegungen zu den Rechten und Pflichten können nur als erste wesentliche Informationen verstanden werden. Sie erheben keinen Anspruch auf Vollständigkeit. Obwohl mit größtmöglicher Sorgfalt erstellt, kann eine Haftung für die inhaltliche Richtigkeit nicht übernommen werden.

Die Gewährleistung

Eine Gewährleistung folgt aus den gesetzlichen Regelungen zum gültigen Kaufvertrag. Diese »Sachmangelhaftung« kann im Rahmen eines Kaufvertrags zwischen einem Unternehmer (Kfz-Händler) als Verkäufer und einer Privatperson als Käufer nicht wirksam ausgeschlossen werden. Zwischen Privatpersonen hingegen ist das möglich, wenn es ausdrücklich und individuell im Kaufvertrag geregelt wird.

Seit 2007 beträgt die Gewährleistungsfrist bei neuen Sachen grundsätzlich zwei Jahre ab Datum der Übergabe. Bei gebrauchten Autos (älter als ein Jahr ab Erstzulassung) kann eine Frist von 1 Jahr vereinbart werden.

Innerhalb der ersten sechs Monate hat bei ei-

4

Hier noch Modell: Lenz mit vier Standorten eröffnete im Juni 2011 in Oelde-Stromberg sein Škoda-Autohaus.

5

»Allradauto des Jahres«: Trotz Titel und Auszeichnung kann auch ein 4x4-Superb mal Sachmängel aufweisen.

ner Reklamation der Händler zu beweisen, dass die Sache zum Zeitpunkt der Übergabe dem Vertrag entsprach und keinen Mangel hatte. Nach sechs Monaten hat der Kunde die Beweispflicht.
Gerade beim Verkauf von Gebrauchtwagen wird oft genug versucht, Gewährleistungsansprüche auszuschließen. Ein Weg dazu ist es, das verkaufte Auto als Schrott- oder Bastlerfahrzeug zu deklarieren. Ratsam zur Vermeidung eventueller Gerichtsstreitigkeiten sind ein Musterkaufvertrag für Gebrauchtwagen und ein Zustandsprüfbericht.

Farbabweichung als Sachmangel

Farbabweichung kann ein Sachmangel sein. Nach einer Entscheidung des Oberlandesgerichts Köln gehört die Farbe eines Neufahrzeugs zu den Beschaffenheitsmerkmalen und stellt ein äußerliches Merkmal dar, das für den Käufer im Rahmen der Kaufentscheidung maßgeblich ist. Gibt es beim tatsächlich gelieferten Fahrzeug Abweichungen vom Farbton des bestellten, kann der Käufer grundsätzlich Gewährleistungsansprüche geltend machen.

Nachbesserung oder Nacherfüllung

Seit Anfang 2002 haben Käufer und Verkäufer einen Anspruch auf Beseitigung eines Mangels. Anstatt von Nachbesserung spricht das Gesetz jetzt von Nacherfüllung. Grundsätzlich hat der Händler das Recht, bis zu dreimal nachzuerfüllen. Er muss dann die erforderlichen Aufwendungen wie Transport-, Wege-, Arbeits- und Materialkosten tragen.
Der Verkäufer behält auch dann sein Recht, einen Mangel nachzubessern, wenn in einer fremden Werkstatt bereits erfolglos Reparaturen vorgenommen wurden. Er muss sich diese Nachbesserungsversuche nicht zurechnen lassen, sondern kann auf Nacherfüllung im eigenen Firmensitz bestehen.

Farbabweichung: Beim Autokauf gewählte Farben unterliegen als »Beschaffenheitsmerkmal« der Gewährleistung.

Wandlung und Preisnachlass

Hat sich ein erheblicher Mangel nach drei Nacherfüllungsversuchen immer noch nicht beseitigen lassen oder fehlen zugesicherte Eigenschaften, haben Sie das Recht auf Wandlung (Aufhebung des Kaufvertrages) oder Preisnachlass (Minderung). Zu diesem Zeitpunkt sollten Sie einen Rechtsanwalt zu Rate ziehen. Sie werden sich auf jeden Fall eine Nutzungspauschale anrechnen lassen müssen, die von der genutzten Laufleistung des Fahrzeugs abhängig ist. Eine Wandlung ist grundsätzlich nur dann möglich, wenn sich das Fahrzeug noch im Originalzustand befindet. Wirksam vereinbarte Allgemeine Geschäftsbedingungen gehen vor.

Der Kulanzantrag

Nach Ablauf der Gewährleistungsjahre und der Garantiezeit bleibt immer noch die Möglichkeit der Kulanzregelung beim Händler. Die Kulanz bezeichnet ein Entgegenkommen der Vertragspartner nach Vertragsabschluss. Sie regelt als Maßnahme zur Kundenbindung den Umfang freiwilliger Reparatur- und Serviceleistungen, wenn alle Fristen abgelaufen sind.
Einen Rechtsanspruch auf Kulanz hat ein Auto-Besitzer nicht. Der Hersteller darf sogar vorschreiben, wie Reparatur und Bearbeitung des Kulanzantrages abzulaufen haben. Die großen Autokonzerne gehen meist davon aus, dass ein Entgegenkommen (Kulanz) erst nach der Reparatur geprüft werden kann, wenn der gesamte Kosten- und Reparaturumfang feststeht. Und: Damit ein Kulanzantrag überhaupt eine Chance hat genehmigt zu werden, müssen in der Regel alle vorgeschriebenen Wartungsarbeiten in einer Vertrags-Werkstatt des Herstellers ausgeführt worden sein.

Lernen Sie Ihr Auto kennen

Erkunden Sie Ihr Fahrzeug gründlich in allen seinen Details. Das ist schon deshalb wichtig, weil Kennzeichnungen des jeweiligen Fahrzeugmodells beim Bestellen von Ersatzteilen oder Austauschteilen unbedingt anzugeben sind. Viele Teile eignen sich einfach nur speziell für den von Ihnen ausgewählten Typ, obwohl sie durchaus Ähnlichkeiten mit Teilen anderer Fahrzeuge haben können. Außer den am Fahrzeug zu findenden Daten ist Ihr Fahrzeugschein (Zulassungsbescheinigung Teil 1) dafür eine gute Quelle.

Die Fahrgestellnummer

Die Fahrzeug-Identifizierungsnummer (Fahrgestellnummer) ist beim Superb am rechten Federbeindom und auch links im Bereich der Scheibenwischeraufnahme von außen sichtbar in der Frontscheibe (Bild 8) angebracht sowie im Typschild (Bild 9) enthalten. Die ID ist entsprechend Bild 8 ab 2010/11 wie folgt aufgebaut:

- 1 = Weltcode des Herstellers: TMB sind alle Werke außer diejenigen in Russland;
- 2 = Karosserietyp: »A« Linkslenker-Superb II;
- 3 = Motorisierung: »B« wie im Bild bedeutet 1.8 TSI / 118 kW (Ottomotor);
- 4 = Airbagausstattung: »5« wie im Bild bedeutet 2 Front-, 2 Seiten- und 1 Knieairbags;
- 5 = Fahrzeugtyp: »3T« ist der Superb II;
- 6 = interner Code;
- 7 = Modelljahr: »9« = 2009 (A = 2010, B = 2011)
- 8 = Herstellerwerk;
- 9 = Laufende Produktionsnummer.

Das Typschild

Das Typschild ist nach Öffnen der linken vorderen Tür im unteren Bereich der B-Säule zu sehen (Bild 9). Es enthält neben der Fahrgestellnummer (Fahrzeug-ID) variable Angaben wie Achslasten, zulässiges Gesamtgewicht und zulässiges Zuggewicht, die Typnummer und die Motorkennbuchstaben. Die Typnummer des Superb (II) lautet wie schon erwähnt 5J. Das Modelljahr lässt sich wie ebenfalls bereits erläutert am 7. Zeichen der ID ermitteln. Das Modelljahr beginnt im Mai und wird mit der Jahreszahl bezeichnet, in der es endet. Der im Sommer 2008 gestartete Superb der II. Generation zählt demnach zu Modelljahr 2009.

Datenträger und Fahrzeugschein

Typ, Motorisierung, Identifikationsnummern und andere Daten, die das Fahrzeug eindeutig bestimmen, sind auf dem Fahrzeug-Datenträger zu finden. Er befindet sich im Service-Heft und als Aufkleber links in der Reserveradmulde im Kofferraum (Bild 10). Dieser Datenträger enthält die folgenden Parameter:

- Fahrzeug-Identifizierungsnummer;
- Typ-Kennnummer, Motorleistung, Getriebe;

8

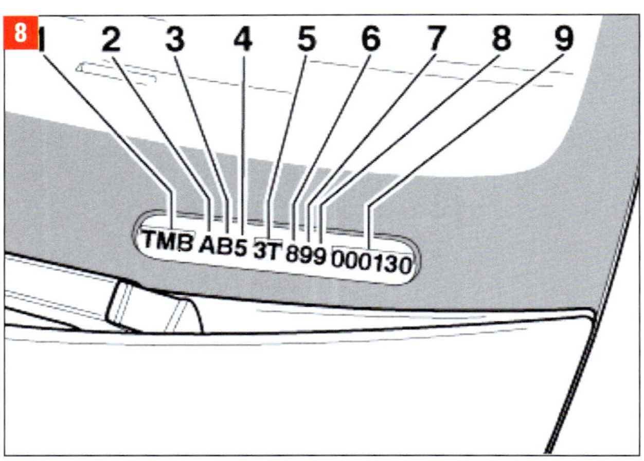

Code an der Frontscheibe: Die Identifizierungsnummer enthält (5. Stelle) die Typnummer »3T« für den Superb II.

9

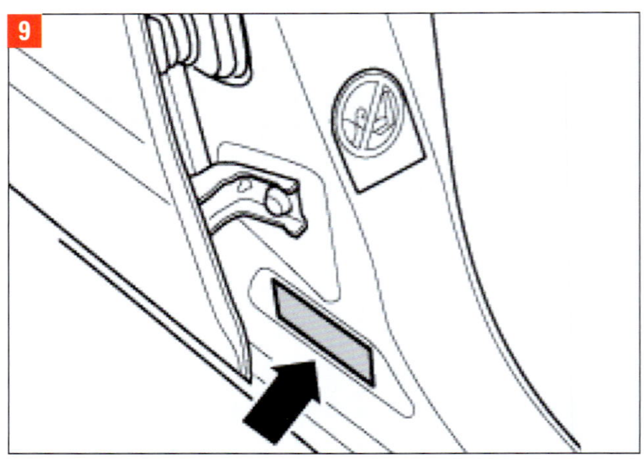

Typschild an der B-Säule: Das Schild befindet sich an der linken B-Säule unten.

- Motor- und Getriebekennbuchstaben, Lacknummer und Innenausstattungs-Kennzeichen;
- Mehrausstattungs-Nummer und PR-Nummern.

Der Zeichenblock für Mehrausstattung / PR-Nummern enthält auch spezifische Angaben für die Bremsen.

Die Motornummer

Die Motorisierung wird durch eine Motornummer aus vierstelligen Kennbuchstaben und sechsstelligen Zahlen ausgewiesen. In ähnlicher Weise sind die Getriebe mit Buchstaben und Zahlen codiert.
Die Kennbuchstaben für die Benzinmotoren sind:

- 1,4 Liter 4 Zylinder TSI 92 kW CAXC
- 1,8 Liter 4 Zylinder TSI 118 kW CDAA
- 2,0 Liter 4 Zylinder TSI 147 kW CCZA
- 3,6 Liter (V6) 6 Zylinder TSI 191 kW CDVA

Die Kennbuchstaben für die Dieselmotoren sind:

- 1,6 Liter 4 Zylinder TDI 77 kW CAYC
- 2,0 Liter 4 Zylinder TDI 103 kW CFFB
- 2,0 Liter 4 Zylinder TDI 125 kW CFGB

Die ersten drei Stellen der Kennbuchstaben beschreiben den mechanischen Aufbau des Motors, sie sind am Motor eingeschlagen. Die vierte Stelle gilt der Leistung des Motors. Sie ist vom Motorsteuergerät abhängig und dort vermerkt.
Alle Motorkennbuchstaben befinden sich auf dem Typschild und auf dem Fahrzeugdatenträger (Bilder 9 und 10). Die Motornummer aus Kennbuchstaben und laufender Fertigungsnummer von 000.001 bis 999.999 befindet sich auf dem Fahrzeugdatenträger und am Antriebsaggregat (Bilder 11 bis 14), meist an der Trennfuge Motor/Getriebe.

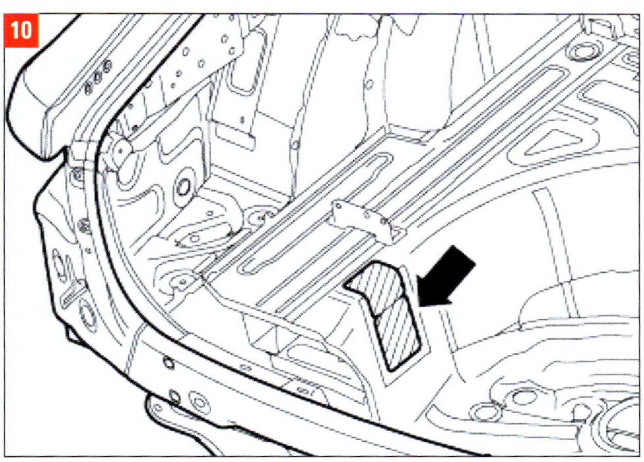

Fahrzeugdatenträger: Abgedeckt hinten links im Kofferraum an der Reserveradmulde und im Serviceheft.

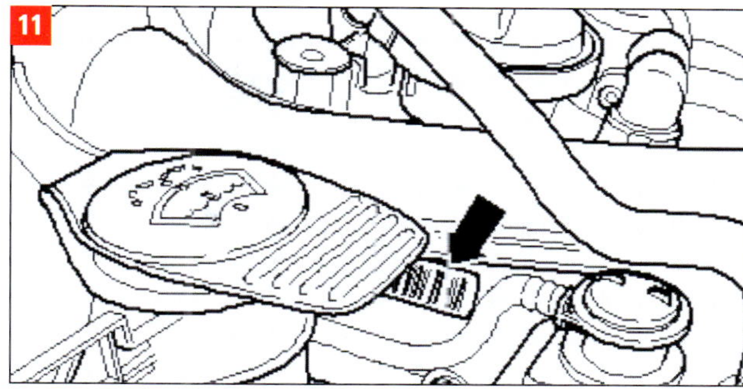

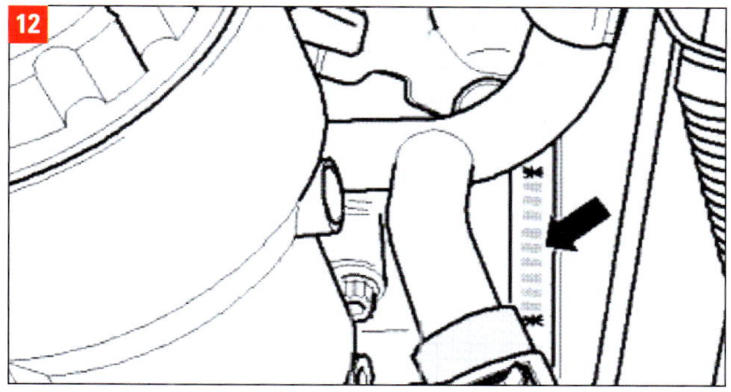

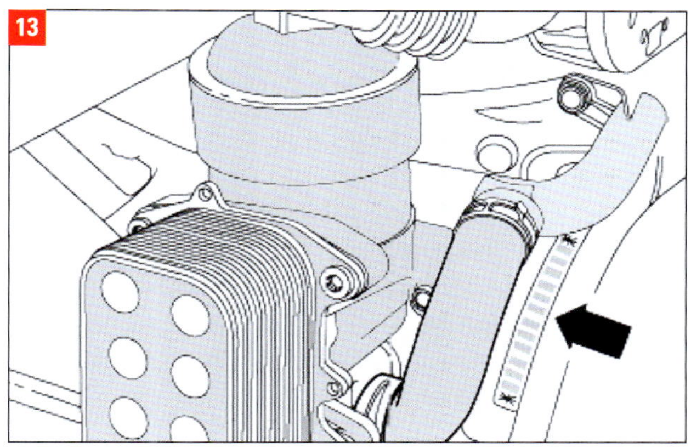

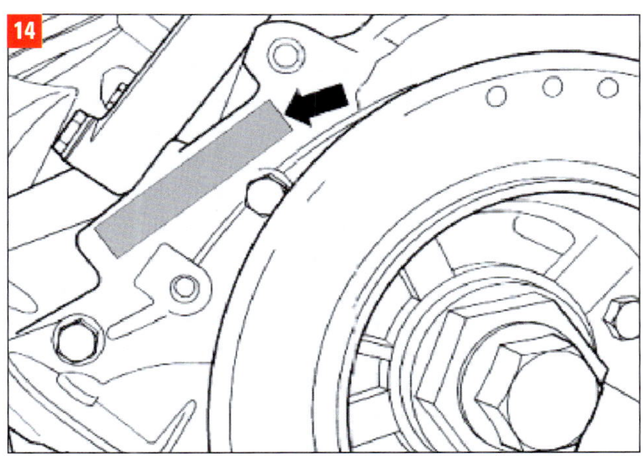

Motornummer: 1.4 TSI am Steuergehäuse; 1.6 TDI, 1.8/2.0 TDI, 3.6V6 an der Motor/Getriebe-Fuge (Bilder 11 bis 14).

Umgang mit der Werkstatt

Wenn Sie eine Werkstatt aufsuchen müssen, nehmen Sie alle Papiere wie Serviceheft, Radiocode, ABEs und Zubehörunterlagen mit. Gebraucht werden auch Adapter oder Schlüssel für Felgenschlösser und bei Arbeiten an Wegfahrsperre oder Schließsystemen alle Fahrzeugschlüssel. Räumen Sie Ihr Auto aus, entfernen Sie private Sachen und Musik-CDs.

Hinweis: Wenn Sie bei Fahrzeugabholung Grund zur Reklamation haben, kann die Werkstatt trotzdem auf Bezahlung in voller Höhe bestehen. Auf der Rechnung (Arbeitslohn und Material müssen getrennt ausgewiesen sein!) notieren, dass die Zahlung unter Vorbehalt erfolgt! Rechnungsfehler können Sie innerhalb von sechs Wochen reklamieren.

Klare Auftragserteilung

Geben Sie der Werkstatt ein Kostenlimit vor und vereinbaren Sie Kontaktaufnahme, falls es zu unerwarteten Mehrarbeiten und unausweichlich höheren Kosten kommt.
Den Arbeitsauftrag immer schriftlich abfassen lassen, denn lediglich mündliche Absprachen sind schwer beweisbar. Die Kopie des schriftlichen Arbeitsauftrags in Ihrer Tasche gibt Ihnen Rechtssicherheit.
Per Computer ist schnell ein schriftlicher Kostenvoranschlag zu erhalten. Dieser ist ebenfalls verbindlich und in der Regel noch detaillierter als der Arbeitsauftrag. Der tatsächliche Rechnungsbetrag darf bis zu 10% über den geschätzten Kosten liegen, ohne dass es erneut Ihrer Zustimmung bedarf. Übrigens ist termingerechte Fertigstellung einer Standardreparatur heutzutage üblich.

15

Freude in der Werkstatt: Das Timmer-Team in Nordhorn hat es im Sommer 2011 wieder geschafft! 100% Qualität im Werkstatt-Test von Škoda Auto Deutschland.

Die Fehlerbeschreibung

Voraussetzung für gute Arbeit zu passablem Preis ist eine exakte Fehlerbeschreibung mit Angabe des Reparaturziels. Dann kann der Mechaniker die Störung schneller eingrenzen. Beantworten Sie am besten die »W-Fragen«, die mit leichten Abwandlungen auf nahezu alle Mängel anwendbar sind:

- **Wann** tritt das Problem immer auf und wann haben Sie es erstmals bemerkt?
- **Wie** gelingt es Ihnen, Einfluss auf die Störung zu nehmen?
- **Woher** kommt die Störung, z. B. ein Klapper-Geräusch?
- **Wer** hatte zuletzt am Wagen Hand angelegt?
- **Was** haben Sie eventuell schon gegen die Störung unternommen?

»Gutes Zeichen« Kfz-Innung

Zu den am besten qualifizierten und ausgerüsteten Werkstätten überhaupt gehören die Meisterbetriebe der Kfz-Innung (Zeichen Bild 16). Regelmäßige Schulungen und Weiterbildungen gewährleisten, dass ihre Mitarbeiter die ständig steigenden Anforderungen an Kraftfahrzeuge hinsichtlich Umwelt, Sicherheit und Komfort souverän bewältigen. Sie setzen auf Qualität und qualifizierte Mitarbeiter.
Innungen sind freiwillige, selbstverwaltende Zusammenschlüsse selbstständiger Handwerksmeister des gleichen Berufes und treten als

Körperschaften des öffentlichen Rechts auf. Sie sind für ein bestimmtes Gebiet, meist für mehrere Landkreise bzw. kreisfreie Städte, gebildet und vertreten die gewerblichen und politischen Interessen der Kfz-Handwerksbetriebe ihres Gebietes. 239 Innungen sind heute in den 14 Landesverbänden und 40 Fabrikatsvereinigungen organisiert, die zum Zentralverband Deutsches Kfz-Gewerbe gehören.

Kunden meist zufrieden

Verbraucher sind laut Kundenmonitor mit dem Service in Autowerkstätten zumeist »vollkommen zufrieden«. Deutschlands Pkw-Werkstätten stehen auf Rang zwei von rund 30 untersuchten Branchen. In repräsentativer Studie befragte Kunden bewerten das Serviceniveau im Durchschnitt mit der Note 1,93. Gemeinsam mit Versandapotheken und Optikern führt das Kraftfahrzeuggewerbe damit die Skala der Branchen in der Kundenzufriedenheit an.

Im Falle von Differenzen

Gibt es in der Werkstatt doch einmal Meinungsverschiedenheiten, sollten Sie das mit den Verantwortlichen sachlich durchgehen. Günstig sind dabei ein sachkundiger Zeuge auf Ihrer Seite und die Beteiligung des Mechanikers oder Meisters an dem Gespräch, möglichst nicht vor weiteren Kunden.
Kommt es nicht zur Einigung, können Sie ein Schlichtungsverfahren in Regie der jeweils zuständigen Handwerkskammer einleiten, um sich außergerichtlich zu einigen. Erst wenn das nicht gelingt, sollten Sie den langwierigen, oft teuren juristischen Weg einschlagen.

16

Das Innungszeichen: Der Geschäftsführer der Innung in Fulda, Manfred Schüler, leitet eine Beratung der schon über 25 Jahre bestehenden Schiedsstelle.

17

18

Auftritt im Netz: Oben das vor 40 Jahren begründete Autohaus Lenz in Oelde-Stromberg, unten das Autohaus Borgmann (u. a. Haltern am See), deren Filialen Skoda betreuen.

Schiedsstellen richtig nutzen

Wenn sich Unstimmigkeiten wirklich nicht ausräumen lassen, helfen die Schiedsstellen der Kfz-Innung kostenlos weiter. Ihre Werkstatt muss dazu aber Mitglied der Innung sein, was Sie am entsprechenden Schild (Bild 16) erkennen. Als neutrale Institution soll die Schiedsstelle Streitigkeiten aus Werkstattaufträgen und Kaufverträgen über gebrauchte Kraftfahrzeuge ohne gerichtliche Auseinandersetzung beilegen helfen. Bereits vor Gericht anhängige Streitigkeiten werden nicht bearbeitet.

Seit Jahren erfolgreiche Schiedsstellen wie z. B. die der Kfz-Innung Fulda (Bild 19, unten) geben folgende Tipps zur (schriftlichen) Anrufung:

- Zuerst klären, ob Werkstatt oder Händler Innungsmitglied sind, erkennbar am Schild.
- Im Telefongespräch den Fall kurz schildern und beurteilen lassen, ob er für ein Schiedsverfahren geeignet ist. Streitigkeiten über den Kaufpreis von Gebrauchtwagen sind vom Schlichtungsverfahren ausgeschlossen.
- Auf einem Fragebogen ist dann der Antrag konkret zu formulieren. Für allgemeine Rechnungsprüfung ist die Schiedsstelle nicht zuständig.
- Reparaturauftrag oder Kaufvertrag, Rechnungen, eventuell auch Notizen über Telefonate mit Datum und Uhrzeit sowie Zeugenaussagen sind dem Fragebogen beizufügen. Wie vor Gericht müssen die Ansprüche bewiesen werden.
- Zur Beweissicherung können auch ausgebaute Fahrzeugteile gehören. Deshalb eventuell schon beim Reparaturauftrag darauf hinweisen, dass ausgebaute Teile ausgehändigt werden sollen.

Beispiel Fulda: Manfred Schüler, Geschäftsführer der Kreishandwerkerschaft Fulda, leitet eine Beratung der schon über 25 Jahre bestehenden Schiedsstelle des Kraftfahrzeuggewerbes.

Die Kfz-Schiedsstellen

WISSENSWERTES

Zahl der Beschwerden wächst

Die Beschwerden von Werkstattkunden und Gebrauchtwagenkäufern bei den Schiedsstellen des Kraftfahrzeuggewerbes nehmen von Jahr zu Jahr zu. Das deutet aber nicht auf schlechtere Arbeit in den Kfz-Meisterbetrieben hin. Die Mehrzahl der Kundenaufträge wird nach wie vor beschwerdefrei ausgeführt. Die wachsende Beschwerdezahl resultiert aus der stärkeren Aufklärung der Kunden über ihre Rechte aufgrund von Sachmangelhaftungsrecht (Gewährleistung) und Garantie.

Gründe für Beschwerden

Rund 80 Prozent der Beanstandungen betreffen Werkstattleistungen und 20 Prozent den Gebrauchtwagenhandel. Die häufigsten Beschwerdegründe sind vermeintlich unsachgemäße Ausführung der Werkstattarbeiten, die Rechnungshöhe und technische Mängel.

Auf Innungsschild und Zusatzzeichen achten

Der Kunde sollte beim Werkstattbesuch oder Gebrauchtwagenkauf auf das Meisterschild der Kfz-Innung (Bild 16) und das Zusatzzeichen zum Meisterschild »Gebrauchtwagen mit Qualität und Sicherheit« achten. Nur dann kann im Streitfall die Schiedsstelle der Kfz-Innung tätig werden.

Die Kfz-Schiedsstellen schaffen es in den meisten Fällen, Meinungsverschiedenheiten zwischen Kunden und Kfz-Meisterbetrieben schnell, unbürokratisch und für den Verbraucher kostenlos zu beseitigen. Der Spruch der Schiedsstelle ist für den Kfz-Betrieb verbindlich. Dem Kunden steht in jedem Fall der Rechtsweg weiterhin offen.

Adressen im Internet

Die Kfz-Schiedsstellen setzen sich aus je einem Vertreter der regional zuständigen Kraftfahrzeuginnung, eines Automobilclubs und einer technischen Überwachungsorganisation zusammen. Zudem führt stets ein zum Richteramt befähigter Jurist den Vorsitz. Informationen über das Schiedsstellenverfahren vermitteln die regional zuständigen Kraftfahrzeuginnungen. Die Adressen der bundesweit rund 130 Schiedsstellen sind im Internet zu finden unter:
www.kfzschiedsstelle.de

Der Edle von Škoda

Der Superb setzt als Limousine und Combi Maßstäbe in der oberen Mittelklasse. Platzangebot, Präzision der Verarbeitung und ein Škoda-typisches hervorragendes Preis-/Wert-Verhältnis gehören zu seinen Tugenden. Der ADAC zeichnete den »Superb Combi GreenLine« wegen seiner ökologischen Vorbildfunktion mit fünf Sternen aus.

Tonangebend in der Mittelklasse

Mit seinem überdurchschnittlichen Platzangebot gibt der Škoda Superb in seiner Klasse den Ton an. Der Innenraum erfüllt mit fein abgestimmtem Materialmix und hervorragender Verarbeitung anspruchsvollste Wünsche. Eine Besonderheit sind belüftete Vordersitze, die in Verbindung mit Lederausstattung, Heizung und elektrischer Einstellung angeboten werden und den Reisekomfort weiter erhöhen.
»Simply clever«, wie sich Škoda in einer Beifügung zum Firmennamen selbstbewusst nennt, ist auch das innovative Heckklappenkonzept TwinDoor. Mit einem einfachen Handgriff lässt sich bei der klassischen Stufenhecklimousine wahlweise nur die Kofferraumklappe oder die gesamte Heckklappe einschließlich Heckscheibe öffnen (Bild 1). Damit bietet sich ganz nach Bedarf ein optimaler Zugang zum Laderaum.

Top bei Zuladung, Sicherheit und Motorisierung

Mit einem Laderaumvolumen von 565 bis zu 1.700 Litern bei der Limousine (Bild 2) und 603 bis 1.865 Litern beim Combi gehört der Škoda Superb zur Spitzenklasse. Gleiches gilt für die aktive und passive Sicherheit bis hin zum Fahrer-Knieairbag (Bild 3). Beim EuroNCAP-Crashtest erhielt das Škoda Spitzenmodell fünf Sterne. Solche Preiswürdigkeit stellte der Superb auch bei anderen internationalen Automobil-Auszeichnungen unter Beweis.
Der Superb als Škoda-Flaggschiff wird wahlweise von vier Otto- und drei Dieselmotoren angetrieben, deren Leistung von 77 kW (105 PS) bis 191 kW (260 PS) reicht. Alle Aggregate erfüllen die strengen Grenzwerte der Abgasnorm Euro 5. Als Getriebe stehen ein manuelles 6-Gang-Schaltgetriebe oder das automatisierte Doppelkupplungsgetriebe (DSG) mit sechs beziehungsweise sieben Gängen zur Verfügung.
Neben dem Frontantrieb ist ein Allradantrieb im Angebot, bei dem eine Haldex-Kupplung der jüngsten Generation den Kraftfluss auf Vorder- und Hin-

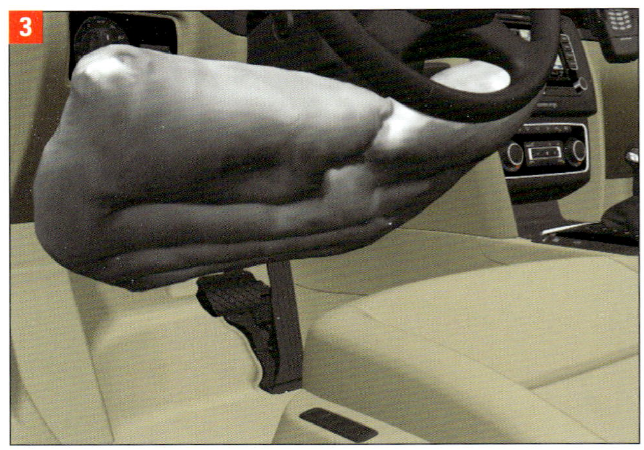

TwinDoor-Konzept, viel Raum und hohe Sicherheit: Das Flaggschiff Superb beförderte wesentlich Škodas Erfolgskurs.

terachse elektronisch gesteuert übernimmt. Schließlich bietet Škoda den Superb auch als verbrauchsminimierte GreenLine Version an: Der 1,6 Liter TDI mit 77 kW (105 PS) sorgt bei diesem Fahrzeug in Kombination mit einem manuellen Fünfgang-Getriebe für den Vortrieb.

Mit Erfolg weltweit am Markt

Schon in den 30er und 40er Jahren des vergangenen Jahrhunderts gab es Limousinen mit dem Namen Superb unter dem Škoda-Markenzeichen. Die erste Superb Generation der Neuzeit stand 2001 für einen Neubeginn und für den Wiedereintritt in ein Marktsegment, das während der Jahre planwirtschaftlicher Hemmnisse unbeachtet bleiben musste.
Heute ist der traditionsreiche tschechische Automobilhersteller Škoda in mehr als 100 Märkten präsent. Die Marke (Bilder 4 und 5) ist stark gefragt: Im Jahr 2012 erzielte Skoda mit 939.200 Auslieferungen einen neuen Verkaufsrekord, und zwar nun schon den achten in Folge. Im Rahmen der neuen Wachstumsstrategie sollen bis 2018 die Verkäufe auf 1,5 Millionen pro Jahr steigen.
Erreicht wird das durch technologische (Bild 6) und gestalterische Qualität. Im Superb wird dem Fahrer z. B. beim Einschalten der Zündung die Startbereitschaft mit einer Anzeige der beiden, in tiefen Zylindern liegenden Rundinstrumente signalisiert. Zur Funktionsprüfung wandern die Zeiger von Tacho und Drehzahlmesser aus ihrer senkrecht nach unten zeigenden Ruheposition bis zum Ende der klar strukturierten, weißen Skalen, bevor sie wieder in die Nullstellung zurückkehren.

Vier Ausstattungslinien

Limousine wie Combi gibt es in den vier Ausstattungslinien Active, Ambition, Elegance und GreenLine. Zur Serienausstattung zählen dabei die Elektronische Stabilisierungskontrolle ESC einschließlich ABS, der Bremsassistent und

4

Neues Logo: Das 2011 präsentierte neue Škoda-Corporate Design.

5

Vorgänger: Das vorher viele Jahre gültige Signum.

6

Kompakte Kraft: Superb bedeutet Design und Technologie.

ASR. Ferner Standard sind sieben Airbags, Nebelscheinwerfer mit Tagfahrlicht, höheneinstellbarer Fahrer- und Beifahrersitz, Klimaanlage, Multifunktionsanzeige (Bordcomputer), elektrische Fensterheber vorn und hinten, Zentralverriegelung mit Fernbedienung, elektrisch einstellbare und beheizbare Außenspiegel, Außendachantenne und die Musikysteme Swing oder (für die Linie Elegance) Bolero. Griffsympathische Armaturentafelbezüge in drei Farben und vier Sorten geschwungener Dekorleisten stehen zur Wahl. Innen wie außen bietet der Superb damit ein ausgeprägt elegantes oder maßvoll sportliches, stets aber angenehm zeitloses Ambiente (Bild 7).

DSG-Produktion in Vrchlabi

Škoda investiert schon seit Jahren in neue Modelle, Märkte und Kapazitäten. Als erste Vertreter der jüngsten Škoda-Modelloffensive wurden der Kleinwagen Citigo und die indische Kompakt-Limousine Rapid erfolgreich eingeführt. Das Stammwerk in Mladá Boleslav wurde deutlich ausgebaut. Am Standort Vrchlabí werden seit Ende 2012 die begehrten VW-Doppelkupplungsgetriebe »DSG« konzernübergreifend für die Marken Škoda, Volkswagen, Seat und Audi hergestellt.

»GreenLine« ohne Komfort-Abstriche

Die Škoda Auto Deutschland GmbH mit Firmensitz in Weiterstadt registriert einen Marktanteil von rund fünf Prozent. Damit ist Škoda die stärkste Importmarke in Deutschland. Mit dem Angebot werden seit kurzem fast 70 Prozent aller Fahrzeugsegmente abgedeckt.
Angestrebt werden inzwischen 200.000 Jahreseinheiten an Neuzulassungen in Deutschland. Das ist realistisch, denn mit seinen GreenLine-Versionen (Bild 8) bietet das tschechische Tradi-

7

Klar, funktionell und wertig: Gehobene Ausstattung und überzeugende Karosserielinien sprechen für den Superb.

tionsunternehmen als einer der wenigen internationalen Automobilhersteller für den deutschen Markt in jeder Baureihe mindestens ein Fahrzeug an, das den Ansprüchen an Wirtschaftlichkeit und Umweltverträglichkeit ohne Einbußen bei Komfort und Leistung in besonders hohem Maße gerecht wird. Wichtigste technische Maßnahme ist dabei die Start-Stopp-Automatik (Bild 9).

Sieben maßgebliche Vorzüge

Seit 2008 setzt Škoda mit GreenLine kräftige Zeichen für eine nachhaltige Senkung der Verbrauchs- und Emissionswerte. Inzwischen ist schon die zweite Generation dieser Technik am Start. GreenLine kombiniert unterschiedlichste Modifikationen am Fahrzeug und am Antriebsstrang:

- Einsatz des Motors 1,6 Liter TDI 77 kW (105 PS),
- Start-Stopp-System,
- Bremsenergie-Rückgewinnung,
- Anpassung des Motorsteuergeräts,
- aerodynamische Veränderungen an Karosserie und Unterboden,
- Reifen mit reduziertem Rollwiderstand,
- Schaltempfehlung im Instrumenten-Display.

Die Abbildung 9 veranschaulicht diese Features, die gerade bei den Škoda-Topmodellen eindrucksvoll zum Tragen kommen. Superb Combi und Limousine begnügen sich im kombinierten Verbrauch mit lediglich 4,4 Liter Treibstoff auf 100 km, die CO_2-Emissionen liegen bei 114 g/km. In 12,5 sec beschleunigt die Limousine, in 12,6 sec der Combi von 0 auf 100 km/h, ihre Höchstgeschwindigkeit liegt bei 192 bzw. 190 km/h.

Außerdem erzeugt der automatisch abgestellte Motor beim Halt vor Ampel-Rotlicht keine Geräusche. Das Aggregat startet, wenn der Fahrer die Kupplung betätigt oder das Fahrzeug bei Gefälle anrollt. Das System bietet höchste Sicherheit und garantiert störungs- und gefahrenfreien Betrieb.

Die GreenLine-Fahrzeuge gewinnen wie erwähnt beim Bremsen Energie zurück: Ein Teil des kineti-

8

9

Die Öko-Linie: Diese Baugruppen (oben) und speziell das Start-Stopp-System (unten) kennzeichnen die »GreenLine«.

schen Potenzials wird über den Generator wieder in die Fahrzeugbatterie eingespeist (siehe Bild 8). Dadurch erübrigt sich der Einsatz von Kraftstoff für das Aufladen der Batterie, und der Verbrauch reduziert sich noch weiter.
Die Qualitäten hinsichtlich Sparsamkeit und möglichst geringer Umweltbelastung bestätigte der ADAC in seinem anerkannten EcoTest: Der Superb Combi GreenLine wurde mit fünf Sternen ausgezeichnet und erzielte mit 93 Punkten auch das zweitbeste aller bisher ermittelten Ergebnisse. Damit liegt das Fahrzeug noch vor verschiedenen Hybrid- und Erdgasmodellen anderer Hersteller.

»Green tec« als Kompromiss

Für Kunden, die zwar umweltbewusst sind, aber über das GreenLine-Paket hinaus gehende individuelle Ansprüche haben, bietet Škoda auch beim Superb die Ausstattung Green tec an. Dieses Paket basiert auf den wichtigsten Komponenten der GreenLine-Technik. Es ist eine Kombination unterschiedlichster Modifikationen am Fahrzeug und am Antriebsstrang. In ihm finden sich Komponenten wie Start-Stopp-Automatik, Bremsenergie-Rückgewinnung und rollwiderstandsoptimierte Reifen. Dank Green tec-Technologie in Form eines Ausstattungspakets kann auch aus dem übrigen Sortiment der Sonderausstattungen des jeweiligen Modells nahezu ohne Einschränkungen gewählt werden.

Sieben wirtschaftliche Motoren

Die fruchtbare Kooperation mit VW zeigt sich in erster Linie bei den Triebwerken. Mit einem hochmodernen Motorenprogramm erreicht der Superb überragende Wirtschaftlichkeit dank ausgeprägter Treibstoffökonomie und geringer Emissionen. Vier Benziner und drei Diesel-Triebwerke stehen zur Wahl:

- Kleinster Motor ist der 1.6 TDI 77 kW;
- nächststärkerer ist ein Benziner, 1.4 TSI 92 kW;
- ihm folgt wieder ein Turbodiesel: 2,0 Liter Hubraum und 103 kW Leistung;
- die nächste Leistungsstufe präsentiert wieder ein Benziner, der 1.8 TSI mit 118 kW;
- ein weiterer 2,0-Liter-TDI bietet die fünfte Leistungsstufe an: 125 kW.

Die beiden stärksten Triebwerke sind direkt einspritzende Benziner:

- Zunächst der 2.0 TSI mit 147 kW,
- zuletzt der 3.6 FSI V6, ein Sechszylinder mit

10

Schön anzusehen von allen Seiten: Die Superb-Limousine präsentiert ihre gelungene Linienführung.

kraftvollen 191 kW. Alle Turbo-Dieselmotoren werden über Common Rail (CR) mit Kraftstoff versorgt und verfügen über Dieselpartikelfilter (DPF). Sie erfüllen die EU 5-Abgasnorm.

Stilvoller Auftritt: der Combi

Škoda präsentiert mit dem Superb Combi (Bild 11) das Beste aus den Kombi-Welten. Mit seinem rekordverdächtigen Stauraumvolumen von 1865 Litern (1835 Liter mit Reserverad) setzt er im wahrsten Sinne des Wortes Zeichen. Sein unverwechselbares Design gibt ihm eine herausragende Alleinstellung. Er bietet enormen Laderaum, ist aber weit von einem puren Nutzfahrzeug entfernt.
Dafür sorgt bereits der ausdrucksstarke Kühlergrill, der den Combi wie bei der Superb Limousine mit der markanten Spange über den mattierten Lamellen klar der Škoda Familie zuordnet (Bild 12). Die Hauptscheinwerfer rahmen den dynamischen Grill ein, in ihren Seiten ist der Superb Schriftzug integriert. Die Nebelscheinwerfer im unteren Bereich des Stoßfängers übernehmen die Funktionen Tagfahrlicht und Abbiegelicht.
Von der Seite betrachtet (siehe Bild 11), fällt die betonte Schulterlinie auf, die sich von den vorderen Kotflügeln bis zur Heckklappe zieht. Ausgewogene Proportionen und die großzügigen Fensterflächen geben dem Superb Combi eine stattliche Statur, das leicht geschwungene Heck verleiht ihm zusätzlich Dynamik. Unterstützt wird diese Wirkung durch die maßvoll geneigte Heckklappe.
Die dritte Bremsleuchte ist formschön in den angedeuteten Dachspoiler über dem hinteren Fenster integriert. Beide Rückleuchten zeigen bei eingeschaltetem Licht die charakteristische C-Form, an welcher der Superb Combi auch bei Fahrten in der Dunkelheit eindeutig als Škoda-Pkw zu erkennen ist. Die flossenförmige neue Dachantenne ohne Antennenstab und mit deutlich schlanker Form gibt der Dachlinie einen eleganten Abschluss. Ein im Design abgestimmtes Programm von Leichtmetallrädern bis zu 18 Zoll rundet den stilvollen Auftritt des komfortablen Transportkünstlers ab.

Im Zeichen der Modelloffensive

Auf einer »Volkswagen Group Night« im April in Schanghai kündigte Skoda für 2013 acht neue oder überarbeitete Modelle an - so viele wie noch nie in einem Jahr. Mit dem gründlich weiter verbesserten Superb wurde dabei nur wenige Wochen nach dem

»Flaggschiff« als Raumwunder: Oben der Superb Combi, unten links das Škoda-Gesicht, unten rechts das GreenLine-Logo.

Start des neuen Octavia die nächste Stufe der Modelloffensive genommen. Das Flaggschiff von Škoda besticht nun mit noch markanterem Aussehen Bilder 14 bis 17), bietet wiederum viel Platz und frisches Interieur, punktet mit noch weniger Verbrauch und weiteren Innovationen.

V-Form als Orientierung

Abgestimmter Materialmix und vorbildliche Verarbeitung kennzeichnen den Innenraum. Die Armaturentafel mit ihrer wellenförmigen Ausprägung gruppiert die Bedienungselemente sinnvoll in einzelne Funktionseinheiten. Alle Primärfunktionen sind rund um das Lenkrad konzentriert (Bild 14 bis 17). Ihre logische Anordnung garantiert schnellen Zugriff, Fehlbedienung ist aufgrund der eindeutigen Kennzeichnung praktisch ausgeschlossen. Das Lenkrad selbst bietet bei bestimmten Ausstattungen Multifunktionstasten zur Bedienung von Audioanlage, MFA (Multifunktionsanzeige) und Telefon. Dieses lederbezogene Vierspeichenlenkrad wurde ganz neu gestaltetet.
Der Form eines »V« wie die Frontpartie folgt das Design der Mittelkonsole. Hier sind das Navigationssystem Columbus mit bedienungsfreundlicher Touchscreentechnik und 30 GB Festplattenspeicher für schnellen Datenzugriff sowie die Bedienungseinheit für die Zweizonen-Klimaautomatik eingebaut. Außergewöhnlich viel Stauraum wie das

15

16

14

Facelift 2013: Die Konturen wurden schärfer, vorn bissiger und schmaläugiger. Vorn und hinten prangt nun das neue Logo.

Handschuhfach bietet auch das Klappfach links neben dem Lenkrad. Formschöne Türtaschen, die Ablagen und Getränkehalter auf dem Mitteltunnel sowie die Einstecktaschen an den Rückseiten der Vordersitzlehnen können sehr viel aufnehmen.

Jahresbester Allrad-Pkw

Bei der jährlichen Leserumfrage von »Auto Bild Allrad« wurde der Superb 4x4 zum »Allrad Auto des Jahres 2013« gekürt. Diese Wahl bezog sich auf Importwagen der Kategorie »Allrad-Pkw bis 40.000 Euro«. Entschieden wurde über 151 Fahrzeugmodelle in zehn Kategorien. Bemerkenswert daran ist, dass der begehrte Titel zum fünften Mal in Folge an das Flaggschiff der tschechischen Traditionsmarke ging. Vor dem Hintergrund, dass auch Yeti und Octavia entsprechende Titel errangen, fand sich damit Skodas Strategie bestätigt: Viel Platz, beste Qualität und modernste Technik zu einem hervorragenden Preis-/Wert-Verhältnis. Das gilt insbesondere für die Modelle mit Allradantrieb (Bild 18), bei denen eine Haldex-Kupplung für zuverlässiges Vorankommen auch bei schlechten Straßenzuständen sorgt.

Überragende Dimensionen

Platz, Platz und noch mehr Platz - das ist das der größte Trumpf des Škoda Superb. Die üppigen Innenraummaße sind vor allem eine Folge der raumsparenden Queranordnung von Motor und Getriebe. Sie ermöglichte unter anderem eine sehr schlanke Gestaltung des Mitteltunnels. Im Vergleich zum Superb der ersten Generation wuchs die Kniefreiheit im Fond um 19 mm. Daraus resultiert ein einzigartiger Reisekomfort.

Der Škoda Superb ist 4838 mm lang. In der Breite misst er 1817 und in der Höhe 1462 mm. 565 Liter Gepäck passen bei aufrechter Stellung der Rückbanklehnen in den Kofferraum (über 85 Liter mehr als beim Vorgänger). Klappt man die Lehnen nach vorn, steigt das Volumen auf 1700 Liter. Selbst Kombis dieses Fahrzeugsegments können da kaum mithalten.

Der Superb Combi hat ähnliche Karosseriemaße: 4838 mm Länge und 1817 Millimeter Breite stellen ihn klar ins Umfeld der gehobenen Mittelklasse. Er misst 1510 Millimeter in der Höhe, wenn man die 29 Millimeter hohe, formschöne und praktische Dachreling mit berücksichtigt.

In den Kofferraum passen 633 Liter (603 Liter mit Reserverad), wenn alle fünf Sitzplätze im Innenraum genutzt werden. Klappt man die asymmetrisch geteilte Rückbank nach vorne, steigt die Transportkapazität auf eindrucksvolle 1865 Liter (1835 Liter mit Reserverad). Die Ladekante liegt in nur 600 Millimeter Höhe, der Kofferraum lässt sich daher sehr leicht beladen. Wenigstens 563 Kilogramm Zuladung sind je nach Ausstattung erlaubt.

17

Neues Logo überall: Der Facelift 2013 auch im Innenraum.

18

Zum 5. Mal: Auch 2013 wieder »Allradauto des Jahres«.

19

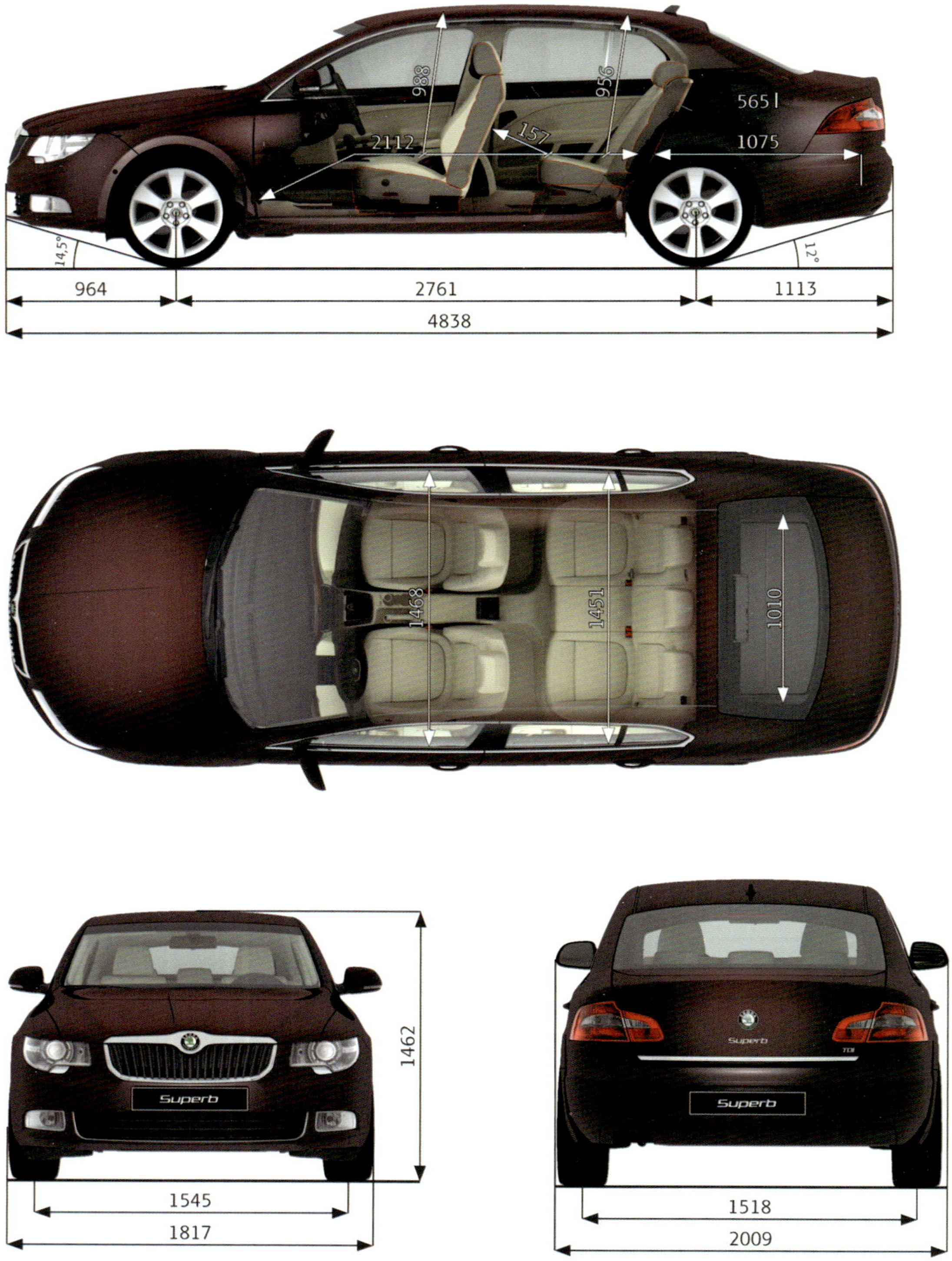

Beispielhafte Dimensionen: Mit 565 bis 1700 Liter Laderaumvolumen zählt der Škoda Superb zu den Besten seiner Klasse. Er ist 4838 mm lang. In der Breite misst er 1817 und in der Höhe 1462 mm.

20
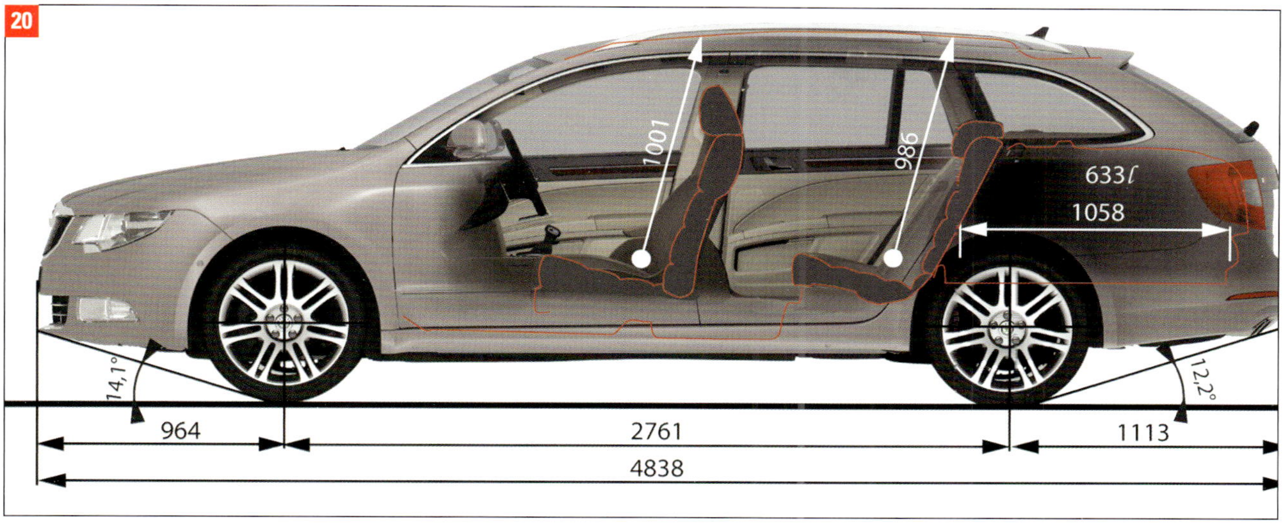

21
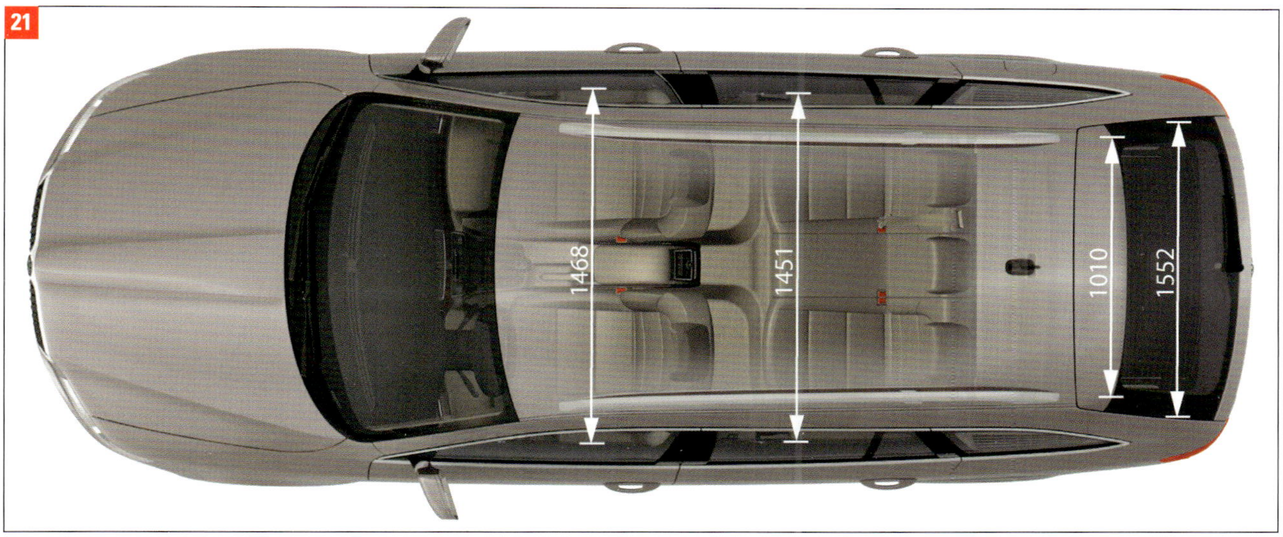

22
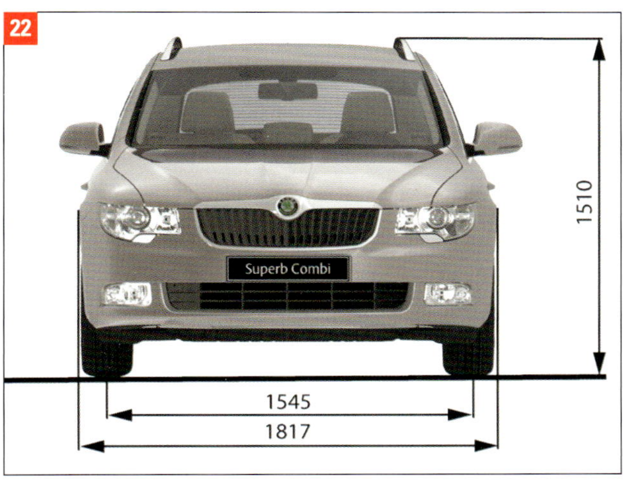

23
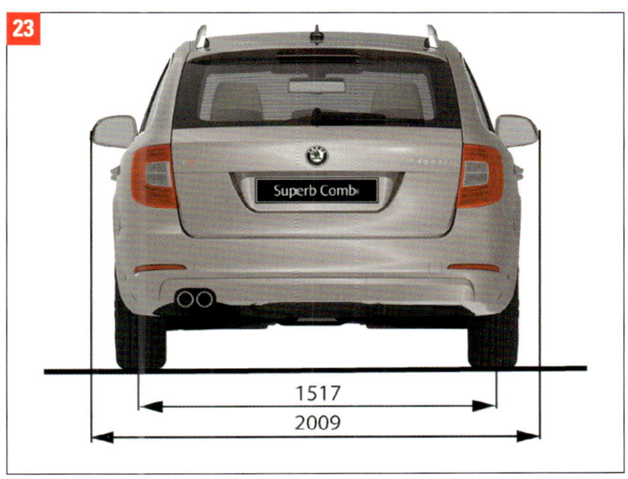

Ebenfalls Meister seiner Klasse: Mit überdurchschnittlichem Ladevolumen markiert der Superb Combi Bestwerte. Der Kofferraum fasst bei umgeklappten hinteren Sitzen sogar 1865 Liter (1835 Liter inklusive Reserverad).

20 Jahre Škoda neu

Der Einstieg von Škoda in die Autoproduktion der neueren Zeit begann mit dem Favorit 1987, dem Forman 1990, dem Favorit Pick-up 1991. Wegbereiter des heutigen Programms waren dann die Felicia-Versionen der Jahre 1994 bis 1998 sowie die Octavia- und Fabia-Modelle von 1996 bis 2001. Die erste Generation des Superb kam 2001 auf den Markt.

Škoda Felicia Super: Rallye-Sieg für Oldtimer von 1960.

1987–1993 Einstieg in neue Zeiten

Dem Škoda Favorit kommt besondere Bedeutung zu: Bis zur Markteinführung des Felicia, des ersten Modells unter dem Dach von Volkswagen, sichert der überarbeitete und in vielen Teilen verbesserte Favorit die Präsenz auf den angestammten Märkten. Mit ihm kann Škoda jetzt auch ein im Westen konkurrenzfähiges Produkt anbieten. Diese Tatsache hatte durchaus symbolische Bedeutung. Tradition sicherte die Zukunft des Neuen, der Autobauer Škoda ging in eine bessere Zeit, ohne seine Wurzeln verleugnen zu müssen.

Škoda Favorit: Sichert viele Jahre den Bestand der Marke.

1994 Positive Veränderungen

Im Sommer des Jahres 1994 beginnen die Vorbereitungen für die Produktion des neuen Škoda Felicia. Volkswagen erhöht seinen Škoda-Aktienanteil erst auf 60,3 Prozent, zum Jahresende 1995 auf 70 Prozent. Ab 1995 liefert VW wichtige Teile und Motoren, die Grundkonzeption des Fahrzeugs stammt aber noch aus der Zeit vor 1991. Eine komplette Neuentwicklung unter Volkswagen-Ägide ist in Planung.

Entwicklung: Luxuswagen 1929, Prager Autosalon 1934 .

1996 Octavia und Fabia

Im April 1996 rollt das millionste Fahrzeug seit dem Einstieg von Volkswagen bei Škoda in Mladá Boleslav vom Band. Highlight des Jahres 1996 ist die Weltpremiere des Škoda Octavia auf dem Pariser Automobilsalon. Für

20 Jahre Škoda neu – Der »Gehobene«: Superb

das ganze Unternehmen hängt viel von der positiven Resonanz auf dieses neue Modell ab, das komplett unter der Ägide von Volkswagen entwickelt und realisiert wurde.
Und er schafft es: Der neue Octavia wird zum erfolgreichsten Modell in der bisherigen Geschichte Škodas. Schon 2004 läuft das millionste Exemplar vom Band. Der Name erinnert übrigens an den erfolgreichen Vorgänger, von dem zwischen 1959 und 1971 insgesamt 365.000 Exemplare gebaut wurden.

2001 Der neue Superb wird gebaut

Škoda hatte auch schon immer Fahrzeuge für den »gehobenen Bedarf« entwickelt und gebaut. Auf dem Prager Automobilsalon von 1934 wurde das Fahrgestell für ein Konzeptfahrzeug »Superb« vorgestellt, das vom selben Jahr an bis 1949 produziert wurde.
Ursprünglich war »Superb« lediglich ein Zusatz zur Typenbezeichnung. Das erste Modell hieß Škoda 640 Superb. Dann wurde von Typen- auf Verkaufsbezeichnungen umgestellt und das nächste Modell nur noch Superb genannt. Schon 1935 erhielt es einen Preis als »elegantester Wagen«.
Im Zweiten Weltkrieg produzierte Škoda den Superb 3000 als Kübelwagen und Kommandeurswagen (Typ 952). Nach dem Krieg wurden bis 1949 nochmals 162 Fahrzeuge des Typs 924 mit neuer Karosserie hergestellt.
Ab 2001 griff das tschechische Autowerk den Namen Superb für ein Modell der oberen Mittelklasse wieder auf.

2003–2005 Konzepte für neue Modelle

Mit den Konzeptstudien des Škoda Roomster und des Škoda Yeti in den Jahren 2003 bzw. 2005 treibt Škoda die Entwicklung neuer Modelle weiter an. Beide inzwischen längst erfolgreich gebaute Fahrzeuge erweitern das Modellprogramm von Škoda über die klassischen Limousinen-Formate hinaus.

Für den gehobenen Bedarf: Das restaurierte Exemplar aus dem Bestand des Škoda-Museums in Mladá Boleslav (Foto: RalfR-105) entspricht dem »Superb 4000« mit 8-Zylinder-Motor (historisches Foto darunter). Von dieser Version wurden zwischen 1939 und 1940 insgesamt zehn Fahrzeuge gebaut.

Erster Superb der neuen Škoda-Geschichte: Mit dieser prägnanten Frontansicht rollte das Flaggschiff des tschechischen Autobauers 2001 erstmals vom Band.

20 Jahre Škoda neu – eindrucksvolle Zahlen

2007 – 2012 Tests für die Sicherheit

Škoda-Neufahrzeuge genügen dem aktuellen Stand der Sicherheitstechnik. Auf dem Prüfgelände im tschechischen Úhelnice werden dazu Crashtests durchgeführt. Bei einem der jüngsten Hochgeschwindigkeits-Tests blieb die Fahrgastzelle eines »Superb Combi« bei 90 km/h Aufprallgeschwindigkeit stabil und schützte mit effektiven Rückhaltesystemen die Insassen (Dummies). Die Datenauswertung ergab, dass Passagiere trotz der hohen Aufprall-Energie keine größeren Blessuren erlitten hätten.

Sicherheit im Superb: Bestnoten beim NCAP-Test.

2013 Attraktivster Arbeitgeber

Mit Popular, Rapid, Favorit und Superb hatte Škoda ab 1934 eine neue, erfolgreiche Generation von Fahrzeugen mit modernem Zentralrohrrahmen, OHV-Motoren und verfeinerter Technik geschaffen. Inzwischen steht Škoda für knapp sieben Prozent der tschechischen Exportleistung. Längst ist das Unternehmen attraktivster Arbeitgeber des Landes.

Superb von 2013: Das Spitzenmodell von Škoda nach dem jüngsten Facelift.

1994 – 2013 20 Jahre in Produktionszahlen

Felicia:	1.420.441 Fahrzeuge von 1994 bis 2001.
Octavia Tour:	1.389.546 Fahrzeuge seit 1996.
Fabia I. Gen.:	1.788.063 Fahrzeuge von 1999 bis 2008.
Superb I. Gen.:	136.068 Fahrzeuge von 2001 bis 2008.
Octavia:	900.535 Fahrzeuge seit 2004.
Roomster:	157.834 Fahrzeuge seit 2006.
Fabia II. Gen.:	407.634 Fahrzeuge seit 2006.
Superb II. Gen.:	31.189 Fahrzeuge seit 2008.

Begehrte Features: Die silberfarbene Dachreling für diverse Trägeraufbauten und das großflächige Panoramadach.

Reparatur, Wartung, Pflege

Wenn der Arbeitsplatz geeignet ist, das nötige Material zur Verfügung steht und die Ausrüstung stimmt, haben Sie am Reparieren auch Spaß. Als Arbeitsplatz taugt eine breite, gut beleuchtete Garage mit Stromanschluss, die durchaus so schlicht eingerichtet sein kann wie die im Bild. Wartung und Pflege, selbst wenn sie im Freien erfolgen müssen, sind nun mal wichtig für den Werterhalt.

Arbeitsplatz und Ausrüstung

Vor allem bei älteren Wagen sinkt die Lust, Arbeiten in der Werkstatt erledigen zu lassen. Garantieansprüche gibt es nicht mehr zu verlieren, und bei Stundensätzen weit über 50 Euro lässt sich für denjenigen, der handwerklich geschickt ist, viel Geld sparen.
Aber auch an neueren Fahrzeugen lassen sich viele Arbeiten von der gründlichen Aufbereitung bis zum kleinen Unfallschaden selbst erledigen. Verfügen Sie nicht über eine Garage, können Sie auch im Freien zum Werkzeug greifen, wenn eine ebene und befestigte Fläche vorhanden ist. Die beste Empfehlung für Selbstschrauber aber sind Mietwerkstätten. Sie bieten meist mehrere Arbeitsplätze, die allerdings während der Woche eher frei sind als am Wochenende.
Adressen finden Sie in den Gelben Seiten, in Zeitungsanzeigen oder in den von Automobilverbänden empfohlenen Reparatur- und Verleihführern. Im Internet werden Sie auch fündig: Allein der bekannte Anbieter »geldsparen.de« hält unter »Auto« in der entsprechenden Rubrik Hinweise auf rund 50 Mietwerkstätten deutschlandweit bereit. Andere bewährte Adressen sind »kfz-mietwerkstatt.com«, »mcsadi.de«, »way2business.de« oder »schrauberhalle.de«.

Was bietet mir die Mietwerkstatt?

In Mietwerkstätten ist es möglich, eine Hebebühne zu nutzen. Im Entgelt für die Werkstattbenutzung ist ein Werkzeugsatz inklusive. Spezialwerkzeug wie Kolbenrücksetzer für Scheibenbremsen kann extra gemietet werden, und oft steht auch ein Fachmann mit gutem Rat und Praxistipps zur Verfügung.
Als Beispiel möchten wir hier das Profil einer derartigen Einrichtung in Berlin vorführen, die Sie im Internet unter der Adresse

www.selbstreparatur-werkstatt.de

auch zunächst einmal virtuell besuchen können. Diese »Schöneberger Selbstreparatur-Werkstatt« steht sieben Tage die Woche von 09.00 Uhr bis 18.00 Uhr zur Verfügung. Für Sonntag und nach 18.00 Uhr müssen Terminvereinbarungen getroffen werden. Auch feiertags ist zumeist geöffnet.

Mini-Hebebühne: Diese Geräte von ATH-Heinl sind gut für den Reifenservice und für Arbeiten an den Bremsen.

Werkstattwagen: Ordnung und bequemen Werkzeugtransport bringen Helfer wie dieser von X tools.

Wer »eine kostengünstige Alternative« sucht, »der ist bei uns genau richtig«, verspricht die Homepage. Gut beleuchtete, im Winter beheizte Räumlichkeiten, griffbereites Werkzeug, hilfsbereite Leute und auch schon mal eine Tasse Kaffee sollen Service-, Wartungs- und Reparaturarbeiten problemlos machen.

Womit muss ich rechnen?

Die einzelnen Werkräume sind jeweils mit Hebebühne und Werkbank ausgestattet, gemietet werden kann stundenweise. Die Stunde mit Hebebühne, inklusive Grundwerkzeug: Koffer mit gängigen Schlüsseln, Pressluftschrauber, Hammer und eine Lampe kostet 10 Euro. Bei längerer Mietzeit gibt es Rabatt, Sie zahlen z. B. nur noch 8 Euro pro Stunde bei 5 Stunden Miete.

Alt-Öl wird für 1 Euro je Liter angenommen, Schutzgas-Schweißen kostet 15 Euro pro Stunde, und für den Satz Federspanner muss man pro begonnene Stunde 5 Euro zahlen. Ein Kfz-Meister steht »für jede Hilfe« zur Verfügung, Spezialwerkzeuge sind vorhanden und können ebenfalls gemietet werden.

Arbeit in der Mietwerkstatt lohnt sich aber nur, wenn die Reparatur flott von der Hand geht und eine angefangene Arbeit auch direkt zu Ende geführt werden kann. Akribische Vorbereitung zahlt sich also aus. Reparaturen, die man nicht genau abzuschätzen vermag, sollten unbedingt auf einen Termin gelegt werden, der einen außerplanmäßigen Besuch beim Händler zum Kauf von Ersatzteilen erlaubt.

Was ist beim Teilekauf zu beachten?

Die benötigten Ersatzteile sollten spätestens am Tag der Arbeit parat sein, denn jede Werkstattstunde kostet ja. Kaufen Sie nach Liste und denken Sie an Zubehör wie Dichtungen, Sicherungsringe, Schlauchschellen, Clipselemente oder selbstsichernde Muttern. Sie müssen um die 10 Euro Kosten einplanen, wenn die Arbeiten abends nicht fertig werden und das Auto über Nacht in der Werkstatt stehen bleibt.

Achten Sie beim Ersatzteilkauf auf den Preis, denn Unterschiede bis zu 35 Prozent sind die Regel. Bei typenoffenen Serviceketten kann der Kunde manchmal bis zu 60 Prozent sparen, 20 Prozent sind jedenfalls immer drin – und zwar für dieselbe Qualität, meist sogar für die exakt gleichen Ersatzteile.

Auf No-name-Produkte sollten Sie beim Ersatzteilkauf allerdings verzichten. Solche Käufe machen die eventuell fehlende Beratung beim Kauf von Verschleißteilen nicht wett, und zweitens könnte die Garantie auf das betreffende Teil und von ihm in Mitleidenschaft gezogene Teile in Gefahr geraten. Bei sicherheitsrele-

Werkstattkran: Zum Transport schwerer Teile. ATH bietet eine clevere Ausführung schon für 180 Euro an.

Ölabsauggeräte: Elegante Lösung zum Absaugen und Auffangen von Motoröl, kostet 150 bis 300 Euro.

vanten Ersatzteilen ist Sparsamkeit ohnehin fehl am Platz. Bremsbeläge, Bremsscheiben, Radlager, Antriebswellen und Gelenke sollte man grundsätzlich in Originalqualität kaufen.
Bei Schäden an Kurbeltrieb, Kolben und Ölwanne lohnt sich der Kauf eines Teilmotors. Zylinderkopf und Nebenaggregate übernimmt man vom alten Motor. Bei gut erhaltenen Fahrzeugen macht ein Austauschmotor Sinn. Firmen, die auf die Überholung von Motoren spezialisiert sind und Reparaturen nach Qualitätsrichtlinien garantieren, finden Sie im Internet unter www.vmi-ev.de. Das ist der »Verband der Motoreninstandsetzungsbetriebe« in
40880 Ratingen,
Christinenstr. 3
Tel.: 0 21 02/ 44 72 22
Fax: 0 21 02/ 44 72 25
E-mail: info@vmi-ev.de

6

Handstablampe: Für viele Fälle nützlich, oft gar unentbehrlich.

Vorsicht bei der Arbeit!

GEFAHRHINWEISE

- Tragen Sie beim Blechtrennen oder bei Arbeiten mit laufendem Motor Ohrenschützer und beim Bohren, Schleifen, Meißeln und Arbeiten unter dem Fahrzeug stets eine Schutzbrille.
- Arbeitshandschuhe sind gut gegen Schmutz oder Abschürfungen an scharfem Blech. Wenn Sie mit der Handbohrmaschine arbeiten, sollten Sie wegen der Gefahr durch das rotierende Bohrfutter aber besser keine Handschuhe tragen.
- Achten Sie in Montagegruben und beim Lackieren größerer Flächen am Fahrzeug auf gute Belüftung. Beim Lackieren Schutzmaske tragen!
- Durchgebrannte Sicherungen müssen Sie immer durch neue Sicherungen desselben Typs und identischer Stromstärke in Ampere (A) ersetzen. Niemals Drahtbrücken einbauen! Die Folge solcher Behelfsmaßnahmen können Schäden an Bauteilen im betreffenden Stromkreis oder sogar Kabelbrände sein.
- Sprühdosen, Altöl, Bremsflüssigkeit, alte Bremsbeläge oder Farbdosen sind Sondermüll. Sie müssen entsprechend entsorgt werden.
- Bei allen Wartungs- und Reparaturarbeiten sollte das Rauchen strikt unterbleiben.
- Für die Benziner gilt: Oberste Vorsicht an Zündanlagen! Prüfungen nur bei Motorstillstand durchführen. Bei unbedingt nötigem Motorlauf nicht die Hand anlegen, der Primärstromkreis hat Spannung bis 30.000 Volt!

7

8

Unterstellböcke: Einfache klappbare Ausführung (7) und Finkbeiner-Abstützbock mit Spindel, Feder und Lenkrollen (8).

9

Rangierwagenheber: Sicherer als ein Spindelwagenheber.

Welches Werkzeug brauche ich?

Nur vollständiges und gutes Werkzeug garantiert Ihnen das gewünschte Ergebnis. Überprüfen Sie daher Ihre Ausrüstung, bevor Sie mit der Arbeit beginnen. Schlechtes Werkzeug, das sich schon bei der ersten verrosteten Schraube verbiegt oder ausbricht, bringt Probleme und verdirbt jede Freude am Werken. Achten Sie also beim Kauf auf Qualität!
Gute Werkzeuge werden aus einwandfreiem Material hergestellt und arbeiten stets maßgenau. Sie haben natürlich ihren Preis, der für einen 10er-Satz wirklich guter Ring-/Maulschlüssel bei 80 Euro liegen kann. Ein Steckschlüssel-Kasten mit Umschaltknarre, Stecknüssen und Verlängerungen (Bilder 11 und 12) kostet an die 200 Euro. Eine komplette Werkstattausrüstung in Profiqualität rentiert sich allerdings nur bei häufigem Einsatz über 10 bis 20 Jahre hinweg.

Grundwerkzeuge:

- Schraubendreher, Ring-, Maul- und Inbusschlüssel (Bilder 11 und 12) für jeden Zweck.
- Seitenschneider, Kombizange und Wasserpumpenzange mit mindestens 240 mm Länge. Damit trennen, biegen, halten und drehen Sie so ziemlich alle Werkstoffe und -stücke.
- Kunststoff- oder Gummihammer für empfindliche Bauteile wie Lager, gegossene oder gehärtete Teile. Damit vermeiden Sie etwaige Schäden.
- Der Schlosserhammer wird benutzt, um z. B. mit einem Durchschlag festsitzende Bolzen zu lösen.
- Durchschläge (Durchmesser 3 und 6 mm) sind bei Montage- und Demontagearbeiten an Fahrwerk, Motor und Bremsen universell einsetzbar.
- Ein Körner hilft bei Bohrarbeiten an Metallen.
- Flachmeißel mit gehärteter Schneide werden oft an deformierten oder festgerosteten Schraubverbindungen gebraucht.
- Quetschzange, isolierte Kombizange, Phasenprüflampe mit Nadelspitze und Massekabel sowie isolierte Schraubendreher sind für die Elektrik nötig.
- Für den Innenraum sind Schlüssel 6 bis 13 mm und 1/4-Zoll-Umschaltknarre (Bild 11) erforderlich.

Bild 10 Bordwerkzeug: Škoda bietet Bordwerkzeug nach dem hier gezeigten VW-Standard. (1) Torxschraubendreher, (2) Abschleppöse, (3) Haken für Abdeckkappen der Radschrauben, (4) Radschraubenschlüssel im Griff von (1).

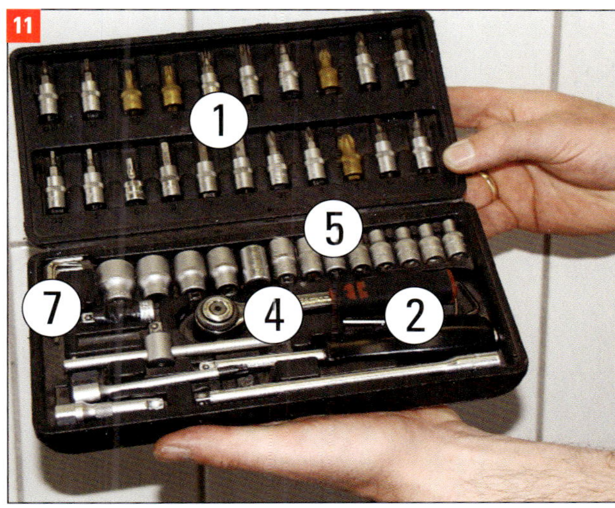

Bilder 11 und 12 Grundwerkzeuge: (1) Bits für alle Schraubendreherformen mit (2) Griffstück, (3) Schraubendreher, (4) Knarre (oder Ratsche) mit (5) Steckeinsätzen (»Stecknüssen«) für Sechskantschrauben und -Muttern, (6) Winkelstück, (7) Inbusschlüssel. Box und Kasten ermöglichen flexible Arbeit.

■ Im Motorraum und unterm Fahrzeug brauchen Sie Steckschlüssel der Größen 10 bis 32 mm und eine Umschaltknarre mit 1/2-Zoll-Antrieb (Bild 12).

■ Gripzange und Schraubzwingen: Die Maulweite der Gripzange kann am Griffteil exakt eingestellt werden. Eine Schraubzwinge, die in vielen Größen erhältlich ist, fungiert beim Montieren äußerst hilfreich als Ihre »dritte Hand«.

■ Abzieher (Bild 13) gehören zur Grundausstattung jeder Autowerkstatt.

Auch für Heimwerker lohnt sich die Anschaffung in allerdings geeigneten Dimensionen und Ausführungen. Damit lassen sich Radnaben lösen, Achsgelenke aus der Führung pressen o. Ä.

Spezialwerkzeuge:

Mit der Grundausstattung können Sie viele Wartungen und Reparaturen selbst erledigen. Sie ist unentbehrlich für vernünftige Arbeit, reicht aber für viele Fälle nicht aus. Sinnvolle weitere Anschaffungen sind:

■ Handstablampe (Bild 6): Gut fürs Schrauben unter dem Auto oder im Motorraum, im Innenraum und in weniger gut beleuchteten Garagen. Wasserdicht, mit Blendschutz, ölresistent und schlagsicher.

■ Ein Paar Unterstellböcke und ein hydraulischer (»Rangier«-)Wagenheber mit möglichst nicht zu kleinen Rollen (Bilder 7, 8 und 9).

■ Batterietester zum Prüfen von Batteriezustand und Ladestatus (ähnlich Bild 14). Regelmäßige Überprüfung des Startsystems hilft, das gefürchtete Liegenbleiben wegen schwächelnder Batterie vor allem in der kalten Jahreszeit zu vermeiden.

■ Elektronisches Akkuladegerät (Bild 15). Solch ein Gerät mit automatischer Ladestromanpassung ist vor allem bei häufigen Kurzstreckenfahrten im Winter gut.

■ Drehmomentschlüssel (Automatikschlüssel): Zur präzisen Beachtung von Anzugsdrehmomenten.

■ Ölfilterschlüssel: Wichtig für den Ölwechsel. Günstig ist ein Universalschlüssel.

■ Fühlerblattlehre zum Prüfen das Ventilspiels oder des Spaltmaßes von Gebern (Drehzahlgeber etc.).

■ Messinstrument (Multimeter): Unerlässlich für genaue Messungen an elektronischen Bauteilen. Es gibt

13

14

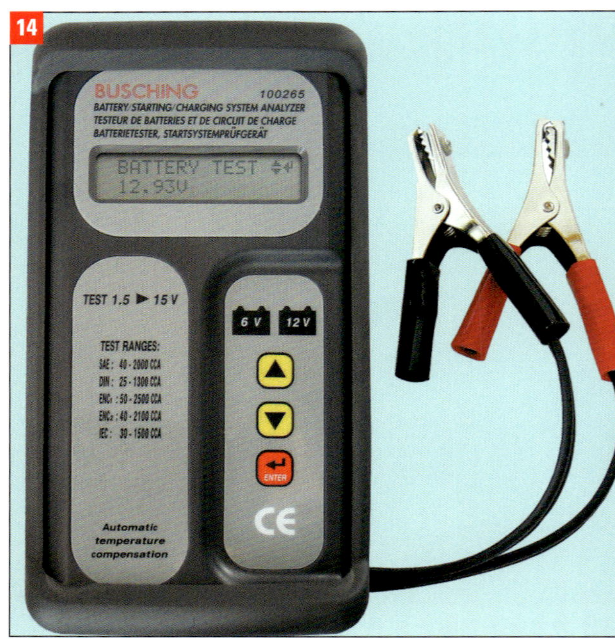

15

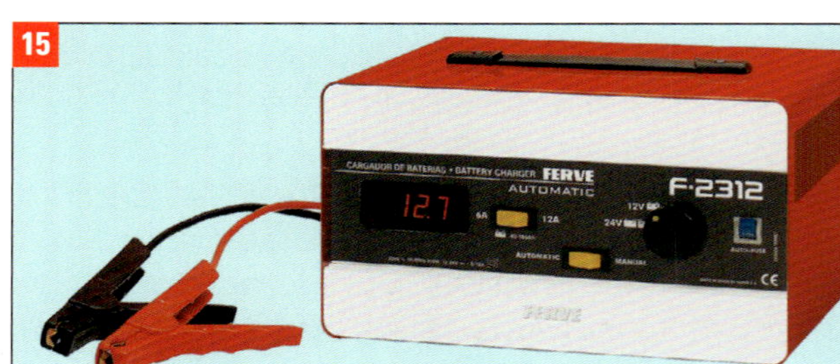

Spezialwerkzeug: Abzieher, hier stilisiert für den entsprechenden Katalog von ATH (Bild 13), Startsystemtester zur Prüfung der Bordbatterie (Bild 14) und automatisches Batterie-Ladegerät (Bild 15). Tester und Ladegerät sind vor allem im Winter und bei älteren Batterien unverzichtbar, weil dann die meisten Pannen durch schwache Akkus verursacht werden.

extra auf die Besonderheiten der Autoelektrik abgestimmte Geräte.

- Durchgangsprüfer und Abisolierzange sind weitere wichtige Geräte für Arbeiten an der Fahrzeugelektrik. Die Prüferlampe liefert eine zuverlässige Aussage, ob Spannung an den Prüfspitzen anliegt.

Nützliches Zubehör:

- Felgenbaum mit Abdeckhusse aus Nylongewebe (Bilder 16/17). Reifen mit Kreide (oder markierten Ventilkappen, Bild 17a) kennzeichnen, damit sie wieder an ursprünglicher Position eingebaut werden können.
- Teilereiniger, Sprühfett, Kupferpaste und andere »chemische Helfer«. Sie werden selten gebraucht und sind im Einzelfall umstritten; also Rat einholen.
- Auffahrrampen und ein zum Hocker faltbares Rollbrett sind außerordentlich nützlich und auch durchaus noch kein Luxus.
- Hebebühnen gehen natürlich über das Übliche schon weit hinaus. Wer dafür in Garage, Remise oder Scheune Raum hat, wer häufig und fachlich versiert schraubt, wer neben dem eigenen auch noch den Zweitwagen und/oder Autos von Freunden betreut, für den kann sich die Anschaffung lohnen.

Optimale Arbeitsfreiheit bietet die mobile 2-Säulen-Hebebühne von Finkbeiner (Bild 18). Keine Befestigung auf dem Boden, freie Zugänglichkeit zum Fahrzeugboden, türfrei in jeder Hubhöhe. Hydraulischer Antrieb, absolut unempfindlich und nahezu wartungsfrei. Tragfähigkeit: 3.000 kg auf vier Gelenkarmen, Hubhöhe: max. 1850 mm in ca. 40 Sekunden.

Die stationäre elektrohydraulische Einsäulenhebebühne ATH 1.25S (Bild 19) ist für knapp 3.000 Euro netto zu haben. Sie hat Profiqualität und ist auch bei wenig Platz einsetzbar. Stabile Säulen mit Teleskoparmen heben 2.500 kg in 36 Sekunden bis 2 m hoch.

Was muss ich unbedingt beachten?

Sicherheit hat beim Heimwerken absolute Priorität. Wagen Sie sich nur an Arbeiten, die Sie sich wirklich zutrauen können. Nehmen Sie handwerkliche Aufga-

16

Felgenbaum: Reifen vorn/hinten und links/rechts beschriften oder Ventile mit solchen Kappen (17a) versehen. Platz sparendes und Reifen schonendes Einlagern unter der Hülle.

17

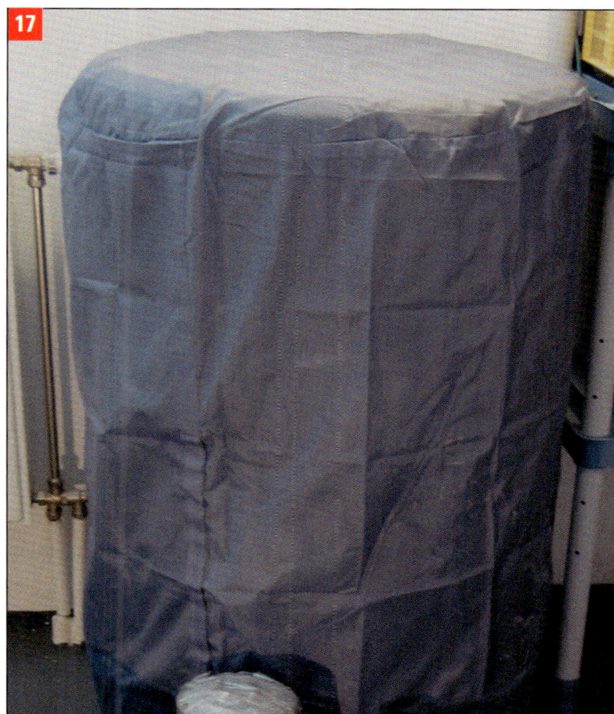

17a

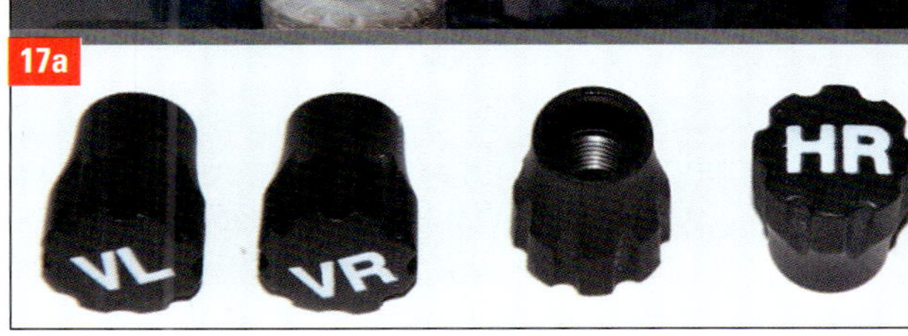

ben, mit denen Sie in der Praxis wenig oder gar keine Erfahrung haben, nicht auf die leichte Schulter. Mangelhaft ausgeführte Arbeiten können im Straßenverkehr fatale Folgen haben, für Sie und für Dritte. Um diese zu vermeiden, geben wir Ihnen stets auch die entsprechenden »Gefahrenhinweise«.

Im nächsten Unterkapitel beantworten wir die wichtigsten Fragen zu Reinigung, Lack- und Glaspflege sowie Beseitigung kleinerer Karosserieschäden. Ausführlicher behandeln wir dieses Thema in unseren Sonderbänden 175 und 275 »Die Autokarosserie«.

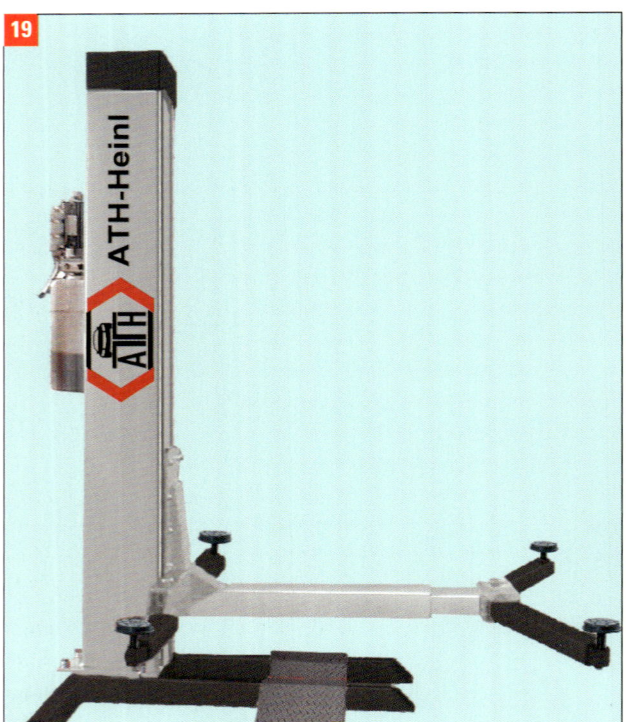

Hebebühnen »für daheim«: Nicht unmöglich, aber wohl eher eine Frage der Räumlichkeiten und der Effektivität. Wer viel Platz hat und häufig schraubt, kann sie brauchen.

Werterhalt durch Pflege

Den Innenraum sollten Sie zuerst in Angriff nehmen. Wenn Sie sich diese Arbeit bis zuletzt aufheben, verschmutzen die Staubwolken aus Polstern und Fußmatten wieder die frisch gewaschene Außenseite.

Die Pflege des Innenraums

Für die Säuberung verwenden Sie am besten spezielle Autopflegemittel. Scheiben, Polster und Kunststoffoberflächen sind durch Witterung, Staub, Schmutz und Feuchtigkeit extremen Belastungen ausgesetzt, denen nur besondere Pflegesubstanzen wirklich gewachsen sind. Spezialreiniger sind daher allemal ihr Geld wert. Zur gründlichen Innenreinigung brauchen Sie ferner:

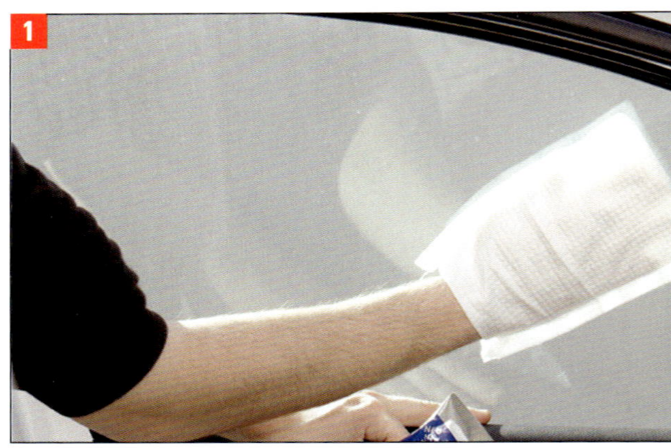

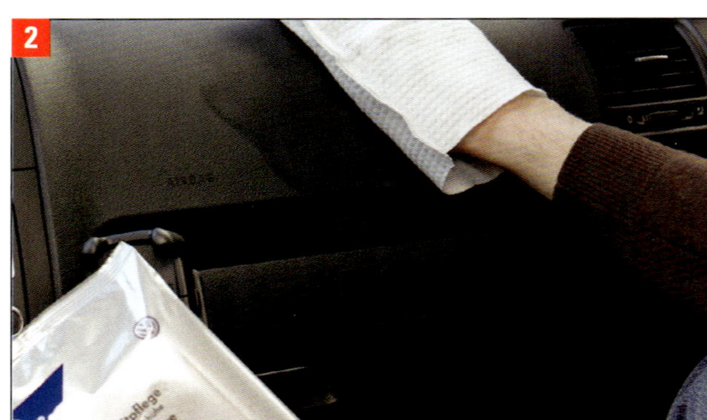

Wichtig für den Innenraum: Pflegemittel, damit der Wagen bei TÜV und DEKRA immer gute Chancen hat. Oben Nano-Scheibenreiniger, unten Cockpit-Feuchthandschuhe.

- Nicht flusende Lappen zum feuchten und trockenen Ab- und Auswischen;
- Kleider- oder Polsterbürste;
- Staubsauger mit verschiedenen Düsen;
- Handfeger und Kehrschaufel;
- ein Fensterleder und einen
- feinporigen Kunststoffschwamm.
- Eine Sprühversiegelung ist durchaus empfehlenswert für den schnellen Oberflächenschutz.

So gehen Sie am besten vor:

- Wagen ausräumen, Ascher leeren und auswischen. Fußmatten nach innen zusammenschlagen und herausnehmen, ausschütteln, ausklopfen und staubsaugen. Gummimatten feucht abwischen und trocknen lassen. Eine feuchte Matte kann üblen Geruch und Stockflecken im Textilbelag verursachen.
- Grobschmutz im Innenraum mit Staubsauger entfernen. Für weiche Textilbeläge eignen sich starre Düsenaufsätze, für harte Kunststoffe sind Borstenaufsätze besser. Sitzpolster abbürsten oder staubsaugen, Kunststoffoberflächen abwischen. Staub in Ecken mit Pinsel entfernen.
- Zum Reinigen von Kunststoffteilen, Lederverkleidungen, Dachhimmel, Leuchtengläsern, mattschwarz gespritzten Teilen und Armaturenbrett ein mit klarem Wasser angefeuchtetes Tuch verwenden. Sollte das für die Grundreinigung nicht ausreichen: lösungsmittelfreie Reiniger und Pfleger oder bequeme Spezialtücher (Bilder 1 bis 4). Besprühte Stellen mit klarem Wasser nachwischen und mit einem Tuch trockenreiben.
- Empfehlenswert sind Cockpit-Spray und/oder Pflege-Handschuh (Bild 2): Das duftet und wirkt außerdem antistatisch.
- Zur Innenfenster-Reinigung bietet der Fachhandel ebenfalls präparierte Putzhandschuhe (Bild 1) sowie Werkzeuge mit abnehmbarem, verstellbarem Griff und auswechselbarem Vliesbelag an (Bild 3), mit denen man besser in alle Ecken kommen soll. Das Ausprobieren schadet auf jeden Fall nicht.
- Bei stark verschmutzten Sicherheitsgurten kann das Aufrollen des Automatikgurts beeinträchtigt werden. Deshalb Gurte trocken abbürsten oder bei starker

3

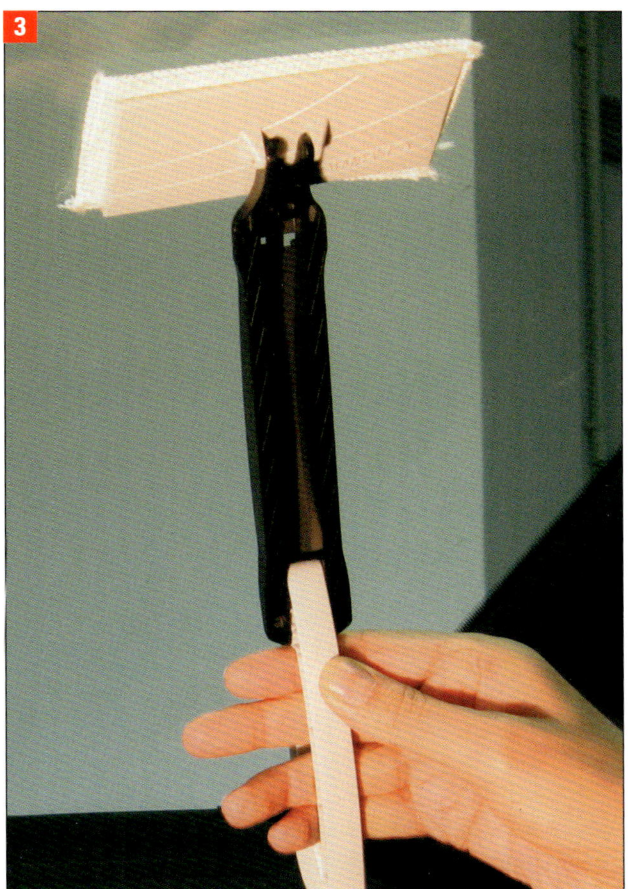

4

Fenster und Scheinwerfer: Mit dem Werkzeug in Bild 3 kommt man gut in solche Ecken der Frontscheibe, wo es mit dem Putzhandschuh schwierig wird. Bei starker Verschmutzung Spiritus, Salmiakgeist und warmes Wasser oder Glasreiniger anwenden. Armor All und viele andere Firmen bieten Tücher und Reiniger nicht nur fürs Leuchtenglas (Bild 4), sondern für alle Flächen außen und innen.

Verschmutzung mit milder Seifenlauge abwaschen, dazu aber niemals ausbauen. Chemische Reinigungsmittel und ätzende Flüssigkeiten können das Gewebe zerstören. Vor dem Aufrollen müssen die gereinigten Gurte trocken sein.

■ Den Dachhimmel nur bei starker Verschmutzung reinigen und auf keinen Fall durchfeuchten. Himmel mit Reiniger großflächig einsprühen. Mit Schwamm und Frottierhandtuch nachwischen. Behandlung bei Bedarf wiederholen. Nicht auf die verschmutzten Stellen beschränken, weil hässliche Platten mit Rändern entstehen können.

■ Türdichtungen mit Gummipflegemittel geschmeidig halten (Bild 5). So werden auch Quietschen und Knarren beim Türenschließen vermieden. Regelmäßige Pflege mit Hirschtalgstift oder silikonhaltigem Pflegemittel verlängert die Lebensdauer.

■ Lederbezüge regelmäßig alle zwei, mindestens aber alle sechs Monate mit Pflegemittel behandeln. Die Nähte (auch von Stoff- und Materialmixbezügen wie in Bild 6) sollen flexibel und geschmeidig gehalten und vor allem durch regelmäßiges Absaugen von Oberflächen zerkratzenden, scheuernden Schmutzpartikeln befreit werden .

■ Polsterstoffe und Stoffverkleidungen werden am besten mit speziellen Reinigungsmitteln wie Trockenschaum und feuchtem Schwamm behandelt (Bild 7). Die Polster noch feucht gründlich absaugen. Der Schmutz löst sich so am besten.

■ Lederähnliche schwarze Sitzbezüge aus Alcantara oder ähnlichen Materialien reagieren empfindlich auf Sonneneinstrahlung, vor allem aber auf Öle, Fette und Verschmutzungen. Diese Fabrikate wie »Dynamic« bei den »Elegance«-Modellen müssen sorgfältig gepflegt werden wie Leder.

■ Zur Reinigung von Mikrofaser-Material einen Baumwoll- oder Wolllappen mit Wasser, bei stärkerer Verschmutzung mit einer Seifenlösung leicht anfeuchten und die verschmutzten Stellen wischen. Der Bezug soll aber nicht durchfeuchtet werden!

■ Fett- und Ölflecke oder anderen hartnäckigen Schmutz vorsichtig mit Schwamm und Spezialreiniger behandeln. Trocken nachwischen und gut trocknen lassen.

■ Versiegelnde Pflege-Lotion für Leder und ähnliche Materialien sparsam auftragen und nach Einwirkung mit weichem Lappen (Microfasertuch) nachwischen. Das Leder wird dadurch geschmeidiger, die Farben wirken wieder viel frischer.

5
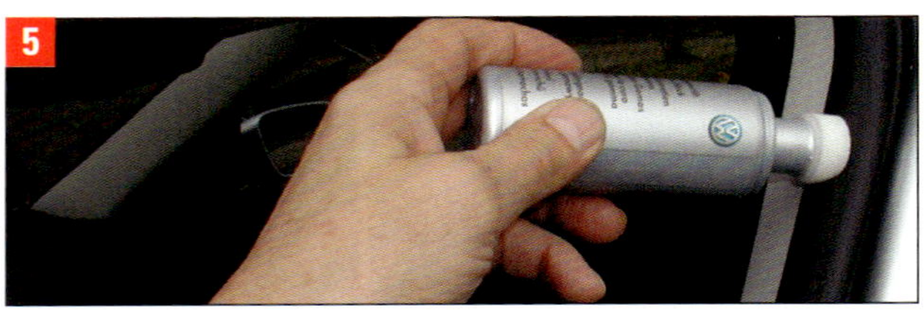

6
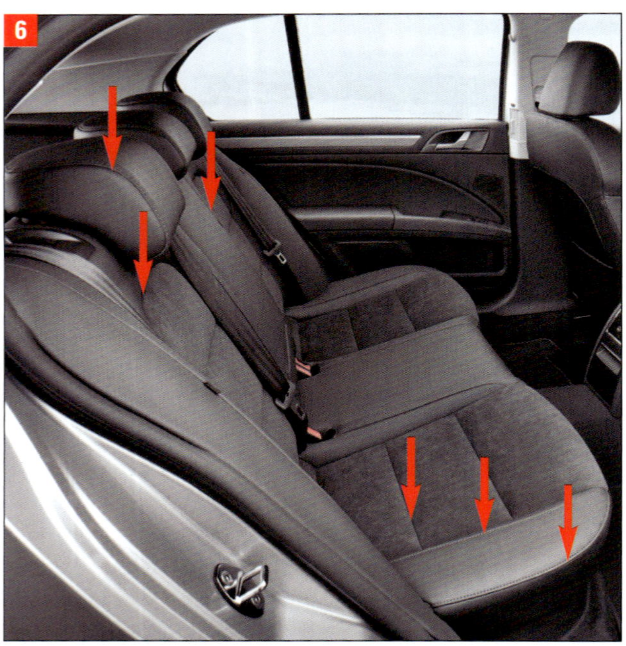

7

Gummi, Leder und Polster: Dichtungen mit Hirschtalgstift oder Silikon (Bild 5) pflegen. Schmutzpartikel in Falten und Nähten (Bild 6) regelmäßig absaugen! Trockenschaum (Bild 7) für Stoffbezüge, Wasser und Pflegemittel für Leder.

- Für Microfaser-Materialien niemals Lederpflegemittel, sondern nur Wasser oder verdünnten Spiritus verwenden!
- Gegen Rauchgeruch im Innenraum und in den Polstern werden zwar Mittel angeboten, aber bei Klimaanlage im Umluftbetrieb sollte man gar nicht rauchen. Angesaugter, auf dem Verdampfer abgesetzter Rauch verursacht dauerhafte Geruchsbelästigung.
- Vor dem Verkauf eines Raucher-Autos wird eine Behandlung mit neutralisierendem Ozon empfohlen. Diese dauert aber meist zwei Tage und kann allerhand Geld kosten.

Die richtige Außenwäsche

Autowaschen auf der Straße ist heute so gut wie überall verboten. Denn mit dem Schmutzwasser der Wagenreinigung könnten Ölrückstände und andere die Umwelt schädigende Substanzen in die Kanalisation und ins Grundwasser geraten.
Eine saubere Sache ist dagegen die Wagenwäsche in einer automatischen Waschanlage. Die verwendeten Wassermengen sind großzügig, die Wäsche ist relativ schonend. Ölabscheider und Wasseraufbereitungsanlagen sorgen für Umweltschutz. Sie können meist zwischen mehreren Programmen wählen. Nutzen Sie auf jeden Fall Waschen und Pflege mit Vorwäsche.
Unabhängig davon, ob mit Bürsten, Textilstreifen oder Schaumstoff gewaschen wird: Beansprucht wird der Lack immer. Man kann durchaus des Guten zuviel tun, wenn man zu häufig wäscht. Ist der Lack noch in Ordnung, gibt es keinen zwingenden Grund, das Auto ständig zu waschen. Mit Ausnahme von aggressivem Vogelkot oder Säuren werden die meisten Schmutzangriffe von gutem Lack mühelos verkraftet.
Nach dem Waschgang müssen Sie die Sauberkeit kontrollieren und an manchen Stellen nachputzen. Die Bürsten behandeln Radhäuser, Radläufe, Türschwellerkanten, Türrahmen und Ritzen nachlässig. Handarbeit mit Schwamm und Putztuch ist angesagt.

Selbstwaschanlagen benutzen

Die Waschplätze an der Tankstelle (SB-Wäsche) bieten gute Möglichkeiten, den Wagen selbst zu waschen. Alle Hilfsmittel stehen dort zur Verfügung.
- Waschen Sie Ihr Fahrzeug nicht in der prallen Sonne, weil das dem Lack schaden kann.
- Vor Arbeitsbeginn den Zustand der Waschbürsten prüfen. Eventuellen groben Dreck vom Vorgänger beseitigen, wenn Sie keine Kratzer riskieren möchten.

Zur wirksamen Außenwäsche brauchen Sie:
- Jede Menge Wasser. Wird der Schmutz mit zu wenig Wasser abgewischt, schmirgeln Staub- und Sandkörnchen über den Lack und zerkratzen ihn.

8

9

Bilder 8 und 9 konzerneigene Pflege: Für die unter dem VW-Dach gefertigten Fahrzeuge bietet der Mutterkonzern eine ganze Palette an Pflegemitteln. In Showveranstaltungen ist auch schon mal zu sehen, wie Profis bei der Pflege vorgehen.

■ Mindestens zwei Eimer, wenn kein Schlauch zur Verfügung steht. Sie müssen immer frisches Nachspülwasser parat haben.
■ Möglichst eine Sprühdüse aus Kunststoff für den Schlauch, sofern dieser verfügbar ist. Sie können dann wie mit dem Hochdruckreiniger arbeiten.
■ Wenn Schlauchanschluss möglich und Schlauch vorhanden, eine Schlauchbürste. Bei deren Einsatz kann das durchfließende Wasser den abgebürsteten Schmutz wegschwemmen.
■ Waschhandschuh oder Schwamm. Nach jedem zweiten oder dritten Waschstrich in den vollen Wassereimer tauchen und ausdrücken.
■ Eine langstielige Waschbürste, die sich besonders für Felgen und Radkästen eignet. Setzen Sie Spezialreiniger gegen Bremsstaub an Felgen ein (Bild 9).
■ Fensterleder, das man in einem anderen Eimer auswäscht, damit es sauber bleibt. Evtl. mit Glasreiniger nachpolieren (Bild 10).
■ Einen großporigen Viskoseschwamm und einen Fliegenschwamm für Insektenrückstände sowie ein großflächiges echtes Leder zum Trockenreiben.
■ Zur Nachreinigung bieten viele Hersteller (z. B. Armor All) speziell präparierte Einmaltücher an: Für Spiegel, Scheiben und Scheinwerferglas, gegen Vogelkleckse auf Lack- und Verkleidung (Wachs- und Glanztücher), gegen Öl, Fettrückstände und hartnäckigen Schmutz (Intensivreinigungstücher).

GEFAHRHINWEISE

Vorsicht mit Dampfstrahlern

■ Wird der Dampfstrahler eingesetzt, dann die Wassertemperatur auf maximal 60 °C (zu heißes Wasser greift Gummi und Versiegelungen an) und den Druckregler auf maximal 30 bar einstellen.

■ Einen Abstand zum Auto von 60 bis 80, wenigstens jedoch 50 Zentimeter einhalten. Den Hochdruckreiniger auch vom Kühler fernhalten, weil der scharfe Strahl die feinen Lamellen deformieren könnte.

■ Gut geeignet ist das Gerät zur Felgensäuberung. Hier aber gilt: Nicht den Reifen zu nahe kommen! Die Reifenflanken selbst der stabilen modernen Pneus können durch den hohen Druck des Wasserstrahls Schaden nehmen.

■ Heißes Wasser aus Druckdüsen löst fast jede verhärtete Schmutzschicht, natürlich auch dicke Ölkrusten an Motor und Getriebe. Von Druckwäsche am Motor müssen wir aber abraten: Eindringende Nässe kann die Elektronik lahm legen oder über den Ansaugtrakt in den Motor gelangen. Ein kapitaler Schaden mit hohen Kosten z. B. für ein neues Motorsteuergerät wäre die Folge. Motorwäsche daher nur mit Kaltreinigern in Handarbeit vornehmen.

10

Nachreinigung: Auch eine gründliche Außenreinigung in der Waschanlage hinterlässt immer noch Schmutzecken.

11

Waschwasser-Zusatz: Erst Reinigungsmittel (Winter: plus Frostschutz), dann Wasser in die Scheibenwaschanlage. Volkswagen bietet für alle Modelle unter seinem Dach, also auch den Superb, ein Winterpflege-Set an, das Antifrost-Konzentrat für das Wischwasser, ein Enteisungsspray für die Autoscheiben, einen Gummipflegestift für die Dichtungsgummis der Türen und einen Eiskratzer enthält.

Taugt Motorwäsche in Eigenregie?

Motorraumwäsche ist nicht nur Schönheitskur für den Motor, sondern auch eine wichtige Pflegemaßnahme zur Aufrechterhaltung ungestörter Funktion. Die Motorwäsche darf allerdings nur dort erfolgen, wo es einen Ölabscheider gibt. In einer Selbstwaschanlage oder auf einem Waschplatz geht das also. Wenn Sie diese Arbeit nicht einem Profi überlassen wollen, dann verwenden Sie auf jeden Fall als Fettlösemittel einen Kaltreiniger aus der nachfüllbaren Pumpflasche. Damit können Sie den Schmutz in allen Ecken und Winkeln gut aufweichen, vor allem, wenn Sie den Reiniger noch mit einem alten Lappen gut verteilen. Dann das Reinigungsmittel mit viel Wasser abspülen. Das muss sehr vorsichtig geschehen, um keine Schäden an der Elektronik anzurichten.
Damit sich der Schmutz auf dem Motor nicht zu schnell wieder festsetzt, können Sie Motorblock und Anbauteile mit einem besonders hitzefesten Motorschutzlack versiegeln. Für die Umgebung reichen ein Konservierungsspray oder Konservierungswachs.
Motorschutzlack versiegelt auf der Basis hochwertiger Acryllacke, bringt neuen Glanz auf Motor, Aggregate oder Schläuche und bildet einen hoch elastischen Schutzfilm gegen Nässe und Schmutz. Gute Produkte sind hochglänzend, haften zuverlässig, sind temperaturbeständig bis 100 °C und gilbfest. Sie werden auf die gründlich gereinigten und getrockneten Flächen bei ausgeschalteter Zündung gleichmäßig aufgetragen. Normale Klarlacke aus Spraydosen würden verbrennen oder zumindest reißen.

Fetten und Schmieren

Kontrollieren Sie nach getaner Arbeit, ob noch genug Schmierfett an neuralgischen Punkten vorhanden ist. Bei Bedarf sollten Sie maßvoll nachfetten. Gut geeignet sind Festschmierstoffpasten oder Spezialfette. Schmierfette sollen Reibung und Verschleiß verringern, Korrosion verhindern, Schmierstellen abdichten und gegenüber den Betriebstemperaturen beständig sein. Für Scharniere und Gelenke mit engen Durchgängen, in die kein Fett eindringen kann, sind Öl oder Schmierspray gut geeignet. Gegeneinander reibende Flächen werden günstiger gefettet, mit einer Schmierpaste behandelt oder mit Sprühfett in Gelform eingestrichen: Haftet besser an vertikalen Flächen.
Schmierfette bestehen aus Mineral- oder Syntheseöl mit Verdickungsmittel und Additiven, die Oxidation und Korrosion aufhalten, Haftung verbessern und Reibwert verändern (Graphit und Molybdändisulfid). Hochwertige Schmierfette sind optimal kombinierte Grundöle, Verdickungsmittel und Additive.
Hersteller und Verbraucher bezeichnen die Schmierfette unterschiedlich. Die Produzenten unterscheiden nach den verwendeten Verdickungsmitteln (Calcium-, Natrium und Lithiumseifenfette), die Anwender nach dem praktischen Einsatz: Wälzlagerfette, Abschmierfette oder Wasserpumpenfette.

PRAXISTIPP: Schmierfette für Fahrzeuge

Schmierfette sind nach ihrer Beständigkeit gegenüber Knetbelastung eingeteilt. Je höher der »Walkpenetrationswert« (zwischen 100 und 500), desto niedriger ist die »NLGI-Konsistenz-Nummer« (zwischen 6 und 000) und desto weicher also ist das Fett.
Abschmierfette: Calciumseifen-Fette, NLGI-Kl. 1. Wasserbeständig, für Fahrgestellbauteile.
Blattfederfette: Mit Graphitzusätzen. Gutes Haftvermögen, Wasser abweisend, gut bei Notlauf.
Fließfette: Lithium-12-OH-Stearat-Fette, NLGI-Klasse 00/000. Halbfließende Schmierfette mit gutem Korrosionsschutz.
Komplexfette: Calcium-Komplexseifen-Fette, NLGI-Kl. 2. Hochgradig walkstabil, wasserbeständig und druckaufnahmefähig.
Langzeitschmierfette: Li-Seifen-Fette mit Molybdändisulfid. Zur Hochdruck- und Langzeitschmierung.
Mehrzweckfette: Li-Seifen-Fette, NLGI-Kl. 2. Für alle Schmierstellen, die keine Spezialfette brauchen. Gute Gesamteigenschaften, guter Korrosionsschutz.
Wälzlagerfette: Li-Komplexseifen-Fette, NLGI-Kl. 2. Speziell für Pkw-Vorderradlager. Hoher Tropfpunkt, ausgezeichnete Walkstabilität.
Alle Fette zwischen -10 und +90 °C, meist zwischen -30 und +130 °C (Extremfall: +170 °C) einsetzbar.

So gehen Sie vor:

- Scharniere an Türen und Klappen gelegentlich mit einem Spritzer Öl (Mehrzweckfett) versorgen.
- Nach Wagenwäschen etwas Öl (Fließfett) für das Türschloss. Schließzapfen und -ösen: Fließfett.
- Türfeststeller am unteren Scharnier mit Mehrzweckfett, Vorderradnaben mit Hochtemperatur-Wälzlagerfett bestreichen.

■ Schlüsselschlitz der Schließzylinder: Im Herbst mit Rostlöser-Isolierspray einsprühen. Das schmiert, verdrängt Feuchtigkeit, schützt vor Rost und Einfrieren.

■ Spezielles Schlossöl bewahrt vor Zufrieren und taut zugefrorene Schlösser auf.

■ Kupplungsteile mit Langzeitschmierfett, Schmierstellen außer Radnaben mit Abschmierfett behandeln.

Scheiben und Scheinwerferglas

Für Durchblick bei Staub, Regen und Schnee ist das Fahrzeug mit einer Waschanlage ausgestattet. Ihr Wasserbehälter (rechts vorn im Motorraum) soll immer gut mit Wasser plus Zusatzmittel befüllt sein (Bild 11). Die Anlage reinigt Front- und Heckscheiben sowie bei entsprechender Ausstattung (Bild 12) das Abdeckglas der Scheinwerfer über Spritzdüsen.
Verstopfte Waschdüsen müssen ggf. mit einer Nadel in Spritzrichtung gereinigt oder/und mit Druckluft durchgeblasen werden. Hilft Reinigen nicht: Düse auswechseln. Dazu beim Scheinwerfer die Düsenabdeckung (1) hoch ziehen, aus den beiden Lagern ausclipsen (Pfeile; Detailbild in Bild 12) und abnehmen. Darunter befinden sich die beiden Spritzdüsen am Halter im Hubzylinder.
Spritzdüsen müssen immer einsatzbereit sein. Beste Wischresultate werden nur erzielt, wenn die Spritzstrahlen das Waschwasser präzise auf die definierten Bereiche von Windschutzscheibe, Heckscheibe und Scheinwerferglas sprühen. Scheinwerferglas vor allem von Insekten reinigen (Bild 13).

Lackpflege nach dem Waschen

Dem besten Lack haben nach zwei, drei Jahren Sonne, Regen, Schmutz und Wagenwäschen so zugesetzt, dass er eine sanfte Grundreinigung nötig hat. Wenn Wassertropfen auf dem sauberen Lack mit unscharfen Rändern zerfließen, ist es Zeit für die Lackpflege. Dabei genügt für gut erhaltenen Lack eine milde Politur. Sie glättet die aufgeraute Lackierung, indem sie die mikroskopisch kleinen Furchen in der oberen Schicht abschmirgelt. Eine Politur enthält Wachskomponenten, die das Blechkleid konservieren.
Bevor Sie einem ins Alter gekommenen Wagen eine Neulackierung spendieren, sollten Sie es mit einem Lackreiniger versuchen. Wenn der verwendete Reiniger keine konservierenden Komponenten enthält, müssen Sie den aufbereiteten Lack in einem neuen Arbeitsgang mit einem Autowachs versiegeln. Lackreiniger funktioniert wie eine Politur. Er enthält jedoch gröbere Schleifmittel, die auch mit stärkeren Verschmutzungen fertig werden.

Pigmente überdecken Kratzer

Bestimmte Pflegemittel frischen gleichzeitig Farben auf und bringen Glanz. Solche Produkte enthalten Farbpigmente, die in ähnlichen Tönen wie die Wagenfarbe gewählt werden können (Bild 14). Die Pigmente überdecken kleine Kratzer, die Wachskomponente bietet Langzeitschutz für mehrere Monate.
Während der Fahrt verüben aufwirbelnde Steine immer wieder Anschläge auf die Karosserie. Bei hohem Tempo schlagen selbst winzige Sandkörner wie

12
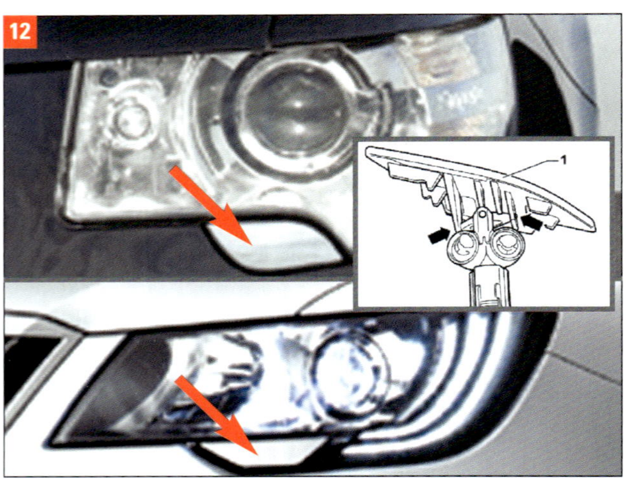

Licht sichern: Abdeckung der Scheinwerfer-Reinigungsanlage (Pfeile). Oben alte, unten neue Form ab 2013,

13

Insektenreste entfernen: Schwamm mit kratzfreier Reinigungs- und saugstarker Viskoseseite plus Reiniger.

Meteoriten im Lack ein. Im Winter sind vor allem Frontpartie und Motorhaube durch Rollsplitt gefährdet. Derartige Schäden sollen möglichst schnell ausgebessert werden. Auch ein Parkrempler mit Kratzern und Schrammen bietet keinen Anlass zur Panik. Solche Stellen lassen sich ebenso wie Fremdlack mit Lackreiniger oder Schleifpolitur oft einfach auspolieren. Lackbezeichnung und Code für die Farbe Ihres Wagens finden Sie in Ihren Fahrzeugpapieren.
Viele Hersteller bieten für Lackschäden durch Steinschlag (etwa in der Größe eines Stecknadelkopfes) Reparatursets an, die sich leicht handhaben lassen. Eine Alternative ist Tupflack, bei dem der Krater mit einem Pinsel in mehreren Lackschichten aufgefüllt wird.

Vorsicht mit Lackreinigern

■ Fahrzeug gründlich waschen und trocknen. An unauffälliger Stelle prüfen, ob der Autolack die Politur verträgt. Bei Lackreinigern immer nur dünne Schichten in mehreren Durchgängen auftragen.

■ Politur oder Lackreiniger mit Baumwoll- oder Synthesewatte (Bild 14) in handballengroßen Stücken oder mit weichem Schwamm oder Tuch (kein Kunstfaserlappen) auftragen.

■ Mit sanftem Druck in kreisförmigen Bewegungen einreiben (Bild 15). Immer nur recht kleine Flächen vornehmen.

■ Nach kurzer Einwirkzeit bildet sich ein trockener weißer Belag, der mit einem Watteballen in kreisenden Bewegungen auspoliert wird. Vorsicht an Kanten bei verwittertem Lack: Nicht zu lange dieselbe Stelle bearbeiten und Watteballen oft wenden oder erneuern. Abschließend mit sauberem Baumwolllappen Poliermittelreste und Watteflusen entfernen.

■ Autowachs mit Watte auftragen. Die Größe der zu bearbeitenden Fläche hängt vom verwendeten Produkt ab. Am besten geeignet sind lösungsmittelfreie Konservierer auf Wasserbasis.

■ Die Flüssigkeit mit Watteballen in kreisenden Bewegungen gleichmäßig und druckvoll einreiben. So erzeugt man den besten Tiefenglanz! Die Watte muss mit nur wenig Widerstand über den Lack gleiten können. Häufig die Watte wenden und wechseln.

■ Mittel mit Farbpigmenten nach dem Auftragen nicht antrocknen lassen, sondern sofort auspolieren.

■ Weist der Lack nach dem Konservieren Streifen oder Wolken auf, liegt das meist an verschmierten Farbpartikeln einer früheren Politur. An diesen Stellen nochmals mit einer Politur beginnen.

Kleine Lackschäden beseitigen

Wenn Politur, Wachs und Stift (Bild 3) nicht mehr ausreichen, muss eine Lackreparatur versucht werden. Wenn Sie vorsichtig vorgehen und etwas Erfahrung haben, brauchen Sie dafür noch keinen Profi.

■ Stehen rund um den Lackkrater (Steinschlag) Rän-

14

Lackpflege: Kombimittel aus Politur und Wachs mehrmals mit Watte dünn und gründlich auftragen.

15

Polierwatte: Wattebausch mit wenig Widerstand über den Lack gleiten lassen; häufig wenden und wechseln.

der ab: Mit Nadel abheben. Stelle mit Waschbenzin oder Verdünnung reinigen, gründlich trocknen.

■ Haftgrund in den Sprühdosendeckel spritzen und mit Tupfpinsel oder Fingerkuppe von dort dünn an der Schadstelle auftragen. Haftgrund trocknen lassen.

■ Abgeriebene Fremdfarbe mit Polierwatte, Schleifpolitur oder Lackreiniger in mehreren Arbeitsgängen aus dem Decklack reiben. Polierfläche klein halten.

■ Ein wenig Spachtel bündig zur Umgebung in den Krater drücken und trocknen lassen. Mit Lappen und Verdünnung die Spachtelflecken vom Lack wischen.

■ Raue Ränder mit feinstem Nassschleifpapier (mindestens Körnung 600) behutsam glatt schleifen. Das Schleifpapier dabei immer wieder anfeuchten und auswechseln, wenn die Körnung verschmiert ist.

■ Lack in Dosendeckel sprühen, kurz ablüften, mit Fingerkuppe oder spitzem Pinsel auftragen. Lack vollständig trocknen lassen, im Sommer etwa zwei, im Winter fünf Tage. Die Stelle mit Politur, die Übergänge bei Bedarf mit einem Lackreiniger bearbeiten.

■ Bei tiefen Schrammen an Stoßfänger oder Kotflügel das Karosserieteil ausbauen. Fläche mit Schleifpapier (Körnung 80 oder 100) eben schleifen.

16

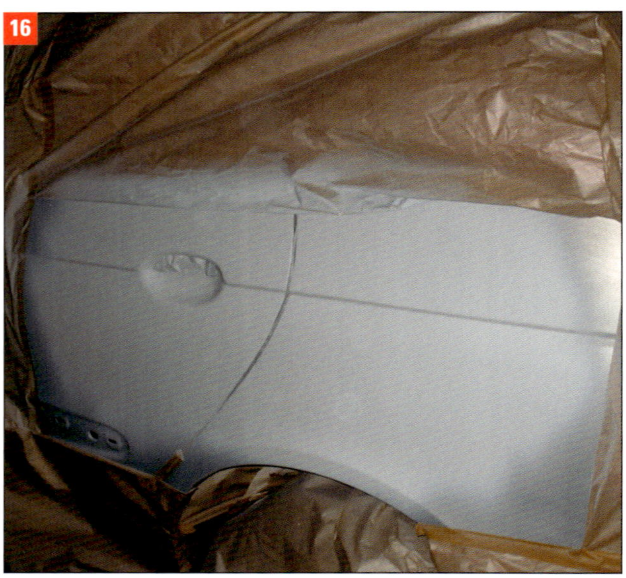

Lackreparatur: Die Schadstelle an Kotflügel und Hinterwagen wurde geschliffen und gespachtelt. Dann abkleben und gesamtes Umfeld mit Lack in Wagenfarbe sprühen.

WISSENSWERTES

Hilfreiche Nanotechnologie

Hersteller wie der Volkswagen-Konzern bieten Fahrzeuge mit einer so genannten Nanoschicht im Klarlack an. Sie sorgt für höhere Resistenz gegen mechanische Beanspruchung und Korrosion, also für mehr Kratzfestigkeit der Autolackierung.

Auch Pflegefachbetriebe bieten Nanobeschichtung an, die bei ähnlichen Kosten länger halten soll als eine Wachsschicht – nämlich bis zu drei Jahren. Der Sammelbegriff »Nano« gründet auf Größenordnungen vom Einzelatom bis zu 100 nm. 1 nm (Nanometer) ist 1 Milliardstel Meter.

■ Sollte Rost vorhanden sein, bis aufs blanke Blech schleifen, Rostumwandler auftragen, eine Stunde wirken lassen. Mit Waschbenzin oder Verdünnung reinigen und entfetten, trocknen lassen.

■ Spachtel und Härter mischen. Immer nur kleine Mengen gleichmäßig und zügig in mehreren dünnen Schichten auftragen. Riefen mit Spritzspachtel ausgleichen.

■ Nach etwa einer Stunde Aushärtung Unebenheiten mit Trockenschleifpapier (Körnung 240) vorsichtig abschmirgeln. Feinschliff mit Nassschleifpapier (Körnung 400) und wenig Druck. Schleifstaub sorgfältig abwischen.

■ Schadstelle mit wasserfestem, dehnbarem Lackierer-Klebeband sowie einer Folie abkleben (Bild 16).

■ Haftgrund (Füller) sprühen und trocknen lassen, mit Nassschleifpapier (Körnung 600) plan schleifen.

■ Decklack aus der Sprühdose (Abstand 20 bis 30 Zentimeter) gleichmäßig in mehreren Schichten auftragen.

■ Klebeband an der Reparaturstelle lösen, umknicken und diese Stellen nachsprühen. Das macht den Übergang zum Originallack unscharf.

■ Trocknen lassen, ausgebesserte Stelle mit Politur, die Übergänge mit Lackreiniger bearbeiten.

■ Mit Wachs konservieren und nochmals polieren.

Fit durch den Winter

Ihre Superb-Limousine (Bild oben) kommt gut mit heftigem Schnee zurecht, wenn sie für den Winter mit seinen besonderen Tücken vorbereitet wird. Noch besser geht's natürlich mit einem Superb 4x4 (Bild unten). Was aber unbedingt dazu gehört, erläutern wir in diesem Kapitel.

Ausrüstung für Schnee und Eis

Es war ein Saisonauftakt nach Maß für die Motorsportler von Škoda, die bei der »Jänner Rallye« 2013 in Österreich wie schon im Vorjahr siegten. Bei Schneetreiben und auf tauendem Eis fuhr das Team mit einem Fabia S 2000 ein souveränes Rennen.

Fahrwerk bestens geeignet

Mit seinem Frontantrieb, den Gasdruckstoßdämpfern und dem tendenziell untersteuernden Fahrwerk, das in schnellen Kurven über die Vorderachse schiebt, hat der Superb im Schnee aber ähnlich gute Karten wie die freilich auf Rallye zugeschnittenen Super-Fabia. Besser noch kommen die Allrad-Versionen 4x4 mit winterlichen Verhältnissen zurecht. Ein Übriges leistet die Steuerungstechnik: Elektronisches Stabilitätsprogramm ESP mit hydraulischem Antiblockiersystem (ABS), Antischlupfregelung (ASR), Bremsassistent und elektronischer Bremskraftverteilung (EBV). Zwar können die physikalischen Grenzen auch durch das beste Regelsystem nicht außer Kraft gesetzt werden. Aber das optimierte ESP kann natürlich gerade in Schnee und Eis eine hervorragende Fahrhilfe sein.

»Winterbox« für den Kofferraum

Unter winterlichen Bedingungen ist ein Reservekanister besonders anzuraten. Für alle wetterbedingten Fälle empfehlen wir Ihnen darüber hinaus, in einer »Winterbox« einige wichtige Utensilien (Bild 1) mitzuführen: unbedingt eine warme Decke; eine kleine Schaufel, um bei Tiefschnee die Räder frei zu bekommen; eine Handlampe auf jeden Fall, besser noch eine Kopflampe, mit der Sie die Hände frei haben; unbedingt Starthilfekabel und Abschleppseil oder Schwerlast-Spanngurt; eine fertige Mischung Frostschutz oder Konzentrat für die Scheibenwaschanlage sowie Frostschutzzusatz für's Kühlwasser (Bilder 1 und 2). Der Spanngurt kann helfen, andere Autofahrer oder sogar sich selbst aus dem Graben zu ziehen.

Startschwierigkeiten vermeiden

Der Motorstart wird bei anhaltendem Frost häufig zu einem Problemfall. Das Motoröl wird dickflüssiger, die Batterie gibt weniger Leistung ab. Gerade dann aber

Winter-Grundausrüstung: Starthilfekabel mit isolierten Klemmen, Frostschutz für die Waschanlage, Lampe und Eiskratzer, Gummipflegemittel, Decke, kleine Schaufel, Sicherheitsweste und Abschleppseil.

brauchen Anlasser und Motor mehr Leistung. Verzichten Sie auf stromfressende Funktionen bei stehendem Motor. Obgleich es beim Starten automatisch geschieht, schalten Sie besser vor dem Start Lüftung, Radio, Licht, Scheiben- und Sitzheizung ab. So wird die Batterie am wenigsten in Anspruch genommen.

Dichtgummis und Türschlossenteiser

Die Dichtungsgummis sind bei Minustemperaturen besonderen Anforderungen ausgesetzt. Kaputte Dichtungen sind optisch ein Problem und können im Extremfall zu Wassereinbruch und übermäßigem Scheibenbeschlag führen. Das Auswechseln defekter Dichtungen ist aufwändig und nicht billig. Verwenden Sie lieber regelmäßig einen Gummipfleger (Hirschtalg oder Silikon; Bild 3). Dieser verhindert im Winter das Festfrieren von Türen, Scheiben und Kofferraumdeckeln. Das Gummi bleibt geschmeidig.
Ein Türschlossenteiser in der Tasche kann nicht schaden, wenngleich Sie die Türen meist per Funkschlüssel öffnen. Der Enteiser, ein spezielles Schlossöl (Bild 4), gehört nicht ins Fahrzeug! Das Erhitzen des Schlüssels per Feuerzeug ist keine Alternative: Sie riskieren einen Schaden am integrierten Speicherchip, u. a. mit den Daten der Wegfahrsperre. Womöglich kommen Sie dann gar nicht vom Fleck. Ein Enteiser-Spray (Bild 5) schließlich ist oft besser als der Kratzer.

Frostschutz im Kühl- und im Waschwasser: Zum Checken des G12 plus-plus-Anteils im Kühlwasser dient ein Prüfer, für die Scheibenreinigung ist ein Fertigmix praktisch, Aufsprüh-Enteiser sind wirksam und zerkratzen nicht die Scheiben.

Die Reifen für den Winter

Grundvoraussetzung für sicheres Vorankommen bei Frost, Eis und Schnee ist die richtige Bereifung. Seit Dezember 2010 schreibt die Straßenverkehrsordnung nach §2 Abs.3a nicht mehr nur wie seit 2006 eine »geeignete Bereifung« für den Winter vor. Damit war noch nicht definiert, wie diese auszusehen hat oder welche Spezifikationen sie erfüllen muss. Jetzt aber sind (mit verschiedenen Verweisen) ganz eindeutig M+S-Reifen vorgeschrieben.

Das ist auch richtig so. Weder die geübte Hand noch die Elektronik können bei falscher Bereifung und damit schlechter Bodenhaftung das Fahrzeug noch kontrollieren. Auf Nummer sicher gehen Sie nur, wenn Sie einen Satz vernünftiger Winterreifen verwenden, denn Ganzjahresreifen mögen zwar für unkritische Wetterlagen mit milden Temperaturen ausreichend sein, bei einem plötzlichen Einbruch von Kälte und Schnee sind sie aber ungeeignet.

Zwar können noch bei Temperaturen knapp über dem Gefrierpunkt mit Sommerreifen sowohl auf nasser als auch auf trockener Fahrbahn kürzere Bremswege erzielt werden als mit vergleichbaren Winterreifen. Diese sind jedoch ganz eindeutig die bessere Wahl für winterliche Straßenverhältnisse. Ihre kälteresistente Gummimischung verhärtet bei Minustemperaturen weniger und ermöglicht damit eine bessere Verzahnung mit dem Untergrund, was bessere Kraftübertragung bedeutet.

Gute Haftung dank Lamellen

Winterreifen sind außer mit dem M+S-Symbol (englisch: Mud and Snow, deutsch: Matsch und Schnee) mit einer stilisierten Schneeflocke gekennzeichnet (Bilder 1 und 2). Sie dürfen einen niedrigeren Geschwindigkeitsindex haben als im Fahrzeugschein ausgewiesen. Dafür muss dann allerdings ein Aufkleber »XXX km/h« zur ständigen Erinnerung und Mahnung in Fahrersicht angebracht werden.

Wichtig bei Winterreifen sind neben der kälteresisten-

WISSENSWERTES: Das Schneeflockensymbol

Der Deutsche Verkehrssicherheitsrat empfiehlt den Winterreifen mit Schneeflockensymbol schon lange für die sichere Fahrt. Die Schneeflocke auf der Reifenflanke hat sich seit 2002 europaweit als freiwilliges Hersteller-Kennzeichen von Winterreifen zusätzlich zur M+S-Markierung durchgesetzt. Sie darf nur an Reifen eingeprägt sein, die auch streng den Spezifikationen entsprechen.

Diese müssen im Vergleich mit einem Standard-Referenzreifen mindestens sieben Prozent mehr Traktion auf Schnee bieten und einen ebenfalls sieben Prozent kürzeren Bremsweg ermöglichen. M+S-Reifen hingegen müssen nur ein besonders grobes Profil haben. Eine bestimmte Schnee-Performance ist nicht gefordert.

Das Schneeflocken-Symbol ist als Antwort auf den zum Teil betriebenen Missbrauch mit der M+S-Kennung (Mud and Snow = Matsch und Schnee) entstanden. Nicht alle mit M+S gekennzeichneten Reifen weisen die Lamelleneinschnitte in den Profilblöcken auf, die für gute Traktion auf Schnee sorgen (Bild 3). Auch Reifen für den Geländeeinsatz tragen das M+S- Symbol, doch gröbere Allradreifen sind für den Einsatz im Winter gar nicht so gut geeignet.

1

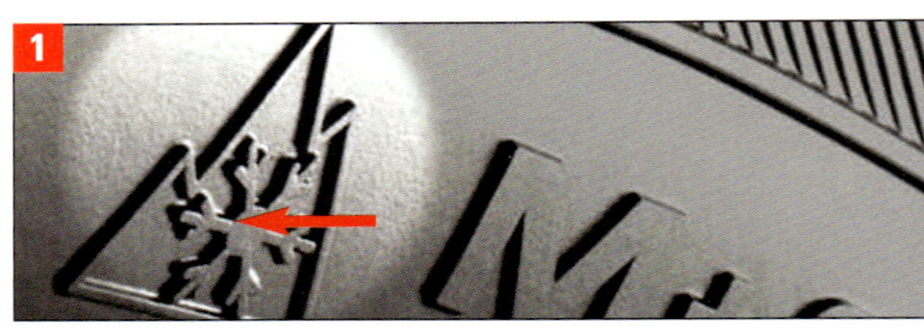

2

Garant für Wintertauglichkeit: Reifen mit dem Schneeflocke-Symbol (Pfeile) zusätzlich zur M+S Kennung.

ten Gummimischung die Lamellen-Einschnitte und Rillen der einzelnen Profilblöcke (Bild 3). Sie dienen als scharfe Greifkanten beim Abrollen des Rades. Der dynamische Prozess an der Auflagefläche erhöht die Verzahnungskräfte besonders mit losem Untergrund wie Schnee. Lamellierte Reifen haben mehr »Grip«.

Mindestens 4 mm Profil sind nötig

Die Lamellen sind auch ein guter Verschleißindikator: Bei Abnutzung verschwinden sie allmählich, ihre Wirkung nimmt ab. Die »TWI-Indikatoren« sind ebenfalls nützlich: 4 mm-Indikator weiße Pfeile, 1,6 mm-Indikator rote Pfeile in Bild 3. Eine 2-Euro-Münze (Bild 3a) tut es auch: Erst wenn der Rand sichtbar wird, ist das Profil unter 4 mm abgefahren. Dann verlieren Winterreifen auf Schnee ihren Nutzen und sollten ersetzt werden. Im Frühjahr kann man sie allerdings durchaus noch bis auf eine Profiltiefe von rund 3 mm aufbrauchen.

Welche Reifen sind richtig?

Die Lamellenprofile gestatten eine geringere Höhe der einzelnen Blöcke. Dadurch werden die Eigenschwingungen reduziert, was die Reifen leiser macht. Zum anderen werden die Profilblöcke unterschiedlich groß gestaltet, so dass sie beim Nachschwingen nach dem Abrollen verschiedene Frequenzen haben. Eigendynamisches und geräuschvolles Schwingen bei einer bestimmten Geschwindigkeit wird unterbunden.

Die Wahl der richtigen Winterreifen für den Superb fällt bei dem großen Angebot nicht leicht. Internet-Anbieter wie beispielsweise »www.reifendirekt.de/Winterreifen« oder »www.reifen.com« warten mit zig Felgen-Reifen-Kombinationen auf. Bei »www.reifentiefpreis.de« finden Sie Reifen wenig bekannter Firmen wie EP Tyres, Fate, Avon, Matador oder Debica zu Preisen bis 80% unter denen von Markenfabrikaten. Dann aber ist die Qualität sehr fragwürdig.

Škoda empfiehlt seit längerem Premiumreifen, die den jährlichen ADAC-Tests zufolge ebenfalls als »besonders empfehlenswert« gelten, z. B.:

- Continental: Winter Contact (z. B. TS 830);
- Goodyear: Ultra Grip (z. B. Eagle, GW 3);
- Dunlop: SP Winter Sport (z. B. 3 D);
- Michelin: Alpin (z. B. A4 EL);
- Bridgestone: Blizzak (z. B. LM-25);
- Vredestein: Wintrac Xtreme (oder Snowtrac 3).

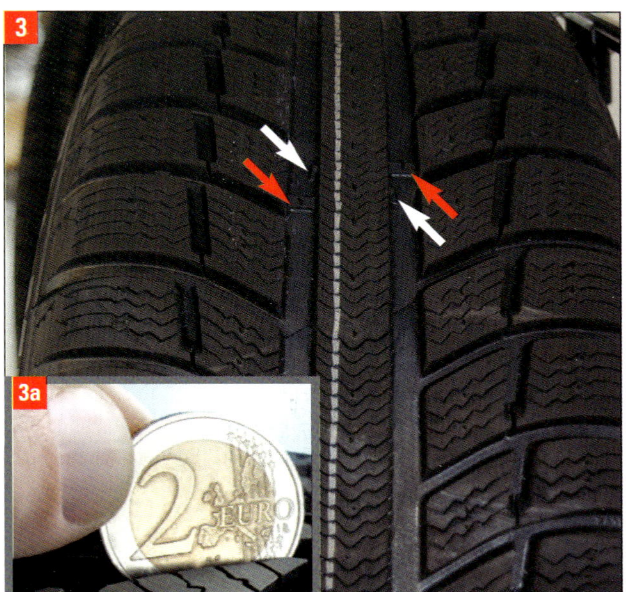

Winterreifen-Profil: Verschieden große Blöcke mit Lamellen. Weiße Pfeile und Bild 3a: 4 mm Profil, rote Pfeile: 1,6 mm.

PRAXISTIPP

Gebrauchte Winterreifen

Seit Dezember 2010 sind Autofahrer verpflichtet, im Winter ihr Fahrzeug mit M+S-Bereifung auszurüsten. Ohne eindeutig ausgewiesene Winterreifen riskieren Sie ein Bußgeld und bei Unfall sogar den Verlust Ihres Versicherungsschutzes.

- Der Erwerb eines Komplettsatzes von Reifen und Felgen ist natürlich eine Kostenfrage. Sparen lässt sich mit gebrauchten Winterrädern, die Sie zum Beispiel bei speziellen Börsen, meist Anfang November, finden können. Achten Sie auf Zeitungsanzeigen oder Internet-Hinweise (Seiten des ADAC).

- Notieren Sie sich vor dem Kauf die für Ihr Fahrzeug passenden Reifengrößen (Fahrzeugschein).

- Die meisten Reifenhersteller bieten auf ihren Internetseiten mit einem »Reifenkonfigurator« eine gute Hilfe an, Klarheit zu schaffen. Nach Eingabe der Schlüsselnummer laut Fahrzeugschein werden auch alternative Reifengrößen aufgeführt.

- Wenn Sie einen passenden Satz gefunden haben, untersuchen Sie ihn nach den Prüfkriterien Profiltiefe, Reifenalter und Erscheinungsbild (Beschädigungen etc.), bevor Sie zugreifen.

Orientieren Sie sich an Tests. Sie geben verlässliche Hinweise auf empfohlene und weniger geeignete Reifen. Superb-Dimensionen für Räder und Reifen (Bilder 4 und 5) sind:

- Stahl- und Leichtmetallräder 7J x 16 für Reifen 225/45 R 17;
- Leichtmetallräder 7,5J x 17 für Reifen 225/45 R 17;
- Leichtmetallräder 7,5J x 18 für Reifen 225/40 R 18.

Schneeketten anlegen

Schneeketten für den Superb gibt es in VW- und Škoda-Autohäusern wie im Zubehörhandel. Sie werden im Set mit zwei Ketten im wasserfesten Transportbeutel angeboten, der sich auch als Unterlage bei der Montage verwenden lässt. Arbeitshandschuhe und Gebrauchsanleitung zu den Ketten legen!

Die normalerweise selten gebrauchten Schneeketten können beim ADAC per Mietkauf erworben werden, wenn sie nur vorsichtshalber für ein langes Wochenende oder eine Woche Winterurlaub dabei sein sollen. Bei Nichtgebrauch werden dann 3 bis 5 Euro pro Tag fällig, sonst ist nachträglich der Kaufpreis zu bezahlen. Schneeketten gehören nur auf die angetriebenen Räder. Üben Sie in Ruhe das Anlegen (Bild 8 zeigt eine Demonstration im VW/Škoda Autohaus Zemke), damit es dann bei Frost schnell genug geht.

Für die folgenden Räder/Reifen-Kombinationen sind Schneeketten nach den Werkstattvorgaben von Škoda nicht zugelassen:

Scheibenrad	Einpresstiefe	Reifen/Erstausrüstung	Weitere zulässige Reifen
7J x 17	ET 49	225/45 R17 94W	225/45 R17 94 H oder V
7,5J x 17	ET 49	225/45 R17 94W	225/45 R17 94 H oder V
7,5J x 18	ET 46	225/40 R18 92Y	225/40 R18 92 H, T oder V

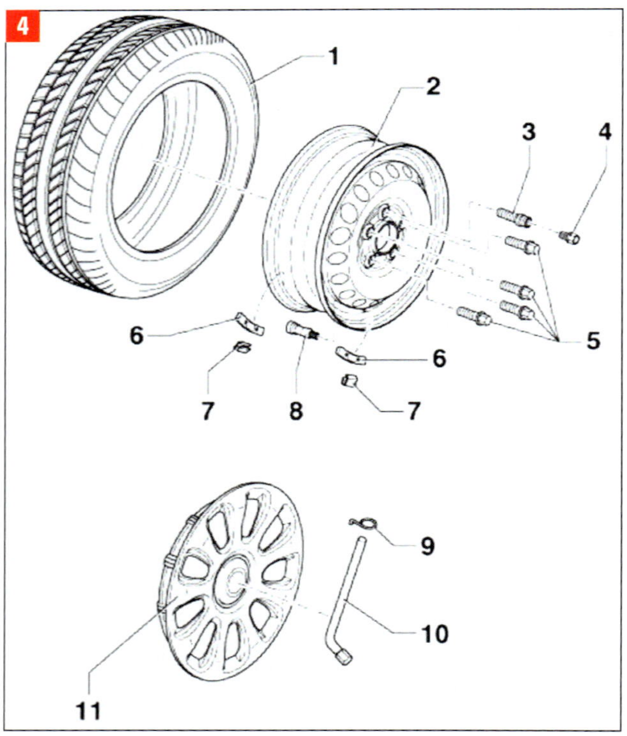

Stahlräder 7J x 16: 1 Reifen, 2 Stahlfelge (ET 45), 3 diebstahlhemmende Radschraube, 4 Adapter für diebstahlhemmende Radschraube, 5 Radschraube, 6 Auswuchtgewichte bis 60 g je Felgenhorn, 7 Haltefeder für die Gewichte, 8 Ventil nach ETKA der Originalteile, 9 Abziehhaken, 10 Radschraubenschlüssel, 11 Radzierblende (unterschiedliche Ausführung nach ETKA, mit Haken 9 abziehen).

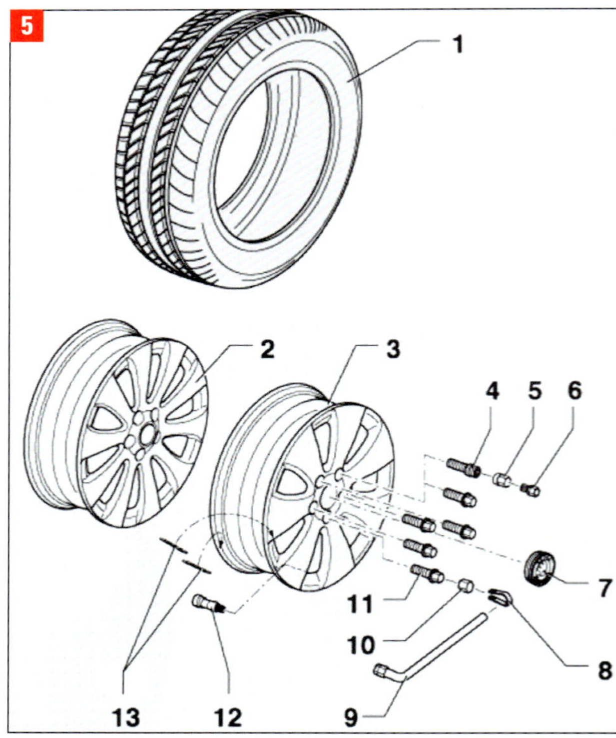

Leichtmetallfelge 7J x 16: 1 Reifen, 2 Leichtmetallfelge (ET 49), 3 Leichtmetallfelge (ET 45), 4 diebstahlhemmende Radschraube, 5 Abdeckkappe und 6 Adapter für diebstahlhemmende Radschraube, 7 Radzierkappe, 8 Abziehbügel, 9 Radschraubenschlüssel, 10 Abdeckkappe für Radschraube, 11 Radschraube, 12 Ventil nach ETKA der Originalteile, 13 Klebeauswuchtgewichte (max. 60 g je Felgenhorn zulässig).

Winterräder richtig montieren

Das Montieren von Rädern mit Winterreifen können Sie relativ schnell und auch sicher selbst erledigen. Beachten Sie aber beim Anheben des Fahrzeugs die Sicherheitshinweise, die wir später im Unterkapitel »Kleine Schäden und Pannen« geben (»Fahrzeug richtig heben und aufbocken«).

Nach der Demontage der Sommerreifen müssen diese kühl und trocken eingelagert werden. Empfehlenswert ist hierzu der schon früher erwähnte Felgenbaum, der verhindert, dass Flanken oder Laufflächen während der Einlagerung belastet werden. Zum Felgenbaum gehört üblicherweise eine Schutzhülle mit Klettverschluss, die Staub von den Rädern fernhält.

Und so gehen Sie vor:

- Werkstattboden oder andere ebene Stelle mit festem Untergrund für den sicheren Radwechsel suchen.
- Spindel- oder Rangierwagenheber, Abziehhaken (1, Bild 6) für die Abdeckkappen der Radschrauben sowie Radschraubenschlüssel bereit halten. Zum Lösen diebstahlhemmender Radschrauben muss der Adapter (2, Bild 6) eingesetzt werden (alles im Bordwerkzeug).
- Hakenende (Pfeil, Bild 6) durch die Öffnung in der Abdeckkappe der Schrauben stecken und Kappe abziehen.
- Handbremse fest anziehen und alle Radbolzen (5 bzw. 11) zunächst um eine viertel Umdrehung lösen. Für die diebstahlhemmende Radschraube (3 bzw. 4) den Adapter (4 bzw. 6; alle Positionen Bilder 4 und 5) benutzen (Bild 7).
- Heben Sie nun das Fahrzeug so weit an, bis das Rad ein paar Zentimeter über dem Boden hängt. (Hinweise aus dem Abschnitt »Fahrzeug richtig aufbocken« beachten!).
- Die fünf Radbolzen herausdrehen und das Rad abnehmen. Wechseln Sie immer ein Rad nach dem anderen!
- Radnabe kontrollieren und gegebenenfalls mit der Drahtbürste säubern. Tragen Sie eine hauchdünne Schicht Kupferpaste auf. Das schützt vor weiterer Korrosion.
- Setzen Sie jetzt das Rad mit den Winterreifen an. Drehen Sie alle Radbolzen so fest wie möglich ein und achten Sie darauf, dass das Rad gerade und nicht verkantet an der Nabe anliegt. Heber entfernen, Fahrzeug wieder fest auf alle Räder stellen.
- Radbolzen mit maximal 120 Nm anziehen.
- Nicht etwa fester anknallen und auch niemals einen Schlagschrauber verwenden, weil das zu schweren Schäden am Rad führen kann!
- Nach rund 50 km Fahrt die Radschrauben nachziehen.

7

Adapter benutzen: Werkzeug in diebstahlhemmenden Bolzen einsetzen und am Sechskant wie übliche Schraube herausdrehen.

6

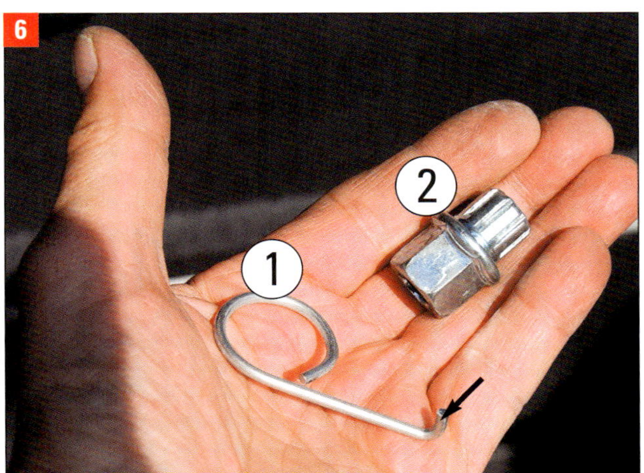

Gehören zum Bordwerkzeug: 1 Abziehhaken für die Radzierblende, 2 Adapter für diebstahlhemmende Radschraube. Bei Leichtmetallrädern gibt es einen Abziehbügel für die Blende.

8

Anleitung im Autohaus: So werden Schneeketten montiert.

Heizung prüfen, Ausströmer/Filter wechseln

Damit im Winter die Scheiben auch von innen möglichst schnell und zuverlässig frei werden, müssen Heizung, Lüftung und Klimaanlage in tadellosem Zustand sein. Die Klimaanlage kann auch im Winter wertvolle Dienste leisten: Sie trocknet die Luft im Fahrzeug und vermindert dadurch das Beschlagen der Scheiben.

Die durch das Gehäuse für Lufteintritt (unter der Schalttafel rechts auf Höhe des Handschuhkastens) vom Gebläse angesaugte Luft passiert das auf der Höhe der unteren Handschuhfachkante angebrachte Reinluft- (Pollen-)Filter. In den Frischluftkanal integriert ist der Wärmetauscher der Klimaanlage, welcher der Frischluftzufuhr von außen Widerstand entgegen setzt. Deshalb muss das Gebläse im Winter immer mindestens auf Stufe 1 mitlaufen, wenn die Anlage ihre Wirkung entfalten soll.

Ein Heizelement für Luftzusatzheizung wird bei Anschlag des Temperaturknopfes an der Heizungsbetätigung auf »warm« (Mikroschalter) in Abhängigkeit von Außentemperatur, Kühlmitteltemperatur im Wärmetauscher und Generatorbelastung über Motorsteuergerät und zwei Relais in drei Stufen geregelt. Durch die nachfolgend beschriebene Prüfung wird die einwandfreie Arbeit sicher gestellt.

Heizung prüfen

- Prüfen Sie, ob das Gebläse in allen Stufen wirkungsvoll arbeitet: Luft auf die mittleren Ausströmer (1, Bild 1) lenken und alle Varianten mit den Reglern an den Mittenausströmern (1) sowie den Reglern (2) und den Tasten (3) am Bedienteil der Klimaanlage durchprobieren (Bild 1).
- Ab 60 Grad Motortemperatur oder ca. 5 km Fahrt muss bei geöffnetem Regler aus allen Ausströmern warme Luft kommen.
- Zum Abschluss prüfen, ob der Einsteller für die Luftverteilung (bei Climatronic automatisch) funktioniert. Das lässt sich an den Düsen erfühlen und auch hören.
- Drucktaste für Umluftbetrieb durch Betätigen überprüfen. Wird auf Umluftbetrieb geschaltet?

1

Bedienteil der Klimaanlage Typ »Climatronic«: (1) Ausströmer mit Reglern, (2) Regler und (3) Tasten für Gebläse, Luftverteilung, Umluft und Kühlung.

2

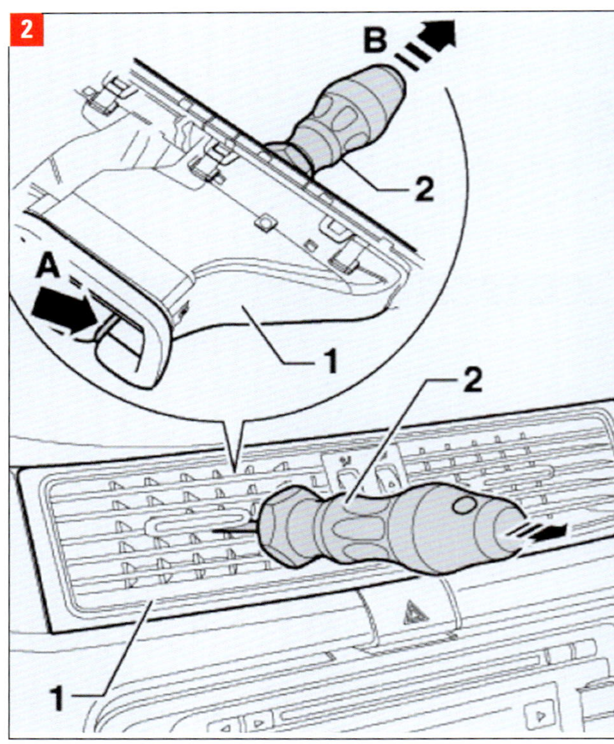

Ausströmer ausbauen: (1) Ausströmer (im Bild Schalttafel Mitte), (2) Entriegelungswerkzeug. Pfeil A: Ausströmerkante, Pfeil B: Werkzeug in diese Richtung ziehen.

■ Drucktaste für Kühlbetrieb ein- und ausschalten. Leuchtet die Kontrollleuchte für Klimakompressor in der Taste?

Ausströmer aus- und einbauen

■ **Ausbau:** Für die Entriegelung der Ausströmer (Schalttafel Mitte und Seite, B-Säule) brauchen Sie das Werkzeug »T10389«

■ Zündung und alle elektrischen Verbraucher ausschalten.

■ Schalttafelausströmer (1) so öffnen, dass das Entriegelungswerkzeug (2) eingesteckt werden kann (Bild 2).

■ Vorsichtig, um die Stelllamellen nicht zu beschädigen, das Entriegelungswerkzeug so weit in den Ausströmer einlegen, bis es an die Ausströmerkante anschlägt (Pfeil A; Bild 2).

■ Für die Kontrolle der richtigen Montagelage des Entriegelungswerkzeugs möglichst eine Lampe benutzen.

■ Durch Ziehen am Entriegelungswerkzeug (Pfeil B) den Ausströmer von der Schalttafel lösen.

■ Die Steckverbindung vom Mitten- oder Seitenausströmer trennen. Sie befindet sich jeweils rechts oben am herausgenommenen Ausströmer.

■ **Einbau:** Stecker aufstecken. Ausströmer zurück in den Montagerahmen in der Schalttafel drücken. Dabei jedoch nicht auf die Lamellen des Ausströmers drücken!
Nach dem Einbau eine Funktionsprüfung durchführen.

Anmerkung: Ausströmer in den B-Säulen ähnlich aus- und einbauen: Obere B-Säulen-Verkleidung ausbauen. Steckverbindung trennen und Ausströmer von innen vorsichtig von der Säule abdrücken. Einbau umgekehrt: Stecker aufstecken, Ausströmer in die Säule einclipsen, nicht auf die Lamellen drücken.

Reinluftfilter aus- und einbauen

■ **Ausbau:** Den Beifahrersitz in die hinterste Position stellen. Gebaut wird unter dem Handschuhkasten (Bilder 3 bis 5).

■ Abschottung (1) vom Heizgerät abbauen, Abdeckung (2) in Pfeilrichtung A entriegeln, in Pfeilrichtung B abbauen (Bild 4).

■ Staub- und Pollenfilter aus dem Heizgerät nach unten herausnehmen.

■ **Einbau:** Neuen Filtereinsatz sinngemäß umgekehrt einbauen.

■ Filtereinsatz richtig in den Rahmen einpassen (Bild 5). Einbaulage, die man evtl. vorher markiert hat, prüfen: Obere und untere Lamelle des Filtereinsatzes müssen im Rahmen liegen. Die Pfeile auf dem Rahmen und auf dem Filtereinsatz zeigen in Durchflussrichtung, das Gitter des Rahmens muss zum Verteilergehäuse zeigen.

■ Die Abdeckung muss richtig im Gehäuse liegen und die Schieberstücke müssen bis zum Anschlag nach außen geschoben sein (Umkehrung Bild 4).

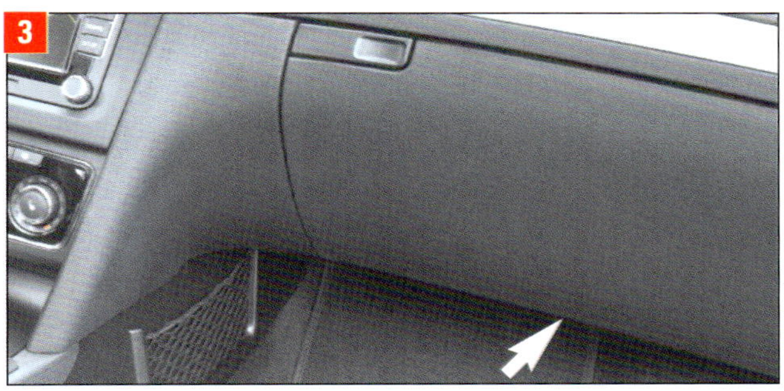

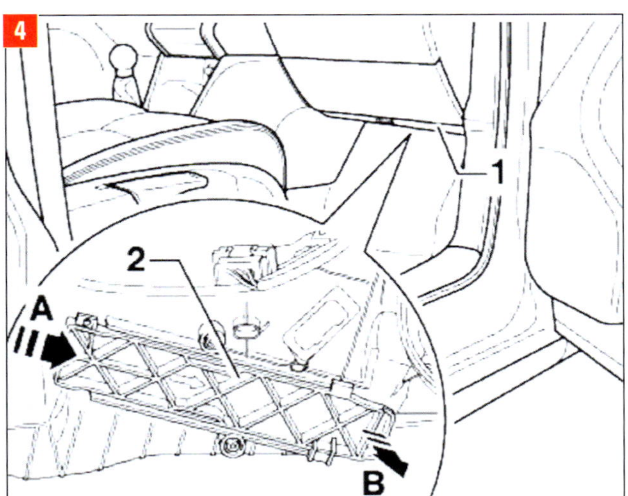

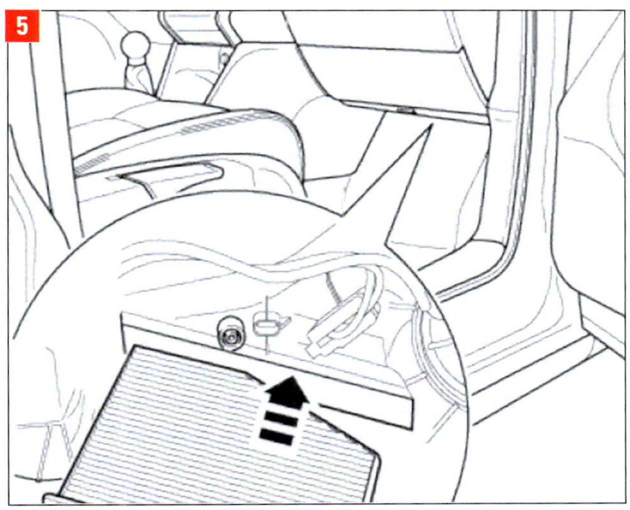

Bilder 3 bis 5 Staub- und Pollenfilter ausbauen: Vom Fußraum Beifahrer her (Pfeil in Bild 3) der Filterdeckel (2) unter dem Handschuhkasten (1) ausclipsen. Rahmen mit Filtereinsatz nach vorn herausziehen. Im umgekehrten Sinne entsprechend Markierungen einbauen

Anmerkung: Es empfiehlt sich, Die Bodenmatte im Bereich unter dem Staub- und Pollenfilter (Reinluftfilter) mit Papier abzudecken, damit beim Filterausbau herausfallender Staub die Matte nicht verschmutzt. Außerdem sollte man zusätzlich zu vorhandenen Markierungen die Einbaulage notieren.

Frostschutz sichern

Dem Scheibenwasch- und dem Kühlwasser werden Frostschutzmittel nach VW-Norm beigemischt. Bringen Sie die Mittel nicht durcheinander! Frostschutzmittel für die Scheibe im Kühlkreislauf oder umgekehrt: Das kann fatale Folgen haben!

■ Der Ausgleichsbehälter für das Kühlmittel (1, Bild 1) befindet sich hinten rechts im Motorraum.

■ Vor dem Kühlmittelbehälter befindet sich der Einfüllstutzen (mit Deckel) für das Scheiben- und Scheinwerferwaschwasser (2, Bild 1).

Richtige Sorte und Menge

■ **Waschanlage:** Erst Frostschutz-Konzentrat im geforderten Verhältnis, dann Wasser einfüllen! Die Einfüllmenge beträgt knapp 5 Liter Wasser plus Zusatz.

■ Ganzjährig das Scheibenreinigungskonzentrat nach VW-Norm G 052 164 verwenden. Es schützt Spritzdüsen, Behälter und Schläuche vor dem Einfrieren. Fahrzeuge mit Fächerdüsen müssen unbedingt damit befüllt werden, weil G 052 164 eine so geringe Viskosität bei Frost hat, dass das komplizierte Düsensystem nicht durch kristallisierte Waschflüssigkeit verstopft.

■ Für die Waschanlage ist auch ein fertiges Wasser-Frostschutz-Gemisch zu verwenden, wenn der angegebene Temperaturbereich zur aktuellen Wetterlage passt.

■ Für die Scheinwerferreinigungsanlage dürfen nur Frostschutzzusätze verwendet werden, welche die Polykarbonatscheiben nicht angreifen. Das Mittel G 052 164 erfüllt diese Forderung und entfernt darüber hinaus wachsartige und ölige Rückstände von den Scheiben.

■ **Kühlsystem:** Zusätze zum Wasser verhindern Frost- und Korrosionsschäden sowie Kalkansatz und erhöhen den Siedepunkt des Kühlmittels. In Ländern mit tropischem Klima trägt das Kühlmittel bei hoher Belastung des Motors zur Betriebssicherheit bei. Kühlmittelzusätze sind unbedingt ganzjährig mit einem Anteil von mindestens 40% zu benutzen. Der aktuelle Kühlmittelzusatz ist seit 2008 das »G12 plus-plus« (lila; siehe Bild 1). Er kann mit dem Vorgänger G12 plus gemischt werden, Kühlmittelwechsel aber darf nur mit G12 plus-plus erfolgen.

■ Bis etwa -25 °C, in Ländern mit arktischem Klima bis etwa -35 °C muss Frostschutz für Kühlmittel gewährleistet sein. Über 60% Zusatz im Kühlwasser (Frostschutz bis -40 °C) verringert den Frostschutz und verschlechtert sogar die Kühlwirkung wieder. Mehr als 60% Frostschutzanteil im Kühlmittel ist also unsinnig. Die »Unterversorgung« nach Bild 2 aber ist auf jeden Fall ungenügend.

■ Frostschutz mit Prüfer (Bild 2) aus dem Zubehörhandel kontrollieren: Bei Betätigen des Balges (1) wird Flüssigkeit eingesaugt (2). Die Skale (3) zeigt, wie weit der Frostschutz reicht. Im Bild -14 °C (Pfeil); -30 °C sollten jedoch erreicht werden.

1

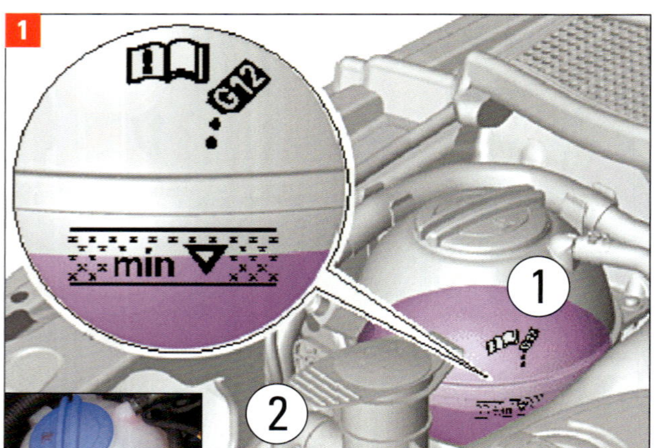

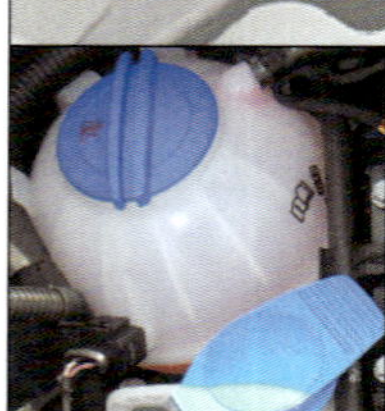

Motorraum rechts: (1) Kühlmittel-Ausgleichsbehälter, (2) Einfüllstutzen für Scheibenwaschwasser.

2

Frostschutzprüfer: (1) Gummibalg, (2) Schlauch vom Kühlmittel, (3) Skale.

Waschdüsen und Wischereinstellung prüfen

Wenn man weder Garagenstellplatz noch schützenden Carport besitzt, gehören zugefrorene Scheiben im Winter zum alltäglichen morgendlichen Graus. Wer dann nur ein kleines Guckloch freilegt und losfährt, begibt sich und bringt andere in höchste Gefahr. Bei einem Unfall kann er haftbar gemacht werden und oft sogar ein saftiges Bußgeld zahlen.

Der Gesetzgeber schreibt laut §23 StVO vor, dass die Sicht weder durch Beladung noch durch den Zustand des Fahrzeugs beeinträchtigt sein darf. Eine gute, die Scheiben vor Zerkratzen bewahrende Möglichkeit ist der Einsatz von Scheiben-Enteiser in Spraydosen oder Pumpflaschen (Bild 1). Diese alkoholischen Konzentrate entfernen Eisschicht oder Raureif nach kurzem Einwirken. Wird die Scheibe gleichmäßig benetzt, sind die Mittel gut in der Wirkung. Die mechanische Beanspruchung beim Wischen ist dann gering.

Kontrollieren Sie häufig die Wischerblätter auf Rillen und Risse. Austausch kann öfters nötig sein, denn vereiste Scheiben setzen dem bei Kälte spröderen Gummi ganz erheblich zu.

Arbeitsabläufe:

■ Für freie Sicht und gegen Beschlagen hilft das Waschkonzentrat. Füllstand im Behälter prüfen! Vor langen Fahrten immer vollständig auffüllen.

■ Wichtig ist häufiges Waschen der Scheiben. Kontrolle des Heckwischers nicht versäumen! Die Waschdüsen vorn und hinten müssen einwandfrei funktionieren, sonst einstellen oder/und säubern.

■ **Waschdüsen vorn verstellen:** Die Frontscheibe wird von kegelförmigen Strahlen besprüht. Auf korrekte Höhe und Verteilung der Sprühstrahlen achten! Sind die Düsen richtig eingestellt (ab Werk), ergeben sich gut gefächerte Spritzfelder, die links und rechts in gleicher Höhe liegen (Bild 2).

■ Kleine Höhenunterschiede lassen sich ausgleichen: Den Spritzstrahl durch Verdrehen am Einsteller der Düse mit einem Schraubendreher im Uhrzeigersinn tiefer, entgegen Uhrzeigersinn höher stellen. Tritt der Spritzstrahl ungleichmäßig oder ungenügend aus, ist die Waschdüse zu ersetzen.

■ **Waschdüsen vorn ausbauen:** Verunreinigte Düse nach oben drücken, unten aus der Klappe herausschwenken. Schlauchclip entriegeln und den Schlauchanschluss abziehen. Bei beheizbaren Spritzdüsen die Steckverbindung entriegeln und trennen. Spritzdüse abnehmen.

■ **Waschdüsen vorn einbauen:** Schlauchanschluss und Steckverbindung auf die Düse aufstecken, den Schlauchclip verriegeln und die Spritzdüse, oben beginnend, in die Einbauöffnung stecken, bis sie hörbar verrastet.

■ **Waschdüsen vorn reinigen:** Entgegen Spritzrichtung mit Wasser durchspülen. Anschließend entgegen Spritzrichtung mit

1

Scheiben-Enteiser: Fabrikate vieler Hersteller werden in gasfreien Pumpflaschen angeboten.

2

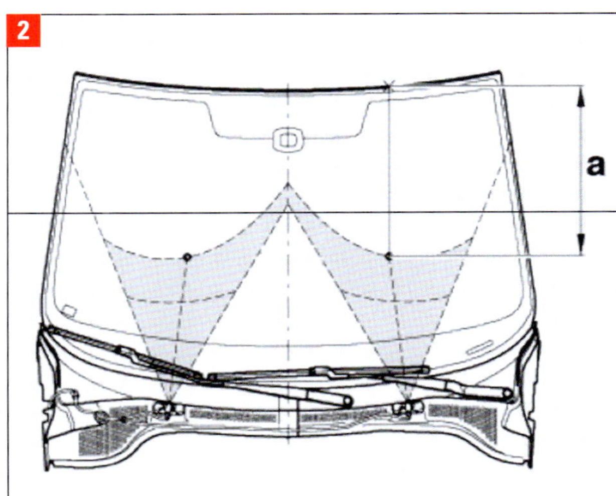

Spritzdüsen vorn: Die kegelförmigen Sprühstrahlen müssen gut gefächert sowie links und rechts auf gleicher Höhe auftreffen. Wenn die Düsen richtig eingestellt sind (wie ab Werk), ergeben sich gleichmäßige Spritzfelder. Der Abstand »a« soll 495 ± 50 mm betragen.

Druckluft durchblasen. Keine Nadeln oder ähnlichen Werkzeuge verwenden! Bleibt eine Düse verstopft, muss sie ersetzt werden.

■ **Wischerarme mit Wischerblättern ausbauen:** Motorhaube öffnen. Wenn während der Arbeiten der Wischermotor eingeschaltet werden soll, Frontklappe wieder schließen und Zündung einschalten. Anderenfalls wird die Spannungsversorgung des Wischermotors unterbrochen.

■ Zündung und alle elektrischen Verbraucher ausschalten.

■ Beide Abdeckkappen für die Muttern an den Wischerarmen mit einem Schraubendreher abhebeln und die Muttern (17 Nm) herausdrehen.

■ Abzieher (2) für Wischerarme (Werkzeug T10369/1) auf den Wischerarm (4) aufschieben. Unbedingt das Druckstück (3) verwenden, um Beschädigungen am Gewinde der Wischermotorwelle zu vermeiden. Durch Drehen der Druckschraube (1) den Arm von der Welle lösen (Bild 3).

■ **Wischerarme mit Wischerblättern einbauen:** Wischerarme mit Wischerblättern einsetzen und Wischerblätter auf die Markierungen in der Frontscheibe (1, Bild 4) ausrichten.

■ Befestigungsmuttern leicht anziehen.

■ Tippwischen betätigen und Einstellung der Arme (Endstellung, Ruhestellung) wiederholt prüfen, ggf. korrigieren. Die Toleranz zwischen Wischerblatt und Markierung beträgt ±2 mm.

■ Befestigungsmuttern festziehen (17 Nm).

■ **Endstellung einstellen:** Zum Einstellen muss diejenige Endstellung benutzt werden, in welche der Wischermotor direkt und ohne Überlauf fährt. Denn bei jedem zweiten Ausschalten läuft der Wischermotor weiter bis in die so genannte verlagerte Endstellung, damit sich die Wischerblattlippe in die andere Richtung einstellt. Dabei läuft der Wischermotor nach unten und danach wieder ein kleines Stück nach oben. Diese verlagerte Endstellung kann nicht zum Ausgleich der Scheibenwischerarme benutzt werden.

■ Falls der Wischermotor in die verlagerte Endstellung läuft, muss deshalb nochmals das Wischen eingeschaltet werden.

■ Die Funktion der verlagerten Endstellung (APS) wird allerdings erst aktiv

- nach 100 Wischzyklen,
- nach Ausschalten von APS mit dem Fahrzeugdiagnosetester in der entsprechenden Fehlersuch-Funktion oder
- nach Einbau eines neuen Wischermotors.

■ Ob die Funktion bereits aktiviert ist, kann nur durch wiederholtes Ein- und Ausschalten des Wischermotors ermittelt werden. Also Wischermotor ein- und ausschalten und in die Endstellung für die Einstellung der Scheibenwischerarme laufen lassen.

■ **Waschdüse hinten verstellen:** Der Wasserstrahl muss im oberen Drittel der Heckscheibe auftreffen, Abstand »B« etwa 200 mm (Bild 5). Einstellen mit Werkzeug T10127 oder T40187.

■ Wasserkanäle in der Düse nicht durch falsches Werkzeug beschädigen! Eine Verstellung der Spritzdüse ist nur in der Neigung (also in Richtung Heckscheibe oder entgegengesetzt) möglich. Seitliche Veränderung der Spritzdüse in Drehrichtung des Wischerarmes darf nicht vorgenommen werden. Tritt der Spritzstrahl ungleichmäßig oder ungenügend aus, ist die Waschdüse zu ersetzen

■ **Waschdüse hinten ausbauen:** Die Spritzdüse ist unter der Abdeckung der Heckwischerwelle verbaut. Die beiden Verrastungen an der Düse entriegeln und die Düse nach hinten herausziehen (Bild 6).

■ **Heckscheibenwischerblatt auswechseln:** Wischerarm von der Scheibe wegklappen und Wischerblatt waagerecht ausrichten. Scheibenwischerarm im oberen Teil mit einer Hand halten, mit der anderen Hand die Sicherung entriegeln und das Wischerblatt abnehmen. Neues Wischerblatt auf den Scheibenwischerarm schieben und Sicherung verriegeln.

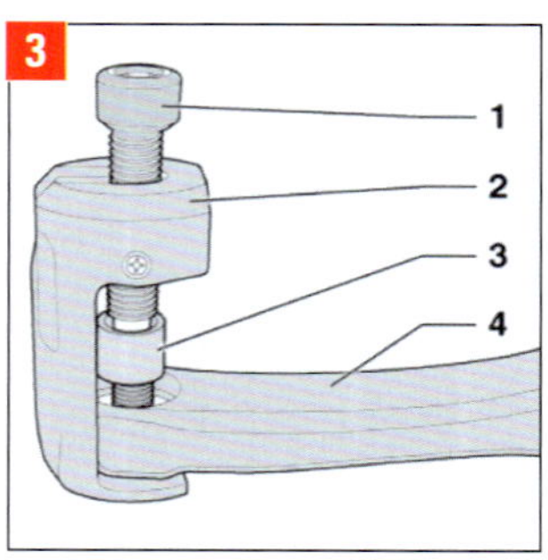

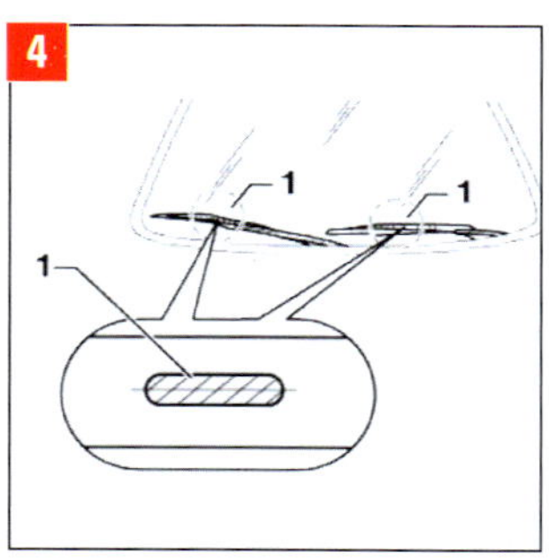

Bild 3 Abzieher für Wischerarme: (1) Druckschraube, (2) Abzieher, (3) Druckstück, (4) Wischerarm.

Bild 4 Endstellung einstellen: Die Toleranz zwischen Wischerblatt und Markierung (1) beträgt ±2 mm.

Anmerkung: Stets prüfen, ob Wischerblätter richtig befestigt sind. Bei unsachgemäßem Umgang mit dem Scheibenwischer können Front- oder Heckscheibe beschädigt werden.

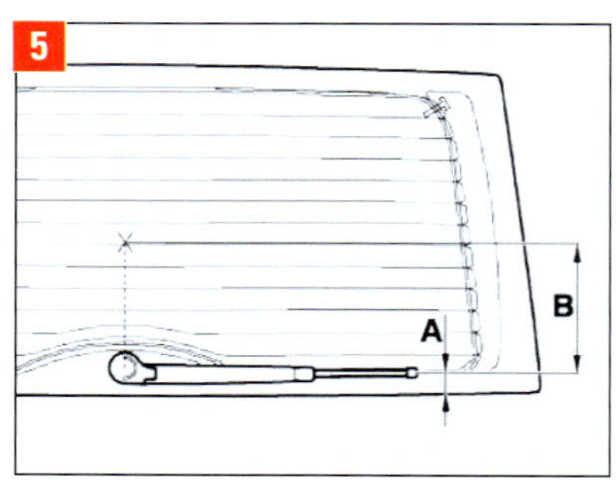

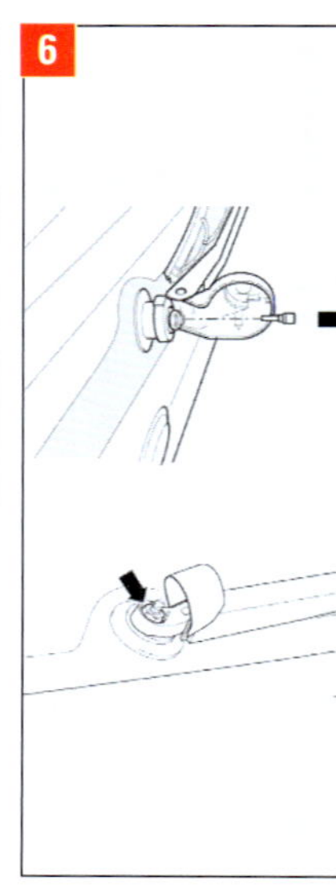

Bild 5 Heckscheibe: Wischerblatt auf einen Abstand A = 29 ±2 mm zur Scheibenunterkante einstellen. Abstand »B« für den Spritzstrahl = 200 mm.

Bild 6 Heckwischer: Spritzdüse herausziehen (oben), Mutter (12 Nm) für Wischerarm abschrauben (unten).

Starthilfebooster

Nicht nur, aber vor allem bei Fahrten in entlegene Wintergebiete ist ein Starthelfer an Bord sehr ratsam. Der »Booster« hilft, wenn die Starterbatterie wegen extremer Kälte oder schlechten Ladezustands versagt. Bei niedrigen Temperaturen sind Autobatterien stark gefordert, und Heckscheibenheizung, Heizungsgebläse oder Sitzheizung belasten noch zusätzlich. Im Kurzstreckeneinsatz kann die Batterie oft gar nicht mehr geladen werden.
Der Wert der Starthelfer hängt allerdings nicht vom wenngleich ebenfalls nützlichen Drumherum wie Lampe oder Zusatzstromquelle fürs Camping ab. Ein Anhaltspunkt für die Qualität ist wie immer der Preis. Wir haben Geräte im Spektrum von 23 Euro bis über 700 Euro gefunden. Das Angebot ist riesig, lassen Sie sich beraten und vergleichen Sie Käufer-Erfahrungen (Internet!). Auf jeden Fall gilt: Will man Zuverlässigkeit haben, kann der Preis nicht unter 200 bis 400 Euro liegen.
Beim Strom auf den CA-Wert achten. Spitzenströme, die nur 1 Sekunde anhalten, sind Unsinn. Soll der Booster bei einem Dieselfahrzeug eingesetzt werden, muss der CA-Wert mindestens 750 A sein, besser wären 1000 A (Bild unten). Dieselmotoren benötigen wegen grösserer Kompression mehr Strom für den Anlasser. Geeignete Geräte sind wie »Bully« von APA auch Rodcraft BOS 1224 oder Banner P3 Professional.

Filter mit Aktivkohle einbauen

Den Staub- und Pollenfilter (Aus- und Einbau siehe Seite 53) gibt es in hochwertiger Ausführung mit einer Einlage aus Aktivkohle. Fahrzeuge mit standardmäßigem Klimagerät haben das normale Filter ohne Aktivkohle. Da der Filter mit Aktivkohleeinlage zusätzlich auch gasförmige Schadstoffe wie Ozon, Benzol oder Stickstoffdioxid und andere gasförmige Verunreinigungen aus der Luft herausfiltern kann, empfehlen wir den Einbau. Die Aktivkohleschicht hält Belastungsspitzen aus dem Fahrgastraum fern.
Die Verwendung des Reinluftfilters mit Aktivkohleeinlage (»Kombifilter«) empfiehlt sich vor allem in Gebieten mit dauernder starker Luftbelastung. Bei zusätzlichem Einbau eines Luftgüte-Sensors aus dem einschlägigen Zubehörhandel oder nach Originalteilekatalog wird der Filter durch automatisches Umschalten auf Umluftbetrieb bei Schadstoffspitzen geschont. Sonst ist er recht bald gesättigt und muss öfter gewechselt werden.

Richtige Öle, kürzere Wechselintervalle

Winterkälte und Kurzstreckenfahrten mit ihren häufigen Kaltstarts sind die stärksten Stressfaktoren für das Motoröl. Sie wirken zwangsläufig Intervall-verkürzend. Öl schmiert ja nicht nur, es soll auch Verbrennungsrückstände lösen, um Kolbenringstecken zu verhindern, und die gelösten Bestandteile in der Schwebe halten, damit sie nicht bei geringer Fließgeschwindigkeit als Schlamm abgelagert werden können.
Filter, auch die besten, können feinste Partikel nicht aus dem Öl herausbekommen. Die Partikelgröße der festen Fremdstoffe ist geringer als die Porenweite sogar der Feinstölfilter. Auch können dem Öl antioxidative Additive durch Adhäsion am Filter entzogen werden. Dann ist natürlich die Öloxidation höher, und diese bei Motorbetrieb im Öl gelösten oxidativen Bestandteile fallen noch zusätzlich als feste Fremdstoffe aus. Dadurch bilden sich »kaltfeste« Kompressionsringe am Kolben. Sie beeinflussen Kaltstartfähigkeit und Emissionen und führen zu heißfesten Ringen und damit zum Motortotalausfall durch Kolbenfresser. Auch auf dem heutigen Entwicklungsstand lassen sich Ölwechselintervalle deshalb keinesfalls beliebig verlängern. Im Winter gilt: Öl öfter wechseln.

CHECKLISTE

Fit für den Winter

Bereich	Worauf Sie achten sollten	Was zu tun ist
A Motor	**1** Motoröl	Das Motoröl wird durch extreme Kaltstarts und die großen Temperaturschwankungen stärker belastet als im Sommer. Kürzere Intervalle fahren und ein gutes Öl mit niedriger Viskosität verwenden. (Hinweise im Kapitel »Antrieb / Das Schmiersystem« zu den Empfehlungen beachten!)
	2 Kühlmittel	Ist der Frostschutzgehalt zu niedrig und das Kühlwasser friert ein, kann das Eis den Motor sprengen. Also rechtzeitig messen und einen ohnehin bevorstehenden Kühlmittelwechsel auf den Herbst legen.
	3 Thermostat	Wenn im Winter der Thermostat nicht vollständig schließt, braucht der Motor lange, um warm zu werden. Beobachten und bei zu langer Warmlaufphase den Thermostat wechseln.
B Räder und Reifen	**1** Winterreifen	Winterreifen funktionieren auf Schnee nur dann gut, wenn noch mindestens 4 mm Profiltiefe übrig ist. Reifen im Oktober montieren. Falls Sie neue Reifen brauchen: Nicht auf die ersten Schneeflocken warten, denn dann herrscht Hochbetrieb beim Reifenhändler.
C Licht und Sicht	**1** Beleuchtung	Kontrollieren Sie regelmäßig die Beleuchtungsanlage und reinigen Sie die Klarglasabdeckungen der Scheinwerfer. Im Winter sind einwandfrei funktionierende Scheinwerfer unentbehrlich.
	2 Verglasung	Scheiben frei von Kratzern und Steinschlägen halten.
	3 Scheibenwischer	Neue Wischerblätter und genügend Frostschutz.
D Karosserie	**1** Türen und Hauben	Sprühen Sie gegen Festfrieren die Dichtungen mit Silikonspray ein oder nehmen Sie den Hirschtalgstift.
	2 Schlösser und Scharniere	Öl oder Fett gegen Quietschen und Korrosion.
	3 Lack	Jetzt sollte der Wagen häufiger gewaschen werden, damit sich erst gar keine Salzkruste festsetzt.
E Elektrik und Klima	**1** Batterie	Batterie-Kurzschlussprüfung um festzustellen, wie viel Kapazität noch vorhanden ist. Batterien leiden unter Kälte, was auch für den Funkschlüssel gilt.
	2 Heizung und Lüftung	Eventuell den Reinluftfilter (Staubfilter) wechseln.

Große Fahrt – kleine Pannen

Bei großer Fahrt in den Urlaub bewährt sich der Superb bestens. Ausreichendes Gepäckabteil und Komfort im Innenraum, sparsame und starke Motoren sowie optimiertes Fahrwerk machen den Wagen fit und geeignet für lange Strecken. Vorher ist gründlicher technischer Check-up angeraten.

Große Fahrt in den Urlaub

Wer auf der Urlaubsfahrt Ärger vermeiden will, sollte unbedingt die Reifen, die Sollstände der verschiedenen Flüssigkeiten (Kühlmittel, Motoröl, Scheibenwaschwasser, Bremsflüssigkeit), die Wischerblätter, Beleuchtung und Batterie sowie auch Dinge »am Rande« wie den Dachträger kontrollieren. Für alle unvorhergesehenen Fälle ist ein Reservetank mit einigen Litern Kraftstoff an Bord empfehlenswert.
Gerade die von vielen Familien praktizierten langen Pkw-Reisen bringen die Reifen in Dauerstress. Zu geringer Luftdruck bei vollbeladenem Auto ist unheilvoll für die Pneus und kann zu Gefahrensituationen führen. Laufen die Reifen heiß, droht Platzen mit unkalkulierbaren Folgen. Auch auf Kraftstoffverbrauch und Verschleiß wirkt sich Minderdruck ungünstig aus.

Reifenfülldruck und Profiltiefe

Die erste Regel, die Sie befolgen müssen, ist also die Anpassung des Reifenfülldrucks an die Beladung. Mit zwei Personen an Bord und wenig Gepäck reichen noch 2 bar Reifendruck vorn wie hinten aus. Ist der Wagen aber voll besetzt und voll beladen, sind für alle Reifengrößen im Sommer vorn 2,3 und hinten 2,8 bar gefordert. Sie finden die richtigen Werte für Ihren Wagen (kalte Reifen!) innen auf der Tankklappe. Ver-

WISSENSWERTES: Auf die Bereifung achten

- Moderne Reifen (bis zu 16 verschiedene Gummimischungen sind möglich) müssen vielen Anforderungen genügen: Geringst möglicher Abrieb, Rissfestigkeit, Rutschwiderstand, geringer Rollwiderstand, dynamische Beständigkeit, Luftdichtigkeit, Laufruhe und Alterungsbeständigkeit.

- Auf der Fahrt in den Urlaub sollte der Bereifung ganz besondere Aufmerksamkeit geschenkt werden. Gerade vor größeren Reisen bei meist auch noch höheren Temperaturen mit erhöhtem Fahrzeuggewicht und sportlicher Geschwindigkeit tut detaillierte Reifenkontrolle not. Beachten Sie Reifendruck, Beschädigungen an Lauffläche, Seitenwand und Ventilabdichtung sowie die Profiltiefe!

- Neue Reifen haben 8 mm Profil (Bild 2). Bei nur noch 1,6 mm verlängert sich bei Nässe der Bremsweg eines 100 km/h schnellen Wagens von 70 auf 100 m, bei noch 3 mm Profil aber auf immerhin »nur« 87 m. Das Gesetz gestattet Mindestwerte von nur 1,6 mm (Sommer) und 4 mm (Winter); die Praxis aber fordert für Sommerreifen ein Minimum von 3 mm.

- Bei nasser Fahrbahn müssen die Drainagerillen pro Sekunde bei 80 km/h bis zu 25 und bei 140 km/h bis zu 43 Liter Wasser kanalisieren. Gehen Sie daher beim einzigen Bindeglied zwischen Ihnen und dem Straßenbelag keine unnötigen Risiken ein, kontrollieren Sie regelmäßig Ihre Fahrzeugbereifung!

1

2

Verschleiß und Profil: TWI-Anzeiger in Hauptprofilrillen (rote Pfeile Bild 1, weiße in Bild 2) markieren die Verschleißgrenze. Roter Pfeil in Bild 2 zeigt Profiltiefe 8 mm.

gewissern Sie sich, ob die (Sommer-)Reifen noch mindestens die gesetzlich vorgeschriebenen 1,6 mm Profiltiefe haben. Verschlissene Reifen sind an den Abnutzungsanzeigern (TWI – Tread Wear Indicator) in den Hauptprofilrillen der Reifenschulter zu erkennen (Bilder 1 und 2). Wenn das Profil bis auf diese Anzeiger abgefahren ist, muss unbedingt neue Bereifung her. TWI zeigen die gesetzliche Mindestvorgabe an. Besser ist es, schon vorher zu wechseln. Experten der Kfz-Innung raten zu mindestens 3 mm statt der erlaubten 1,6 mm Profil bei Sommerreifen.
Die grobe Abschätzung mit Euro-Münzen hatten wir schon erwähnt: Der goldfarbene Rand des 1-Euro-Stücks ist 3 mm breit, der silberfarbene des 2-Euro-Stücks 4 mm. Prüfen Sie in den Hauptprofilrillen der abgefahrensten Stellen. Bleibt der Münzenrand noch bedeckt, ist alles in Ordnung. Genauer ermitteln Sie die Daten mit einem Profiltiefemesser (Bild 2).

Waschwasser und Kühlmittel

Immer mit voller Füllung Scheibenwaschwasser losfahren, jedenfalls zu längeren Reisen. Füllen Sie etwas Reinigungszusatz ein und dann mit Wasser auf bis fast zum Überlaufen. Den Ölstand überprüfen Sie mit dem bekannten Ölmessstab. Im Kapitel »Antrieb / Schmiersystem« erläutern wir den richtigen Gebrauch des Messstabs vor dem und beim Ölnachfüllen.
Am Kühlmittelausgleichsbehälter lässt sich von außen der Stand im Verhältnis zu Minimum- und Maximum-Markierungen ablesen (1 in Bild 3). Bei Erfordernis vorsichtig den Deckel zunächst leicht aufdrehen und vor dem vollständigen Öffnen Druck ablassen. Vorsichtshalber sollten Sie ein genügend großes Tuch auf den Verschlussdeckel legen (2 in Bild 4), ehe Sie ihn aufdrehen. Dann den Deckel ganz herausschrauben und Wasser auffüllen. Zum Kühlmittelzusatz siehe die entsprechenden Passagen in »Fit durch den Winter« und »Antrieb / Kühlsystem«.

Bremsflüssigkeit und Motorumfeld

Auffüllen oder Erneuern der (aggressiven und giftigen) Bremsflüssigkeit sind Serviceauftrag der Fachwerkstatt. Nach beanspruchenden Touren mit häufigem starkem Bremsen (Bergfahrt) ist Kontrolle aber durchaus ratsam. Der links hinten im Motorraum gut zugängliche Bremsflüssigkeitsbehälter hat Markierungen. Der Flüssigkeitsstand ist abhängig vom Verschleißgrad der Bremsbeläge. Sind diese neu, sollte er bei der MAX-Markierung, aber auch nicht darüber liegen. Bei stark verschlissenen Bremsbelägen darf er sich bei MIN oder leicht darüber aufhalten. Bei Flüssigkeitsstand unter MIN muss vor Nachfüllen das Bremssystem in der Werkstatt überprüft werden.
Eine wichtige Kontrolle ist die Sichtprüfung des Motors und seiner Umgebung. Dazu müssen die Motorabdeckungen abgenommen werden. Sie sind vorsich-

3
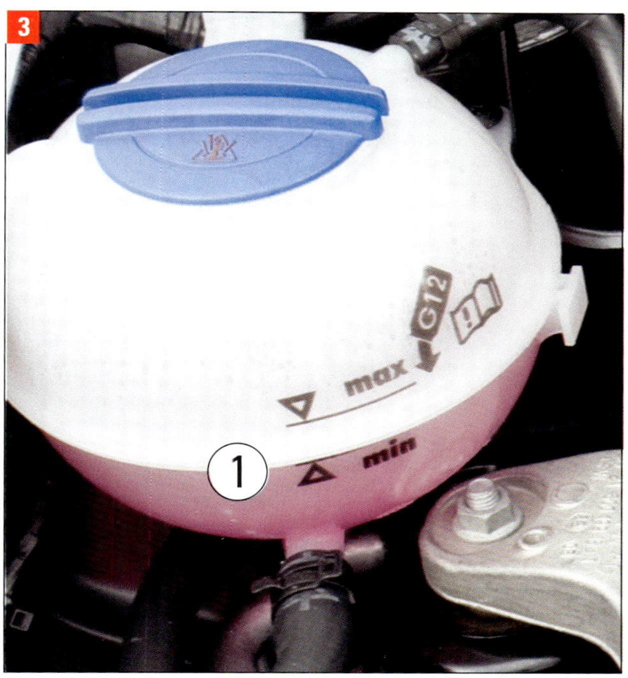

4
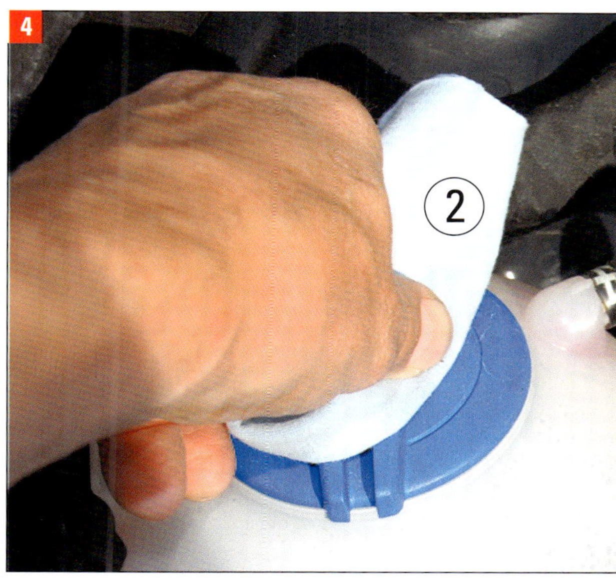

Bilder 3 und 4 Kühlmittel: Füllstand (1) zwischen min und max, bei kaltem Motor nicht unter min. Deckel langsam mit (dann ausgebreitetem!) Lappen (2) aufdrehen, Druck abbauen.

tig und nicht zu ruckartig sowie an allen Seiten gleichmäßig nach oben von den Haltebolzen abzuziehen. Motor und Motorraum auf Undichtigkeiten und Beschädigungen prüfen.

■ Leitungen, Schläuche und Anschlüsse der Kraftstoffanlage, des Kühl- und Heizsystems und der Bremsanlage auf Undichtigkeiten, Scheuerstellen, Porosität und Brüchigkeit untersuchen. Nach Anheben des Fahrzeugs und Abbau der unteren Abdeckung auch von unten prüfen.

■ Beim Wiedereinbau der Motorabdeckungen aus Kunststoff nicht mit der Faust oder mit einem Werkzeug draufschlagen, um Beschädigung zu vermeiden.

■ Abdeckung genau auf dem Motor positionieren (Öleinfüllstutzen beachten!) und mit beiden Händen in die Gummitüllen drücken.

Die Klimaanlage

Ein vom Motor angetriebener Kompressor verdichtet das dampfförmige Kältemittel, das sich dabei erhitzt. Im Kondensator vor dem Kühlergrill wird das Mittel abgekühlt und wieder flüssig und dann per Ventil in den Verdampfer eingespritzt. Beim Verdampfen wird der am Waben- und Röhrensystem vorbeiströmenden Luft aus dem Fahrgastraum Wärme und Feuchtigkeit entzogen. Die abgekühlte Luft wird wieder in den Innenraum geleitet. Geregelt wird der Prozess über den Luftdurchsatz und die eingestellte Temperatur.

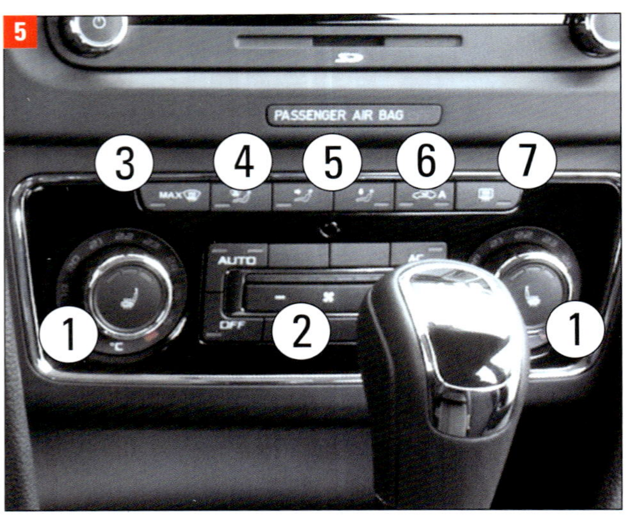

Bedienteil der »Climatronic«: (1) Temperaturregler mit Anzeige links/rechts, (2) Gebläseeinstellung in Stufen, (3) Entfrostung Frontscheibe, (4) Luftstrom zu Scheiben, (5) Luftstrom zum Oberkörper oder in den Fußraum, (6) Taster Umluftbetrieb mit Luftgüte-Sensor, (7) Heizung Heckscheibe.

Im Superb werden wie seit einiger Zeit bei VW und Skoda üblich zwei Anlagentypen verbaut:

■ Bei der manuellen Klimaanlage ***»Climatic«*** gehen alle Signale der Sensoren und Aktoren in ein Steuergerät und werden zur Regelung der Innenraumtemperatur ausgewertet. Die Verstellung der Temperaturklappe erfolgt elektromotorisch. Die Zentralklappe, die Fußraum- und die Defrostklappe werden über den Drehknopf für Luftverteilung mittels einer flexiblen Welle verstellt.

■ Bei der ***»Climatronic«*** werden alle Funktionen vollautomatisch geregelt. Das Bedienteil wurde in den letzten Jahren in einigen Punkten überarbeitet. Früher die Taste »ECON«, heute die Taste »AC« bedient die Kühlung (Bild 5). Weitere Tastensymbole wurden geändert, das Schlüssel-Symbol für den Diagnosemodus ist entfallen.

Beachten: Der Lufteinlass vor der Windschutzscheibe muss frei von Eis, Schnee und Blättern sein. Bei Umluftbetrieb besser nicht rauchen, da Rauchpartikel auf dem Verdampfer ständige Luftverpester sein können.

Vorsicht: Riskieren Sie keine gesundheitlichen Schäden oder teuren Nachreparaturen, öffnen Sie nie den Kältemittelkreislauf der Klimaanlage! Das Neubefüllen ist Werkstatt-Sache. Ablassen von Kältemittel in die Umwelt ist eine strafbare Handlung.

Günstig: Die Klima-Kompressoren sind mit 525 ± 25 g Kältemittel R134a befüllt. Es enthält kein Chlor und ist deshalb ozonunschädlich.

PRAXISTIPP

Klimaanlage richtig benutzen

■ Bei Sonne und großer Wärme heizt sich der Innenraum Ihres Fahrzeugs bis zu 60 °C oder sogar noch stärker auf. Deshalb vor dem Losfahren erst einmal alle Türen öffnen und die heiße Luft genügend lange entweichen lassen.

■ Fahrt antreten und zum zügigen Herunterkühlen zunächst die volle Gebläsestufe wählen. Dann rasch zurückschalten, um Zugluft zu vermeiden. Auf Automatik schalten: Temperatur, Gebläse und Luftverteilung werden dann selbsttätig geregelt.

■ Ob Automatik oder Regelung von Hand: Die günstigste Innenraum-Temperatur beträgt im Sommer 22 °C. Bei extremer Hitze kann 3 bis 4 °C höher eingestellt werden. Für den Winter wird eine Idealtemperatur von 21 °C empfohlen.

Anhängerkupplung zusätzlich anbauen

Nützliche Verbesserung ist der nachträgliche Einbau einer Anhängevorrichtung. Dazu muss der hintere Stoßfänger aus Kunststoff ausgebaut werden: zwei Muttern, vier Schrauben, vier Spreizniete. Wir gehen auf Aus- und Einbau des Stoßfängers im Kapitel »Fahrzeugaufbau / Karosserie« ein.
Der als Anhängerkupplung bezeichnete Querträger, mit einer Aufnahmeschiene einzubauen, trägt im Aufnahmeschacht den abnehmbaren Anhängerarm (Bild unten). Für die Elektrik des Anhängers (Beleuchtung und Aggregate) müssen Leitungen verlegt und eine Zusatz-Steckdose angebracht werden.
Anhängevorrichtungen sind Sicherheitsteile. Škoda betont, der nachträgliche Einbau müsse nach den Angaben des Herstellers erfolgen. Einzelheiten dazu und eventuell damit verbundene nötige Veränderungen des Kühlsystems sollen bei »autorisierten Škoda-Servicepartnern« erfragt werden.
Am besten sei es, sich die Anhängevorrichtung aus dem Škoda Original-Zubehör von einem der autorisierten Servicepartner einbauen zu lassen, denen alle relevanten Einzelheiten bekannt sind. Denn »bei nicht sachgemäßem Einbau be-

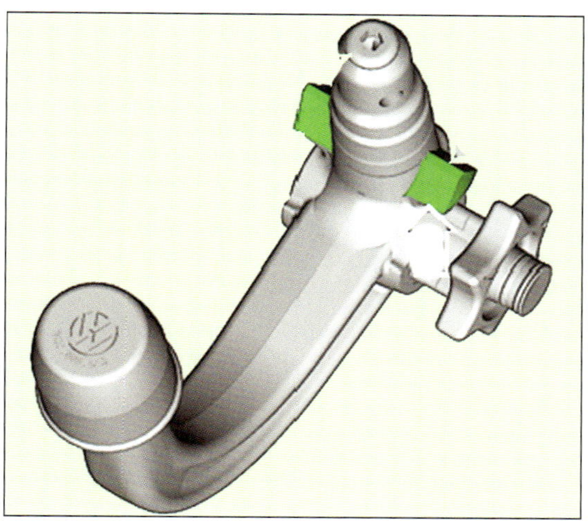

steht Unfallgefahr«, wird in der Werkstattliteratur gewarnt. Befolgen der Hinweise ist bei Problemen oder im Schadensfall von Vorteil.
Škoda liefert den Nachrüstsatz mit der nötigen Elektrikausstattung. Die Anhängersteckdose kann 7-polig oder 13-polig sein, wonach sich der erforderliche Leitungssatz bestimmt (bei 13-poliger Steckdose ein 12-adriges Kabel). Zum Bausatz gehören ferner die Dichtung der Steckdose, eine Durchführungstülle, das Steuergerät und passendes Befestigungsmaterial (Schrauben, Muttern, Kabelbinder). Wird der Anbausatz eines anderen Anbieters gekauft, müssen Sie auf diese Details achten.
Mit der 13-poligen Anhängersteckdose können Rückfahrscheinwerfer oder Dauerstrom- und Ladeleitung am Anhänger genutzt werden. Wenn ein Fahrradträger auf der Anhängerkupplung montiert oder ein ganzer Wohnwagen gezogen werden sollen, wird eine 13-polige Steckdose immer empfohlen. Die Steckerbelegung ist vereinheitlicht (siehe Tabelle unten).
Das Steuergerät für Anhängererkennung wird unter der linken Seitenverkleidung im Kofferraum verbaut: zwei Stecker und zwei Befestigungsmuttern. Die Nachrüstsätze sind bis auf Details sehr ähnlich für diverse Modelle im VW-Konzern, worauf beim Kauf zu achten ist.
Zu beachten ist ferner das Gespanngewicht aus Zugwagen und Anhänger. Die zulässigen Gesamtgewichte (siehe Tabellen »Technische Daten«) dürfen nicht überschritten werden. Eventuell muss man das Gewicht des Zugwagens reduzieren!

WISSENSWERTES – Steckerbelegung 13-polig

Die Belegung ist nach DIN ISO 11 446 genormt:

Steckerpol	Belegung	Kabelfarbe
1	Blinker links	gelb
2	Nebelschlussleuchte	blau
3	Masse Stromkreis 1-8	weiß
4	Blinker rechts	grün
5	Fahrleuchte rechts	braun
6	Bremsleuchten	rot
7	Fahrleuchte links	schwarz
8	Rückfahrleuchte	pink
9	Stromversorgung (Dauer+ / Klemme 30)	orange
10	Klemme 15 (Batterieladen Anhänger)	grau
11 und 12	frei	
13	Masse für Klemmen 15 und 30	weiß/rot

CHECKLISTE

Vor und nach jeder großen Fahrt kontrollieren

Bereich	Worauf Sie achten sollten	Was zu tun ist
A Motor	1 Motorölstand	Wurde der Motor lange auf Kurzstrecken betrieben, sammeln sich flüchtige Substanzen. Deshalb kann es sein, dass der Ölstand bei heißem Motor schlagartig absinkt. Nach den ersten 100 Kilometern nachmessen.
	2 Kühlmittelstand	Kühlmittel im Ausgleichsbehälter im kalten Zustand auf Maximum auffüllen.
	3 Zustand der Schläuche	Alle Wasserschläuche müssen dicht und elastisch sein. Schläuche kräftig kneten. Kalkablagerungen an den Anschlüssen und harte oder poröse Schläuche sind kein gutes Zeichen. Im Zweifel: austauschen.
	4 Kühlerventilator prüfen	Lassen Sie den Motor im Leerlauf drehen, bis sich der Kühlerventilator ein- und später wieder ausschaltet. Sie werden ihn brauchen, wenn Sie im Stau stehen!
B Räder und Reifen	1 Luftdruck	Der Luftdruck in den Reifen muss an die Beladung angepasst werden. Nach der Reise nicht vergessen, den Druck wieder abzusenken.
	2 Zustand	Die Reifen sollten natürlich auch am Ende der Reise noch genügend Profil haben. Nachmessen!
C Fahrwerk	1 Stoßdämpfer	Wird das Auto richtig vollgeladen, sind die Stoßdämpfer besonders gefordert. Fahnden Sie nach Ölspuren und lassen Sie beim kleinsten Verdacht einen Stoßdämpfertest durchführen. Mit Wippen an der Karosserie lassen sich schwache Dämpfer nicht erkennen.
	2 Manschetten und Gelenke	Sind Achsmanschetten oder die Gummis der Gelenke rissig und porös, werden die Teile bei hoher Belastung rasant verschleißen. Besser vorher austauschen!
D Sonstiges	1 Beleuchtung	Schalten Sie alle Lichter durch und nehmen Sie Ersatzlampen für Scheinwerfer und Rückleuchten mit.
	2 Scheibenwaschanlage	Prüfen Sie die Einstellung der Spritzdüsen und füllen Sie den Vorratsbehälter mit geeignetem Gemisch bis zum Maximum auf.
	3 Zubehör	Einen 5-Liter-Reservekanister, einen Liter Motoröl und eine Rolle starkes Textilklebeband mit auf die Reise nehmen!

Kleine Schäden und Pannen

Auch wenn nicht mehr Winter herrscht, ist dieses Szenario nicht ungewöhnlich: Sie müssen zur Arbeit und sind spät dran. Schnell den Schlüssel ins Zündschloss oder die Starttaste gedrückt - aber nichts passiert. Das Startproblem geht mit großer Sicherheit auf Ihr Konto. Es wäre mit etwas mehr Pflege und Aufmerksamkeit durchaus zu vermeiden gewesen, doch die leere Batterie ist ein Klassiker unter den kleinen Pannen, für die gelben Engel vom ADAC tägliche Routine.

Auf mögliche Gefahren achten

Auf den folgenden Seiten wollen wir Ihnen zeigen, was in einem solchen Fall zu tun ist. Genauso wie bei der ebenso unbeliebten Reifenpanne, die allerdings ziemlich eindeutig Pech ist. Denn statistisch gesehen erlebt jeder Autofahrer nur etwa alle 70.000 km dieses Malheur, bei dem man richtig reagieren und umsichtig handeln muss.

Schätzen Sie immer die Situation hinsichtlich eventueller Gefahren ein: Können Sie an dieser Stelle einen Radwechsel oder eine andere Schnellreparatur vornehmen, ohne sich zu gefährden? Auf einer zweispurigen Autobahn ohne Standstreifen sollten Sie besser sofort Hilfe per Handy oder Notrufsäule holen und sich zum nächsten Rastplatz schleppen lassen.

Weiterfahren oder warten?

Der Superb gehört in den Statistiken zu den zuverlässigen, am wenigsten störanfälligen Fahrzeugen. Falls er mal nicht rollt, ist er meist richtig kaputt. Wenn Sie selbst für Reparatur entscheiden: Wir können nur Ratschläge und Empfehlungen geben. Im Zweifelsfall auf Reparaturversuche verzichten!

Man sollte auch wissen, wann es besser ist, nicht mehr weiter zu fahren. Sie ersparen sich damit nicht nur teure Folgeschäden, sondern setzen auch nicht Ihre Gesundheit und die Ihrer Mitmenschen aufs Spiel. Wir haben in unseren Störungsbeiständen die wichtigsten Symptome aufgeführt, die auf einen schlimmen Schaden hindeuten, und weisen auch auf Dinge hin, die ihn verursachen können.

Lässt sich ein Abschleppen zur Werkstatt nicht vermeiden, sollten Sie auf jeden Fall die folgenden Regeln beachten:

- Mitgliedschaft in einem Automobilclub und spezieller Schutzbrief sind immer von Vorteil.
- Legen Sie die in Ihren Papieren angegebene Notrufnummer ins Handschuhfach.
- Bestellen Sie einen Abschleppwagen nur über diese Nummer und
- lassen Sie sich vom Fahrer eine Bestätigung über seinen Auftraggeber zeigen.

Werkstatt ausführlich informieren

Schildern Sie der Werkstatt in Ruhe und chronologisch den Schadenshergang. Je mehr man dort weiß, umso kürzer ist die Zeit für die Fehlersuche. Wichtige Informationen sind: In welchem Betriebszustand hinsichtlich Temperatur, Geschwindigkeit oder Drehzahl trat der Schaden auf? Haben Sie vorher ungewohnte Geräusche oder ein ungewöhnliches Fahrverhalten bemerkt? Wie ist die Vorgeschichte des Wagens bezüglich Reparaturen oder Inspektionen? Denken Sie an:

- schriftlichen Auftrag,
- Kostenvoranschlag,
- finanzielle Grenze ohne Rücksprache mit Ihnen.

1

Gründlich untersuchen: Trotz aller Prüftechnik beim Hersteller und eigener Umsicht – Schäden sind nie auszuschließen.

Fahrzeug richtig heben und aufbocken

Im Bordwerkzeug des Superb finden Sie den üblichen Spindelwagenheber nicht mehr, wenn zur Ausstattung Ihres Modells das Reifenreparaturset gehört. Bei einer Reifenpanne (Kapitel »Fahrwerk«) ist der Radausbau dann nicht mehr nötig. Die Reparatur geschieht über das Ventil des beschädigten Reifens.

Kauft man beim Škodahändler einen Satz Winterräder oder auch ein Ersatzrad, für das es Platz in der Mulde im Kofferraum gibt, gehört der Spindelwagenheber allerdings dazu. Mit diesem einfachen Gerät lässt sich das Fahrzeug für die meisten Arbeiten hoch genug anheben. Mit einer untergelegten Bohle können Sie die Hubhöhe noch etwas vergrößern. Ratsam vor allem bei weichem Untergrund ist es, ein 2 cm dickes Brett mit 30 x 30 cm Seitenlänge unter den Heberfuß zu legen. Das verringert die Gefahr, dass der Heberfuß in den Boden einsinken kann.

Bequemer, effektiver und auch sicherer ist ein Werkstattwagenheber (Bild 1), auch Rangierwagenheber genannt. Er läuft auf Rollen (Pfeile), die nicht zu klein sein sollten. Man kann das Gerät also bestens an der richtigen Stelle unter das Auto schieben. Gehoben wird hydraulisch unterstützt mit Hebelkraft, was die Arbeit erleichtert. Der Hebelarm, von dem in Bild 1 das Ende im Aufnahmestutzen (2) zu sehen ist, wird dann wie beim Pumpen bewegt.

Wenn Sie unter dem Fahrzeug arbeiten müssen, raten wir dringend zur Verwendung eines Paars Unterstellböcke (Bild 2). Nur so können Sie Ihren angehobenen Superb sichern. Arbeiten Sie nicht unter dem angehobenen Wagen, wenn er nicht durch Unterstellböcke gesichert ist, Sie begeben sich sonst in Lebensgefahr!

Benötigtes Werkzeug und Materialien:

- Holz- oder Kunststoffkeil zum Absichern der Räder gegen unbeabsichtigtes Rollen;
- Spindel- oder Rangierwagenheber;
- Holzklötze, Unterlegbrett;
- 1 Paar (klappbare) Unterstellböcke.

Arbeitsschritte:

- Wagen sicher auf festen, ebenen Untergrund stellen, Handbremse anziehen und zumindest eines der Räder gegenüber der Anhebestelle mit Holzkeilen, notfalls mit geeigneten Steinen gegen Wegrollen sichern. Die Handbremse allein reicht nicht!

- Beim Spindelwagenheber die Kurbel durch Verdrehen ausklappen und den Heber um etwa fünf Umdrehungen der Spindel mit der Kurbel so weit öffnen, dass er noch gut unter den Wagen passt. Rangierwagenheber unter das Fahrzeug rollen.

- Wagenheber senkrecht zum Aufnahmepunkt (Pfeile in Bild 3, Pos. 1 in Bild 4) am Unterholm ansetzen. Weiter hochkurbeln oder »pumpen«. Die Klaue des Spindelwagenhebers oder der Aufnahmeteller (1 in Bild 1, 2 in Bild 4) des Rangierhebers muss unter dem senkrechten Steg des Unterholms stehen.

- Um Beschädigungen am Fahrzeugboden oder ein Abkippen des Wagens zu vermeiden, das Fahrzeug immer nur an diesen extra verstärkten Aufnahmestellen anheben!

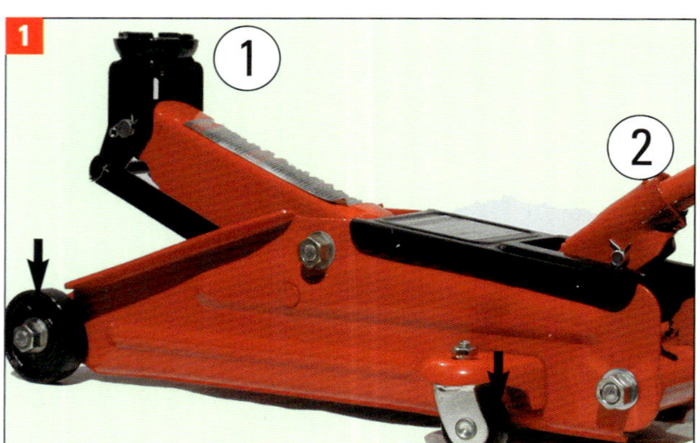

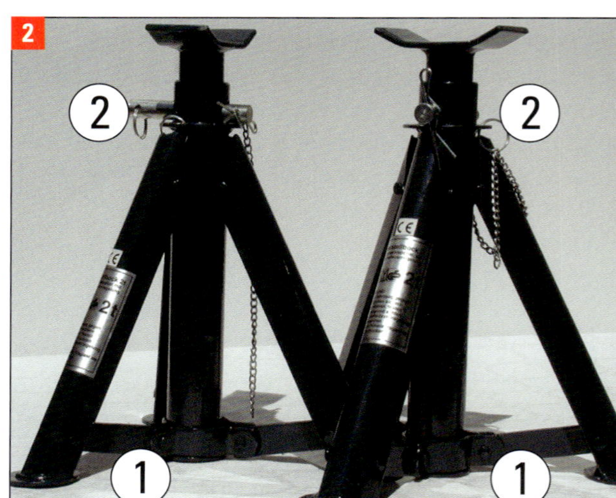

Bild 1 Werkstattwagenheber: (1) Aufnahmeteller, (2) unterer Teil der Betätigungsstange für die Hebehydraulik.

Bild 2 Unterstellböcke: (1) Klappmechanik, (2) Sicherung.

■ **Spindelwagenheber:** Heberkopf (»Klaue«) mit der linken Hand gegen die Aufnahme drücken. Mit der rechten Hand die Kurbel im Uhrzeigersinn drehen und den Heberfuß gegen den Boden pressen. Darauf achten, dass der Wagenheber senkrecht steht und nicht nach einer Seite abkippt! Wenn der senkrechte Stand nicht gewährleistet ist, muss der Heber neu angesetzt werden. Erst bei festem senkrechtem Stand dürfen Sie den Wagenheber auf die nötige Höhe kurbeln.

■ **Rangierwagenheber:** Die mit einer Eindrückung seitlich am Schweller markierten, vom Hersteller dafür vorgesehenen Aufnahmepunkte (Bild 3) gelten natürlich auch für Werkstattwagenheber und Hebebühnen. Auch Unterstellböcke dürfen nur an diesen Bodenverstärkungen angesetzt werden. Zwischen Auflage des Bocks und Fahrzeugboden einen Gummi- oder Hartholzklotz legen, der die Last verteilt. Vor dem Ansetzen kontrollieren, ob eventuell ein Blechfalz eingedrückt oder die Bremsleitung eingeklemmt werden könnten.

■ **Dreibein-Unterstellböcke** nach Bild 2 stehen am sichersten, wenn ein Bein nach außen und zwei zur Wagenmitte hin zeigen. Achten Sie auf diese Stellung, sonst kann es passieren, dass beim Anheben des Wagens der auf der anderen Seite bereits angesetzte Unterstellbock seitlich weggedrückt wird.

3

4

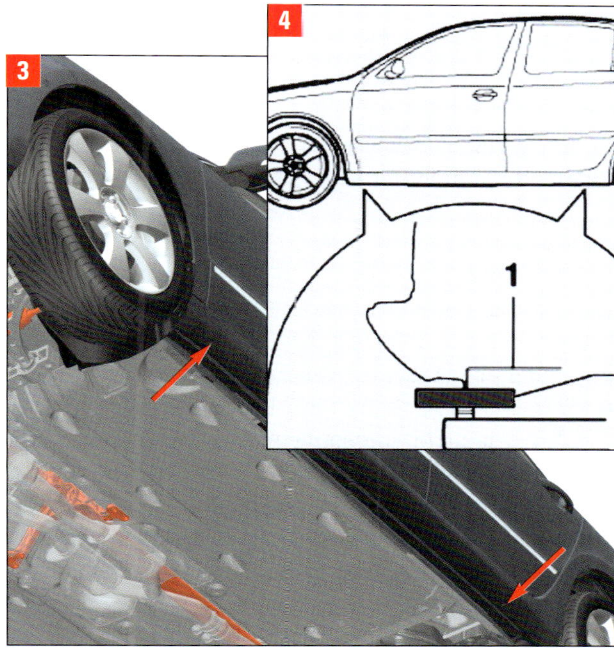

Aufnahmepunkte: DieŠkoda-Bilder zeigen die vorgeschriebenen Unterholmstellen (Pfeile, Pos. 1) vorn und hinten.

Fahrzeug abschleppen

Wenn sich Ihr Superb nicht mehr aus eigener Kraft fortbewegen lässt, muss er abgeschleppt werden. Ein (elastisches!) Abschleppseil oder eine Abschleppstange dürfen nur an den Abschleppösen (Bilder 1 und 2) angebracht werden.

Die Gewindebohrung für die Öse befindet sich vorn wie hinten in der Stoßstange rechts (vergl. Bilder 1 und 2). Sie ist hinter einer quadratischen Abdeckung im Stoßfänger zu finden.

Abdeckkappe vorn durch rechtsseitigen Fingerdruck aufklappen, in anderen Fällen von unten dahinter fassen, nach vorn drücken und herausnehmen. Abde-

1

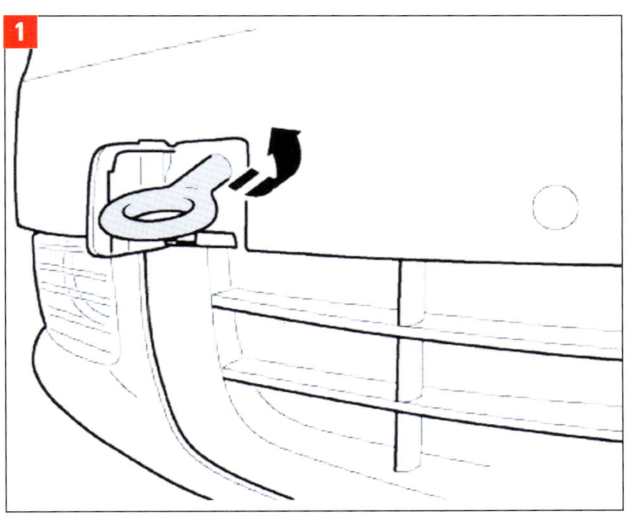

2

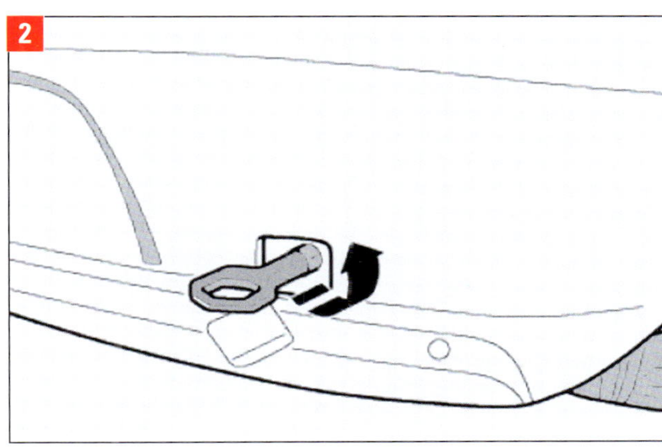

Abschleppösen: DieŠkoda-Bilder (1 vorn, 2 hinten) zeigen die beiden möglichen Ausführungsformen der einschraubbaren Ösen, die zum Bordwerkzeug gehören.

ckung hinten durch Druck auf den unteren Teil lösen und herausnehmen.
Die Öse gehört zum Bordwerkzeugset in der Reserveradmulde. Sie wird von Hand durch Drehen nach links (Bilder 1 und 2) bis zum Anschlag eingeschraubt. Dann mit Hilfe des Radschraubenschlüssels aus dem Bordwerkzeug, der als Hebel durch die Öse zu stecken ist, festziehen.

Beachten Sie die folgenden Grundsätze:

- Nie weiter als 50 km schleppen;
- Nicht schneller als mit 50 km/h schleppen;
- Fahrzeuge mit Automatikgetriebe (DSG) nicht über längere Strecken abschleppen, 50 km können schon zu viel sein. Ohne laufenden Motor arbeitet die Getriebeölpumpe nicht, weshalb es zu Getriebeschäden kommen kann. Am besten das Fahrzeug mit angehobenen Antriebsrädern (Vorderachse) abschleppen.
- Zündung einschalten, damit das Lenkrad nicht blockiert ist und Blinker, Signalhorn, Scheibenwischer sowie Waschanlage eingeschaltet werden können.
- Wird Abschleppen nötig, müssen nicht immer Motor- oder Lagerschäden vorliegen. Ein »Schwächeln« der Batterie reicht schon (siehe »Starthilfekabel«).

§ 15a der Straßenverkehrsordnung

- Beim Abschleppen eines auf der Autobahn liegengebliebenen Fahrzeugs die Autobahn bei der nächsten Ausfahrt verlassen. Ist ein Fahrzeug außerhalb der Autobahn liegengeblieben, nicht auf diese auffahren.
- Der Fahrzeugführer des abschleppenden Kfz benötigt eine Fahrerlaubnis mindestens der Klasse B, jedenfalls der Klasse, zu dem das ziehende Kfz gehört. Der Lenker des abgeschleppten Fahrzeugs benötigt keine Fahrerlaubnis, muss aber mit der sicheren Bedienung des Fahrzeugs vertraut sein.
- Während des Abschleppens müssen beide Fahrzeuge das Warnblinklicht einschalten. Der Nothilfegedanke steht im Vordergrund. Ein abzuschleppendes Fahrzeug soll also nicht über weite Strecken, sondern nur bis zur nächsten geeigneten Werkstatt, zum Fahrzeugverwerter, zum Schrottplatz oder zum nächsten Verladebahnhof abgeschleppt werden. Bei mehr als 50 km Entfernung zum Zielort muss das Kfz verladen werden.
- Sonderfall des Abschleppens ist das Anschleppen, bei dem unter Ausnutzung der Triebkraft des ziehenden Fahrzeugs der Motor des gezogenen Fahrzeuges zum Anspringen gebracht werden soll.

Wasserverlust durch Überhitzung

Wird der Motor zu heiß, droht ein Schaden an der Zylinderkopfdichtung, irgendwann sogar ein kapitaler Motorschaden. In den meisten Fällen von Überhitzung fehlt dem Motor Kühlwasser. Vor dem dann nötigen Auffüllen von Kühlwasser sollten Sie aber besser die genaue Ursache der Überhitzung ergründen:

- Falls der Ventilator streikt und der Motor nur im Stand zu heiß wird, können Sie die Fahrt bei freier Strecke fortsetzen. Im Stand und an roten Ampeln den Motor abstellen. Nachsehen, ob die betreffende Sicherung noch in Ordnung ist. Brennt auch eine neue Sicherung sofort wieder durch, liegt ein Kurzschluss vor oder der Elektromotor des Lüfters ist durchgebrannt.

- Klemmt der Thermostat, können Sie ihn eventuell ausbauen und die Fahrt ohne fortsetzen. Allerdings muss so schnell wie möglich ein neues Teil eingebaut werden (Kapitel »Antrieb«).

- Ist ein Kühlerschlauch nur leicht undicht, zum Beispiel durch einen Marderbiss, können Sie ihn provisorisch mit festem Gewebeklebeband umwickeln. Der Schlauch muss dazu fettfrei, trocken und am besten kalt sein. Wickeln Sie ein paar Lagen um die schadhafte Stelle.

- Falls der Schlauch gerissen oder geplatzt ist oder das Gummi ein größeres Loch hat, können Sie die schadhafte Stelle mit einem passenden Rohrstück und zwei Schlauchschellen überbrücken. Schlauch durchschneiden und Rohrstück beidseitig einschieben. Der Rohrdurchmesser sollte ungefähr 4 mm geringer sein als der Außendurchmesser des Schlauches, da die Gummischläuche meist rund 2 mm Materialstärke haben.

- Wenn Sie Kühlwasser auffüllen, müssen Sie beim Öffnen des Ausgleichsbehälters vorsichtig sein. Heißes oder sogar kochendes Kühlwasser steht unter Druck und sprudelt aus der Öffnung.

- Füllen Sie bei sehr heißem Motor das Wasser nur in kleinen Schlucken in den Ausgleichsbehälter und lassen Sie den Motor dabei laufen. Das kalte Wasser kann sonst zu Spannungsrissen innerhalb des Motors führen.

Starthilfekabel richtig anwenden

Wenn sich der Anlasser (Starter) Ihres Superb nach mehrmaligen Startversuchen von 10 bis 20 Sekunden nicht dreht oder wenn er den Motor nicht zum Anspringen bringt, ist Starthilfe erforderlich. Die häufig gebräuchlichen Methoden Anschieben oder Anschleppen sind nicht die beste Wahl. Geht es dabei über eine Strecke von mehr als 50 Metern, kann nämlich der Katalysator ernsthaft geschädigt werden. Wenn der Motor wegen einer defekten Zündanlage nicht startet, sollte man aufs Anschieben oder Anschleppen nun schon ganz und gar verzichten.
Vom Defekt der Zündanlage einmal abgesehen, ist die empfehlenswerte Starthilfe die durch ein Fahrzeug mit funktionstüchtigem Akku. Die elektrische Verbindung zwischen beiden Fahrzeugen wird mit einem Starthilfekabel hergestellt, das bei einem Kupferleiterquerschnitt von mindestens 16 mm^2 (Bild 1), besser aber 25 mm^2, etwa 3 m lang und für 12 bis 24 V geeignet sein sollte. Kabel mit 25 mm^2 Querschnitt empfehlen sich für Motoren ab ca. 2000 cm^3 (2 Liter) Hubraum sowie für Dieselmotoren, weil bei denen der Motor zusätzlich vorgeglüht werden muss. In der folgenden Arbeitsbeschreibung gilt die Terminologie
- **Empfänger(fahrzeug):** nicht startfähiges Fahrzeug mit entladener Starterbatterie.
- **Spender(fahrzeug):** startfähiges Fahrzeug mit geladener Batterie.

1

Starthilfekabel: Doppelleitung rot / schwarz mit isolierten Polzangen nach DIN 72553 und ISO 6722.

So gehen Sie vor:

- Spenderfahrzeug dicht an Ihren Superb (leere Batterie) heran fahren, damit die Kabel bequem angeschlossen werden können. Die Karosserien beider Fahrzeuge dürfen sich während der Starthilfe nicht berühren. Die Motoren sind abzustellen.

- Warnblinkanlage des Spenderautos einschalten. Motorhauben beider Fahrzeuge öffnen. die Batterie des Superb befindet sich im Motorraum links. Die Batterieabdeckung hochklappen.

- Beide Batterien müssen in den jeweiligen Fahrzeugen/Anlagen elektrisch angeschlossen bleiben: ein Unterbrechen kann zum Zerstören der Lichtmaschinen-Gleichrichter führen.

- Die Batterien beider Fahrzeuge miteinander verbinden, zuerst die Pluspole der Akkus mit dem roten Kabel. Erst die leere (Empfängerfahrzeug), dann die volle Batterie (Spenderfahrzeug) anklemmen. Die Reihenfolge erst Plus und dann Minus ist wesentlich für die Sicherheit! Würde zuerst das schwarze Kabel gelegt, wären sämtliche Metallteile vom Spender- und vom Empfängerfahrzeug miteinander leitend verbunden. Berührt das rote Kabel nun eventuell durch Unachtsamkeit ein Metallteil, während es bereits mit einer Batterie auf einer Seite verbunden ist, entsteht ein Kurzschluss. Ist das schwarze Kabel noch nicht verlegt, kann dies nicht geschehen.

- Jetzt die eine Polzange des schwarzen Starthilfekabels erst am Minuspol der vollen Batterie des Spenderfahrzeugs anklemmen, die andere am Minuspol des Empfängerfahrzeugs mit der entladenen Batterie; im Beispielfall ist das Ihr Superb.

- Motor des Spenderwagens starten und mit erhöhter Drehzahl laufen lassen, aber möglichst nicht mehr als 15 Sekunden. Empfängerfahrzeug starten. Wenn der Motor nicht gleich anspringt, nach weiteren Versuchen immer mindestens eine Minute Pause einlegen, damit der Anlasser abkühlen kann.

■ Beim Abklemmen (nach möglichst 10 Minuten Wartezeit oder Einschalten eines starken Verbrauchers, um Spannungsspitzen zu vermeiden) genau umgekehrt vorgehen: Zuerst die schwarze Kabel-Polzange vom Minuspol der Batterie im Empfängerfahrzeug (Beispiel: Superb) abklemmen, dann die andere schwarze Zange vom Minuspol der Batterie im Spenderfahrzeug abklemmen. Zuletzt das rote Kabel von den Pluspolen abnehmen: erst im Spenderfahrzeug, dann im Empfängerfahrzeug.

■ Nach dem Start längere Zeit mit höheren Drehzahlen fahren, damit die Lichtmaschine die Batterie rasch aufladen kann.

Auto-Batterie: (1) Minus-Polklemme, (2) Plus-Pol, abgedeckt.

Batterie regelmäßig prüfen

Um Probleme durch Ausfall der Batterie zu vermeiden, sollte sie regelmäßig überprüft werden. Arbeiten an der Batterie beschreiben wir im Kapitel »Fahrzeugelektrik – Bordnetz: Batterie, Generator, Anlasser«. In der Werkstatt kann der Batteriezustand über die geführte Fehlersuche mit dem Diagnosesystem VAS 5051/5052 ausgelesen werden. Marke und Modell eingeben, im Menü die Servicearbeiten wählen und den Anweisungen zur Batterieprüfung folgen.
Im laufenden Fahrbetrieb empfiehlt sich das Testen mit einem einfachen Gerät wie im Bild: In Zigarettenanzünder (Bordsteckdose vorn, im Fond oder im Kofferraum) stecken. Der Ladezustand von leer bis voll (Pfeil) wird mit Leuchtdioden angezeigt.

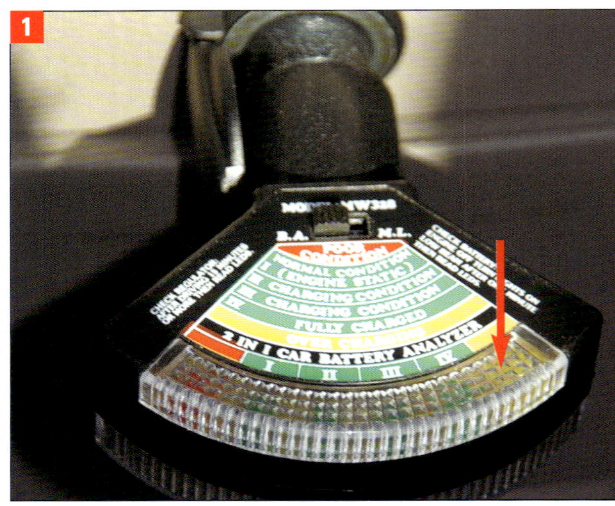

Elektronik im Notlaufprogramm

Bestimmte Pannen und Fehlfunktionen führen dazu, dass die Motorsteuerung nur noch im Notlaufprogramm arbeitet. Der Motor nimmt nicht mehr so richtig Gas an, alles ist irgendwie eingeschränkt. Aber dieser Notlaufmodus garantiert immerhin, dass Sie erst einmal einen sicheren Ort erreichen können. Dann allerdings müssen Sie schleunigst der Sache auf den Grund gehen.
Das Umschalten in den Notlauf kann viele Ursachen haben: Ein Sensor an Kurbel- oder Nockenwelle ist ausgefallen, Lamdasonde oder Luftmassenmesser sind defekt, Temperaturfühler, Leerlaufregler, Abgasrückführungsventil signalisieren nicht mehr ordentlich. Vielleicht trat der Fehler nur sporadisch auf, vielleicht ist längst wieder alles in bester Ordnung. Oft sind nur ein Massepunkt, ein Stecker mit Kontaktschwierigkeiten oder ein undichter Unterdruckschlauch schuld.
Merken Sie sich, in welchem Betriebszustand der Notlauf eingetreten ist. Sie können den Fehlerspeicher nämlich durch längeres Abklemmen der Batterie (cirka eine halbe Stunde) löschen und die Fahrt eventuell unter Vermeidung dieses Betriebszustandes fortsetzen.
Fanden Sie die Ursache jedoch nicht und tritt der Fehler nach kurzer Zeit erneut auf, sollten Sie so schnell wie möglich den Speicher auslesen (Diagnosesystem VAS 5051/5052 o. Ä.) und den Fehler beheben lassen.

Fahrwerk: Achsen, Servolenkung, Räder

Achsen und Radaufhängung bestimmen das Fahrverhalten aller Automodelle. Škoda leistet auch auf diesem Feld fruchtbare Arbeit in Entwicklung und Produktion. Im Zentrum der eigenen Bemühungen unterm VW-Konzerndach stehen die Hinterachsen.

Achsen und Radaufhängung

Ein optimiertes Fahrwerk wie das des Superb muss Fahrspaß und Fahrsicherheit gleichermaßen bieten. Felgen, Reifen, Aufhängungen, Lager und Federn müssen mit Auf- und Abwärtsbewegungen genau so fertig werden wie mit den erheblichen Kräften beim Bremsen, beim Beschleunigen und in Kurven. Alle Komponenten müssen optimal aufeinander abgestimmt sein.
Richtige Radaufhängung ist entscheidend. Fährt der Wagen über Bodenwellen oder schnell durch eine Kurve, verändert sich jedes Mal die Geometrie der Räder. Reifen dürfen aber nie den Kontakt zur Fahrbahn verlieren, weil sie dann keine Brems- und Lenkkräfte mehr übertragen können. Die Federung nimmt die unvermeidlichen Stöße auf und folgt den Unebenheiten der Straße. Stoßdämpfer verhindern das Nachschwingen.

Das Fahrwerk des Superb

Die Bodengruppe des Škoda Superb ist modular aufgebaut und verbindet bereits vorhandene Baugruppen aus dem Modellprogramm zu einer neuen Größe. In ihren Grundzügen basiert sie auf Modulen der Modelle Octavia, VW Golf und VW Passat, und der Combi basiert fahrwerksmäßig auf der Limousine. Für eine eigene Charakterisierung des Fahrverhaltens aber ersannen die Škoda-Ingenieure im neuen Entwicklungszentrum von Škoda in Mladá Boleslav jedoch umfangreiche Neuerungen und speziell angepasste Fahrwerksabstimmungen.

Achsen sichern Dynamik und Komfort

Die angetriebene McPherson-Vorderachse mit Dreiecksquerlenkern ist in einem Aluminium-Achskörper gelagert. Auf diese Weise konnte die Kinematik bei gleichzeitiger Reduzierung des Achsgewichts verbessert werden.
Die Mehrlenkerhinterachse ist mit speziellen Silentblocks, einer Kombination aus Metall und Gummi, an der Karosserie befestigt. Dies steigert den Fahrkomfort und mindert die Abrollgeräusche. Die Hinterachse des Combi ist den erhöhten Anforderungen an das Tragvermögen angepasst worden. Verstärkte Federn werden der hohen Zuladung und der leicht veränderten Gewichtsverteilung gerecht.
Škoda hatte schon Ende 2011 die Erweiterung der Produktionslinie für die Hinterachsen seiner Fahrzeugmodelle in Betrieb genommen. Die Investition ist eine Maßnahme im Rahmen der Škoda-Wachstumsstrategie. Bis zum Jahr 2018 will der Hersteller seine welt-

1

2
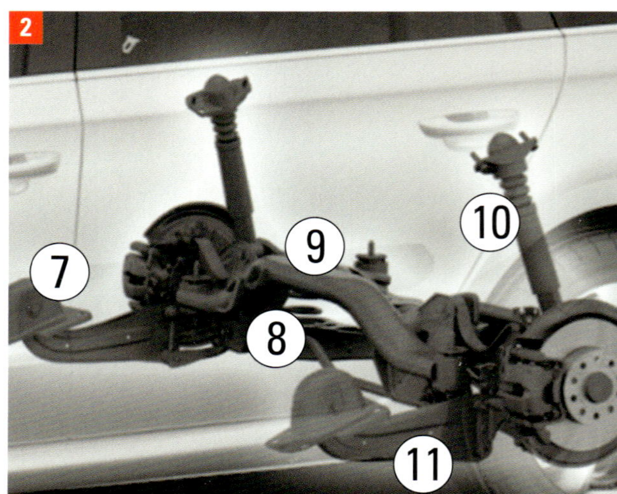

Radlagerung vorn (Bild 1) und hinten (Bild 2): (1) Bremsscheibe mit Radnabe, (2) Bremssattel, (3) Koppelstange vom Stabilisator, (4) Gelenkwelle, (5) Radlagergehäuse, (6) Spiralfeder am Federbein, (7) Lagerbock, (8) Stabilisator, (9) Aggregateträger, (10) Stoßdämpfer, (11) Längslenker.

weiten Verkäufe auf mindestens 1,5 Millionen Fahrzeuge pro Jahr erhöhen.

Elektromechanische Servolenkung

Für mehr Fahrdynamik sorgt die neue elektromechanische Lenkung. Ihr Ansprechverhalten wurde optimiert. Das Einlenkverhalten und die Spurtreue vermitteln bestes Gefühl für Fahrbahnbeschaffenheit und Traktionsbedingungen.
Alles in allem haben die Škoda-Entwickler bei der Abstimmung des Fahrwerks besonderen Wert auf ein ausgewogenes Verhältnis zwischen Agilität und Komfort gelegt. Unebene Straßenbeläge meistert die Federung exzellent. Karosserieneigungen in Kurven werden dank sorgsamster Konfiguration der Fahrwerkskomponenten weitgehend unterdrückt.

Elektronische Hilfssysteme

Die Anpassungen oder die Neukonstruktion einzelner Fahrwerkskomponenten geben dem Superb ebenso muntere wie ausgewogene und sichere Eigenschaften bis in den Grenzbereich hinein. Der Radstand misst bei Limousine und Combi gleichermaßen 2758 mm. Neu abgestimmt für den Combi wurden allerdings die Fahrerassistenzsysteme ABS und ESP (siehe Kasten), das über ein Anhänger-Stabilisierungs-Programm verfügt. Hierdurch wird der Superb Combi zum idealen und sicheren Zugfahrzeug für Wohnwagen, Pferdetransport-Anhänger oder Bootstrailer. Bis zu 2.000 Kilogramm kann der Combi ziehen Elektronische Differentialsperre und Berganfahrassistent sind zusätzliche Erweiterungen. Der Superb Combi soll als prädestinierter Reisewagen seine Passagiere mit größtmöglichem Komfort, aber auch uneingeschränkt sicher ans Ziel bringen.
ABS inklusive Bremsbelagskontrolle und Bremsassistenten sowie ASR (Antriebs-Schlupf-Regelung) gehören ebenfalls zur Serienausstattung. Die Radschlupfregelung ABS verhindert das Blockieren der Räder bei einem vom Fahrer eingeleiteten Bremsvorgang. ASR verhindert mittels Drosselung der Motorleistung das Durchdrehen der Antriebsräder beim Beschleunigen, und zwar über den gesamten Geschwindigkeitsbereich hinweg. ASR wird dabei von der schon erwähnten Elektronischen Differentialsperre EDS unterstützt. Diese Anfahrhilfe schafft durch elektronisch geregeltes Abbremsen des durchdrehenden Antriebsrades ein Stützmoment für das Differential. Die Motorleistung wird für das greifende Rad mit den besseren Haftverhältnissen nutzbar.

3

Achsenproduktion: Erweiterte Fertigungsstrecke für Hinterachsen in Mlada Boleslav. Die Produktionskapazität steigt dadurch von bislang 1000 auf 1700 Achsen pro Tag.

4

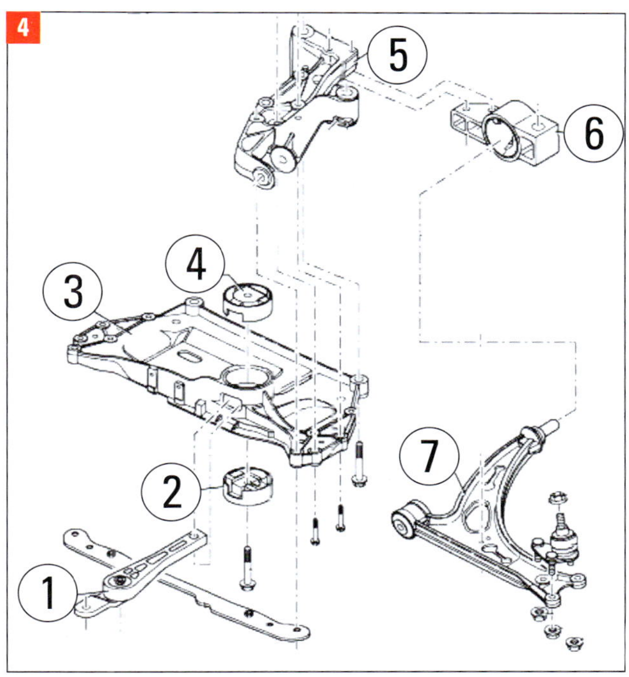

Alu-Träger für Vorderachse: (1) Pendelstütze, (2/4) Gummimetalllager unten/oben für Pendelstütze, (3) Alu-Aggregateträger, (5) Konsole, (6) Lagerbock, (7) Achslenker.

WISSENSWERTES

Stabilisierung durch ESP

Elektronisches Stabilitätsprogramm – ESP heißt bei Volkswagen und anderen Herstellern (bei Škoda manchmal auch ESC) ein System, mit dem ein Fahrzeug bis an die physikalische Grenze stabil gegen Ausbrechen gehalten wird. Das Anti-Schleuderprogramm soll nicht etwa Fahrwerksschwächen kompensieren. ESP erhöht die aktive Fahrsicherheit: Der Wagen bleibt damit selbst in schwierigen und unerwarteten Situationen noch besser beherrschbar. ESP bewirkt in kritischen Fahrsituationen gezielte Bremseingriffe an einzelnen Rädern und eine bedarfsgerechte Anpassung der Motorleistung zur Stabilisierung des Fahrzeugs. Das gilt besonders in Kurven und bei plötzlichen Ausweichmanövern.

ESP erkennt eine fahrdynamisch kritische Situation beispielsweise an einem durchdrehenden Rad. Sofort wird ESP aktiv und bremst je nach Situation und Bedarf eins oder mehrere Räder gezielt ab. Zusätzlich wird, falls vom System als notwendig erkannt, automatisch das Motordrehmoment angepasst. So unterstützt ESP den Fahrer dabei, das Fahrzeug wieder zu stabilisieren. Natürlich kann aber auch ESP nur im Rahmen der fahrphysikalischen Gesetze helfend eingreifen.

Herzstück des Stabilitäts-Programms ist ein Geschwindigkeitsmesser. Er verfolgt ständig die Bewegung des Fahrzeugs um seine Hochachse und vergleicht den gemessenen Ist-Wert mit dem Sollwert, der sich aus der Lenkvorgabe des Fahrers und der Geschwindigkeit ergibt. Sobald das Fahrzeug von dieser Ideallinie abweicht, greift ESP ein und beeinflusst Schleuderbewegungen schon beim Entstehen. ESP verbindet die Funktionen von Anti-Blockier-System ABS und Antriebs-Schlupf-Regelung ASR bei gleichzeitiger Erweiterung um eine wirksame Fahrstabilitätshilfe.

Anhängerstabilisierung ist eine sinnvolle, sehr nützliche neue Zusatzfunktion des ESP. Natürlich wiederum nur im Rahmen der physikalischen Möglichkeiten kann sie den Pendelschwingungen eines Anhängers bereits im Ansatz entgegenwirken. Erst wenn ein zusätzliches Abbremsen zur Stabilisierung unumgänglich wird, passt die ESP-Anhängerstabilisierung auch automatisch die Fahrgeschwindigkeit an.

Sicherheit und Servolenkung

Die elektro-mechanische Servolenkung unterstützt die Lenkbewegung des Fahrers mit Hilfe eines Elektromotors. Dieser treibt ein Schneckengetriebe an. Das geschwindigkeitsabhängige System vermittelt ein direktes Lenkgefühl, ohne störende Fahrbahneinflüsse an den Fahrer weiterzuleiten.

Die Lenkhilfe des Superb

Die Lenkung des Superb (Bild 5) wird als elektro-mechanische Servolenkung der 3. Generation bezeichnet. Ihre Komponenten Steuergerät für Lenkhilfe »J500« und Lenkwinkelgeber »G85« sind im Lenkgetriebe (Bild 7) integriert und können auch nicht einzeln ersetzt werden.
Geprüft werden kann die Lenkelektronik in der »Geführten Fehlersuche« mit dem Fahrzeugdiagnosetester. Das wird erforderlich nach dem Einbau eines neuen Servolenkgetriebes. Auf ähnliche Weise mit

5

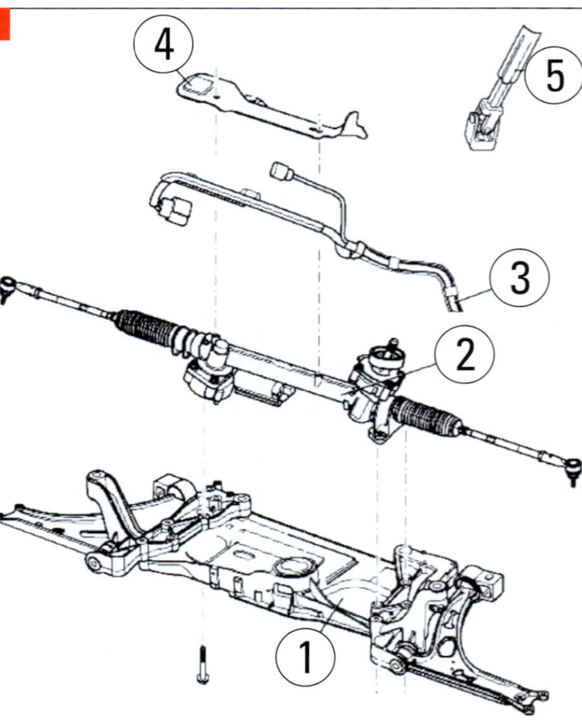

Komponenten der Lenkung: (1) Alu-Aggregateträger mit Konsolen und Achslenkern, (2) Lenkgetriebe mit Spurstangen, (3) Kabel, (4) Abschirmblech, (5) Kreuzgelenk.

dem Tester wird der Lenkwinkelgeber angepasst. Der Fahrzeugdiagnosetester muss ebenfalls wieder eingesetzt werden, wenn nach Einbau eines neuen Servolenkgetriebes das Steuergerät für Lenkhilfe »J500« angepasst werden muss.
Das Steuergerät für Lenksäulenelektronik J500 hat an seiner Anschlussleiste mehrere unvertauschbare Stecker. Es berechnet aus den Daten des Gebers für Lenkposition G85 (»Lenkwinkelgeber«) und des Gebers für Lenkmoment G269 (Bild 7) die notwendige Lenkunterstützung unter Berücksichtigung der Fahrgeschwindigkeit. Der Motor für elektro-mechanische Servolenkung V187 hat ein extrem kurzes Ansprechverhalten, um auch schnellste Lenkbewegungen zu unterstützen.

Beitrag zum Umweltschutz

Die elektro-mechanische Servolenkung, eine Lenkung mit Achs-parallelem Antrieb, spart 0,2 Liter Kraftstoff pro 100 km. Einen weiteren wichtigen Beitrag zum Umweltschutz leistet die Lenkung durch den Wegfall des Hydrauliköls. Die Lenkunterstützung erfolgt mit einer riemengetriebenen Kugelspindel.

6

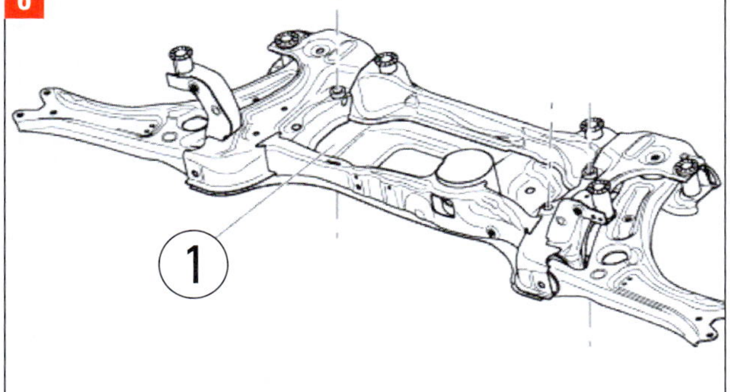

7

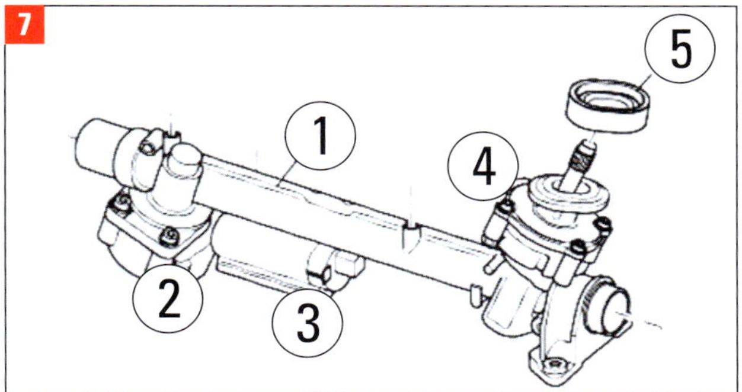

Bild 6 Hilfsrahmen: (1) Aggregateträger aus Stahlblech.
Bild 7 Kern der Servolenkung: (1) Lenkgetriebe, (2) Steuergerät, (3) Elektromotor, (4) Lenkmomentgeber, (5) Dichtung.

Räder und Reifen

Reifenunterbau, Gummimischung und ein ausgefeiltes Reifenprofil lassen moderne Reifen einen wichtigen Beitrag zur passiven Sicherheit Ihres Superb leisten. Sie tragen das Gewicht des Fahrzeugs, fangen kleinere Stöße der Fahrbahn ab und übertragen die Kräfte bei Antrieb, Bremsen und Kurvenfahrt.

Aufbau in Schichten

Die schlauchlosen Gürtelreifen Ihres Fahrzeugs sind in Schichten aufgebaut (Bild 8). Profil und Mischung des äußeren Laufstreifens (1) beeinflussen entscheidend die Eigenschaften. Die darunter liegende Base (2) senkt den Rollwiderstand. Die Stahlcordlagen (4) unter Nylonbandagen (3) steigern die Fahrstabilität. Form- und Festigkeitsträger des Reifens ist die Karkasse (5). Die Innenseele (6) eine gasdichte Schicht, ersetzt den längst nicht mehr üblichen Schlauch. Das Seitenteil (7) schützt die Karkasse vor Beschädigungen. Kernprofil (8) und Wulstverstärker (10) unterstützen Lenk- und Fahrpräzision und fördern die Fahrstabilität. Der Kern (9) sorgt für festen Sitz auf der Felge.

Fahrstil und Verschleiß

Die Reifen an den Vorderrädern bringen es erfahrungsgemäß auf eine durchschnittliche Laufleistung von 50.000 bis 60.000 Kilometern, wenn bei mittlerer

8

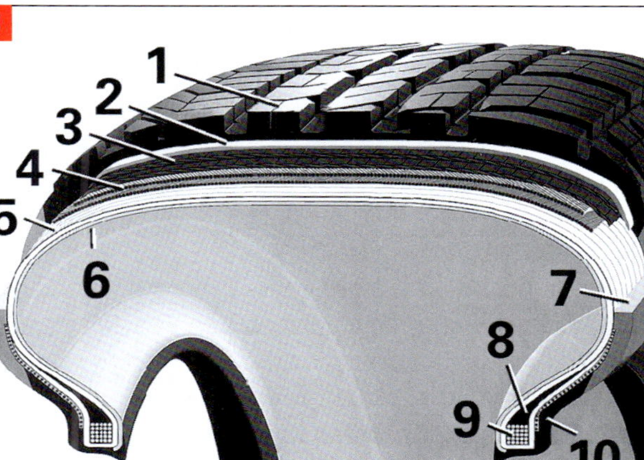

Reifenaufbau: (1) Laufstreifen, (2) Base, (3) Spulbandagen, (4) Stahlcord-Gürtellagen, (5) Karkasse, (6) Innenseele, (7) Seitenteil, (8) Kernprofil, (9 Kern), (10) Wulstverstärker.

Motorisierung und normaler Straßenbeschaffenheit ausgeglichen gefahren wird. An den Hinterrädern können die Reifen noch ein gutes Stück länger halten. Aber auch wenn Sie Ihr Fahrzeug nur selten bewegen, sind die Reifen spätestens nach sieben bis acht Jahren am Ende. Denn die Mischung des Gummis löst sich mit der Zeit auf.
Der Reifenverschleiß hängt von Motorisierung und Straßenbeschaffenheit, vor allem aber stark von Ihrer Fahrweise ab. So ist heftiges Aufprallen auf die Bordsteinkanten gefährlich. Dabei können Schäden an der Reifenstruktur auftreten, die zunächst unsichtbar sind. Die Gefahr von anfangs unsichtbaren Schäden besteht auch beim Parken, wenn der Reifen an die Bordsteinkante gequetscht oder nur auf einem Teil der Aufstandsfläche an einer Kante abgestellt wird. Vollbremsungen mit blockierenden Rädern können zu »Bremsplatten« führen: Der Reifen wird durch extreme Hitzeeinwirkung an einer Stelle erheblich abgeschliffen. Räder mit solchen »Bremsplatten« erzeugen Vibrationen. Sie müssen ausgetauscht werden.

Bestimmungsgrößen für Reifen

Auf der Flanke eines Reifens befinden sich Ziffern und Buchstaben, mit denen die Hersteller die jeweiligen Reifendaten verschlüsseln (Bilder 9 bis 12). Den Autofahrer interessiert vor allem das Format des Reifens. 205 / 55 / R 16 im Beispiel nach Bild 9 bedeutet, dass der Reifenquerschnitt eine Breite von 205 Millimetern aufweist. Die zweite Zahl bestimmt das Verhältnis von Höhe zu Breite, im Beispiel 55 Prozent. Je kleiner dieses Verhältnis, desto flacher und breiter ist der Reifen. »R« steht für die Radialbauart von Gürtelreifen. Falls eine Zahl dahinter steht, nennt sie den Durchmesser (hier 16) der Felge in Zoll.
Welche Reifengrößen und Felgen für Ihr Fahrzeug zugelassen sind, steht in den Kfz-Papieren. Wenn Sie das Reifenformat bei Fahrzeugen mit eingebautem Navigationssystem wechseln, muss dieses neu kalibriert werden.
In Abbildung 9 bezeichnet die Ziffer (1) den Kennbuchstaben »P« für die zulässige Höchstgeschwindigkeit 150 km/h (kommt beim Superb nicht vor). »S« steht für 180 und »T« für 190 km/h. Ein Höchsttempo bis 210 km/h gilt für Reifen mit dem Kennbuchstaben »H«, »V« erlaubt 240 km/h Spitze. Für maximal 270 bzw. 300 km/h gelten die Geschwindigkeitssymbole »W« bzw. »Y«. Die Kennzeichnung mit P und Q findet sich normalerweise nur auf M+S-Reifen.

Bestimmungsgrößen für Felgen

Die Größe einer Felge gibt man nach Normvorschrift stets in Zoll an. Die Bezeichnung 6J x 16 für ein Superb-Stahlrad bezeichnet eine Tiefbettfelge (x) mit einer Breite von 6 und einem Durchmesser von 16 Zoll. Der Buchstabe »J« steht für die Form des Felgenhorns. Weitere wichtige Bestimmungsgrößen sind die Einpresstiefe ET (Superb: 45, 46, 49 und 50 mm) und der Mittenlochdurchmesser (57 mm). Dank hochfester Dualphasen-Stähle wiegt die einzelne Stahlfelge nur gut 7,0 kg für eine Radlast um 500 kg.

Räder und Reifen beim Superb

Der Superb wird serienmäßig mit 16- oder 17-Zoll-Rädern und Reifen der Dimension 205/55 R 16 oder 225/45 R 17 ausgerüstet. Aktuelle Zubehörkataloge von Škoda weisen eine Vielzahl attraktiver Leichtmetallfelgen für den Superb unter klangvollen Namen wie »Spectrum«, »Moon«, »Sirius« oder »Trifid« aus. Für andere Felgen (oder Reifen) als vorgegeben, brau-

9

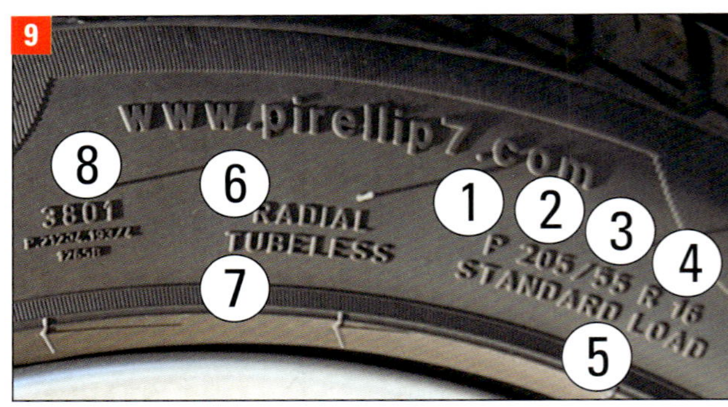

10

Bild 9 Pirelli-Winterreifen: Die generell bei Reifen übliche Kennzeichnung auf der Seitenwand bedeutet
(1) zulässige Geschwindigkeit; P = bis 150 km/h,
(2) Breite in mm (205) und (3) Höhe zu Breite in % (55),
(4) Radialkarkasse (»R«) für Felgendurchmesser 16 Zoll,
(5) Last-Index: Hier für »Standard-Beladung«,
(6) Reifentyp Radial und (7) schlauchlose Bauart (tubeless),
(8) Herstellung 38. Woche 2001 (Beispiel für Überalterung).
Bild 10 Laufrichtung: Reifen mit Pfeilmarkierung (hier: Internet-Beispiel) müssen in dieser Richtung montiert werden.

chen Sie Teilgutachten von TÜV oder DEKRA und einen Eintrag der Zulassungsstelle.

Datum und ECE-Prüfnummer

Herstellungswoche und Jahr sind mit einer 4-stelligen Zahl auf den Reifen angegeben. So bedeutet 3208 in Bild 11, dass der Reifen in der 32. Produktionswoche des Jahres 2008 hergestellt wurde. Das Beispiel in Bild 10 zeigt dagegen einen mit zwölf Jahren inzwischen längst überalterten Reifen (38. Woche 2001).
Die Reifen müssen ferner eine ECE-Prüfnummer auf der Flanke tragen. Diese Nummer (»E« und »e« sowie eine Code-Zahl für das Zulassungsland, z. B. »2« wie in Bild 15 für Frankreich) besagt, dass der Pneu typgeprüft entsprechend dem geltenden europäischen Qualitäts-Standard ist.
Diese europäische Prüfnummer gilt auch für viele andere Produkte. Um einen Eindruck zu geben, führen wir hier beispielhaft die ersten Zahlen mit Länderzuordnung aus einer Liste von inzwischen weit über 40 an: 1 Deutschland, 2 Frankreich, 3 Italien, 4 Niederlande, 5 Schweden, 6 Belgien, 7 Ungarn, 8 Tschechien, 9 Spanien. Der Code sagt also aus, in welchem Land das Produkt hergestellt und/oder zugelassen wurde.

11

12

Bild 11 DOT und Datum: »DOT« erfüllt amerikanische Richtlinien. Vierstellige Zahl: Produktion 32. Woche des Jahres 2008.
Bild 12 ECE-Prüfzeichen: »E« im Kreis Prüfzeichen nach ECE-Regelung (»e« im Kreis = EG-Richtlinie). »2« bedeutet, dass Genehmigung in Frankreich erteilt wurde (Deutschland: 1).

Spezialisten für Schnee und Eis

Über Winterreifen, die auf kalter Fahrbahn sowie auf Schnee und Eis sicherer als Sommerreifen rollen, haben wir schon ausführlich im Kapitel »Fit durch den Winter« gesprochen. Wir möchten hier im Zusammenhang mit Rädern und Reifen nochmals auf dieses wichtige Thema eingehen.
Winterreifen werden aus einer Gummimischung mit hohem Anteil Naturkautschuk hergestellt, die bei Temperaturen unter sieben Grad, vor allem aber bei Eis und Schnee besser auf der Fahrbahn haftet. Voraussetzung für die gute Übertragung der Motor- und Bremskräfte auf die Straße ist ein Profil von mindestens 4,0 mm gegenüber der minimal zulässigen Profiltiefe von 1,6 mm (besser: mindestens 2,0 bis 3,0 mm) bei Sommerreifen. Škoda-Werkstätten verwenden zur Profiltiefe-Messung den Prüfstift T40139 A. Weniger Profil als 4,0 mm ist für den Wintereinsatz nicht erlaubt! Tipp: Alle vier Räder mit Winterreifen ausstatten, Sommer- und Winterreifen nicht kombinieren!

Winterreifen auf Felgen montieren

Für einen Winterreifen genügt durchaus eine schmale Ausführung. Investieren Sie das für breitere Pneus gesparte Geld lieber in einen zweiten Satz passender Felgen. Das Ummontieren der Reifen im Frühjahr und Herbst kommt auf die Dauer viel teurer.
Viele Händler und Werkstätten lagern Ihre Winterreifen (oder Kompletträder) gegen Gebühr bis zum nächsten Tausch. Die Räder müssen übrigens nach jeder Montage neu ausgewuchtet werden. Erhöhen Sie den Luftdruck um 0,2 bar. Wenn die Höchstgeschwindigkeit der Winterreifen unter der Ihres Fahrzeugs liegt, kleben Sie sich zur Erinnerung einen Sticker ans Armaturenbrett!

Schneeketten feingliedrig wählen

Bei Schnee und Eis sind an den Vorderrädern Schneeketten zulässig. Auf Reifen bestimmter Formate dürfen jedoch keine Schneeketten aufgezogen werden. Informieren Sie sich (Fachwerkstatt), ob das bei Ihrem Fahrzeug der Fall ist (siehe Tabelle Seite 50).
Nehmen Sie Radzierblenden bei Schneekettenbetrieb

ab. Die Radschrauben sollten dann mit Abdeckkappen aus der Škoda-Werkstatt gesichert werden. Verwenden Sie nur gutklassige feingliedrige Schneeketten, die einschließlich Kettenschloss nicht mehr als 15 mm auftragen.

Räder richtig tauschen

Haben Sie ein neues Vollrad als Reserverad, können Sie Geld sparen, wenn das gleiche Fabrikat mit demselben Profil noch lieferbar ist. Dann kaufen Sie einen entsprechenden Reifen dazu und haben bereits eine Achse neu bereift.
Sie können den Kauf neuer Reifen auch hinausschieben, indem Sie die Räder jeweils einer Fahrzeugseite (gleiche Laufrichtung, also nicht über Kreuz!) gegeneinander austauschen. Der Abrieb der Reifen erfolgt so gleichmäßiger. Achten Sie beim Tausch der Reifen darauf, dass Sie auf jeder Achse Reifen des gleichen Fabrikats, mit gleichem Profil und Alter montieren!

Zuverlässige Druckanzeige

Wesentlich für gutes Fahrverhalten und hohe Laufleistung ist der richtige Reifeninnendruck. Škoda setzt bei den Superb-Modellen »Elegance«, »L&K« sowie »Active« und »Ambition« mit 1.8 TSI und DSG serienmäßig die Reifendrucküberwachung ein. In den anderen Modellen ist dieses System optional. Es vergleicht die Drehzahlen der vier Räder miteinander und beobachtet darüber hinaus die Torsionsschwingungen, die durch die Anregungen von der Straße entstehen. Bei Druckverlust ändern sich nämlich Steifigkeit und charakteristische Eigenfrequenz des Reifens.

Die Reifendruckkontrolle kann auch registrieren, wenn alle vier Reifen gleichmäßig schleichend Luft verlieren. Dieser Effekt infolge Diffusion kann bis zu 0,1 bar pro Monat betragen und bei Nichterkennen am Ende zu einem massiven Schaden führen.

Druckkontrolle kalibrieren

Bei Druckänderung sowie nach Reifenwechsel und relevanten Werkstattarbeiten am Fahrwerk ist eine Grundeinstellung erforderlich:

- Zündung einschalten.
- Taster der Reifen-Kontroll-Anzeige (Pfeil in Bild 13) für länger als zwei Sekunden drücken. Die Kontrollleuchte im Schalttafeleinsatz leuchtet, solange der Taster gedrückt wird. Erfolgreiche Grundeinstellung wird durch einen Hinweiston bestätigt.

Das Reifenlaufbild

Abgenutzte Reifen lassen sich manchmal schon auf den ersten Blick, auf jeden Fall aber bei gründlicher Kontrolle erkennen. Es gibt diverse Erscheinungsformen dafür, auf die Sie achten sollten. Wir möchten die augenfälligsten hier kurz auflisten:

- Außenseite (vorn) abgefahren: Zu flotte Fahrweise in Kurven. Evtl. gegen Hinterräder tauschen.
- Außenseiten stärker abgenutzt als Profilmitte: Reifen wurde lange mit niedrigem Luftdruck gefahren.
- Einseitig abgefahrene Laufflächen: Sind meist auf Sturzfehler zurückzuführen (Achsvermessung!).
- Gratbildung am Reifenprofil: Spurfehler, Achsvermessung angeraten.
- Abnutzung in Profilmitte (Bild 14): Reifen bauchen

13

Reifendruck-Grundeinstellung: Taster (1) drücken.

14

Profilmitte abgenutzt: Durch häufiges Fahren mit Höchstgeschwindigkeit und zu hohem Reifendruck.

GEFAHRHINWEIS

Risikofaktor Reifeninnendruck

Ein schlecht oder gar nicht gewarteter Reifen kann sich zum Risikofaktor für Fahrer und Auto entwickeln. Fahren Sie zum Beispiel einen Reifen mit zu geringem Luftdruck unter sehr hoher Last, führt das nicht selten zu teilweisen Ablösungen an der Reifenlauffläche, wie wir sie auf Seite 80 im Bild zeigen.

Solche Schäden bleiben jedoch oft längere Zeit verborgen. Wird der vorher geschädigte Reifen dann bei einer längeren Fahrt stark beansprucht, ist meist die Katastrophe nicht mehr ausgeschlossen. Durch die enormen Fliehkräfte bei hohen Geschwindigkeiten können dann sogar einzelne Reifenteile abreißen.

durch Fliehkraft aus, nutzen in der Mitte stärker ab.

- Schräges Profil (Bild 15): Falsche Radeinstellung.
- Starke Abnutzung: Bremsung mit blockiertem Rad führt oft zu diesen schon erwähnten »Bremsplatten«.
- Ungleiche Abnutzung: Entsteht meist durch Unwucht im Rad. In solchen Fällen ist das »Auswuchten« erforderlich.

Unwucht und Auswuchten

So genannte Unwucht macht sich durch Vibrationen am Lenkrad oder Schütteln im Vorderwagen bemerkbar. Ursache ist eine ungleichmäßige Gewichtsverteilung am Rad, die auch den Reifenverschleiß erhöht.

Dynamische Unwucht

Diese Erscheinungsform der Unwucht kommt beim schnellen Drehen des Rades zur Wirkung. Die übergewichtige Stelle sitzt nicht in der Mittelebene des Rades, sondern etwas nach außen bzw. innen versetzt. Das Rad flattert und wackelt bei schneller Fahrt.

Statische Unwucht

Die so genannte statische Unwucht zeigt sich, wenn man das Rad am aufgebockten Wagen frei auspendeln lässt: Der Schwerpunkt wird sich ganz von selbst nach unten begeben. Ein Rad mit statischer Unwucht hüpft beim Fahren und die Stoßdämpfer verschleißen schneller.

Auswuchten

Diese Korrektur ist eine Sache für die Werkstatt. Eine Maschine zeigt die Unwuchten. An die entsprechenden Stellen der Felgen werden ausgleichende Gewichte (Bild 16, Pfeile; maximal 60 g je Felgenhorn) geklebt. Auf dieses Auswuchten aller vier Räder beim Reifenwechsel darf nicht verzichtet werden, es gehört zur ordnungsgemäßen Montage von Reifen und Felgen. Dazu müssen der Reifenfülldruck in Ordnung, das Reifenprofil nicht einseitig abgenutzt und wie vorgeschrieben tief und die Reifen ohne Schnittverletzungen, Einstiche, Fremdkörper usw. sein. Radaufhängung, Lenkung, Lenkgestänge und Dämpfer müssen sich in einwandfreiem Zustand befinden.

15

Schräg abgefahren: Falsche Radstellung wird manchmal durch zu geringe Einpresstiefe von Felgen begünstigt.

16

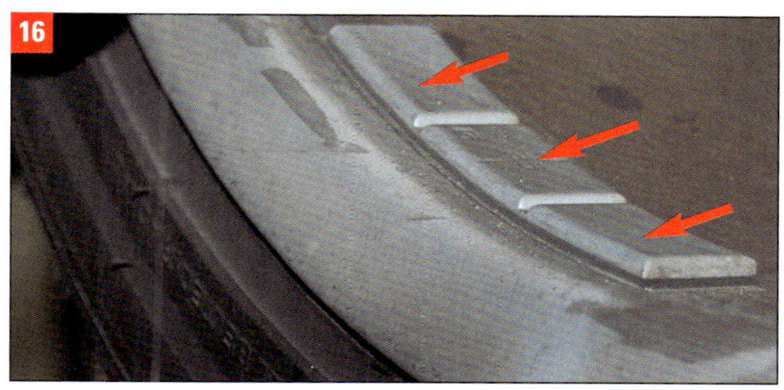

17

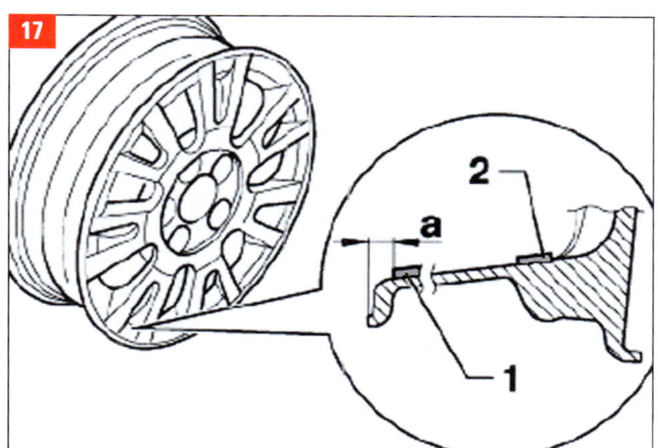

Einbaulage der Auswuchtgewichte: (1) Felgenaußenseite, (2) Felgeninnenseite. a = 18 +1 mm..

Zustand der Reifen kontrollieren

Die Vorderräder treiben das Fahrzeug an, lenken es und müssen die Hauptbelastung beim Bremsen aushalten. Sie sind schneller verschlissen als die hinteren Pneus. Schonen Sie die Reifen durch das Einhalten folgender Regeln und prüfen sie immer einmal.

Vier Grundregeln

■ Reifen müssen zur Höchstgeschwindigkeit passen. Zu hohes Tempo bewirkt mehr Abrieb.

■ Nach längerer Fahrt die »Wärmeprobe« machen: Ist der Reifen handwarm, steht es gut um ihn. Heißer Gummi ist ein Alarmzeichen, das auf zu niedrigen Luftdruck (Bild 1: Abplatzung / Abriss als mögliche Folge) oder beschädigten Unterbau hinweist.

■ Bei häufiger Autobahnfahrt mit Höchsttempo am besten Reifen montieren, deren Geschwindigkeitsindex eine Klasse höher liegt als laut Fahrzeugschein.

■ Nicht mit der Reifenflanke am Bordstein schrammen! Über Bordsteine und Schwellen nur langsam und immer im rechten Winkel rollen.

Luftdruck kontrollieren

Der Reifeninnendruck entscheidet oft über Komfort und Spritverbrauch. Der in der Tankklappe angegebene optimale Druck bei unterschiedlichen Beladungszuständen sollte Ihre feste Orientierung sein.

■ Dieser Wert soll nicht unterschritten werden, aber Sie können ihn durchaus leicht erhöhen. Wer seinen Luftdruck um 0,2–0,4 bar erhöht, der fährt deutlich sparsamer. Allerdings leidet darunter der Komfort ein wenig.

■ Der Innendruck von Reifen jeweils einer Achse muss gleich sein. Er muss an kalten Reifen getestet werden, weil er sich bei warmen Reifen ändert.

Reifen auf Schäden untersuchen

■ Am besten den Wagen anheben oder auf jeden Fall aufbocken. Gründliche Reinigung (Bild 2) vor der Kontrolle wäre natürlich ideal.

■ Jedes Rad komplett durchdrehen. Steinchen (Bild 3) und andere Fremdkörper vorsichtig mit einem flachen Schraubendreher aus den Profillamellen entfernen. Finden sich Glasscherben oder Nägel in der Reifendecke, kann allerdings Luft entweichen!

■ Auf Unregelmäßigkeiten wie Einstiche, Schnitte, Risse und herausgebrochene Profilstücke (Bild 3a) achten. Bei

1

2

Schäden kann Feuchtigkeit ins Reifeninnere dringen. Von außen ist aber nicht zu erkennen, ob der stabilisierende Stahlgürtel schon von Rost angefressen ist. Lassen Sie beschädigte Reifen zur Sicherheit vom Fachmann prüfen. Das gilt übrigens auch bei auffälligem Reifenabrieb.

■ PrüfenSie genau: Sind alle Reifen gleichmäßig abgefahren? Gibt es irgendwo Auswaschungen? Finden sich Beulen an den Seitenwänden (Flanken)? Dann kann der Reifenunterbau beschädigt sein.

■ Wenn die auf den Seiten 76 und 79 als eine der »häufigen Abnutzungserscheinungen« erwähnten Bremsplatten gefunden werden, die durch Vollbremsung entstanden sind, müssen die betroffenen Reifen ausgewechselt werden. Dies sind irreparable Schäden.

»Standplatten« herausfahren

Diese Platten können entstehen, wenn das Fahrzeug mehrere Wochen auf einer Stelle steht, ohne bewegt zu werden; wenn es nach dem Lackieren in die Trockenkabine der Lackieranlage gestellt wird; wenn es mit warmen Reifen in einer kühlen Garage oder einem anderen Unterstand für längere Zeit abgestellt wird. Auch zu geringer Reifenfülldruck kann Ursache für Standplatten sein. Solche Platten können »herausgefahren« werden, aber möglichst nicht bei winterlichem Wetter: Reifenfülldruck kontrollieren und ggf. korrigieren, 20 bis 30 km Autobahnfahrt bei 120 bis 150 km/h Geschwindigkeit. Danach Fahrzeug sofort anheben, Räder abschrauben und auswuchten.

Reifenprofil kontrollieren

■ Das Profil von Sommerreifen muss über die gesamte Lauffläche mindestens 1,6 mm, sollte aber besser mindestens 2 mm tief sein. Wie bereits mehrfach betont, liegt der Mindestwert für Winterreifen bei 4 mm.

■ Das Fahrverhalten Ihres Autos wird mit abnehmendem Profil schlechter, vor allem bei Nässe (»Aquaplaning«). Guten »Grip« gewährleistet dann eine Profiltiefe um 8 mm, wie sie neue Reifen aufweisen.

■ Reifen nach dem Sommer/Winter-Wechsel in der zweiten Saison nicht ohne gründlichen Check wieder einsetzen. Selbst ein neuer Reifen kann durch harten Aufprall mit Schädigung des Innenlebens oder durch falsche Lagerung durchaus unbrauchbar geworden sein.

■ ***Fazit:*** Das Thema Reifen nicht unterschätzen, Testergebnisse und Expertenwarnungen ernst nehmen, Unfall infolge mangelnder Wartung vermeiden. Beim Reifenkauf beachten: Sparen am falschen Ende kann gefährlich sein!

Hinweise für Volkswagengruppe

Wir möchten zum Schluss noch über die die Hinweise informieren, die Volkswagen im Werkstattmaterial »Ratgeber Räder / Reifen« gibt. Es heißt dort einleitend:

Alle von VW empfohlenen Reifen wurden von der technischen Entwicklung geprüft und in Zusammenarbeit mit den Reifenherstellern auf den jeweiligen Fahrzeugtyp abgestimmt. Wir empfehlen daher, bei Ersatz der Reifen immer die empfohlenen Reifenfabrikate zu montieren. Oberste Priorität hat die Fahrzeugsicherheit. Unter Berücksichtigung der verschiedenen Einsatzbedingungen, wie

■ unterschiedliche Geschwindigkeitsbereiche,

■ Winter-/Sommerbetrieb und

■ nasse/trockene Straße

muss ein für die Fahrsicherheit optimaler Kompromiss gefunden werden.

Achtung: Jeder Reifen ist über Laufstrecke und Zeit vielen Beanspruchungen ausgesetzt. Es ist wichtig, dass die grundsätzlichen Voraussetzungen für seinen optimalen Einsatz erfüllt sind!

Die korrekte Einstellung der Achsgeometrie im Rahmen einer Fahrzeugvermessung ist eine wichtige Voraussetzung für eine optimale Lebensdauer des Reifens. Deshalb muss die Einstellung der Achsgeometrie unbedingt im vorgegebenen Toleranzbereich liegen.

Radeinstellung prüfen / Fahrwerk vermessen

Begriffe der Lenkgeometrie

WISSENSWERTES

Von der Stellung der Vorderräder wird die Straßenlage wesentlich bestimmt. Man unterscheidet:

Nachlauf: Abstand (in Fahrtrichtung) zwischen der gedachten Verlängerungslinie der Lenkdrehachse zum Boden und dem Mittelpunkt der Reifenaufstandsfläche. Durch den Nachlauf werden die Räder gezogen (und nicht geschoben). Sie neigen deshalb dazu, sich von selbst geradeaus zu stellen und diese Stellung auch beizubehalten (A in Bild 1).

Sturz: Die Neigung des Rades zu einer Senkrechten. Vermindert Fahrbahnstöße auf die Teile der Lenkung, reduziert Lenkkräfte und Reibung der Räder auf der Fahrbahn. Die Vorderräder haben positiven Sturz. Sie stehen oben im Radkasten geringfügig weiter auseinander als unten am Boden (B in Bild 1).

Spreizung: Die Neigung der Lenkungsdrehachse zu einer Senkrechten. Denkt man sich eine Linie dieser Achse zum Boden und misst den Abstand zur Mittellinie durch das Rad (Mittelpunkt der Reifenaufstandsfläche), erhält man den Lenkrollradius. Dieser soll möglichst klein sein, um die Störkräfte in der Lenkung zu verringern. Die Spreizung bewirkt zusammen mit dem Nachlauf, dass sich bei eingeschlagenen Rädern das Fahrzeug etwas anhebt. Lässt man das Lenkrad los, stellen sich die Räder selbst in die Mittelstellung zurück (C in Bild 1).

Vorspur: Die Vorderräder stehen vorn enger zusammen als hinten (Bild 2). Das gleicht die Reibung zwischen Rad und Straße aus, die das linke Rad nach links und das rechte nach rechts drücken will. Die Vorspur verhindert Flattern der Räder und Radieren der Reifen. Bei der Fahrt durch eine Kurve schwenkt das kurveninnere Rad zur Unterstützung der Lenkbewegung und der Lenkkräfte stärker ein als das kurvenäußere. Die Vorspur geht in Nachspur über (Räder stehen hinten enger zusammen als vorn).

Spurdifferenzwinkel: Für die Vorderradaufhängung festgelegte Abweichung zwischen den Radeinschlagwinkeln bei Stellung eines Rades auf 20°.

Die richtige Stellung der Vorderräder entscheidet darüber, ob Ihr Fahrzeug auf ebener Strecke und in Kurven ruhig und sicher auf der Straße liegt. Nach harter Berührung des Bordsteins kann die Geometrie der Vorderradaufhängung bereits empfindlich gestört sein. Auch verschlissene Gelenke und Gummilager oder unsachgemäße Reparaturen wirken sich spürbar negativ auf das Fahrzeugverhalten aus.
Unternehmen Sie deshalb ganz gezielt eine kurze Probefahrt zur Überprüfung der Lenkgeometrie. Dazu müssen beide Vorderreifen dieselbe Reifensorte und Profiltiefe aufweisen und den vorgeschriebenen Luftdruck haben.

1

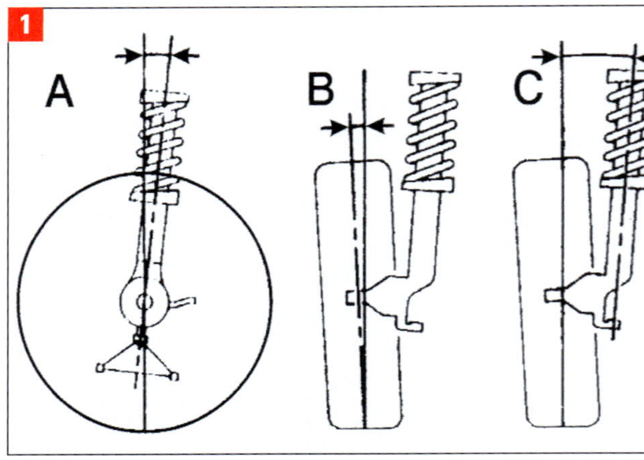

Lenkgeometrie – Die wichtigsten Radeinstellungen: A – Nachlauf, B – Radsturz, C – Spreizung.

2

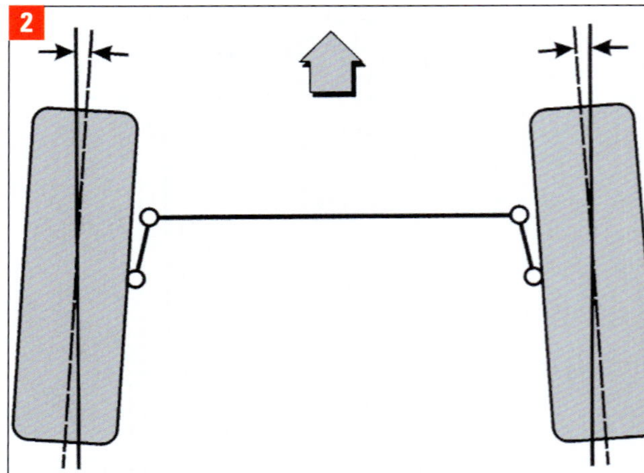

Lenkgeometrie – Der Stand der Räder: Schematische Darstellung der so genannten Vorspur.

Lenkgeometrie überprüfen

■ Kontrollieren Sie genau, ob die Lenkradspeichen bei Geradeausfahrt symmetrisch stehen. Ein schief sitzendes Lenkrad ist ein Zeichen für Spurfehler.

■ Läuft das Auto auf ebener Fahrbahn und bei losgelassenem Lenkrad geradeaus? Zieht es zur Seite? Stellt sich die Lenkung nach Kurven von selbst geradeaus?

■ Prüfen Sie im Stand: Stehen die Vorderräder symmetrisch zueinander? Ist das Reifenprofil gleichmäßig abgenutzt? Zeigen die Außenkanten stärkere Verschleißspuren als die Innenseiten? Das sind Anzeichen für falsche Radeinstellung.

■ Wenn Sie Anlass zum Zweifel an der Radeinstellung haben, wenden Sie sich unverzüglich an die Werkstatt zur präzisen Vermessung und ggf. Reparatur. Autohersteller bestehen zumeist auf dem Einsatz der von ihnen freigegebenen Achsmessgeräte. Immer Vorder- und Hinterachse zusammen vermessen lassen.

Fahrwerk vermessen lassen

■ Vom Fahrzeughersteller werden für beide Achsen Sollwerte vorgegeben, durch die das Fahrwerk eindeutig bestimmt ist. Das jeweils verbaute Fahrwerk ist über so genannte PR-Nummern im dritten und im siebenten Code-Block auf dem Datenträger definiert (Bild 3). Der Fahrzeugdatenträger befindet sich im Serviceplan und auf dem Kofferraumboden links, am Rand der Reserveradmulde.

■ ***PR-Nummern der Superb-Fahrwerke***

Der Superb wird je nach Bestellung mit Standard-, Sport- oder Schlechtwegefahrwerk ausgeliefert. Die jeweilige Fahrwerksart beim konkreten Modell bestimmt sich nach der PR-Nummer für die Dämpfung vorn. Für den Superb II galten bis Modelljahr 2010 folgende Codes für die einzelnen Fahrwerke:

Standardfahrwerk: G50, G51, G52;
Sportfahrwerk: G53, G54;
Schlechtwegefahrwerk: G55, G56, G57.

Ab Modelljahr 2011 gelten für das Standardfahrwerk von Superb/Superb Combi II die PR-Nummern: G02, G07, G15. Für Sport- und Schlechtwegefahrwerke gelten weiterhin die oben angegebenen PR-Nummern. Der in Bild 3 gezeigte Fahrzeugdatenträger beschreibt mithin einen ab 2011 gebauten Superb Diesel (TDI) mit Standardfahrwerk (PR-Nummer G07).

■ Die PR-Nummern sind für die Zuordnung der Sollwerte zum Fahrzeug entscheidend. Nach den PR-Nummern ermittelt die Werkstatt aus den Vorgaben des Herstellers die geforderten Einstellwinkel für Sturz, Nachlauf, Spurdifferenzwinkel usw.

■ ***Beispiel Fahrwerk G07***

Für die Standard- oder Basis-Fahrwerke G07 (auch G02, G15, G50, G51, G52) gelten für die Vorderachse folgende Winkelwerte mit Toleranzangabe (siehe Bild 1):

Gesamtspur	10' ± 10'
Sturz in Geradeausstellung (B)	-30' ± 30'
höchstzulässiger Unterschied beider Seiten	max. 30'
Nachlauf (A)	+7° 34' ± 30'
höchstzulässiger Unterschied beider Seiten	max. 30'
Spurdifferenzwinkel bei 20° Lenkeinschlag	1° 38' ± 20'
Maximaler Radeinschlagwinkel	40° 40'

■ Die Daten gelten für alle Motorisierungen und stets für fahrfertige Fahrzeuge mit Leergewicht. Dieses ist definiert ohne Fahrer, aber mit vollständig gefülltem Kraftstoffbehälter, vollem Wasserbehälter für Scheiben- und Scheinwerferreinigungsanlage, Reserverad, Bordwerkzeug und Wagenheber.

■ Maß »a« (Bild 4) beim Festziehen der Schrauben an Fahrwerksteilen mit Gummimetalllagern beachten.

3

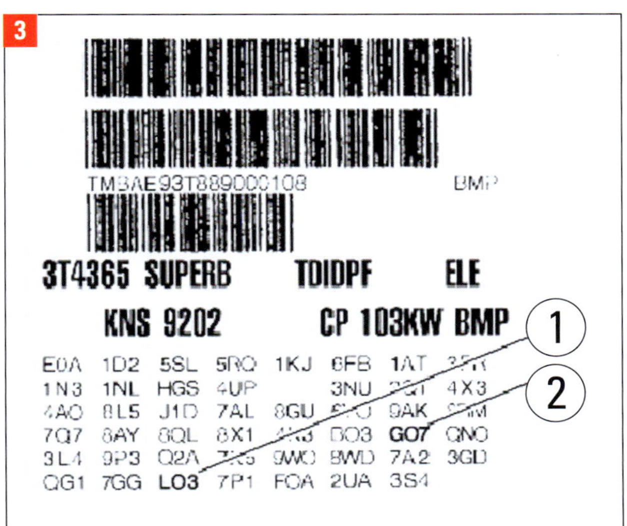

Fahrwerk-PR-Nummern: Auf dem Fahrzeugdatenträger codiert (1) die Federung und (2) die Dämpfung.

4

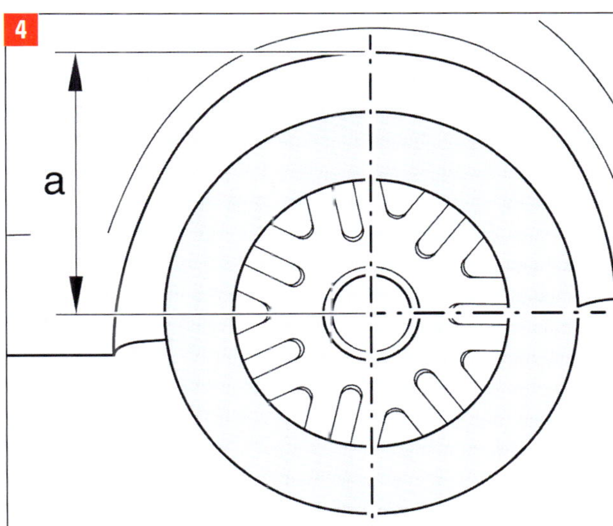

Standhöhe »a«: Sie definiert den senkrechten Abstand von der horizontalen Achsen-Mittellinie bis zur Radhausunterkante.

Spiel am Radlager und am Achsgelenk prüfen

Škoda weist Werkstätten mit Nachdruck darauf hin, dass bei der Instandsetzung von tragenden und radführenden Bauteilen an Unfallfahrzeugen Schäden am Fahrwerk unentdeckt bleiben können. Solche Mängel können zu schweren Folgeschäden führen. Unabhängig von der nötigen Fahrzeugvermessung sollen deshalb alle Bauteile gemäß dieser und der folgenden Anleitung kontrolliert werden.
Radlager können nicht eingestellt werden, man muss sie bei Schäden austauschen. Das ist auf jeden Fall für die Lager der Vorderachse eine Sache für die Werkstatt. Lager, Laufringe, Nabe und Lenk-Schwenklager sind in engen Toleranzen gefertigt, die bei der Montage Spezialwerkzeuge erforderlich machen.

Radlagerspiel prüfen

■ Gut funktioniert die Prüfung, wenn das Fahrzeug leicht angehoben wird. Dazu das Rad kräftig in Querrichtung rütteln.

■ Die Kontrolle funktioniert aber auch im Stand. Stellen Sie den Wagen auf festem Boden ab. Packen Sie das Rad im oberen Bereich und versuchen Sie, es quer zum Wagen zu bewegen. Bei einwandfreien Lagern darf kein Spiel vorhanden sein.

■ Gibt es Spiel an den vorderen Radlagern, lassen Sie einen Helfer die Bremse treten. Wiederholen Sie die Kontrolle! Wenn immer noch Spiel festgestellt wird, müssen Achsgelenke und Spurstangengelenke geprüft werden.

Spiel am Achsgelenk prüfen

Axialspiel prüfen

■ Zur Prüfung des Axialspiels (Bilder 1 und 2) müssen Sie am angehobenen Fahrzeug den Achslenker (oder auch das Rad) kräftig nach unten ziehen und wieder hochdrücken. Es darf kein Lagerspiel erkennbar sein. Falls aber doch Spiel registriert wird, müssen Achsgelenke und Gleichlaufgelenke (oder Tripodegelenke) unbedingt auf Schäden überprüft und im Schadensfall

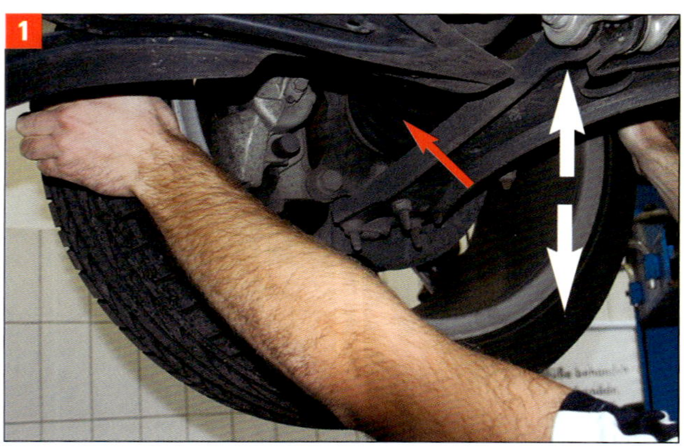

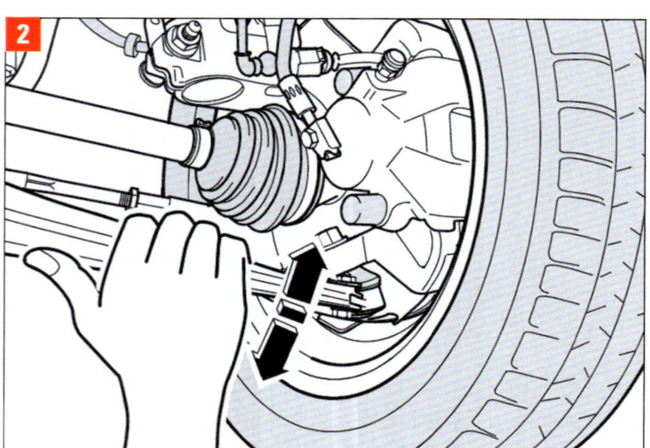

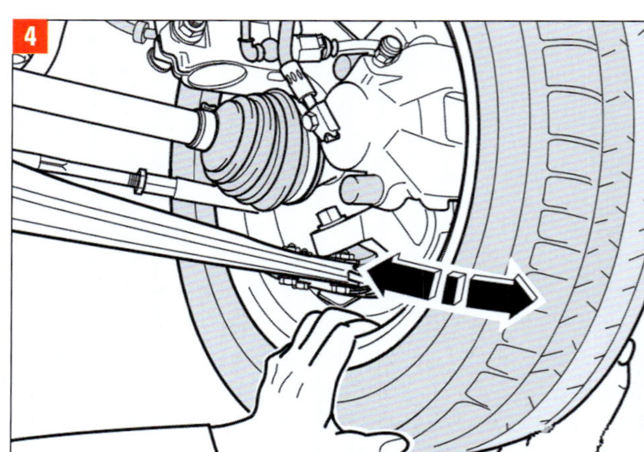

ausgetauscht werden. Allgemein gilt: Schadhafte Gelenke stets ersetzen!

Radialspiel prüfen

■ Zur Prüfung des Radialspiels (Bilder 3 und 4) am angehobenen Fahrzeug das Rad unten von beiden Seiten greifen und kräftig nach innen und außen drücken.

■ Es darf wieder kein fühl- oder sichtbares Spiel vorhanden sein. Ist das Achsgelenk defekt, gilt wieder: austauschen!

■ Beim Prüfen von Axialspiel und Radialspiel am Achsgelenk immer auch den Gummibalg (Achsmanschette, roter Pfeil in den Bildern 1 und 3) prüfen. Spiel des Radlagers berücksichtigen.

■ Falls an den Lagern gearbeitet wird und dazu die Gelenkwellen radseitig nur lose verschraubt sind, darf das Lager nicht belastet werden, um Schäden zu vermeiden. Aus gleichem Grund Fahrzeug nicht bewegen, falls die Gelenkwelle ausgebaut wurde. In der Praxis wird dann anstatt der Gelenkwelle ein Außengelenk eingebaut und mit 50 Nm festgeschraubt.

Dichtungsbälge an Spurstange und Achsgelenk prüfen

Neuralgische Stellen am Fahrwerk werden mit Faltenbälgen (4) oder Manschetten aus Gummi oder Hartkunststoff (3 und 6) geschützt (Bilder 1 bis 3). Dazu gehören die Verbindungsstelle zwischen Zahnstange im Lenkgetriebe und Spurstange (2), das Spurstangengelenk zwischen Spurstange mit Spurstangenkopf und Radlagergehäuse (3) sowie das äußere Achsgelenk (6) an der Gelenkwelle. Die Schutzhüllen sind ganz oder teilweise mit Fett ausgefüllt und dürfen nirgendwo beschädigt sein. Dringen durch einen schadhaften Balg Schmutz und Feuchtigkeit ein, können Lenkritzel und Zahnstange oder die empfindlichen Achsgelenke (Gleichlaufgelenke, Tripodegelenke) geschädigt werden. Eine verschlissene Manschette muss deshalb in

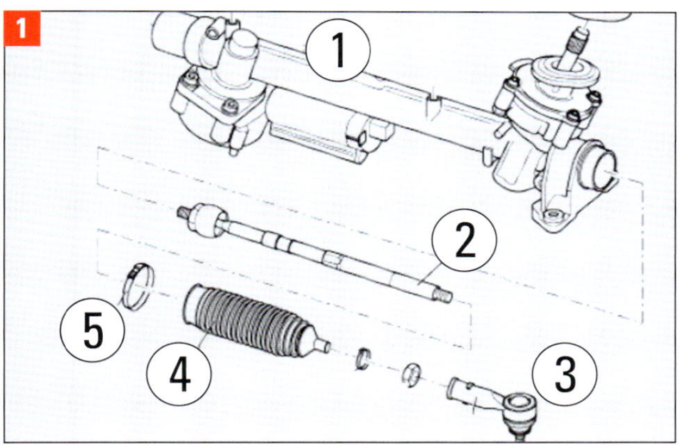

Dichtungsbälge am Fahrwerk (1) Lenkgetriebe, (2) Spurstange, (3) Spurstangenkopf mit Manschette, (4) Faltenbalg über Lenkzahnstange/Spurstange, (5) Klemmschelle, (6) Kunststoff-Schutzhülle am äußeren Achsgelenk (am inneren ähnlich).

regelmäßigen Kontrollen erkannt und dann sofort ersetzt werden.
Man kann zwar prinzipiell davon ausgehen, dass die Dichtungsbälge absolut wartungsfrei sind. Die mit Schmierstoff gefüllten Schutzkappen können aber im Fahrbetrieb und bei Montagearbeiten beschädigt werden, zum Beispiel die Achsmanschetten (Bilder 4 und 5) durch die scharfkantigen Federbandschellen (Pfeile in Bild 5) bei sehr hartem Lenkeinschlag.
Gibt es einen Riss, tritt Schmierfett aus, Feuchtigkeit und Staub dringen ein und wirken zusammen mit dem Fett wie eine Schleifpaste. Das jeweilige Lager nimmt dadurch erheblich Schaden und ist bereits nach kurzer Zeit verschlissen und nicht mehr verwendbar.
Prüfen Sie deshalb Manschettenfalten und Dichtungsbälge gründlich auf Beschädigungen und Fettaustritt. Wenn Achsgelenkmanschetten beschädigt sind, gilt ohnehin ganz rigoros: Gelenk austauschen!

Schutzhüllen prüfen

- Gründlich den Faltenbalg am Lenkgetriebe (4 in Bild 1) und die Schutzhülle am Spurstangengelenk (Pfeil in Bild 6) prüfen.

- Fahrzeug anheben oder von außen am Radlager vorbei tief in den Radkasten greifen. Ziehen Sie die Falten des Balgs auseinander und prüfen Sie im Licht einer starken Handlampe sorgfältig jede Falte auf Risse und Schlitze (Bild 4).

- Achten Sie darauf, dass die Faltenbälge auch nirgendwo verdrillt sind, was infolge von Montagearbeiten (Aus-/Einbau des Federbeins) möglich sein könnte.

- Wenn Schäden im frühen Stadium festgestellt werden: Manschetten erneuern. Original-Klemmschellen (Pfeile in Beispielbild 5) verwenden und mit passender Klemmzange festziehen.

- Bei der Kontrolle auch prüfen, ob die Schraubverbindungen an den Spurstangenköpfen (1) und den Koppelstangen (3 in Bild 4) fest sitzen und ohne Spiel sind.

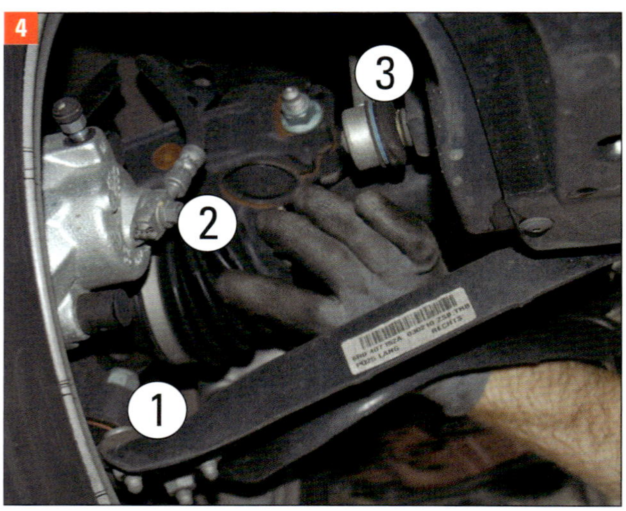

Manschetten am Radlager: (1) Spurstangenkopf am Spurstangengelenk (Detail siehe Bild 6), (2) Hartplastik-Schutzhülle am Achsgelenk, (3) Manschette an der Koppelstange zum Federbein.
Sowohl die Achsmanschette (Bild 5) als auch die Schutzkapsel am Spurstangenkopf (Bild 6) weisen kaum jemals Schäden auf. Trotzdem werden sie auch vom versierten Fachmann immer wieder gründlich auf Risse und Fettaustritt untersucht.

Lenkung auf Spiel, Lenksäule auf Schäden prüfen

Die sehr direkt ansprechende elektro-mechanische Servolenkung trägt erheblich zur Geradeauslaufstabilität des Superb bei. Sie hat ein ausgesprochen harmonisches Lenkverhalten und vermittelt ein ausgeprägtes Lenkgefühl. Diese souveräne und sichere Situation am Volant schließt Lenkungsspiel praktisch völlig aus. Kontrollieren Sie dennoch immer einmal, ob die Lenkung noch einwandfrei und ohne Spiel reagiert.

Lenkungsspiel prüfen

■ Die Räder geradeaus stellen. Greifen Sie von außen durchs geöffnete Fenster und drehen Sie das Lenkrad kurz hin und her.

■ Achten Sie auf die Felge, ob sich das Vorderrad wie erforderlich sofort mitbewegt. Der elastische Reifen ist für diese Kontrolle weniger gut geeignet, da er einen Teil des Einschlags schlucken kann, ehe er sich bewegt.

■ Falls Spiel bemerkt wird, muss Nachstellen in der Werkstatt erfolgen. Wenn die Lenkung um die Geradeausstellung kein Spiel hat, aber bei stärkerem Einschlag spürbar klemmt, ist die Zahnstange verschlissen. Das geschieht selten, aber dann muss das Lenkgetriebe ausgetauscht werden!

■ Das Lenkungsspiel lässt sich beim angehobenen Wagen auch an den Vorderrädern prüfen Dazu das Rad fest anpacken wie beim Prüfen des Lagerspiels und kräftig von Anschlag bis Anschlag durch das Radhaus bewegen (Bild 1). Es dürfen keine ruckartigen Aussetzer oder Sprünge auftreten.

Lenksäule überprüfen

■ Wenn durch Unfall oder andere Einwirkung eine Beschädigung der Lenksäule (Bild 2) erfolgt sein kann, ist Überprüfung nötig. Instandsetzungen an der Lenksäule sind ebenso wie Schweiß- und Richtarbeiten an Lenkungsteilen nicht zulässig.

■ **Sichtprüfung:** Alle Teile der Lenksäule gründlich auf Beschädigung untersuchen. Sind Schäden erkennbar oder besteht Verdacht auf Beschädigung, die komplette Lenksäule ersetzen!

■ **Funktionsprüfung:** Die Schraube (Pfeil) am Kreuzgelenk (5)

1

2

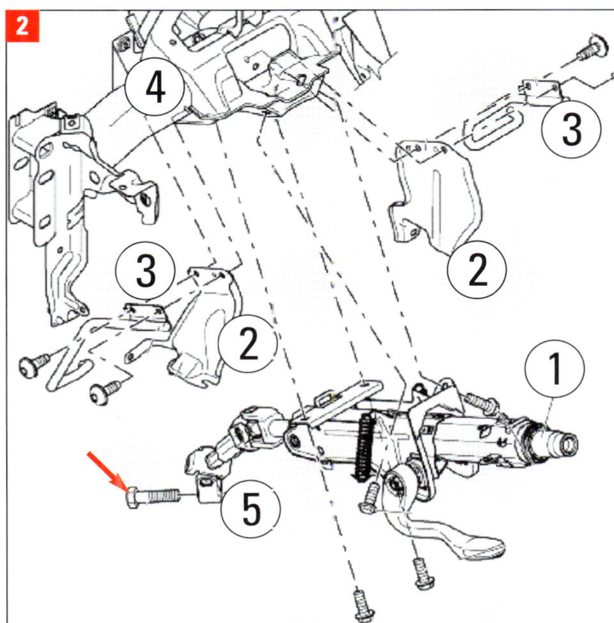

Bild 1 Lenkungsspiel prüfen: Vorderrad von Anschlag bis Anschlag kräftig durch das Radhaus drehen.

Bild 2 Lenksäule (1): (2) Knieairbaghalter, (3) Pedal-Crashstreben (Bremse/Kupplung), (4) Zentralrohr, (5) Kreuzgelenk.

der Lenksäule (1) vom Lenkgetriebe abziehen (Bild 2). Lässt sich die Lenksäule leicht und ohne zu haken drehen? Lässt sie sich mit der Lenkradverstellung in Längsrichtung und Höhe leicht verstellen?

■ Lenksäulen als Ersatzteil werden komplett mit Zündschlossgehäuse, aber ohne Schließzylinder und Zündanlassschalter geliefert. Diese von alter Lenksäule übernehmen oder gesondert kaufen. Instandsetzungen sind nicht zulässig.

■ ***Aus-/Einbau der Lenksäule:*** Diese Arbeit müssen Sie schon des Airbags wegen der Werkstatt überlassen. Wir skizzieren hier zum Verständnis den komplexen Arbeitsablauf:
Batterie-Masseband abklemmen; Räder in Geradeausstellung bringen; Lenksäule mit Verstellhebel verriegeln; Lenkrad mit Airbag, Verkleidungen oben und unten, Lenkstockschalter ausbauen; auf der Fahrerseite Ablage, Fußraumausströmer und Knieairbag ausbauen; Stecker vom Steuergerät für Lenksäulenelektronik »J527« und von der Lesespule für Wegfahrsicherung abziehen;
Achtung: Das Lenkschloss darf ohne den ausgebauten Schließzylinder nicht bewegt werden, es würde sonst völlig blockieren. Ein blockiertes Lenkschloss aber muss ersetzt werden!
Den Schließzylinder wieder in das Lenkschlossgehäuse einbauen, Massekabel und Kabelführung von der Lenksäule abbauen; die Fußraumverkleidung abschrauben; entsprechend Bild 2 die Schraube (Pfeil; M8 x 35, 30 Nm) herausschrauben und Kreuzgelenk (5) vom Lenkgetriebe abziehen; die vier Befestigungsschrauben (M8 x 30, 20 Nm. Siehe Bild 2) der Lenksäule abschrauben; Lenksäule vorsichtig in Richtung Fahrzeuginnenraum herausnehmen.
Der Einbau geschieht sinngemäß umgekehrt. Nach Einbau der Fußraumverkleidung zum Abschluss der Arbeiten die Grundeinstellung des Lenkwinkelgebers »G85« mit dem Fahrzeugdiagnosetester vornehmen.

■ ***Handhabung/Transport der Lenksäule:*** Škoda weist ausdrücklich darauf hin, dass die Lenksäule unbedingt nach Vorschrift gehandhabt werden muss. »Falsche Handhabung kann zu Beschädigungen der Lenksäule und somit zu einem Sicherheitsrisiko führen«, wird betont. Die richtige Handhabung beim Tragen zeigt Bild 3:
- Die Lenksäule in jedem Fall sicher mit beiden Händen transportieren.
- Die Lenksäule dabei stets am Mantelrohr und im Bereich des oberen Kreuzgelenks anfassen.

Folgende Handhabungen führen nach den Hinweisen von Škoda in der aktuellen Werkstattliteratur zur Beschädigung der Kreuzgelenkbuchsen des unteren Lenksäulenlagers (Bild 4):
- Das Transportieren der Lenksäule mit einer Hand an der empfindlichen Gelenkwelle.
- Das Beugen der Gelenkwelle über 90° hinaus.

3

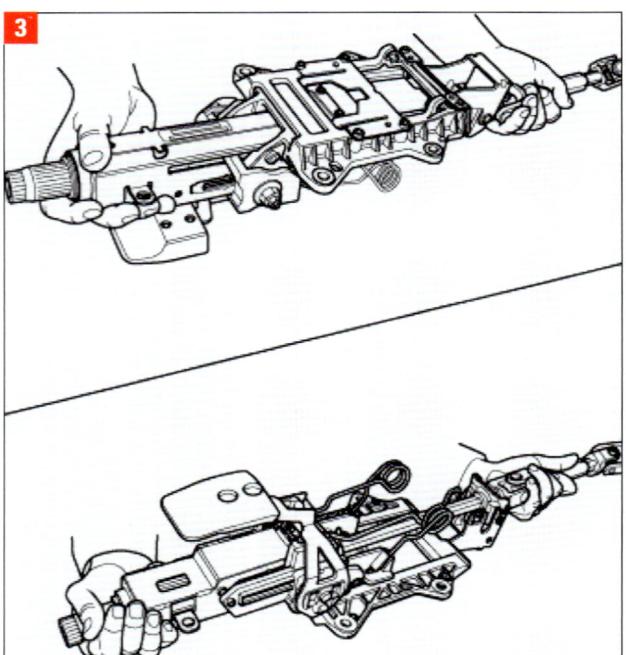

Lenksäule richtig tragen: Bild 3 veranschaulicht die vorgeschriebene Handhabung beim Transport, Bild 4 zeigt den falschen, zu Schäden führenden Umgang.

4

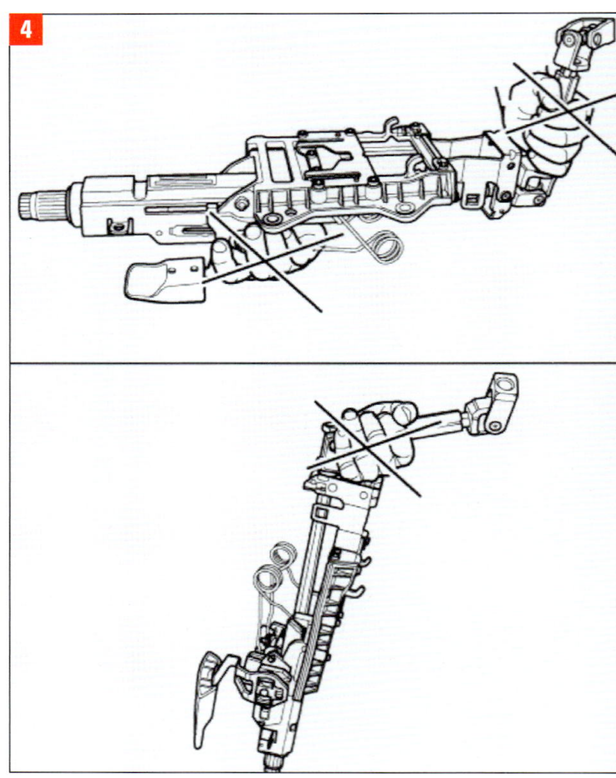

Zustand der Stoßdämpfer prüfen

Die Stoßdämpfer spielen im Fahrwerk eine große Rolle. An der Vorderachse tragen sie durch präzise Radführung und perfektioniertes Ansprechverhalten der gesamten Federung mit der getrennten Lagerung von Feder und Dämpfer am Federbeindom zum spürbar hohen Gesamtkomfort bei. Die Stoßdämpfer werden deshalb auch ständig weiter entwickelt. An der Hinterachse, die den fahrdynamischen Charakter des Fahrzeugs wesentlich prägt, kommen schräg gestellte Dämpfer mit von ihnen getrennten Federn zum Einsatz. Diese Ausführung gewährleistet eine maximale Durchladebreite im Kofferraum.

Defekte Stoßdämpfer machen sich während der Fahrt durch laute Poltergeräusche infolge von Radspringen bemerkbar. Am ehesten stellen Sie das auf schlechter Fahrbahn fest. Defekte werden ferner äußerlich am Stoßdämpfer durch starken Ölverlust sichtbar. Man muss aber sehr sorgfältig auf Geräusche und Undichtigkeit prüfen, weil man häufig Stoßdämpferschäden vermutet, die gar nicht wirklich nachweisbar sind. Die Stoßdämpfer des Superb (ähnlich Bild 1) können im ausgebauten Zustand von Hand geprüft werden.

Geräusche und Ölaustritt prüfen

■ Probefahrt auf möglichst trockener Fahrbahn mit Unebenheiten unternehmen. Genau darauf achten, wo, wann und wie sich die oben genannten Geräusche bemerkbar machen.

■ Flattert die Lenkung (zeitweilig fehlender Bodenkontakt), schwingt die Karosserie bei Fahrbahnunebenheiten spürbar nach? Wirkt das Fahrzeug in Kurven schwammig, als ob die kurveninneren Räder nicht genügend Bodenhaftung aufweisen?

■ Geringfügiger Ölaustritt an der Dichtung der Kolbenstange (»Schwitzen«) ist kein Fehler, sondern eher noch von Vorteil.

■ Denn wenn der Ölaustritt nur im dunkel gefärbten Bereich nach Bild 1 bis zu der durch den Pfeil markierten Grenze auftritt, müssen die Stoßdämpfer vorn oder hinten nicht ersetzt werden.

■ Durch geringen Ölaustritt wird der Kolbenstangendichtring geschmiert und damit die Lebensdauer des Dämpfers erhöht.

■ Dämpfer zusammendrücken. Die Kolbenstange muss sich über den ganzen Hub gleichmäßig schwer und ruckfrei bewegen lassen. Geht die Kolbenstange beim Loslassen von selbst in die Ausgangslage zurück, ist der Dämpfer in Ordnung.

■ Wenn bei Öl/Gas-Dämpfern die Kolbenstange nicht von allein zurückgeht, aber auch kein Ölverlust feststellbar ist, hat der Gasdruck abgenommen. Der Stoßdämpfer bleibt dann zwar noch durchaus verwendbar, arbeitet aber nur noch konventionell als Öldruckdämpfer.

■ In der Werkstatt können die Stoßdämpfer im eingebauten Zustand mit Geräten wie »Shocktester« oder »Dämpfertester« geprüft werden. Angegeben werden die Zustände »Dämpfwirkung ausreichend« oder »Dämpfwirkung unzureichend«. Zwischenwerte oder Lebensdauer-Aussagen sind nicht möglich.

1

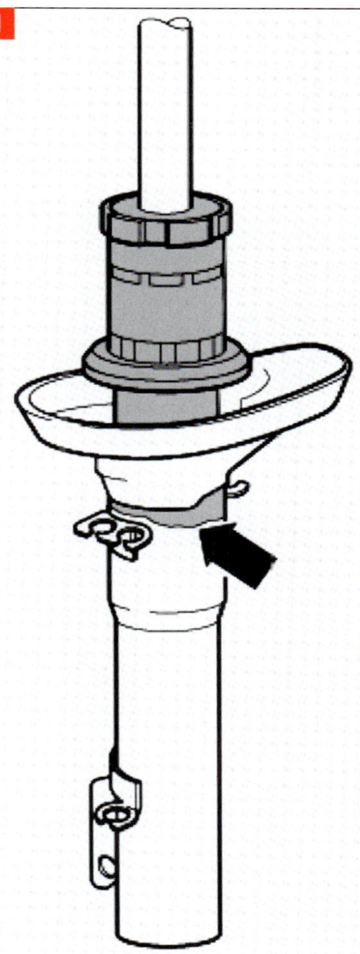

Stoßdämpfer: Wenn Ölaustritt vom oberen Dämpferverschluss (Kolbenstangendichtring) bis maximal zum unteren Federteller (Pfeil) reicht, gilt er als nur geringfügig.

Federbein und Schraubenfeder aus- und einbauen

Die Federbeine des Superb sind optimiert. Seit Anfang 2009 wird die aktuelle Version eingebaut. Der Ausbau verlangt Erfahrung und Spezialwerkzeug: anheben am besten auf der Hebebühne; Motor-/Getriebeheber, mit einer speziellen Aufnahme an der Radnabe festzuschrauben (bei VW und von Škoda empfohlen: Heber V.A.G 1383 A mit der Aufnahme T10149). An weiteren Werkzeugen benötigen Sie einen »Spreizer« (VW-Spezialwerkzeug 3424) mit Knarre und einen Drehmomentschlüssel (bei VW der Typ V.A.G 1332) mit Steckeinsatz SW 36. Wir beschreiben diese Arbeit nur für wirklich geübte Schrauber.

Federbein aus-/einbauen

■ **Ausbau:** Fahrzeug anheben, bis die Vorderachse entlastet ist. Bleibt das Rad auf der Erde stehen, kann das Radlager beschädigt werden, wenn jetzt die Mutter für die Gelenkwelle (Pfeil in Bild 1) mit dem Steckeinsatz SW 36 gelöst wird. Rad abbauen.

■ Mutter der Koppelstange (Pfeil in Bild 3) vom Federbein abschrauben und die Leitung des ABS-Drehzahlfühlers am Federbein aushängen.

1

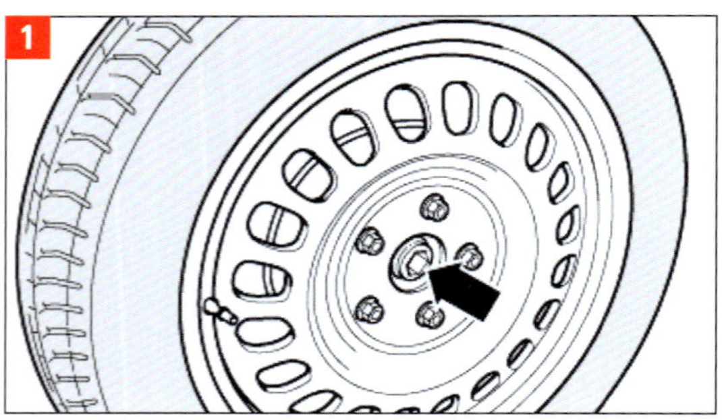

2

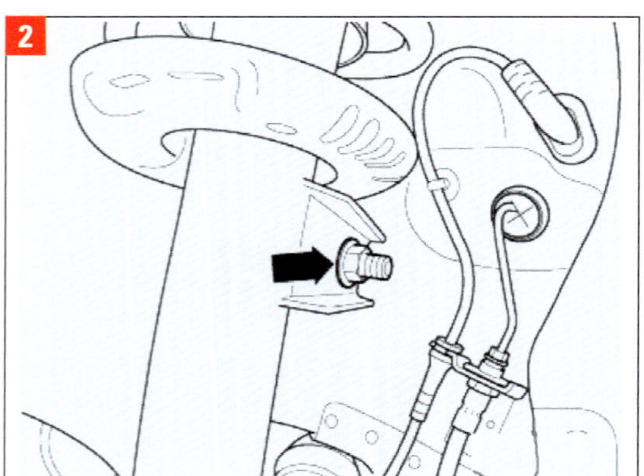

■ Muttern (Pfeile in Bild 3) abschrauben und Radlagergehäuse mit Achsgelenk aus dem Achslenker herausziehen. Das Außengelenk der Gelenkwelle aus der Radnabe ziehen und die Gelenkwelle mit Bindedraht (Kabelbinder) am Aufbau befestigen. ***Achtung:*** Die Gelenkwelle darf nicht herunterhängen, weil sonst das Innengelenk durch Überbeugen beschädigt wird.

■ Das Achsgelenk wieder mit dem Achslenker verschrauben und einen Motor-/Getriebeheber mit Aufnahme T10149 an der Radnabe mit einer Radschraube befestigen (Bild 4).

■ Schraubverbindung Radlagergehäuse/Federbein trennen (Pfeil in Bild 5). Spreizer »3424« in den Schlitz am Radlagergehäuse einsetzen, Knarre mit Spreizer um 90° drehen und Knarre abziehen (Bild 6).

■ Mit der Hand auf die Bremsscheibe in Richtung Federbein drücken, weil sich sonst der Dämpfer in der Öffnung des Radlagergehäuses verkanten kann. Radlagergehäuse nach unten vom Dämpferrohr abziehen und mit dem Motor-/Getriebeheber so weit absenken, bis das Dämpferrohr frei hängt.

■ Radlagergehäuse mit Bindedraht (Kabelbinder) an der Kon-

PRAXISTIPP: Am Fahrwerk arbeiten

■ Schweiß- und Richtarbeiten an tragenden und Rad führenden Bauteilen der Radaufhängung und an Lenkungsteilen sind prinzipiell nicht zulässig. Beschädigte Teile dürfen nicht durch Schweißen repariert, sondern müssen erneuert werden.
■ Bei Arbeit auf der Hebebühne Fahrzeug zwischen den Säulen ausrichten und die vier Aufnahmeteller an den vorgeschriebenen Aufnahmepunkten unten an der Karosserie platzieren.
■ Abgelassenes Hydrauliköl darf nicht wieder verwendet werden.
■ Größte Sauberkeit beachten! Verbindungsstellen und deren Umgebung vor dem Lösen gründlich reinigen. Keine fasernden Lappen verwenden.
■ Ausgebaute Teile auf sauberer Unterlage ablegen. Abdecken, wenn die Reparatur nicht sofort erfolgt. Ersatzteile erst unmittelbar vor dem Einbau aus der Verpackung nehmen. Nur original verpackte Teile verwenden.

sole festbinden und den Motor-/Getriebeheber unter dem Radlagergehäuse wegnehmen.

■ Wasserkastenabdeckung ausbauen (»Karosserie«), die drei Schrauben für obere Dämpferbefestigung abschrauben und Federbein herausnehmen.

■ **Einbau:** Im Prinzip im umgekehrten Sinne. Federbein einsetzen. Dabei muss eine der beiden Markierungen (Pfeile in Bild 7) in Fahrtrichtung zeigen. Die Schrauben für obere Dämpferbefestigung festziehen und Wasserkastenabdeckung einbauen.

■ Motor-/Getriebeheber mit Aufnahme wieder an die Radnabe schrauben.

■ Federbein am Radlagergehäuse ansetzen. Bindedraht am Radlagergehäuse entfernen. Radlagergehäuse mit Motor-/Getriebeheber vorsichtig so weit anheben, bis die Schraube Federbein/Radlagergehäuse eingesteckt werden kann.

■ Während des Anhebens mit der Hand auf die Bremsscheibe in Richtung Federbein drücken, um das Verkanten des Dämpfers zu vermeiden.

■ Spreizer (Bild 6) ausbauen und Schraubverbindung Radlagergehäuse/Federbein (Pfeil in Bild 5) festziehen.Muttern (Pfeile in Bild 3) abschrauben. Radlagergehäuse mit Achsgelenk aus dem Achslenker herausziehen. Gelenkwelle wieder in die Radnabe einsetzen.

■ Radlagergehäuse mit Achsgelenk in den Achslenker einsetzen und Achsgelenk wieder mit Achslenker verschrauben (Bild 3). Dabei auf beschädigungsfreien und nicht verdrillten Dichtbalg achten. ABS-Drehzahlfühlerleitung in die Clips am Federbein einhängen. Die Koppelstange ins Federbein einsetzen und am Federbein mit 40 Nm festziehen.

■ Schraube zur Befestigung der Gelenkwelle an Radnabe festziehen. Dabei wieder beachten, dass das Fahrzeug nicht auf den Rädern stehen darf. Radlager schonen, ggf. ein Außengelenk einbauen und mit 120 Nm anziehen.

■ Rad anbauen und Probefahrt durchführen.

3
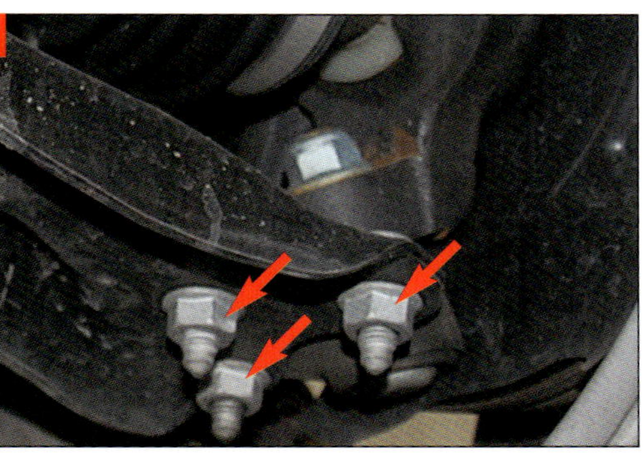

4
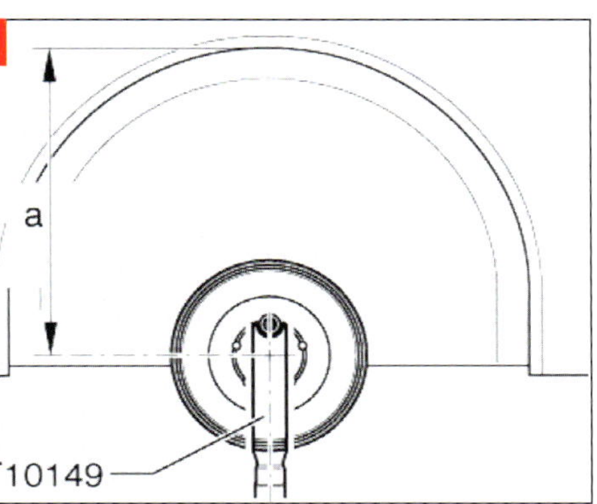

5
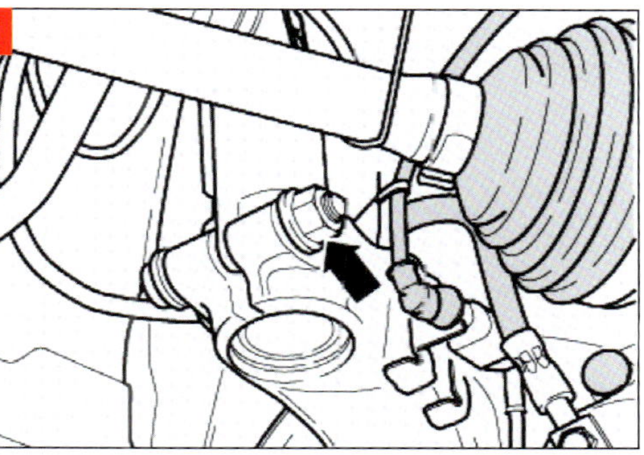

6
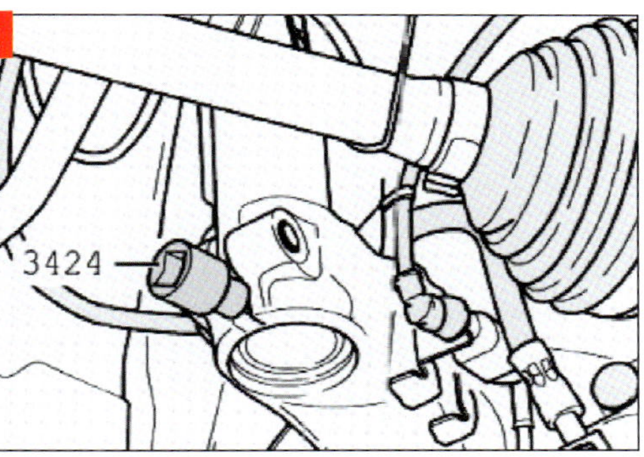

7
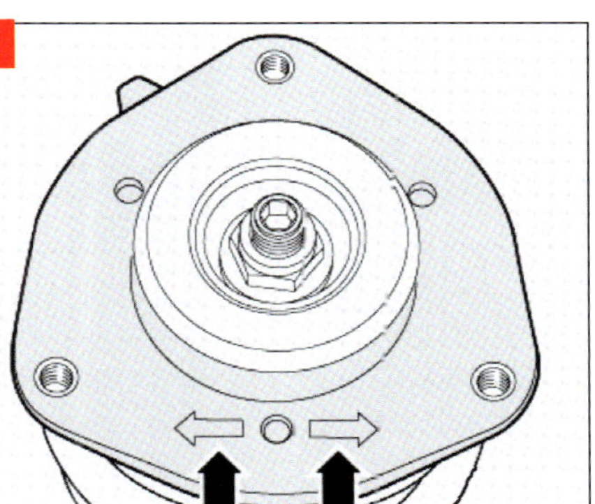

Schraubenfeder aus-/einbauen:

■ **Ausbau:** Federspanngerät mit Federhaltern und Steckeinsätzen (VW-Werkzeugreihe 1752, Bild 9) benutzen! Für richtige Zuordnung die Farbkennzeichnung der Feder (Bild 10) beachten.

■ Mit Spanngerät (1, Bild 9) Schraubenfeder (4) des Federbeins vorspannen, bis Axialrillenkugellager (5) und Federbeinlager (6) entlastet sind. Sechskantmutter (7) von der Kolbenstange (Pfeil) des Dämpfers (1) abschrauben (Bild 8). Dazu Knarre (4) mit Steckeinsatz SW 21 (5) benutzen. Mit Außensechskant (2) gegenhalten (Bild 9).

■ **Einbau:** Gespannte Feder mit Gerät auf unteres Federlager setzen. Das Federende muss am Anschlag des Lagers anliegen. Mutter (60 Nm) mit Drehmomentschlüssel aufschrauben.

8

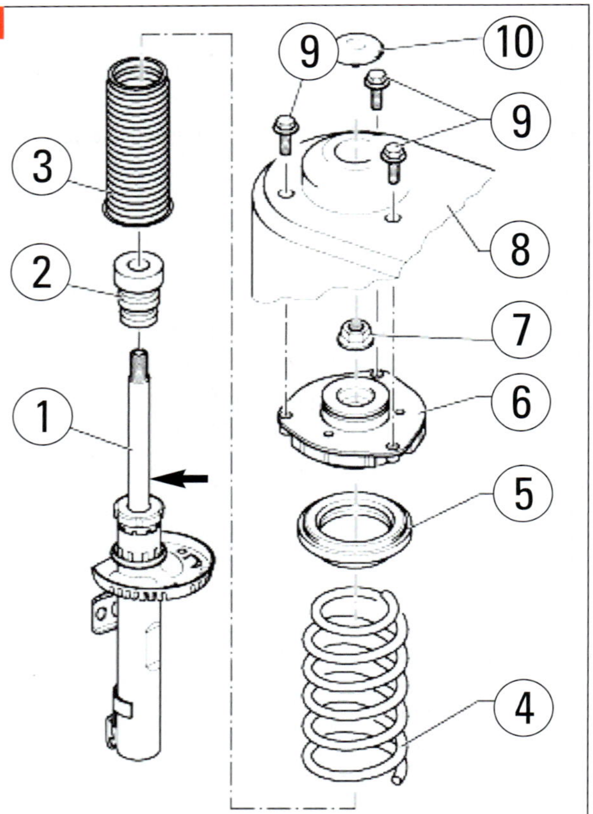

Federbeinaufbau beim Superb: (1) Stoßdämpfer, (2) Puffer, (3) Schutzhülle, (4) Schraubenfeder, (5) Axialrillenkugellager, (6) Federbeinlager, (7) Mutter 60 Nm, (8) Federbeindom, (9) Schrauben 15 Nm + 90°, (10) Schutzkappe. *Die Oberfläche der Federwindung darf nicht beschädigt werden!*

9

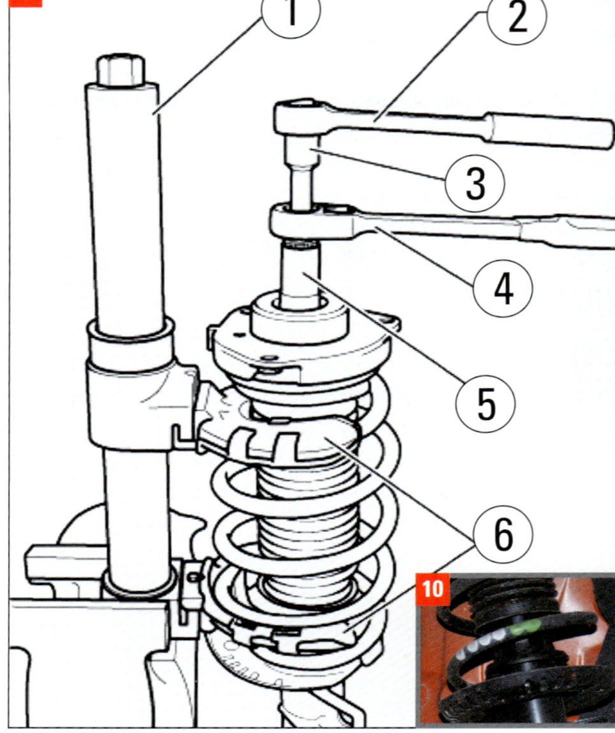

Bild 9 Schraubenfeder ausbauen: (1) Federspanngerät, z. B. »V.A.G 1752/1«; (2) Drehmomentschlüssel, (3) Steckeinsatz T10001/8, (4) Knarre T10001/11, (5) Steckeinsatz T10001/5, (6) Federhalter, z. B. »V.A.G 1752/4«.
Bild 10 Kennzeichnung: Farbcode der Schraubenfeder.
Anmerkung: Der Stoßdämpfer kann einzeln ersetzt werden (Teilekatalog). Bei der Schraubenfeder muss der Farbcode (Bild 9) beachtet werden.

Federn und Stoßdämpfer hinten ausbauen

Zur Demontage von Stoßdämpfer (1) und Schraubenfeder (2) nach Bild 1 benötigen Sie wieder ein Federspanngerät mit Federhalter und Adapter (z. B. V.A.G. 1752/1 mit -/3A und -/9) und zum Dämpferausbau eine Abstützung (z. B. Motor- und Getriebeheber V.A.G 1383 A mit Aufnahme T10149). Beim Dämpfereinbau beachten: Die Dämpferaufnahme darf erst dann mit dem Querlenker fest verschraubt werden, wenn das Standhöhemaß »a« (siehe Bild 4 Seite 83) des Fahrzeugs in Leergewichtslage erreicht worden ist.

Stoßdämpfer Ausbau: Maß »a« ermitteln, Rad abbauen und Fahrzeug anheben. Hinterachse an der Dämpferaufnahme mit Motor-/Getriebeheber abstützen. Erst die beiden Schrauben oben am Stoßdämpfer (rote Pfeile), dann Schraube unten (3) herausdrehen und Stoßdämpfer herausnehmen (Bild 1).

Stoßdämpfer Einbau: Stoßdämpfer einsetzen und mit allen drei Schrauben befestigen. Oben die (neuen !) Schrauben mit 30 Nm+90° festziehen. Hinterachse in Leergewichtslage bringen (Maß »a« einstellen!) und Stoßdämpferaufnahme am Radlagergehäuse mit Schraube (3, Bild 1) mit 40 Nm + 90° festschrauben.

Schraubenfeder Ausbau: Den Federspanner von hinten, etwa in der Blickrichtung von Bild 1, einsetzen. Auf richtigen und festen Sitz der Feder (2) im Federhalter achten. Die Federwindungen müssen glatt und allseitig umschlossen in den oberen und unteren Haltern des Federspanngerätes sitzen. Ansonsten besteht Unfallgefahr! Beim Ausbau der Feder links muss aus Platzmangel für das Federspanngerät der Nachschalldämpfer teilweise ausgebaut werden.

Spanngerät mit Schlüssel oder Knarre so weit zusammendrehen, bis sich die Schraubenfeder leicht herausnehmen lässt.

Schraubenfeder Einbau: Einbaulage genau beachten! Die Feder zusammen mit der Gummiunterlage oben einbauen. Der Anschlag der Gummiunterlage muss am Federanfang anliegen.

Das Ende der Federwindung an der Achse muss ebenfalls in vorgeschriebener Lage eingebaut werden: Immer nach vorn in Fahrtrichtung. Feder entspannen, Federspanner herausnehmen. Rad anbauen.

PRAXISTIPP – Öl/Gas-Teile richtig entsorgen

Öl- und gasgefüllte Bauteile müssen umweltgerecht entsorgt werden. Deshalb sind die Stoßdämpfer des Superb (vorn und hinten) vor der Verschrottung zu entgasen und zu entleeren.

Öffnen durch Anbohren: Stoßdämpfer senkrecht mit der Kolbenstange nach unten in den Schraubstock einspannen. 20 mm von oben ein Loch von 3 mm Durchmesser durch das Außenrohr bohren. Gas entweichen lassen. Weiter bohren (25 mm tief), bis auch das innere Dämpferrohr durchbohrt ist.

Jetzt 60 mm von oben ein Loch von 6 mm Durchmesser durch Außen- und Innenrohr bohren.

Den auf diese Weise angebohrten Stoßdämpfer über einen Ölauffangbehälter halten, Öl auslaufen lassen. Kolbenstange mehrmals über den gesamten Hub hin und her bewegen, bis kein Öl mehr austritt.

Öffnen mit Rohrschneider: Stoßdämpfer senkrecht mit der Kolbenstange nach unten in den Schraubstock einspannen. Rund 20 mm von oben einen handelsüblichen Rohrschneider ansetzen und das Außenrohr durchtrennen. Das Gas entweicht.

Die Kolbenstange nach oben ziehen. Dabei das Innenrohr mit einer Zange festhalten und nach unten drücken. Beim langsamen Hochziehen der Kolbenstange verbleibt das innere im äußeren Rohr.

Kolbenstange völlig vom Innenrohr abziehen und das Öl aus dem Dämpfer in ein Auffanggefäß entleeren.

Achtung: Beim Bohren und beim Trennen mit dem Rohrschneider Schutzbrille tragen!

Am Hinterrad links: (1) Stoßdämpfer, (2) Schraubenfeder, (3) untere Befestigungsschraube am Stoßdämpfer. Die Pfeile deuten die Dämpferverschraubung im Radhaus an.

Fahrwerktuning

Anleitung zum Fahrzeugtuning liefert in Deutschland der Verband der Automobiltuner e.V. (VDAT). Eine aktuelle Umfrage des VDAT, dem zahlreiche Tuningfirmen angehören, ergab, dass an der Spitze aller Umrüstungen mit

- 73 Prozent die Leichtmetallräder rangieren, mit
- 72 Prozent gefolgt vom Fahrwerk überhaupt. Die Rangfolge setzt sich dann fort mit
- 65 Prozent Sportauspuff,
- 53 Prozent Karosserieteile für das Styling,
- 51 Prozent Motoroptimierung,
- 46 Prozent Zubehör wie Außenleuchten vorn und hinten sowie
- 36 Prozent Innenraumveredelung.

Grundgedanke jedes Tunings am Fahrwerk ist die Verbesserung des Fahrverhaltens bei sportlicher Fahrweise. Denn Tuning will als Fahrzeugveredelung verstanden werden.

Die Technik der führenden Hersteller entsprechender Komponenten verfeinert sich ständig, erklärt der VDAT auf seiner Website. Stoßdämpfer für ein straßenzugelassenes Sportfahrwerk z. B. repräsentieren heute den technischen Stand der Formel 1 vor wenigen Jahren. Qualitätsprodukte namhafter Produzenten von Sportfahrwerken werden demzufolge nicht zu niedrigen Preisen angeboten. Wer nicht nur Kosmetik oder Firlefanz für die Optik will, muss entsprechend in die Tasche greifen.

Die Ausgaben für Tuning und sportliches Zubehör sind denn auch dieser Umfrage zufolge in den letzten Jahren kontinuierlich gewachsen. Die Anteile in Euro betrugen demnach im Jahr 2011:

- bis 1000 13 %
- 1001-2500 15 %
- 2501-5000 24 %
- 5001-7500 14 %
- 7501-10.000 9 % (seit Jahren stabil)
- über 10.000 19 %

Demnach investiert die Hälfte aller befragten »Tuner« bis zu 5000 Euro in dieses Hobby.

Deutschland ist neben Amerika derzeit der wohl umsatzstärkste Tuning-Markt. Aber gerade hierzulande bestehen anders als in vielen Exportmärkten diverse Regelungen für die »Veränderung von in Verkehr befindlichen Fahrzeugen«, zitiert der VDAT behördlich korrekt. Das bedeute, dass der Verbraucher darauf achten sollte, nur Produkte zu kaufen, für welche die notwendigen Prüfdokumente vorliegen: Prüfbericht, gutachterliche Stellungnahme, Teilegutachten, ABE oder EG-Genehmigung.

www.tune-it-safe.de

Werden unzulässige Veränderungen an einem Fahrzeug durchgeführt, kann dies zu empfindlichen Bußgeldern führen und versicherungstechnische Folgen nach sich ziehen. Der VDAT empfiehlt daher, beim Kauf von Zubehör- und Tuningteilen unbedingt auf solche mit Prüfzertifikat zurückzugreifen und, sofern notwendig, auch die Eintragung in die Fahrzeugpapiere vornehmen zu lassen.

Unter der Internet-Adresse »www.tune-it-safe.de« kann man sich Rat holen. Die Initiative »Tune It! Safe!« wurde 2005 vom Bundesverkehrsministerium gemeinsam mit dem VDAT ins Leben gerufen, um dem Sicherheitsrisiko durch Tuning effizient zu begegnen. Der verbreiteten Unwissenheit hinsichtlich von Plagiaten und gefälschten Teilegutachten soll durch weitreichende Information entgegen getreten werden: »Viele Autobesitzer, die es einmal mit Billigprodukten versucht haben, kehren zu den teureren namhaften Qualitätsprodukten zurück. Hier gibt es neben der besseren Leistungsfähigkeit des Fahrwerks auch entsprechende Garantieleistungen des Herstellers und die obligatorische Abnahme.«

Räder und Reifen tunen

Škoda bietet für Serienausstattung (zuerst genannter Reifen) und zur Aufwertung folgende Räder-Reifen-Kombinationen für den Superb an:

- 5J x 16, ET 50 — 205/55 R16 94H, 205/55 R16 94T,-V
- 7J x 16, ET45 — 205/55 R16 94V, 205/55 R16 94H, -T
- 6J x 17, ET45 — 205/50 R17 93H, 205/50 R17 93W, -V
- 7J x 17, ET49 — 225/45 R17 94W, 225/45 R17 94H
- 7,5J x 17, ET49 — 225/45 R17 94W, 225/45 R17 94H
- 7,5J x 18, ET46 — 225/40 R18 92Y, 225/40 R18 92H

Die Räder sind wie folgt charakterisiert:

- 5 Befestigungsbohrungen auf einem
- Lochkreisdurchmesser von 112 mm bei einem
- Mittenlochdurchmesser von 57 mm.

Beim Rädertausch alle Hinweise zur richtigen Reifenmontage beachten! Nur auf die Räder abgestimmte Radschrauben verwenden. Es wird angeraten, Radschrauben an Gewinde, Kalotte und Zwischenraum (zweigeteilte Schrauben) mit Optimol TA-G 052 109 A2 (einer wachsähnlichen Paste) sparsam einzufetten.

Fahrzeug tiefer legen

Nicht nur etwa eine andere Reifengröße kann das Fahrverhalten entscheidend verändern. Je nach Fabrikat der Komponenten dazu gibt es ganz bestimmte Philosophien. Ist das eine Produkt im Grenzbereich harmlos und bewältigt spielend die gesteigerte Fahrdynamik, kann das nächste schon in Kombination mit einem Serienfahrwerk im Grenzbereich eher tückisch sein oder ganz einfach Eigenschaften zeigen, die ein härteres Fahrwerk nochmals verstärkt.
Für den Superb wird eine Version mit einem Sportfahrwerk angeboten, das üblicherweise straffere Federn und Dämpfer hat und die Karosserie bis zu 15 mm absenkt. Diese niedrigere Schwerpunktlage schafft äußerlich ein »scharfes« Bild und erhöht die Dynamik. Für bestimmte Einsatzzwecke und Gelände besteht die Verbesserung genau umgekehrt im bis zu 20 mm höher liegenden »Schlechtwege-Fahrwerk«. Damit ist in Deutschland auch immer ein Unterfahrschutz aus stoßfestem Kunststoff verbunden.

Reifendichtmittel verwenden

Eine echte Verbesserung stellt es dar, anstatt Reserverad oder Notreifen ein weniger platzaufwändiges und leichteres Pannenset an Bord zu haben. Für die GreenLine-Modelle ist das von Škoda als »Reifenreparaturset« bezeichnete Paket aus Kompressor und Reifenfüllflasche mit Dichtmittel serienmäßig. Der Zubehörhandel führt solche Sets, die unter der Gepäckraumabdeckung statt Reserve- oder Notradrad untergebracht werden können, ebenfalls .
In jüngerer Zeit werden solche Mittel auch schon ohne Kompressor als Sprayflaschen angeboten. Das Dichtmittel in der Flasche ist nur begrenzt haltbar. Das Verfallsdatum, im Beispiel (Detail) auf den Boden der Kunststoffflasche gedruckt, muss also kontinuierlich überprüft werden. Das Dichtmittel ist zu ersetzen, wenn es älter als vier Jahre ist.

Reifen, die mit Dichtmittel befüllt wurden, müssen vor Demontage entleert werden: Mittel unter Sicherheitsvorkehrungen (Schutzhandschuhe und -brille) aus dem Reifen ablassen. Wurde die Flasche (Reifenpanne) geöffnet, ist sie ebenfalls zu ersetzen. Reste des Reifendichtmittels oder noch befüllte Flaschen, deren Mindesthaltbarkeitsdatum abgelaufen ist, müssen entsorgt werden. Altes Dichtmittel oder Reste davon nicht mit anderen Flüssigkeiten mischen und entsorgen!

Fahrwerk

Störung	Was kann das sein?	Was kann oder muss ich tun?
A schwammiges Fahrverhalten	**1** Reifen hat zu geringen Luftdruck	Luftdruck prüfen und einstellen
	2 Stoßdämpfer ist undicht	Ölverlust mit dem Finger prüfen. Wenn Öl am Finger bleibt: Dämpfer tauschen
	3 Stoßdämpfer vermutlich verschlissen	Kolbenstange auf Riefen und Abplatzungen prüfen
	4 Spurwerte stimmen nicht	Achsvermessung vornehmen lassen
	5 Federn erlahmt	Federn prüfen, ggf. austauschen
	6 Gummilager am Trapezlenker hinten	Evtl. (nach Prüfung) Gummilager erneuern lassen
B Reifen	**1** Starker, unregelmäßiger Verschleiß	Spurwerte stimmen nicht. Achsvermessung vornehmen lassen
	2 Verschleiß innen	Zu viel negativer Sturz. Einstellung ändern, Reifen erneuern
	3 Verschleiß außen	Zu viel positiver Sturz. Einstellung ändern, Reifen erneuern
	4 Verschleiß in der Mitte	Reifenfülldruck über lange Zeit zu hoch. Ändern, beachten!
	5 Verschleiß innen und außen	Reifenfülldruck über längere Zeit zu niedrig. Reifen erneuern, Druck richtig stellen
	6 Stoßdämpfer verschlissen	Stoßdämpfer prüfen (lassen) und ggf. austauschen
C Schütteln am Lenkrad	**1** Räder unwuchtig	Räder auswuchten lassen
	2 Spiel in der Lenkung	Lenkgetriebe überprüfen lassen
	3 Spiel in Fahrwerksteilen	Traggelenk und Spurstangen prüfen
... beim Bremsen	**4** Bremsscheiben verzogen	Neue Bremsscheiben und Beläge einbauen
D Geräusche bei Kurvenfahrt	**1** Radlager defekt	Richtige Seite durch Wechselkurven feststellen
	2 Spurwerte stimmen nicht	Reifenprofil kontrollieren (siehe B)

Bremsanlage: Zweikreis-Bremse und ESP

Ihr Superb verfügt über eine kräftige Bremsanlage mit Scheibenbremsen auch an den Hinterrädern. Der Wagen fährt bis 250 km/h Spitze bei mehr als 2,0 t Gewicht, aber Bremskraftverstärker und moderne Assistenzsysteme bringen ihn, wenn nötig, rasch zum Stehen.

Die Zweikreis-Bremsanlage

Die Straßenverkehrs-Zulassungsordnung StVZO fordert für jedes Kfz zwei Bremsanlagen, die unabhängig voneinander arbeiten. Wenn ein System ausfällt, soll das andere das Fahrzeug immer noch abbremsen können. Deshalb verfügt auch Ihr Superb über eine diagonal aufgeteilte Zweikreisbremsanlage: Ein Bremskreis ist für linkes Vorderrad und rechtes Hinterrad, der andere für rechtes Vorderrad und linkes Hinterrad zuständig. Fällt ein Bremskreis aus, bleiben ein Vorder- und ein Hinterrad bremsfähig. Man muss allerdings kräftiger aufs Pedal steigen, es lässt sich weiter durchtreten, der Anhalteweg wird länger.

Hydraulik und Pneumatik

Beim Bremsen presst eine Druckstange (Pfeil) am Pedal (1) einen Doppelkolben in den Hauptbremszylinder (4), der durch seine zwei Druckkammern die zwei unabhängigen Bremskreise herstellt. Der deshalb auch »Tandem« genannte Hauptbremszylinder bildet mit dem Bremskraftverstärker (7) eine Einheit. Die Kolben übertragen die Fußkraft auf die in den Ausgleichs- oder Vorratsbehälter (6) mit Überdruckventildeckel (8) eingefüllte und über Bremsleitungen (5) verteilte Bremsflüssigkeit (Bild 1).

Der hydraulische Druck wird im Bremskraftverstärker mehr als verdoppelt. Dieser bringt etwa 60% der wirkenden Bremskraft auf. Die Verstärkung wird pneumatisch, durch Unterdruck, erzeugt, der bei den Fahrzeugen mit Ottomotoren am Ansaugrohr entnommen wird. Fahrzeuge mit Benzinmotor und Automatikgetriebe sind mit einer Unterdruckpumpe für Bremse ausgerüstet, und auch bei den Dieselmotoren ist eine Unterdruckpumpe eingebaut. Die Pumpen werden mechanisch angetrieben.

Auf Steuerung und Dosierung der Bremskraft nimmt ein hydraulisches System Einfluss, die ABS-Hydraulikeinheit (Baugruppe N55) mit der integrierten Hydraulikpumpe und dem Steuergerät (Baugruppe J104; 6 und 8 in Bild 2, Bilder

1

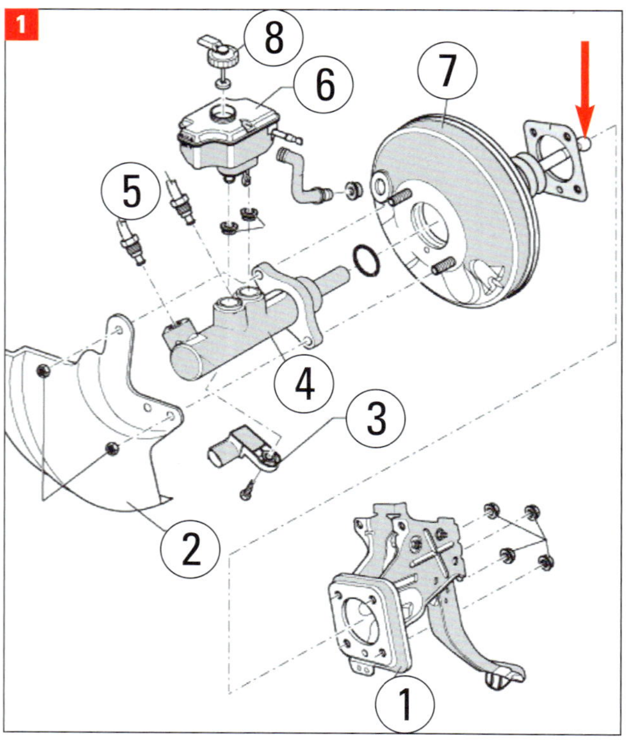

Hydraulik-Komponenten: (1) Bremspedal, (2) Schutzblech, (3) Bremslicht-/-pedalschalter, (4) Hauptbremszylinder, (5) Leitungen zur Hydraulikeinheit, (6) Bremsflüssigkeitsbehälter, (7) Bremskraftverstärker, (8) Deckel. Pfeil: Druckstange.

2

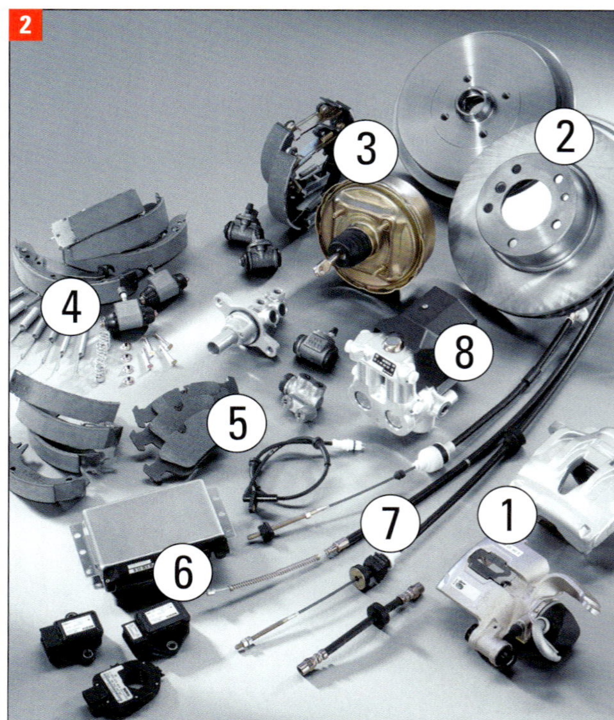

Mechanik-Komponenten: (1) Bremssättel, (2) Bremsscheibe, (3) Trommelbremse/Bremsbacken (im Superb nicht verbaut), (4) Belaghalter mit Federn, (5) Bremsbeläge, (6) Sensoren/Steuergerät, (7) Seilzüge, (8) ABS/Hydraulik-Einheit.

3 und 4). Im Zusammenspiel von Pedalkraft, Bremskraftverstärker und Hydraulikeinheit ergibt sich der hydraulische Systemdruck in den Radbremszylindern (Bremssättel; 1 in Bild 2). Der über Schlauch- und Rohrleitungen zu den Bremssätteln geführte hydraulische Druck presst die Kolben der Radbremszylinder mit den Bremsbelägen (5) gegen die Bremsscheiben (2) oder gegen die Bremstrommeln (3) an den Hinterrädern (Bild 2). Beim Superb sind allerdings keine Trommelbremsen verbaut, er hat auch hinten Scheibenbremsen. Beim Lösen des Bremspedals werden Kolben und Bremssättel von den Bremsscheiben zurückgezogen. Die Räder können dann wieder frei drehen.

Das ABS-System

Das ABS-System (Hauptkomponenten Bilder 3 und 4) im Superb ist je nach Modell vom Typ Mark 70 und Mark 70 M (ABS/ASR) oder Mark 60 und Mark 60 EC PYA (ABS/EDS/ASR/ESP). Beide Ausführungen unterscheiden sich nach ihrem Einbau bis 21. und ab 22. Kalenderwoche 2010. Sie umfassen neben ABS/ESP noch die zum Teil optionalen Funktionen:

- Berganfahrassistent (HHC),
- elektronische Differenzialsperre (EDS),
- Antriebsschlupfregelung (ASR),
- hydraulischer Bremsassistent (HBA).

Bei Fahrzeugen mit ABS/EDS/ASR/ESP und mit hydraulischer Unterstützung des Bremskraftverstärkers in Notsituationen (BPS) oder Berganfahrassistent HHC ist die Trennung von Steuergerät und Hydraulikeinheit nicht möglich. Störungen am ABS haben übrigens keinen Einfluss auf Bremsanlage und Verstärkung. Die herkömmliche Bremsanlage bleibt auch ohne ABS funktionsfähig. Es muss dann allerdings mit einem veränderten Bremsverhalten gerechnet werden. Nach Aufleuchten der ABS-Kontrollleuchte können die Hinterräder beim Bremsen frühzeitig blockieren!

3

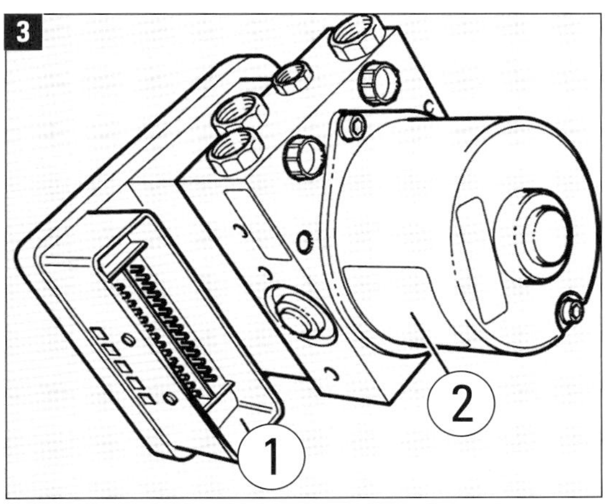

4

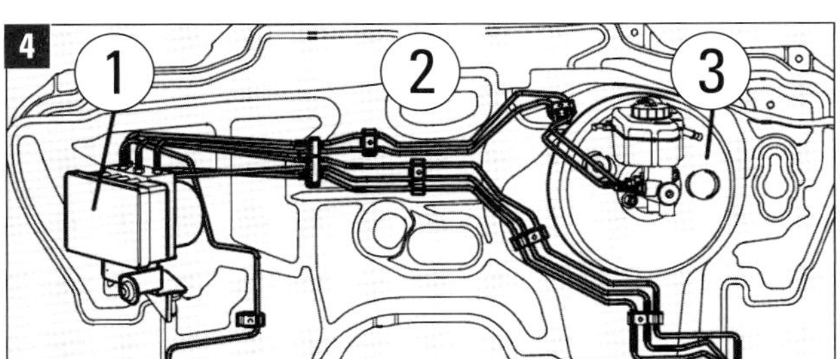

Bild 3 Baueinheit: (1) Steuergerät, (2) Hydraulikeinheit aus Ventilblock und Hydraulikpumpe.
Bild 4 Einbaulage: (1) Hydraulikeinheit/Steuergerät rechts im Motorraum, (2) Stirnwand, (3) Bremskraftverstärker.

Die Radbremsen des Superb

Bremskraftverstärker: Bei allen Bremssystemen müssen konstruktiv zwei gegensätzliche Anforderungen miteinander in Einklang gebracht werden:
1. sehr schnelles Ansprechverhalten der Bremsen und
2. dennoch sehr gute Dosierbarkeit der Bremskraft. Beim Superb wird das Problem mit einem 10-Zoll-Bremskraftverstärker (Rechtslenkerfahrzeuge 7"/8"-Tandembremskraftverstärker) und einem Hauptbremszylinder mit 23,81 mm Durchmesser gelöst.

Bremsen vorn: Vorne kommen die Faustsattelbremsen 16" FN3 (77 kW-TDI auch 15" FN3) und 17" FNR-G (beim Sechszylinder) mit innenbelüfteten Bremsscheiben zum Einsatz. Die Bremskolben haben 54 mm Durchmesser, bei den FNR-G-Bremsen 57 mm. Die Bremsscheiben der FN3-Bremsen haben 312 mm Durchmesser, die der FNR-G-Bremsen 345 mm.

Bremsen hinten: Der Superb hat bei allen Motorisierungen auch hinten Scheibenbremsen. Die meisten Modelle sind mit dem Bremsentyp 16"CII 41 ausgestattet. Superb mit dem kraftvollen 3,6-Liter-Sechszylinder verfügen über 17"

Die Bremsflüssigkeit

WISSENSWERTES

Da Bremsflüssigkeit hygroskopisch ist, nimmt sie u. a. durch undichte Bremsschläuche und Gummimanschetten Wasser auf. Um nicht Luftfeuchtigkeit aufzunehmen, muss sie in verschlossenen, gut abgedichteten Vorratsbehältern aufbewahrt werden.

Durch Wasseraufnahme sinkt der Siedepunkt. Bei einem Wassergehalt von 3,5 Prozent liegt er nur noch bei 150 °C (kritische Grenze). In diesem Fall können sich bei stark erhitzten Bremsen (Gebirgsfahrt, Vollbremsungen) Dampfblasen in der Bremsflüssigkeit bilden. Diese werden beim Bremsen zusammengepresst, das System kann keinen stabilen Bremsdruck aufbauen, das Pedal lässt sich tief durchtreten, die Bremsen können sogar ganz ausfallen. Zweijährlich möglichst im Frühjahr soll Bremsflüssigkeit daher gewechselt werden. Bremsflüssigkeit nach Standard DOT 4 garantiert Betriebssicherheit und hohen Siedepunkt über die gesamte Gebrauchsdauer.

Das Steuerprogramm ESP

WISSENSWERTES

Durch das von vielen Herstellern als »Elektronisches Stabilitätsprogramm - ESP« bezeichnete System wird ein Fahrzeug bis an die physikalische Grenze stabil gegen Ausbrechen. Der Wagen bleibt damit selbst in schwierigen und unerwarteten Situationen noch besser beherrschbar. ESP bewirkt gezielte Bremseingriffe an einzelnen Rädern und eine bedarfsgerechte Anpassung der Motorleistung zur Stabilisierung des Fahrzeugs, besonders in Kurven und bei plötzlichen Ausweichmanövern. Dreht ein Rad durch, bremst ESP die Räder gezielt ab und passt automatisch das Motordrehmoment an.

Beim ESP verfolgt ein Geschwindigkeitsmesser ständig die Bewegung des Fahrzeugs um seine Hochachse und vergleicht mit dem Sollwert aus Lenkvorgabe und Geschwindigkeit. Sobald das Fahrzeug von der Ideallinie abweicht, greift ESP ein und beeinflusst Schleuderbewegungen schon beim Entstehen.

CII 41. Die Modelle mit dem 77 kW-TDI haben hinten die neuen Bosch-Bremsen BIR 3 (andere Schreibweise: BIRIII). Alle Superb mit 92 kW-TSI-Motoren wurden bis 44. Kalenderwoche 2009 mit 15" CII 41, ab 45. KW 2009 ebenfalls mit der BIR 3 (Bild 9) ausgestattet.
Welche Bremse im Fahrzeug verbaut ist, wird auf dem Fahrzeugdatenträger durch entsprechende PR-Nummern dokumentiert. Auskunft über die jeweils verbaute Bremse ist über Abfrage mit dem Diagnose-Tester (Bild 5) möglich.

Die Bremsflüssigkeit

Škoda setzt die Bremsflüssigkeit nach US-Norm »FMVSS 571.116 DOT 4« ein. DOT 4 entspricht voll dem VW-Standard für einen hohen Nasssiedepunkt. Das übliche Wechselintervall beträgt zwei Jahre. Geeignete DOT 4-Produkte werden von ATE, Ferrodo, AP und anderen angeboten. Im VW-Konzern hat das Produkt die Katalog-Nummer »VW 501 14 B 000 750«.
Die Bremsflüssigkeit aus Glykol und Polyglykoläther ist bis minus 40 °C dünnflüssig. Ihr Siedepunkt liegt bei 230 °C. Bremsflüssigkeit ist erst bernsteinhell, verfärbt sich aber im Laufe der Zeit durch chemische Reaktion. Dunkle Färbung ohne Verunreinigung bedeutet noch nicht mangelhafte Qualität. Welche Bremse im Fahrzeug verbaut ist, wird auf dem Fahrzeugdatenträger durch entsprechende PR-Nummern dokumentiert. Auskunft über die jeweils verbaute Bremse ist über Abfrage mit dem Diagnose-Tester (Bild 5) möglich.

5
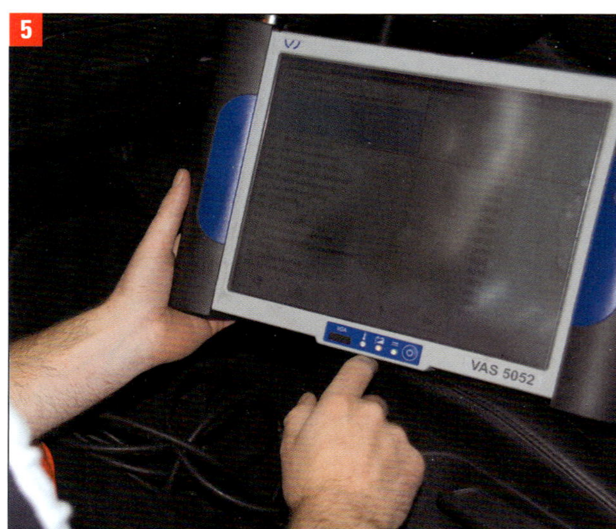

Datenabfrage: Diagnosetester VAS 5052 von Volkswagen.

Vorderrad-Scheibenbremse FN3

Motorisierung	alle außer 191 kW FSI	
Bremssattel	16″ FN 3	15″ FN 3 (77 kW)
Kolbendurchmesser	54 mm	54 mm
Belagdicke ohne Stützplatte	14,0 mm	14,0 mm
Verschleißgrenze ohne Rückenplatte	2 mm (mit Platte: 7 mm)	
Belüftete Bremsscheibe		
Durchmesser	312 mm	288 mm
Dicke	25 mm	25 mm
Verschleißgrenze	22 mm	22 mm

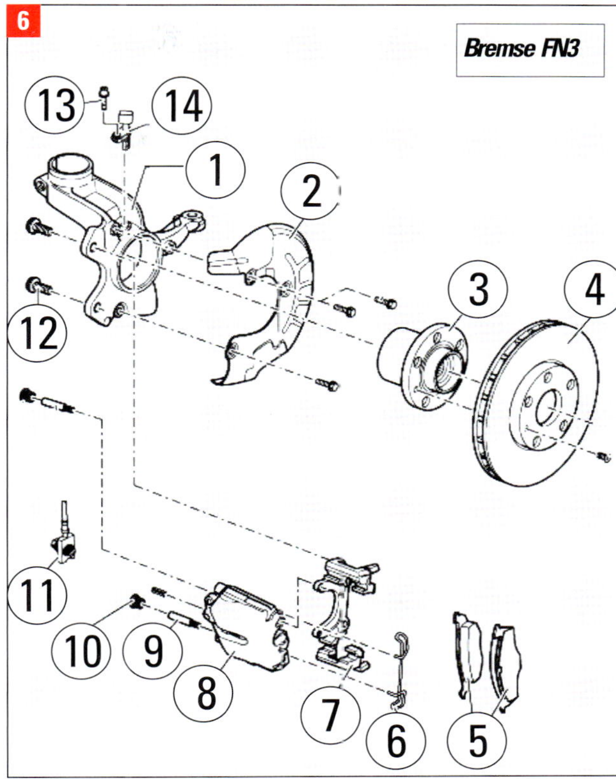

Komponenten der Bremse FN3: (1) Radlagergehäuse, (2) Abdeckblech, (3) Radnabe mit Radlager, (4) Bremsscheibe, (5) Bremsbeläge, (6) Haltefeder, (7) Bremsträger, (8) Bremssattel, (9) zwei Führungsbolzen 30 Nm, (10) zwei Verschlusskappen, (11) Bremsschlauch, (12) Schraube 190 Nm, (13) Schraube 8 Nm für (14) Drehzahlfühler.

Vorderrad-Scheibenbremse FNR-G

Motorisierung	191 kW FSI
Bremssattel	17″ FNR-G
Kolbendurchmesser	57 mm
Belagdicke ohne Stützplatte	14,0 mm
Verschleißgrenze ohne Stützplatte	2 mm (mit Platte: 7 mm)
Belüftete Bremsscheibe	
Durchmesser	345 mm
Dicke	30 mm
Verschleißgrenze	27 mm

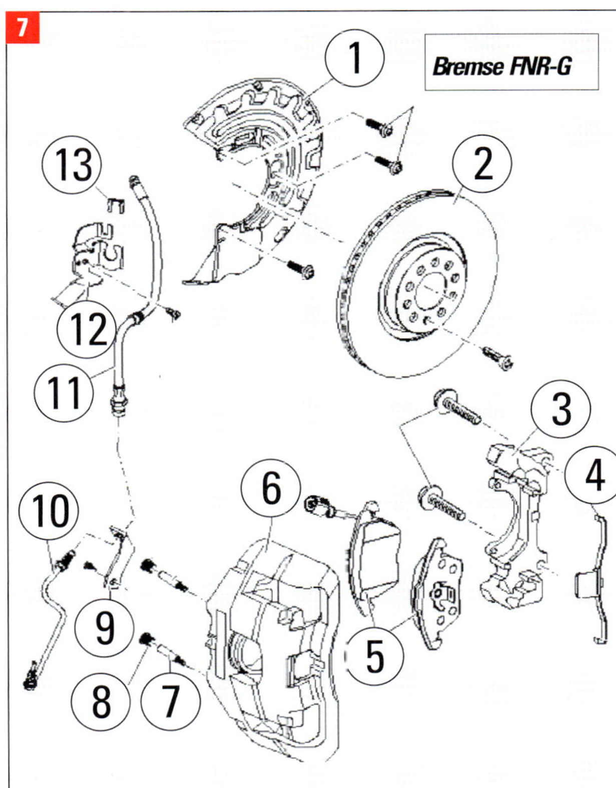

Komponenten der Bremse FNR-G: (1) Abdeckblech, (2) Bremsscheibe, (3) Bremsträger, (4) Haltefeder, (5) Bremsbeläge, (6) Bremssattel, (7) Führungsbolzen 30 Nm, (8) Kappe, (9) Halter, (10) Bremsleitung 14 Nm, (11) Bremsleitung, (12) Halter, (13) Federklammer.

Hinterrad-Scheibenbremse CII 41

Motorisierung	77, 92, 103, 118, 125 / 191 kW
Bremssattel	15"CII41 / 16"CII41 /17" CII 41
Kolbendurchmesser	41 mm / 41 mm / 41 mm
Belagdicke ohne Stützplatte	11 mm / 11 mm / 11 mm
Verschleißgrenze ohne Stützplatte	2 mm (mit Platte: 7,5 mm)

Unbelüftete Bremsscheibe	bis KW 44.09 / ab KW 45.09		
Durchmesser in mm	260/256	286/282	310
Dicke	12 mm	12 mm	22 mm
Verschleißgrenze	10 mm	10 mm	20 mm

Komponenten der Scheibenbremse C II 41:
(1/3) Radlagergehäuse (Allrad/Frontantrieb), (2/5) Radnabe mit Radlager (Allrad/Frontantrieb), (4) Abdeckblech, (6) Bremsscheibe), (7) Bremsleitung), (8) Handbremsseil, (9) Bremssattel, (10) Belaghaltebleche, (11/12) Bremsträger mit Führungsbolzen und Bolzenkappen, (13) Bremsbeläge.

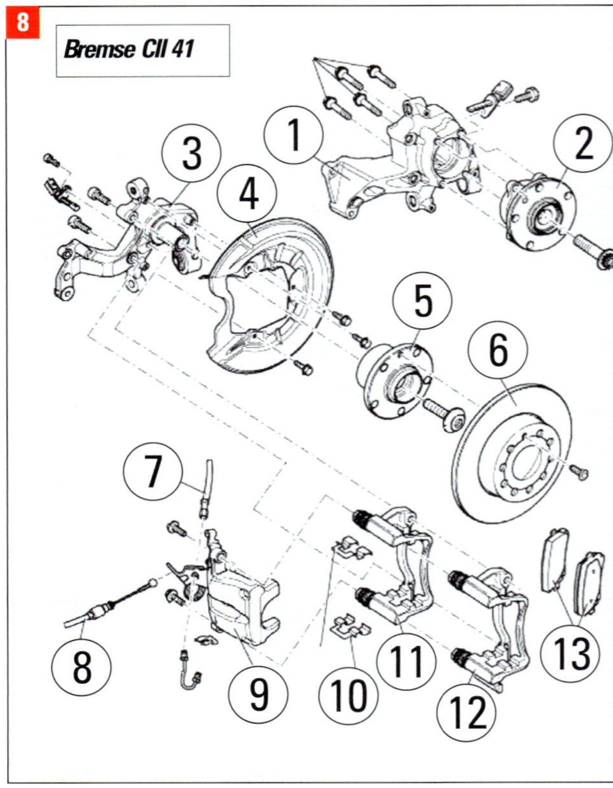

Motorisierung	77 kW. 92 kW ab Nov. 2009
Bremssattel	Bosch BIR 3
Kolbendurchmesser	38 mm
Belagdicke ohne Stützplatte	11,0 mm
Verschleißgrenze ohne Stützplatte	2 mm (mit Platte: 7,5 mm)

Unbelüftete Bremsscheibe	
Durchmesser	272 mm
Dicke	10 mm
Verschleißgrenze	8 mm

Komponenten der Scheibenbremse BIR 3:
(1/3) Radlagergehäuse (Front-/Allradantrieb), (2/5) Radnabe (Front-/Allradantrieb), (4) Abdeckblech (3 Bohrungen Frontantrieb, 4 Bohrungen Allradantrieb), (6) Bremsscheibe, (7) Bremsbeläge, (8) Bremsträger mit Führungsbolzen und Schutzkappen, (9) Belaghaltebleche, (10) Bremssattel, (11) Handbremsseil, (12) Bremsschlauch mit Ringstutzen und Hohlschraube 35 Nm.

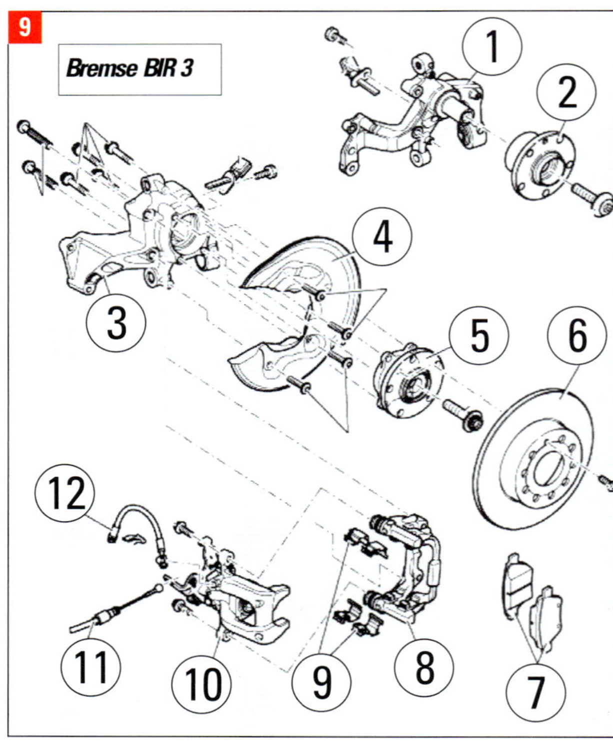

Anmerkung: Radlager mit Schraube 180 Nm+180°bei Frontantrieb, 70 Nm+90° bei Allradantrieb. Bremsträger mit Führungsbolzen, Schutzkappen und Fettfüllung als Ersatzteil.

Arbeiten an der Bremsanlage

Viele Arbeiten an der Bremsanlage, vor allem Wartungen, können Sie selbst ausführen. Auch bei einer intakten Bremsanlage kann zum Beispiel der Bremsflüssigkeits-Pegel sinken. Ursache ist der Verschleiß an den Bremsbelägen. Ein sinkender Pegel kann aber auch mit Defekten am Kupplungssystem zusammenhängen. Regelmäßige Kontrolle des Standes ist auf jeden Fall eine gute Wartungsarbeit.

Nach statistischen Erhebungen muss seit Jahren jedes fünfte Kraftfahrzeug auf deutschen Straßen wegen Mängeln an der Bremsanlage beanstandet werden. Die Sachverständigenorganisation DEKRA verweist immer wieder darauf, dass sehr viele Fahrzeuge mit Bremsflüssigkeit unzulänglicher Qualität unterwegs sind. Bei 20 Prozent der auf Bremsflüssigkeit überprüften Fahrzeuge wird der äußerst kritische Siedepunkt von 150 °C (neuwertige Bremsflüssigkeit: 270 bis 300 °C!) unterschritten. Das kann zum Versagen der Bremsen führen, weshalb der Wechsel aller zwei Jahre dringend zu empfehlen ist.

Nötig ist ein Liter frische Bremsflüssigkeit der Spezifikation FMVSS 116 DOT 4, bei VW die Norm 501 14 B 000 700 A. Beachten Sie die Einprägung auf dem Deckel des Behälters (Bild 10) und die Markierungen zum Füllstand an der Behälteraußenseite.

Kontrollieren Sie regelmäßig die Stärke der Bremsbeläge, mindestens jedoch alle 15.000 km oder einmal im Jahr. Bei einer Belagdicke von 7 mm einschließlich Rückenplatte haben die Beläge ihre Verschleißgrenze erreicht und müssen unbedingt ersetzt werden. Zur Prüfung der Bremsbeläge und auch der Bremsscheiben können Sie durch einen Raddurchbruch schauen. Dabei sind Handlampe, Spiegel und Messschieber hilfreich. Die exakte Messung der Belagdicke verlangt allerdings meist den Ausbau der Räder. Kontrollieren Sie stets gemeinsam mit dem Zustand der Bremsbeläge auch den der Bremsscheiben.

Beim Erneuern von Bremsbelägen (und Scheiben) beachten: grundsätzlich immer auf beiden Seiten austauschen! Mit neuen Bremsbelägen sollten Sie auf den ersten 200 Kilometern häufige Vollbremsungen vermeiden. Der Belag kann verhärten (»verglasen«) und erreicht dann nicht mehr seine beste Bremswirkung. Bremsbeläge, die Sie weiter verwenden können, soll-

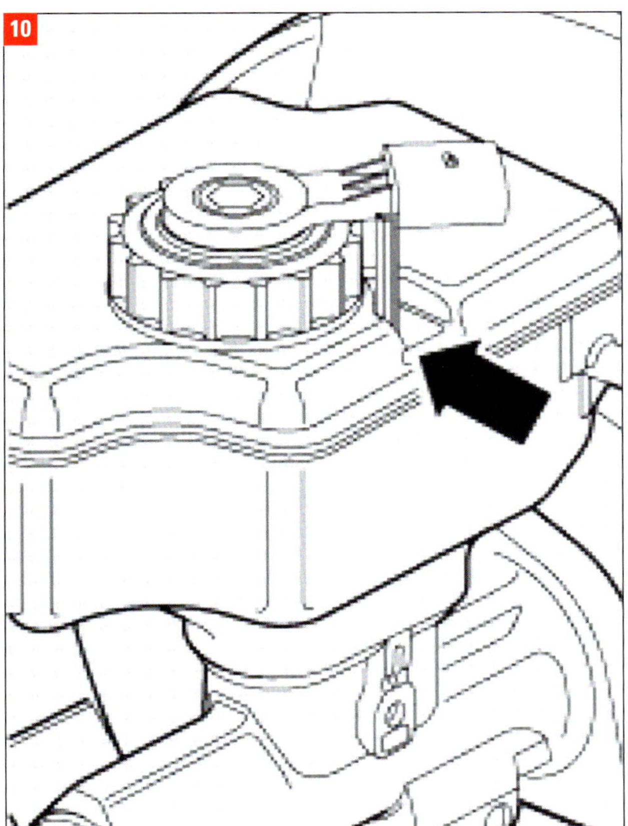

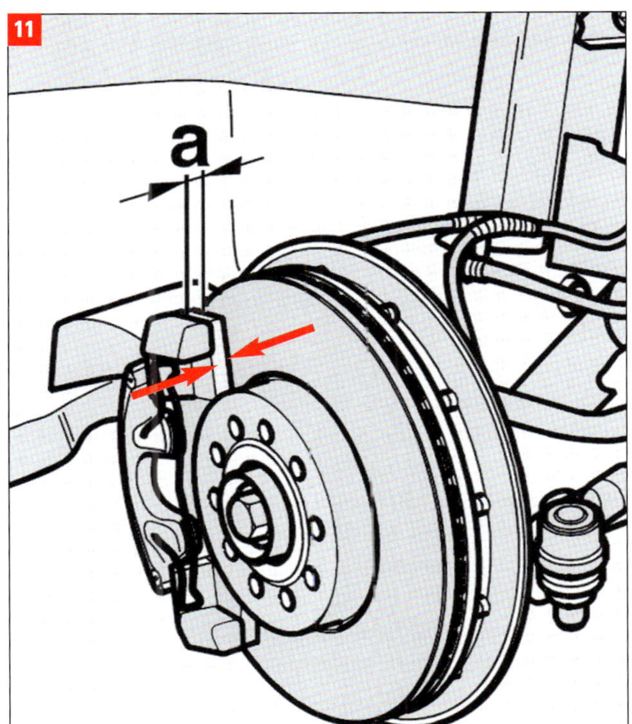

10 - Bremsflüssigkeitsbehälter: Absteckstift des Deckels muss in die Aussparungen des Behälters zeigen (Pfeil).
11 - Bremsbelagdicke: »a« darf 2 mm nicht unterschreiten.

ten Sie beim Ausbau kennzeichnen. Sie müssen an gleicher Stelle wieder eingebaut werden. Wenn zur Arbeit an den Bremsen die Räder ausgebaut werden: Schutzkappen über den Radschrauben mit dem Ringhaken (Bordwerkzeug) aus den Radschraubenlöchern ziehen (Kapitel »Fahrwerk / Räder und Reifen«).
Gelangt Luft ins Bremssystem, müssen Sie die Anlage (evtl. nur den betreffenden Bremskreis) entlüften. Das gilt für alle Arbeiten, bei denen die Bremsschläuche abgenommen oder die Bremsleitungen geöffnet werden. Beim professionellen Entlüften wird ein Bremsenfüll- und -entlüftungsgerät (im VW-Konzern VAS 5234 oder V.A.G 1869) benutzt. Wir beschreiben später das Vorgehen mit und ohne Gerät.
Wirkt die Bremse an den Rädern ungleichmäßig, kann das an Korrosion an den Gleitflächen von Bremssattel und Bremszange liegen. Es können aber auch Schmutz und Feuchtigkeit in das Bremssattelgehäuse eingedrungen sein. Wenn die Funktion des Kolbens durch solche Verunreinigungen gestört ist, muss er gründlich gereinigt werden. Dann ist der Ausbau des Kolbens (5 in Bild 12) angesagt (Buchreihe »Reparaturanleitung« oder Werkstattarbeit).

12

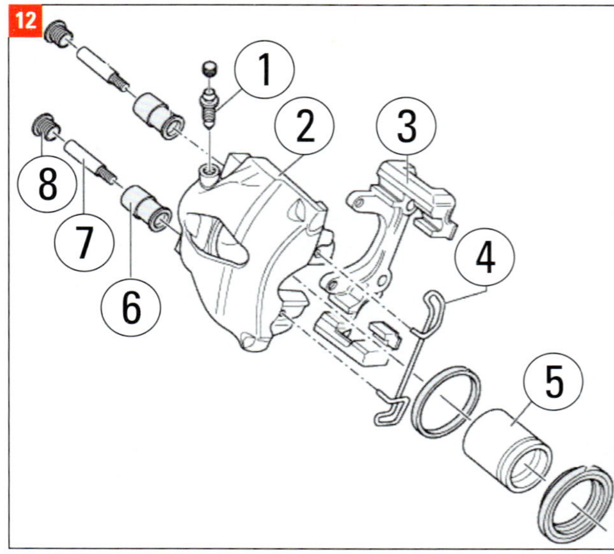

Aufbau des FN3-Bremssattels: (1) Entlüftungsventil (M10) mit Staubkappe, (2) Bremssattel, (3) Bremsträger, (4) Haltefeder, (5) Kolben mit Dichtringen, (6) zwei Lagerbuchsen, (7) zwei Führungsbolzen mit (8) Abdeckkappen.
Anmerkung: Bremszylinder, Kolben und Dichtring dünn mit Lithium-Schmierfett »G 052 150 A2« bestreichen.

Funktion und Dichtheit der Bremsen kontrollieren

Regelmäßige Kontrolle der Bremsanlage ist für Autofahrer die beste Lebensversicherung. Im Straßenverkehr entscheiden die Bremsen über Ihre Sicherheit und die anderer Verkehrsteilnehmer. Scheuen Sie sich nicht, die Räder abzunehmen und den Zustand von Bremsscheiben und Bremsbelägen gründlich zu prüfen!
Ans Schrauben sollten Sie sich nur dann wagen, wenn Sie sich wirklich auskennen. Beim Reinigen der Anlage fällt Bremsstaub an, der zu schweren gesundheitlichen Schäden führen kann. Niemals Bremsstaub einatmen! Immer strikt darauf achten, dass Mineralöl, Schmierfett o. Ä. nicht in die Bremsanlage gelangen.

1

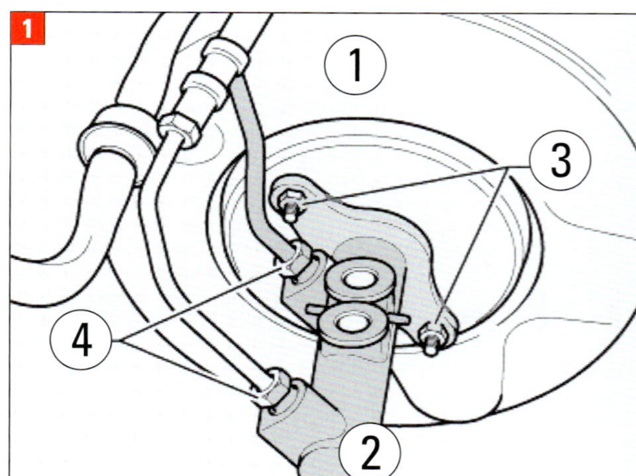

2

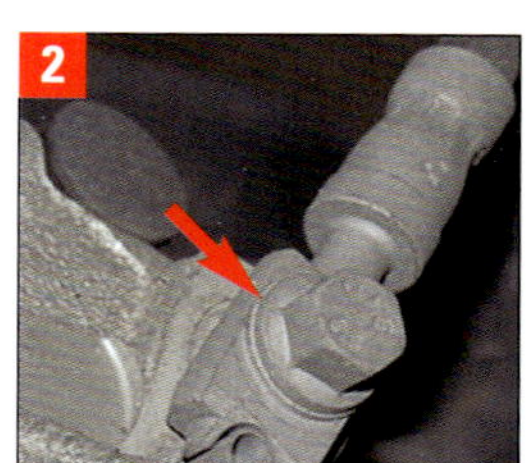

3

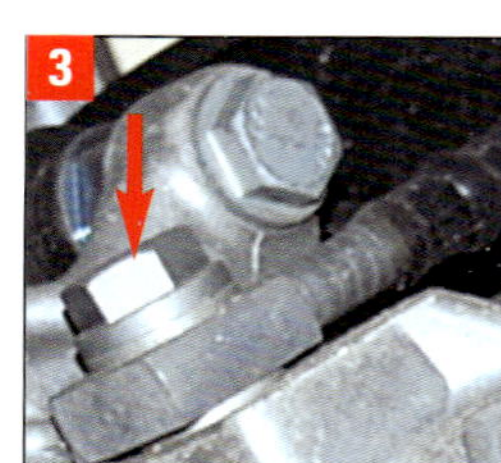

Bild 1 - Motorraum-Stirnwand: (1) Bremskraftverstärker, (2) Tandem-Hauptbremszylinder, (3) Befestigungsmuttern Hauptbremszylinder an Bremskraftverstärker, (4) Bremsleitungen am Hauptbremszylinder.
Bild 2 - Bremssattel vorn: Der Pfeil weist auf den Anschluss der Bremsleitung.
Bild 3 - Bremssattel hinten: Anschluss der Bremsleitung.

Sichtprüfungen

■ Bremskraftverstärker, Hauptbremszylinder (Bild 1; Einheit mit Bremsflüssigkeitsbehälter links hinten im Motorraum) und Bremssättel vorn (Bild 2) und hinten (Bild 3) auf Beschädigungen und Undichtigkeiten an den Anschlüssen prüfen. Verbindungen von Schläuchen und Rohrleitungen (Pfeile Bilder 2 und 3) auf richtigen Sitz, Undichtigkeiten und Korrosion untersuchen. Dunkle und feuchte Flecken beachten!

■ Sind Hydraulikleitungen geknickt oder Anschlüsse (2 und 3) an der Hydraulikeinheit (1; Bild 4) undicht? Lecks und Schmutznester am System müssen beseitigt werden.

■ Bremsschläuche dürfen nicht in sich verdreht und nirgendwo porös und brüchig sein. Bei maximalem Lenkeinschlag muss ihr Abstand zu anderen Achsteilen mindestens 15 mm betragen. Die Rastnasen der Leitungen müssen einwandfrei in den Haltern sitzen.

■ Wenn Bremsschläuche, elektrische Leitungen und Steckkupplungen Scheuerstellen aufweisen und Schläuche feucht oder aufgequollen sind: auswechseln!

Funktionsprüfungen

■ Eine Minute lang mit voller Kraft aufs Bremspedal treten. Das Pedal darf nicht nachgeben. Exakte Druckprüfung später in der Werkstatt mit Gerät (Bild 5) und Diagnosesystem.

■ Auf 50 km/h beschleunigen, Lenkrad loslassen, Hände griffbereit halten. Erst sanft, dann scharf bis zum Stillstand bremsen. Fahrzeug soll die Spur halten. Auf abschüssiger Strecke aus dem Stand losrollen. Drehen die Räder frei?

Wärmeproben

■ **Kalt:** Räder anfassen. Alle vier Felgen müssen gleich warm sein. Eine einzelne kalte Felge weist auf mangelhafte Bremsfunktion an diesem Rad hin.

■ **Warm:** Wenn eine Felge ungewöhnlich warm ist (oder wenn Ihnen das bei allen Felgen so scheint), muss weiter gesucht werden. Ursache für zu hohe Temperatur können schleifende Bremsen oder defekte Radlager sein.

PRAXISTIPP

Kein Öl in die Bremsanlage!

■ Wird Mineralöl in der Bremsanlage festgestellt, müssen Hauptbremszylinder und Ausgleichsbehälter für Bremsflüssigkeit erneuert, die gesamte Bremsanlage mit neuer Bremsflüssigkeit durchgespült, alle Baugruppen mit Bestandteilen aus Gummi ausgewechselt und die Bremsanlage entlüftet werden.

■ Bremsbeläge sind Bestandteil der Allgemeinen Betriebserlaubnis (ABE) und vom Werk auf das Fahrzeug abgestimmt. Deshalb dürfen nur vom Hersteller und vom Kraftfahrtbundesamt (KBA-Freigabenummer) freigegebene oder ECE-genehmigte (E- und e-Zeichen) Bremsbeläge verwendet werden.

Professionelle Bremsenprüfung

■ Erfolgt auf 1-Achs-Rollenprüfstand. Die Prüfgeschwindigkeit soll 6 km/h nicht überschreiten, sonst gibt es beim zeitversetzten Anlaufen der Rollen Bremseingriffe durch die elektronische Differenzialsperre (EDS) im ABS/ESP-System. Für Prüfstand-Kontrollen ist ein diagnosefähiges Werkstattsystem erforderlich.

Anmerkung: Ratsam ist es, die Bremsentests von DEKRA, TÜV oder ADAC in Anspruch zu nehmen. Alle Mängel müssen unverzüglich (evtl. durch die Werkstatt) beseitigt werden.

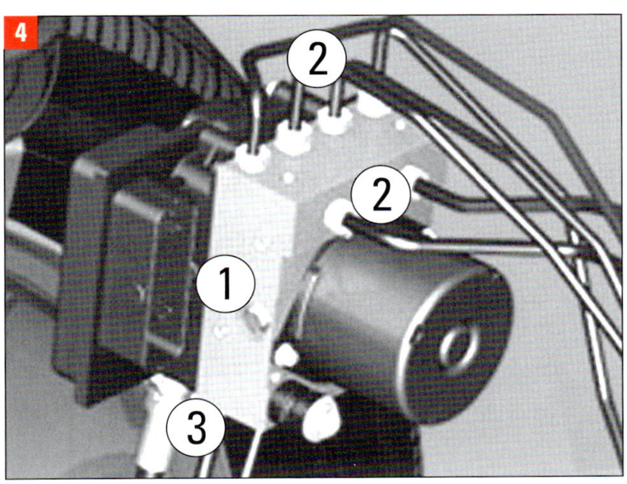

Bremsscheiben und Bremsbeläge kontrollieren

Zur wirkungsvollen Kontrolle müssen Sie die Räder abschrauben und die Bremsscheiben genau ansehen (Beispielbilder 1 und 2). Eine bläuliche Verfärbung der Scheibe ist normal. Regelmäßig, mindestens jedoch alle 15.000 Kilometer oder einmal im Jahr, sollte die Stärke der Bremsbeläge kontrolliert werden. Wenn es ans Austauschen geht: Bremsbeläge grundsätzlich immer auf beiden Seiten erneuern. Mit neuen Bremsbelägen auf den ersten 200 Kilometern häufige Vollbremsungen vermeiden, der Belag verändert sonst seine Struktur. Er verhärtet (»verglast«) und erreicht dadurch nicht seine beste Bremswirkung.

■ ***Bremsscheiben kontrollieren:*** Sind Risse oder Riefen in den Scheiben? Sie dürfen nicht tiefer als 0,5 mm sein (Pfeile in Bild 2). Die Länge von Haarrissen durch hohe Belastung darf nicht mehr als 25 mm betragen. Bei Rissen, Riefen, sehr starken Verschleißspuren, starkem Rost oder/und Grat am Rand die Bremsscheiben paarweise austauschen, niemals nachbearbeiten!

Anmerkung: Einige Bremsscheiben haben eine etwa 5 mm breite Markierung zur Kennzeichnung des maximalen Felgenschlags.

■ Die Dicke der Bremsscheiben messen Sie am besten, indem Sie zwischen Messschieber und Bremsscheibe eine Münze legen. Die Dicke der Münze müssen Sie dann natürlich vom jeweils gemessenen Wert abziehen. Messen Sie die Bremsscheibe an mehreren Punkten. Es gilt der jeweils schlechteste Wert.

■ Zu dünne Bremsscheiben (Grenzwerte in mm nennen die Tabellen zu den Skizzen auf den Seiten 101/102) müssen immer paarweise (also für jeweils eine Achse) ausgetauscht werden.

■ ***Bremsbeläge kontrollieren:*** Bremsklötze (1 in Bild 2; Bild 3) ausbauen, auf Verschmutzung durch Bremsflüssigkeit oder Fett achten.

■ Mit dem Messschieber die Belagdicke der Bremsklötze prüfen (Sollwerte und Verschleißgrenzwerte siehe Tabellen).

■ Sind die Bremsklötze über die Verschleißgrenze abgefah-

1

2

Bilder 1 und 2 Bremsscheibe und -sattel: Die beiden Internet-Beispiele (Bild 1: »bremsscheibe.info«, Bild 2: »motor-talk«) zeigen das Erscheinungsbild von Bremse und Sattel bei ausgebautem Rad (Bild 2 komplett ausgebaute Bremse). Während Bild 1 den absoluten Neuzustand ohne jede Abnutzungserscheinung an der Scheibe bietet, zeigt Bild 2 die Bremse nach längerem Fahrbetrieb. Die Bremsscheibe ist etwas abgefahren, aber noch einsatzfähig.

ren, kann der Steg zwischen Dichtungsnut und Staubkappe beschädigt sein. Dann die Bremsanlage mit einem Druckprüfgerät auf Dichtheit prüfen.

■ Die Prüfung kann auch von außen durch das Rad grob mit Taschenlampe und Spiegel oder präzise mit dem Prüfstift T40139 A (Škoda-Werkzeug nach VW-Norm) erfolgen.

■ Zur Ermittlung der Bremsbelagstärke mit dem T40139 A (Bilder 3 und 4) wird der Schleifer (3) am Stift (1) bis zum ringförmigen Anschlag in Richtung Messspitze (5) geschoben (Bild 4). Dann die Spitze durch einen Durchbruch in der Felge schieben und an der Bremsscheibe anlegen (Bild 3).

■ Den Prüfstift so lange gleichmäßig in Richtung Bremsbelag schieben, bis seine Stirnfläche (4) bündig auf der Rückenplatte des Bremsbelags aufliegt. Prüfstift abnehmen (Schleifer nicht verschieben!) und die Bremsbelagdicke (in mm) auf der Skala ablesen. Der gemessene Wert versteht sich als Belagdicke einschließlich Rückenplatte (auch Stützplatte). Die Skala ist mit dem Bremsensymbol kenntlich gemacht. Eine zweite Skala dient zum Messen der Profiltiefe von Reifen.

■ Bei einigen Fahrzeugen (z. B. mit Stahlfelgen), bei denen der Prüfstift T40139 A nicht an Bremsscheibe oder Belagrückenplatte heranreicht, muss die Bremsbelagdicke von der Radinnenseite aus geprüft werden.

■ Wenn der gemessene Wert 7 mm nicht mehr übersteigt, ist das Verschleißmaß erreicht. Die verschlissenen Bremsklötze müssen satzweise erneuert werden, also stets links und rechts an jeder Achse. Dieses Prinzip muss unbedingt beachtet werden, weil sich sonst eine ungleiche Wirkung der beiden Bremsen einer Achse ergeben kann.

■ Das Prinzip des achsweisen Wechsels gilt natürlich auch für die Bremsscheiben, wie wir bereits im Abschnitt zur Kontrolle der Scheiben angemerkt haben.

3

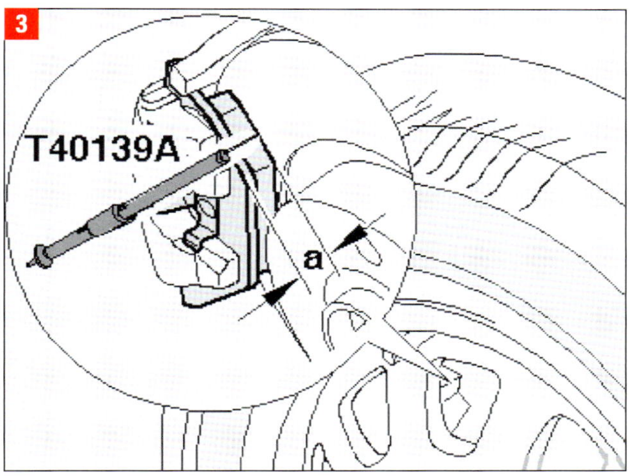

4

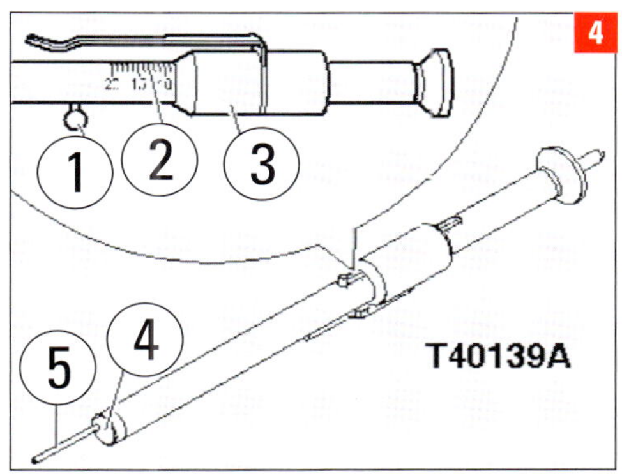

Messen mit T40139A: (1) Prüfstift nach VW-Teilekatalog, (2) Skala in mm, (3) Schleifer, (4) Stirnfläche, (5) Messspitze.

Bremskraftverstärker prüfen

■ **Ohne Gerät:** Motor abstellen, das Bremspedal mehrmals durchtreten; in tiefster Stellung halten. Der Unterdruck wird abgebaut.

■ Bremspedal bei mittlerer Fußkraft in Bremsstellung halten und Motor starten. Bremskraftverstärkung wird wirksam, das Bremspedal gibt unter dem Fuß spürbar nach.

■ Senkt sich das Pedal nicht, liegt eine Störung vor. Meist muss der Bremskraftverstärker komplett ersetzt werden.

■ **Mit Gerät:** Eine genaue quantitative Prüfung ist nur mit Unterdruck- und Druckprüfgerät möglich. Das ist Sache der Werkstatt. Der Ablauf ist dann:

■ Bremspedal mehrmals betätigen; Unterdruckprüfgerät über Prüfanschluss zwischen Bremskraftverstärker und Unterdruckleitung einsetzen.

■ Laufrad abmontieren. Bremsanlage am Bremssattel entlüften (folgt später): Schlauch eines Auffangbehälters auf

Entlüftungsventil aufstecken und Ventil öffnen. Bremsflüssigkeit auslaufen lassen, bis sie blasenfrei und sauber austritt. Entlüftungsventil schließen.

■ Entlüfterschraube aus dem Bremssattel herausschrauben, Stutzen des Druckprüfers anschließen. Motor starten, Gas geben, Unterdruck von knapp 0,8 bar erzeugen.

■ Wird der geforderte Unterdruck nicht erreicht oder fällt er gleich wieder ab: Dichtung zwischen Bremskraftverstärker und Hauptbremszylinder und/oder Rückschlagventil in der Unterdruckleitung überprüfen. Schadhafte Bauteile umgehend erneuern.

■ Druckprüfgerät mit Anschlussstutzen vom Bremssattel abbauen, Entlüfterschraube eindrehen und festziehen.

■ Das Unterdruckprüfgerät wieder vom Bremskraftverstärker trennen. Bremsanlage am Bremssattel entlüften (siehe später), Laufrad wieder anschrauben.

Dichtheit der Bremsanlage per Bremspedal prüfen

Wir haben bereits beschrieben, wie Sie eine Sichtprüfung aller in Frage kommenden Teile der Bremsanlage auf Dichtheit vorzunehmen haben. Darüber hinaus empfiehlt sich aber noch die folgende Dichtheitsprüfung durch Betätigen der Bremse. Dazu muss die Bremshydraulik entlüftet sein (siehe später).

Dichtheit prüfen

■ Motor abstellen und den »Bremskraftverstärker leer pumpen«. Das geschieht, indem Sie das Bremspedal so oft betätigen, bis keine Bremskraftunterstützung mehr spürbar ist. Das Bremspedal »wird hart«.

■ Bremspedal etwa 20 mm aus der Ruhelage drücken und die Pedalkraft für 20 Sekunden konstant halten. Der Bremspedalweg darf dabei nicht länger werden.

■ Bremspedal lösen und dann mit sehr hoher Fußkraft wiederum drücken. Auch diese Pedalkraft wieder mindestens 20 Sekunden konstant halten. Der Bremspedalweg darf auch in diesem Fall nicht länger werden.

■ Wenn bei einer der beiden Prüfungen »das Bremspedal durchsackt«, wie die Kfz-Fachleute das nennen, muss die Systemprüfung durch Augenschein (Sichtprüfung) wiederholt werden.

■ Wenn bei der visuellen Prüfung erneut keinerlei feuchte Stellen und Leckagen festgestellt werden, ist mit hoher Wahrscheinlichkeit der Hauptbremszylinder undicht. Er muss dann ersetzt werden.

■ Beim Ersetzen des Hauptbremszylinders, das wir später erläutern, darf auf keinen Fall Bremsflüssigkeit in den Bremskraftverstärker gelangen!

Bremsflüssigkeit kontrollieren und nachfüllen

Zu den Wartungen, die Sie selbst an der Anlage vornehmen können, gehört die regelmäßige Kontrolle des Standes der Bremsflüssigkeit zwischen (1) MAX und (2) MIN (Bild 1). Auch bei intakter Bremsanlage kann der Flüssigkeits-Pegel sinken. Ursache können der Verschleiß an den Bremsbelägen oder bei Fahrzeugen mit Handschaltgetriebe Defekte am Kupplungssystem sein. Denn die Kupplungshydraulik ist am System der Bremshydraulik angeschlossen.

1

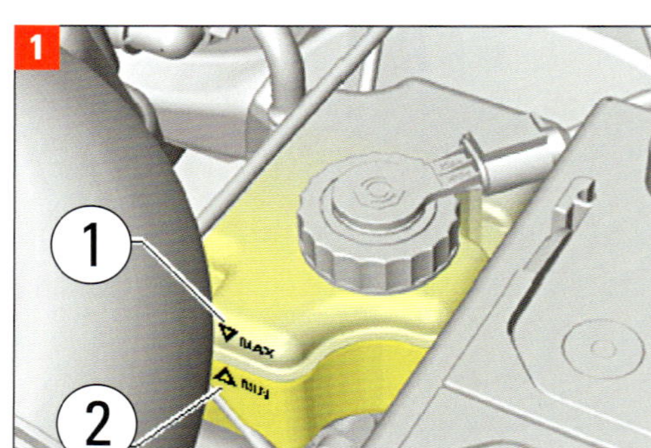

Ebenfalls wichtig ist die Kontrolle des Wassergehalts der Bremsflüssigkeit. Untersuchungen haben gezeigt, dass bei vielen in Deutschland rollenden Fahrzeugen die Bremsflüssigkeit infolge Wasseraufnahme den kritischen Siedepunkt von 150 °C unterschreitet. Das kann zum Versagen der Bremsen führen.

Bremsflüssigkeit prüfen

■ Flüssigkeitsstand von außen am Behälter kontrollieren: Der Pegel muss zwischen den Markierungen »MAX« und »MIN« liegen (1/2 in Bild 1).

■ Wenn die Bremsbeläge sehr abgefahren sind und bald erneuert werden müssen, ist ein Pegelstand nur leicht über »MIN« noch zulässig. Beim Einbau neuer Beläge werden die Bremskolben wieder zurückgedrückt, wodurch der Stand im Bremsflüssigkeitsbehälter wieder ansteigt.

■ Sind aber die Bremsbeläge noch neuwertig und hat die vorangegangene Prüfung keine Undichtigkeit im Bremssystem ergeben, muss zur Überbrückung bis zum nächsten Wechsel der Bremsflüssigkeit etwas nachgefüllt werden. Nachfüllen nur die schon erwähnte Bremsflüssigkeit N.052.766.Z0 gemäß US-Norm FMVSS 571.116, DOT 4 und VW-Norm 501 14.

■ Deckel abschrauben und Bremsflüssigkeit nachfüllen. Der Füllstand muss stets ausreichend sein, damit keine Luft ins Bremssystem gelangen kann. Der Superb hat meist Behälter, bei denen die Steckverbindung für den Füllstandswarner F34 in den Deckel integriert ist (Bild 2). Dann muss vor dem Öffnen der Stecker (Pfeil) abgezogen werden. Der Deckel hat innen den Fühlereinsatz mit Schwimmer (1, Bild 3). Deckel mit Einsatz herausnehmen. In beiden Fällen bleibt jedenfalls das Sieb (Pfeil in Bild 3) im Behälter.

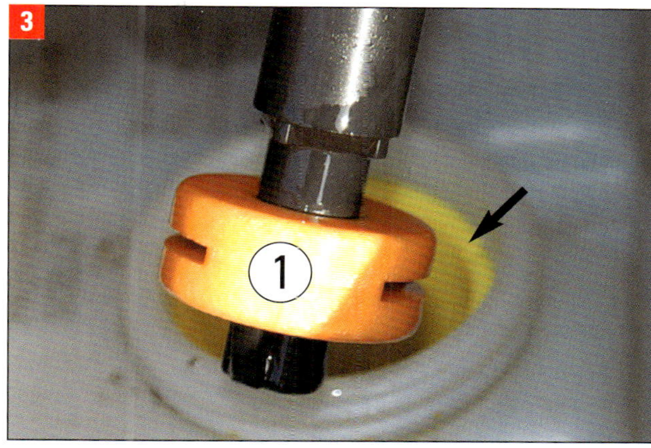

3

■ Dass Bremsflüssigkeit infolge zu hohen Wassergehalts (Kasten Seite 100) versagt, signalisiert der Warner nicht. Daher sind kurze Tests auf Siedepunkt und Wassergehalt innerhalb des Wechselintervalls nicht verkehrt. Liegt der Siedepunkt (DOT 4 neu: 230 °C) zu niedrig, muss die Bremsflüssigkeit gewechselt werden. TÜV-Servicestationen erledigen den Test für wenige Euro.

■ Für das Testen des aktuellen Siedepunkts der Bremsflüssigkeit gibt es Geräte verschiedener Hersteller (Secorüt, »producte24.com«, »fluidonline.de«). Sie lassen sich wie der »BFT 320« von ATE (Bild 4) einfach auf den Bremsflüssigkeitsbehälter aufsetzen und über Kabel mit der Bordbatterie verbinden. Manche Tester haben eigene Batterien. Sie erhitzen per Glühspindel die Bremsflüssigkeit bis zum Sieden. Im Display wird der Nass-Siedepunkt ausgewiesen. Solche Geräte haben allerdings ihren Preis (um 200 Euro oder darüber) und sind eher etwas für die Werkstatt.

2

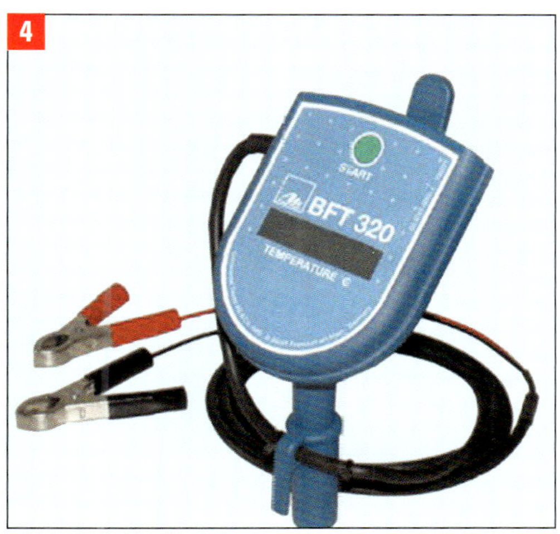

4

■ Auch für Selbstschrauber erschwinglich sind »Schnelltester« wie der von RC Rodcraft (Bild 5), der »Testboy50« oder Geräte von Secorüt, die zwischen 20 und 50 Euro kosten. Die Schnelltester zeigen mit Leuchtdioden (Pfeile in Bild 6) über Leitfähigkeitsmessung den Wassergehalt der Bremsflüssigkeit an, der 3,5% nicht überschreiten darf.

■ **Aber Vorsicht:** Der Schnelltest auf Feuchtigkeitsgehalt wird jedenfalls langfristig nicht hinreichen, Ihnen sichere Informationen über die Bremsenfunktion zu geben. Das leisten nur Geräte, die den Nass-Siedepunkt bestimmen.

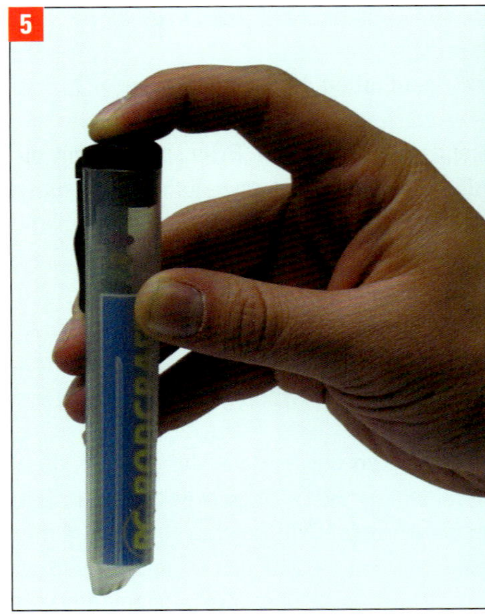

Schnelltester zur Wassergehalt-Anzeige: Verschiedenfarbige Leuchtdioden zeigen den Wassergehalt zwischen 0 und 4 Prozent an. Ist alles in Ordnung, leuchtet es grün, zu hoher Wassergehalt wird mit roter Anzeige signalisiert.

Ausbau von Bremsbelägen und Bremsscheiben

Im Superb sind durchgängig Scheibenbremsen verbaut: An den Vorderrädern die Typen FN3 und FNR-G, an den Hinterrädern CII 41 und BIR3 (Übersicht Seiten 101/102). Aus- und Einbau von Bremsbelägen, -sätteln und -scheiben sind bei allen Bremsentypen sehr ähnlich. Wir beschreiben das Prinzip an der FN3 und gehen dann auf Unterschiede ein.

Beim Ausbau sind noch verwendbare Bremsbeläge unbedingt zu kennzeichnen. Sie müssen an gleicher Stelle wieder eingebaut werden, wenn es nicht zu ungleichmäßiger Bremswirkung kommen soll. Nach dem (paarweisen) Einsetzen von Bremsbelägen muss das Bremspedal im Stand kräftig durchgetreten werden, damit die Beläge ihren dem Betriebszustand gemäßen Sitz einnehmen. Im Anschluss stets den Bremsflüssigkeitsstand prüfen, ggf. nachfüllen.

Auch Bremsscheiben müssen grundsätzlich achsweise, also stets links und rechts, ersetzt werden. Sie lassen sich nur ausbauen, wenn der Bremssattel abgebaut ist.

Empfehlenswerte Spezialwerkzeuge

■ Drehmomentschlüssel mit Knarre und Einsteckwerkzeug (V.A.G 1331/2/3, 1410),

■ Bremspedalbelaster und Kolbenrücksetzvorrichtung (T10145),

■ Haken »3438« und Demontagekeil »3409«.

Allgemeine Regeln beim Belagwechsel

■ Schutzmanschette des Kolbens für Bremssattel prüfen und bei Beschädigung ersetzen. Beim Ersetzen der Manschette die Laufflächen von Bremskolben und Bremssattel auf Verschmutzung (Oxidation) prüfen.

■ Kolben sowie Bremssattel bei Verschmutzung sorgfältig reinigen und Dichtmanschette ersetzen.

■ Bremskolben und Bremssattel prüfen (Korrosion, Ritzer auf Zylinderfläche außen). Bei Beschädigung den Bremssattel komplett ersetzen.

■ Wenn der Kolben des Bremssattels in die Ausgangsstellung zurück gedrückt wird prüfen, ob der Kolben leicht in den Bremssattel gedrückt werden kann. Wenn das nicht der Fall ist, Bremskolben sowie Bremssattel prüfen und reinigen, Dicht- und Schutzmanschetten ersetzen.

■ Bei jeder Art von Beschädigung muss der Bremssattel komplett ersetzt werden.

Bremsbeläge FN3 aus- und einbauen

■ **Ausbau:** Fahrzeug anheben, Räder abbauen.

■ Die straff sitzende Haltefeder für Bremsbeläge mit einem Schraubendreher aus dem Bremssattel (Pfeil) hebeln und abnehmen (Bild 1). Steckverbindung der Bremsbelagverschleißanzeige trennen.

■ Abdeckkappen (Pfeile) der Führungsbolzen abnehmen (Bild 2). Beide Führungsbolzen (Pfeile) lösen und aus dem Bremssattel herausnehmen (Bild 3).

■ Bremssattel abnehmen und so mit Draht oder Kabelbinder befestigen, dass der schwere Sattel die Bremsleitung nicht belastet oder beschädigt.

■ Bremsbeläge aus dem Bremssattel herausnehmen oder vom Bremsträger abnehmen. Bremssattel reinigen, besonders die Klebefläche für den Bremsbelag, sie muss frei von Kleberesten und Fett sein. Hierfür darf nur Spiritus verwendet werden. Bremsanlage nicht mit Druckluft ausblasen, der entstehende Staub ist gesundheitsschädlich!

■ **Einbau:** Bremsflüssigkeit aus dem Vorratsbehälter absaugen (Pipette, Bremsenfüll- und Entlüftungsgerät), damit (vor allem, wenn vorher nachgefüllt wurde) nichts überlaufen kann. Das würde zu Schäden an der Anlage führen.

■ Vor dem Einsetzen neuer Bremsbeläge wird der Kolben mit einer Rücksetzvorrichtung in den Zylinder gedrückt (Bild 4). Deshalb auch das vorherige Absaugen.

■ Den Kolben mit der Rücksetzvorrichtung (1 in Bild 4) zurückdrücken. Das passende Werkzeug für die Vorderradbremsen heißt T10145 (Bild 4), für die Hinterradbremsen Typ CII 41 ist der Rücksetzer T10165 (Bild 5). Der Bremskolben darf beim Zurücksetzen keinesfalls verkanten.

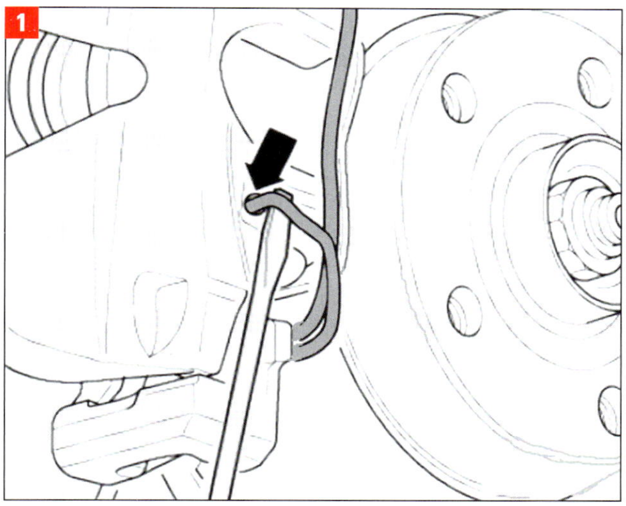

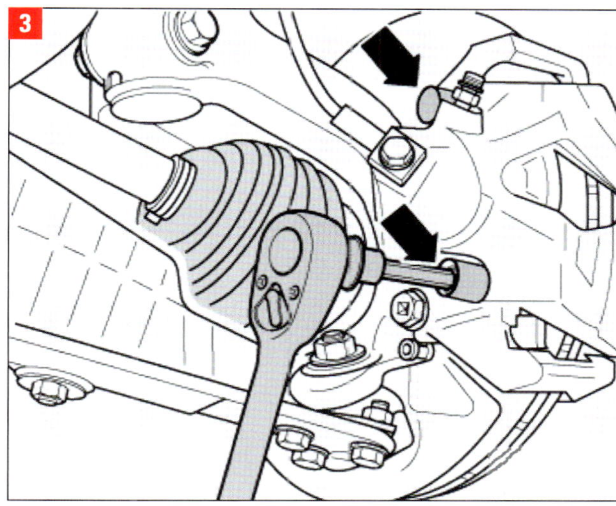

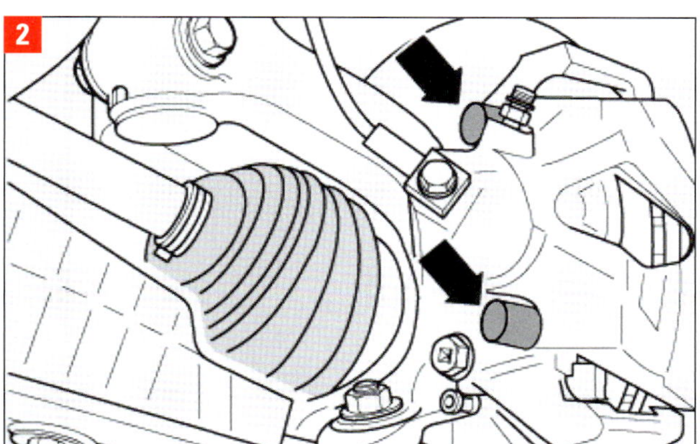

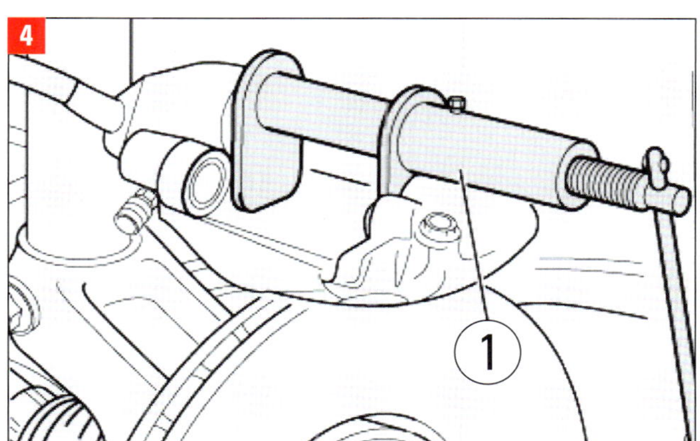

Bilder 1 und 2: Mit Flachschraubendreher die Haltefeder aushebeln, Schutzkappen von den Bolzen abnehmen.

Bilder 3 und 4: Führungsbolzen herausschrauben, Kolben des Bremssattels zurücksetzen. (1) Werkzeug T10145.

■ Schutzfolie von der Rückenplatte des äußeren Bremsbelags abziehen und den Belag auf den Bremsträger aufsetzen. Den inneren Bremsbelag mit Haltefeder ins Bremssattelgehäuse (Bremskolben) einsetzen. Falls Markierung vorhanden, diese beachten (vermeidet spätere Geräusche).

■ Beim Ansetzen des Bremssattels darauf achten, dass der Belag nicht mit dem Sattel verklebt, bevor die richtige Einbaulage erreicht ist. Klebefläche nicht beschädigen!

■ Bremssattel mit beiden Führungsbolzen an den Bremsträger schrauben, mit 30 Nm festziehen. Abdeckkappen einsetzen, Haltefeder in den Bremssattel einsetzen, Steckverbindung der Bremsbelagverschleißanzeige aufstecken.

■ Räder anbauen, Radschrauben mit 120 Nm festziehen, Bremspedal (im Stand) mehrmals treten, Bremsflüssigkeitsstand überprüfen.

Bremsbeläge FNR-G aus-/einbauen

■ **Ausbau:** Die Haltefeder für Bremsbeläge mit einem Schraubendreher aus der Haltefeder für den Bremssattel heraushebeln. Den Schraubendreher zwischen die beiden Haltefedern einsetzen und die Bremssattel-Haltefeder mit einem Lappen festhalten, damit sie nicht heraus springt.

■ Steckverbindung für Belagverschleißanzeige trennen, Abdeckkappen von den Führungsbolzen ziehen, beide Führungsbolzen lösen und aus dem Bremssattel heraus nehmen. Der weitere Ausbau der Beläge läuft ab wie beim Bremssattel FN 3.

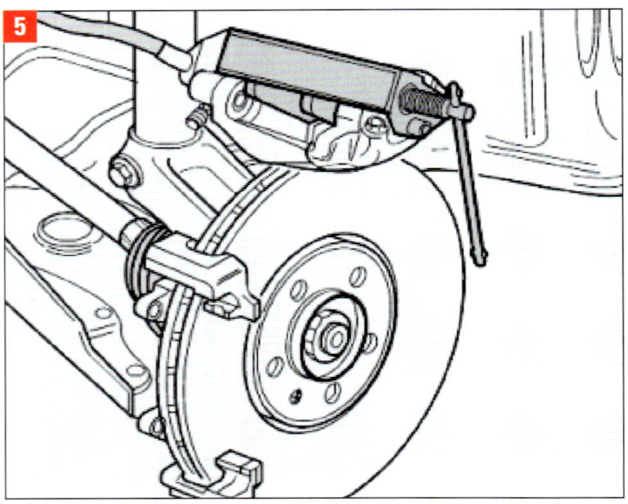

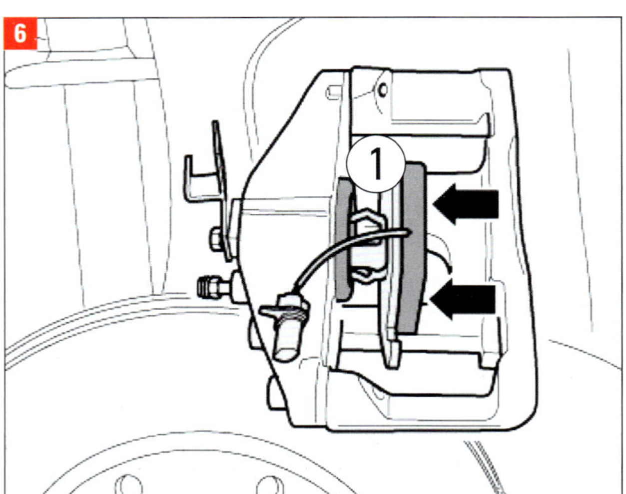

Kolben der FNR-G zurückdrücken: Werkzeug T10145 verwenden. Dann Bremsbeläge einsetzen: (1) innerer, ...

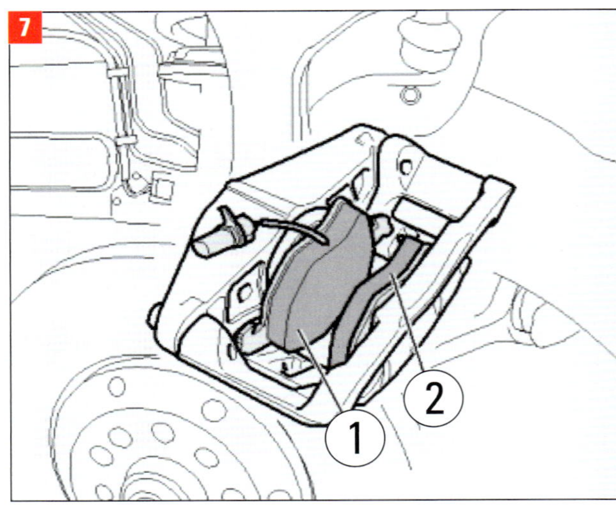

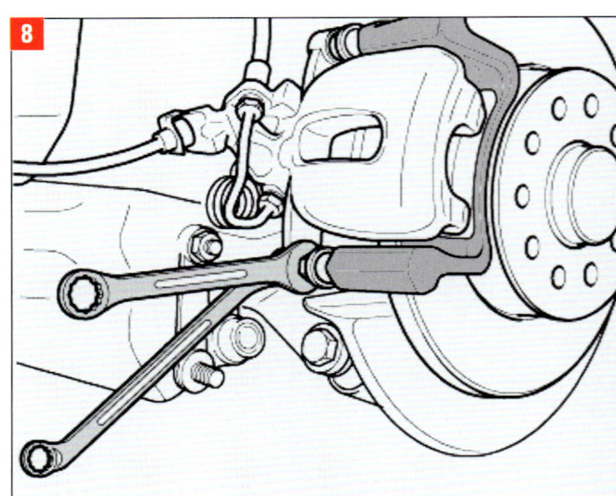

... (2) äußerer Belag. ***Bremsträger CII 41:*** Beim Abschrauben an den Führungsbolzen gegenhalten.

■ **Einbau:** Bremsflüssigkeit aus dem Behälter absaugen. Kolben mit der Rücksetzvorrichtung T10145 zurückdrücken (Bild 5).

■ Den inneren Bremsbelag (1) mit Haltefeder in den Bremssattel (Kolben) einsetzen (Bild 6). Ebenso den äußeren Bremsbelag (2) mit der Haltefeder in den Bremssattel einsetzen (Bild 7).

■ Bremssattel mit Bremsbelägen am Bremsträger ansetzen. Sattel mit beiden Führungsbolzen am Bremsträger anschrauben (30 Nm) und beide Abdeckkappen einsetzen.

■ Bremssattel-Haltefeder in Haltefeder für Bremsbelag einsetzen, unter den Bremsträger drücken, Stecker für Verschleißsensor aufstecken. Räder wieder anbauen.

Bremsbeläge CII 41, BIR3 aus-/einbauen

■ **Ausbau:** Die Befestigungsschrauben vom Bremsträger herausschrauben. An den Führungsbolzen gegenhalten (Bild 8 Sattel CII 41, Bild 9 Sattel BIR3). Bremssattel abnehmen und so befestigen (Draht, Kabelbinder), dass sein Gewicht die Bremsleitung nicht belastet oder beschädigt.

■ Bremsbeläge und Belaghaltebleche (Pfeile in Bildern 10 und 11) abnehmen.

■ **Einbau:** Etwas Bremsflüssigkeit aus dem Behälter absaugen. Kolben durch Drehen am Rändelrad des Rückstellwerkzeugs T10165 einschrauben (Bild 12). Dabei nicht die Schutzkappe beschädigen! Zum Einschrauben Zusatzwerkzeug T10165/1 zu Hilfe nehmen. Ist der Kolben schwer-

9

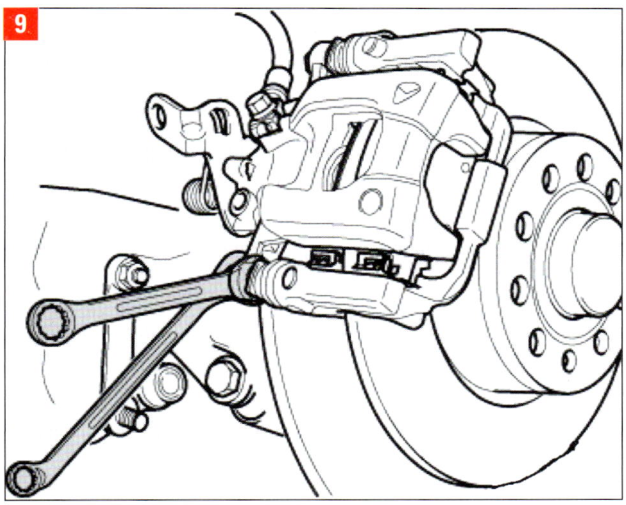

10

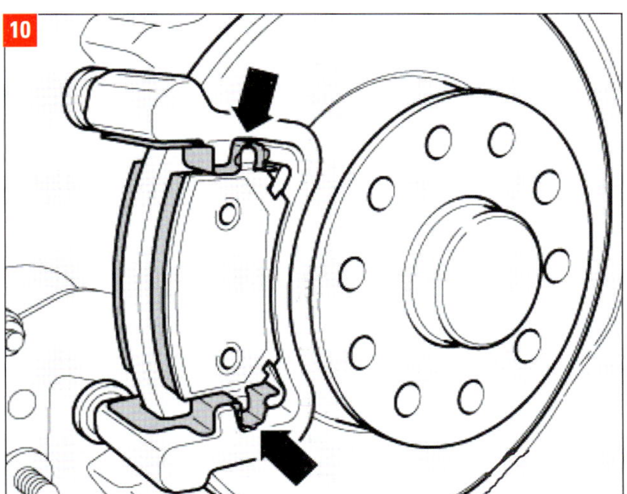

Bild 9 Bremsträger BIR 3: Wie bei CII 41 beim Abschrauben an den Führungsbolzen gegenhalten.

11

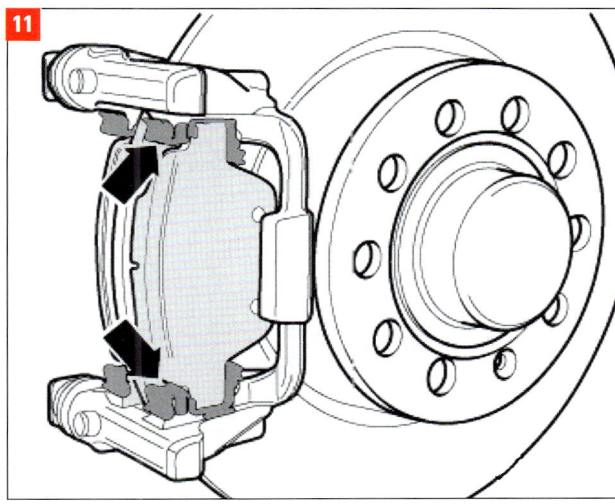

12

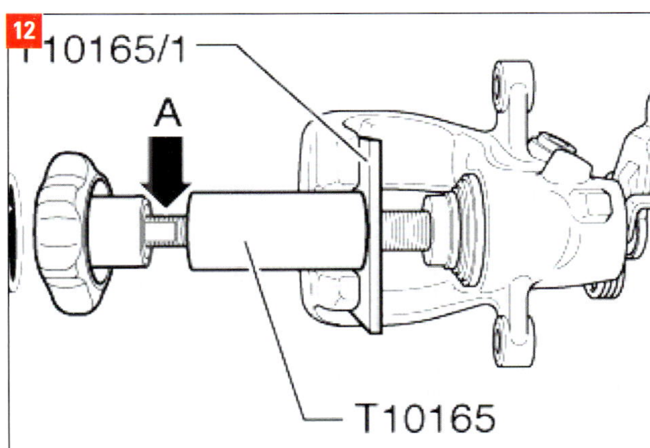

Bilder 10 und 11: Die Pfeile weisen auf die Belaghaltebleche in den Bremsträgern CII 41 und BIR 3.
Bild 12: Kolbenrücksetzer T10165 mit Zusatz -/1 für die Bremsentypen CII 41 und BIR 3. Pfeil A = Schlüsselfläche.

gängig, kann an dazu vorgesehenen Schlüsselflächen (Pfeil A in Bild 12) ein Maulschlüssel angesetzt werden.

■ Neue Belaghaltebleche (Pfeile in den Bildern 10 und 11) und Bremsbeläge in den Bremsträger einsetzen. Darauf achten, dass die Bremsbeläge richtig in den Belaghalteblechen (vergl. besonders Pfeile in Bild 10) sitzen. Bremssattel mit neuen selbstsichernden Schrauben (35 Nm) befestigen (Reparatursätze enthalten vier Stück, die in jedem Fall einzubauen sind). Räder anbauen.

Bremssattel aus-/einbauen

■ **Ausbau:** Wie beim Ausbau der Bremsbeläge beschrieben, die Haltefeder ausbauen und die Steckverbindung für Bremsbelagverschleißanzeige trennen. Bei den Hinterradbremsen CII 41 und BIR3 Handbremsseil aus dem Hebel am Bremssattel aushängen. Federklammer ausbauen und Handbremsseil aus dem Halter am Bremssattel ziehen.

■ Schlauch einer Entlüfterflasche (Bilder 13 und 14) auf das Entlüftungsventil des Bremssattels stecken und Ventil öffnen. Auf den Einsatz der Entlüfterflasche gehen wir auf den Seiten 118 und 119 noch näher ein.

■ Bremspedalbelaster (V.A.G: 1869/2; Bild 19) einsetzen oder einen Helfer das Bremspedal treten lassen. Entlüftungsventil schließen und die Entlüfterflasche abnehmen.

■ Bremsleitung abschrauben, bei FNR-G Federklammer für Bremsschlauch vom Halter am Bremssattel entriegeln. Die beiden Abdeckkappen von den Lagerbuchsen des Bremssattels abbauen, beide Führungsbolzen lösen und aus dem Bremssattel herausnehmen.

■ Bremssattel vom Bremsträger abbauen und Bremsbeläge aus dem Bremssattel herausnehmen.

■ **Einbau:** Voraussetzung: Der Kolben ist zurückgedrückt, der äußere Bremsbelag sitzt auf dem Bremsträger. Bei den Hinterradbremsen sitzen die Bremsbeläge in den Haltefedern am Bremssattel. Bei diesen Bremsen (CII 41 und BIR3) Bremssattel mit neuen selbstsichernden Schrauben am Bremsträger befestigen.

■ Inneren Bremsbelag mit Haltefeder in den Bremssattel (Kolben) einsetzen. Beim Ansetzen des Bremssattels darauf achten, dass der Bremsbelag nicht mit dem Bremssattel verklebt wird, bevor die richtige Einbaulage erreicht ist. Klebefläche nicht beschädigen.

■ Bei der Vorderradbremse FNR-G den Bremsschlauch mit Federklammer im Halter am Bremssattel sichern. Bremsleitung in den Bremsschlauch einschrauben.

■ Bremssattel mit beiden Führungsbolzen am Bremsträger anschrauben (30 Nm) und beide Abdeckkappen einsetzen. Bei den Hinterradbremsen CII 41 und BIR3 den Bremssattel mit neuen selbstsichernden Schrauben (35 Nm) an den Bremsträger schrauben. Bremsschlauch mit 35 Nm (bei FN3), mit 14 Nm (bei FNR-G), mit 12 Nm bei CII 41 an den Sattel schrauben.

■ Bremspedalbelaster herausnehmen, Haltefeder in den

13

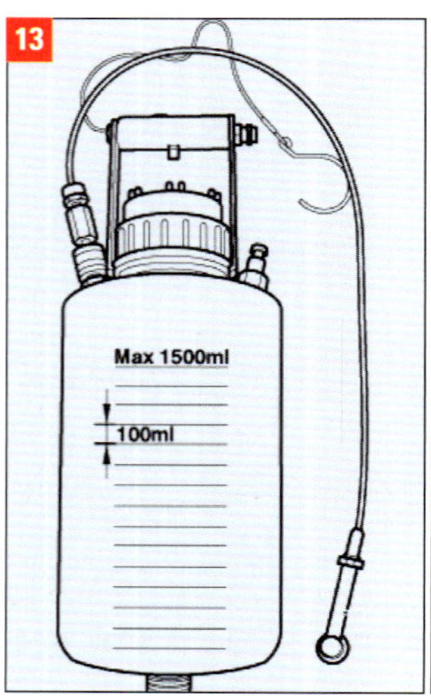

14

Entlüfterflasche: Bild 13 Prinzipskizze, Bild 14 eine der in vielfältiger Ausführung im Handel erhältlichen Flaschen.

15

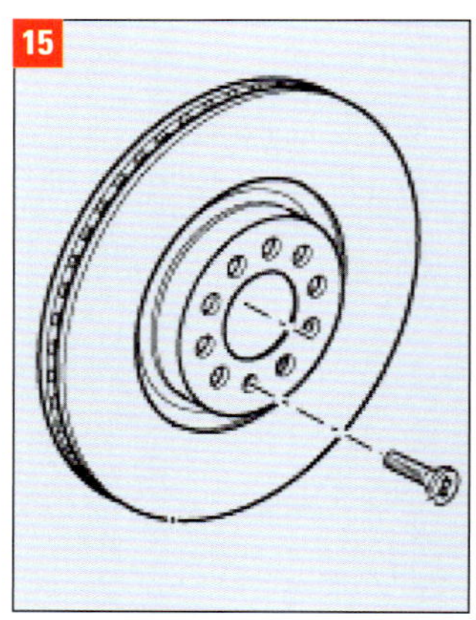

16

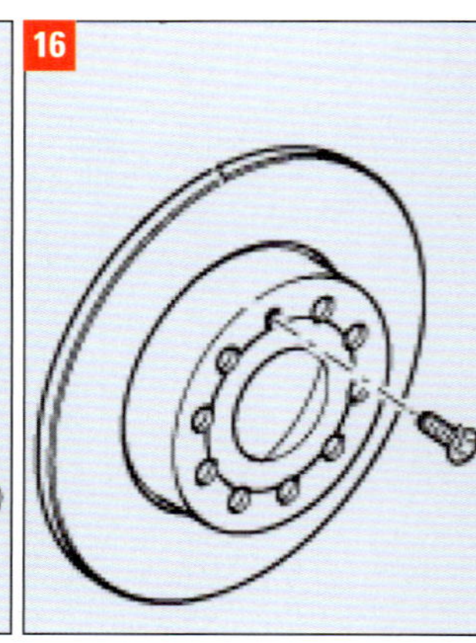

Bremsscheibe: Bild 15 die innenbelüftete Bremsscheibe der Vorderradbremsen FN3 und FNR-G, Bild 16 die massive Bremsscheibe der Hinterradbremsen CII 41 und BIR 3. Bei der Schraube in beiden Bildern handelt es sich um die Fixierschraube (Arretierungsschraube).

Bremssattel einsetzen. Steckverbindung der Bremsbelagverschleißanzeige aufstecken. Bremsanlage entlüften (siehe später).

Bremsscheibe ausbauen

- Bremssattel mit Bremsbelägen und Bremsträger wie beschrieben ausbauen. Zum Ausbau der Bremsscheibe muss stets der Bremssattel demontiert werden.

- Die Fixierschraube an der Bremsscheibe herausschrauben (Bilder 15 und 16), dabei die Scheibe festhalten.

- Die Bremsscheibe von der Radnabe/Radlagereinheit abschrauben und abnehmen, ohne sie zu verkanten. Bremsscheiben nicht durch Gewaltanwendung von der Radnabe trennen, ggf. Rostlöser anwenden, andernfalls könnte es zu Schäden an den Bremsscheiben kommen.

- Wenn die Scheibe immer noch nicht leicht herunter zu bekopmmen ist, vorsichtig, unter leichten Schlägen (Gummihammer) die Scheibe drehen und Stück für Stück lösen. Unbedingt beachten: Rohe Gewalt kann Schäden an den Radlagern verursachen! Beim Abnehmen der Bremsscheibe ist viel Geduld erforderlich!

- Nabe gründlich von Rost säubern und wegen des aufgebrachten Rostlösers mit Bremsenreiniger reinigen!

- Die herausgenommene Bremsscheibe, die Radnabe und die Auflageflächen reinigen. Wenn sie solche Riefen und Risse aufweist wie in den Beispielbildern 17/18 (Internet): unbedingt ersetzen!

Bremsscheibe einbauen

- Beim Einbau neuer Bremsscheiben stets paarweisen (achsweisen) Wechsel vornehmen. Ein Bremsscheibenwechsel gilt nicht als Wartung, er ist als Reparaturmaßnahme zu werten.

- Neue Bremsscheibe ebenfalls mit Bremsenreiniger säubern. Scheibe auf die Nabe setzen, ohne sie zu verkanten. Die Fixierschraube (Arretierschraube) eindrehen und mit 7 Nm festziehen. Den Bremssattel einbauen und die Räder montieren.

- Nach Abschluss aller Arbeiten mit einem Werkstattsystem (VAS 5052) die Anpassung vornehmen.

Anmerkung: Die Bremsscheibe ist der radseitige Teil einer Scheibenbremse. Auf sie wirken die Bremsbeläge des Bremssattels mit dem Ziel, eine Drehbewegung (die der vom Motor getriebenen Räder) zu verzögern. Die Bremsscheibe ist immer symmetrisch zum Mittelpunkt, meistens kreisrund. Sie besteht aus der eigentlichen Bremsfläche und der davon abgesetzten Achsbefestigung.

17

18

19

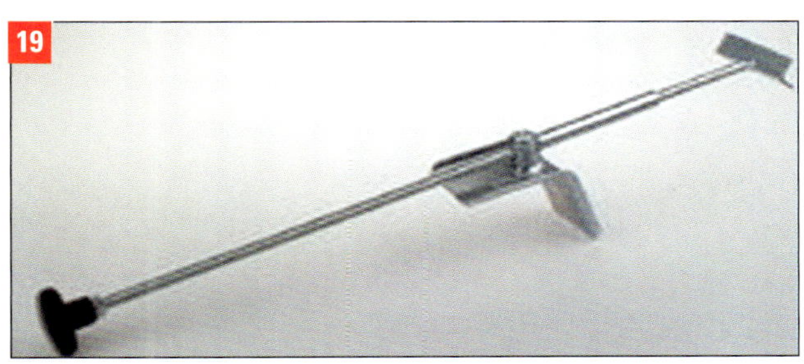

Bremsscheibe: Bild 17 Riefen und Kratzer, Bild 18 Risse und Verformung durch Überhitzung.
Bild 19 Bremspedalbelaster: Zwischen Bremspedal und Fahrersitz klemmen; mehrstufig verstellbar.

Handbremse aus-/einbauen und einstellen

■ **Ausbau:** Der Lagerbock (mit Kontrollschalter) des Handbremshebels ist unter der Mittelkonsole auf Stehbolzen geschraubt. Die Befestigungsmuttern (blaue Pfeile) des Handbremshebels werden mit 15 Nm festgezogen. Vorn am Hebel sitzt die Zugstange (roter Pfeil) mit Gewinde, an die der Ausgleichbügel (3) mit der Nachstellmutter (1) angeschraubt ist. In den Ausgleichbügel sind die beiden Bremsseile (2) eingehängt (Bild 1). Zum Ausbau Bremse zurückstellen und Mittelkonsole ausbauen (»Karosserie«).

■ Nachstellmutter (1) so weit lösen, bis das jeweilige Handbremsseil (2) aus dem Ausgleichbügel (3) ausgehängt werden kann (Bild 1).

■ Hebel (2) in Pfeilrichtung drücken und Handbremsseil (3) aushängen. Federdurchführung (1) für Handbremsseil vom Halter am Bremssattel lösen (Bild 2).

■ Handbremsseil vom Halter (3) am Längslenker lösen und Seil aus dem Halter herausziehen (Bild 3). Handbremsseil aus dem Aufhängehalter aushängen und aus dem Führungsrohr herausziehen.

■ **Einbau:** Handbremsseil in das Führungsrohr schieben und in den Halter einhängen. Seil durch den Halter (3) am Längslenker und durch den Halter am Bremssattel durchziehen (Bild 3).

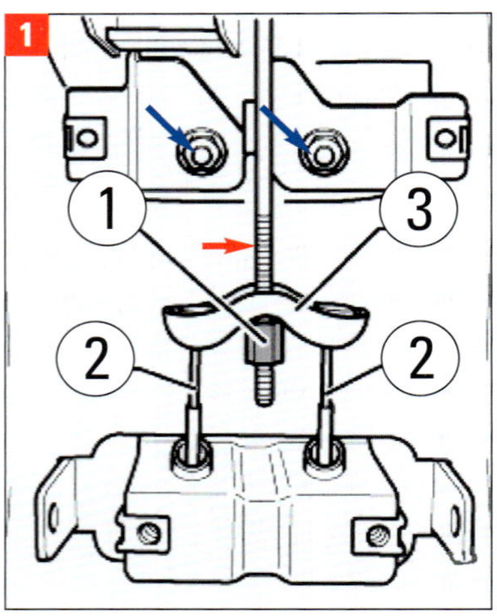

Am Bremshebel: (1) Nachstellmutter, (2) Handbremsseile, (3) Ausgleichbügel. Blaue Pfeile: Muttern am Lagerbock des Handbremshebels, Roter Pfeil: Zugstange mit Gewinde.

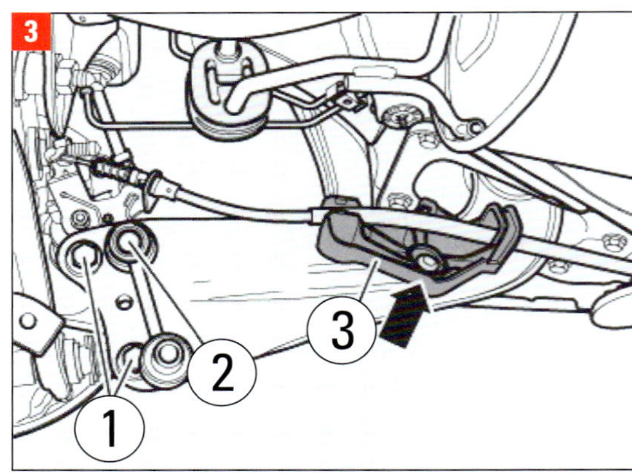

Am Längslenker: (1) und (2) hier nicht relevante Schraubverbindungen, (3) Halter für Bremsseil.

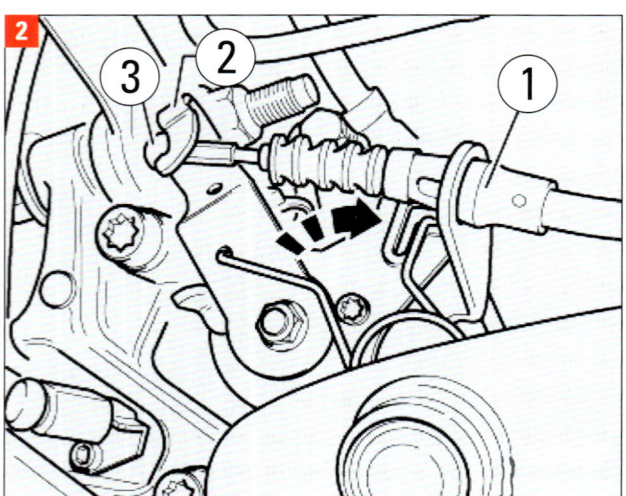

An der Hinterradbremse: (1) Federdurchführung für Handbremsseil, (2) Hebel, (3) Handbremsseil.

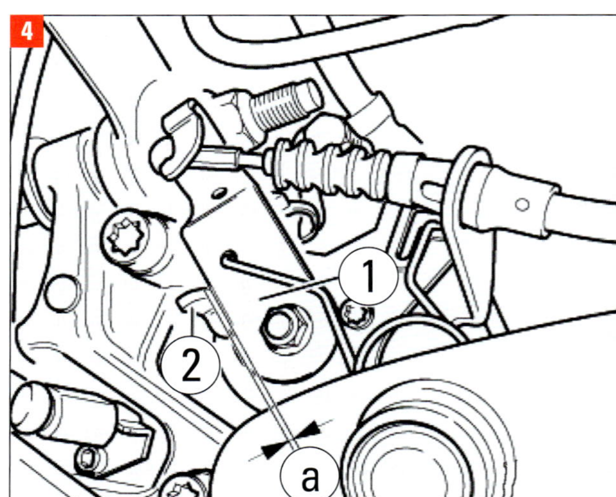

Einstellen am Bremssattel: (1) Hebel für Bremsseil, (2) Anschlag am Bremssattel, (a) Abstandsmaß = 1,5 mm.

■ Federdurchführung (1) in den Halter am Bremssattel einclipsen (Bild 2).

■ Handbremsseil in den Halter (3) am Längslenker einclipsen (Bild 3). Hebel (2) in Pfeilrichtung drücken und Handbremsseil (3) in den Hebel einhängen (Bild 2).

■ Handbremsseil (2) in den Ausgleichbügel (3) einhängen und mit der Nachstellmutter (1) vorspannen (Bild 1). Dann die Handbremse einstellen.

■ **Einstellen:** Die Neueinstellung der Handbremse ist nur bei Ersatz von Handbremsseilen, Bremssätteln und Bremsscheiben erforderlich. Bremspedal mindestens drei Mal kräftig treten und Handbremse drei Mal anziehen und lösen. Handbremshebel in Ruhestellung bringen. Nachstellmutter (1, Bild 1) so weit anziehen, bis sich der Hebel (1) an den Bremssätteln vom Anschlag (2) abhebt (Bild 4).

■ Der Abstand (a) vom Hebel für Handbremsseil (1) zum Anschlag (2) am linken und rechten Bremssattel (Bild 4) darf zusammen 1,0 mm nicht unter- und 3,0 mm nicht überschreiten. Beide Räder müssen frei durchdrehen.

■ Nach Neueinstellung ist wegen automatischer Bremsnachstellung keine Korrektur der Handbremse mehr nötig.

Behälter und Hauptbremszylinder aus-/einbauen

An der Bremsanlage gibt es wenig zu »tunen«. Sie ist optimiert, und zur Wahrung von Betriebssicherheit und Gewährleistungsschutz dürfen weitgehend nur Originalteile verbaut werden. Das Steuergerät für ABS/ESP realisiert viele Funktionen, Ansprüche an die Anlage bleiben also kaum offen.
Durch Unfall oder anderweitige Beschädigung kann es allerdings nötig werden, Bremskraftverstärker mit Hauptbremszylinder und/oder den Bremsflüssigkeitsbehälter auszuwechseln. Orientieren Sie sich für diese im Folgenden beschriebene Arbeit an Bild 1 auf Seite 98. Es zeigt die Montageübersicht.

Werkzeuge: Bremsenfüll- und Entlüftungsgerät mit Adapter für Bremsflüssigkeitsbehälter (VAS 5234 mit VAS 5234/1), Verschlussstopfen, Drehmomentschlüssel.

■ **Ausbau:** Batterie abklemmen und Luftfiltergehäuse ausbauen (»Antrieb«).

■ Zum Schutz vor auslaufender Bremsflüssigkeit reichlich fusselfreie Lappen in den Bereich unter dem Hauptbremszylinder auslegen. Die ätzende Flüssigkeit kann Korrosion und Lackschäden hervorrufen!

■ Verschlussdeckel (8) mit Überdruckventil vom Bremsflüssigkeitsbehälter (6) öffnen (Bild 1 Seite 98; Übersicht) und so viel Bremsflüssigkeit wie möglich absaugen. Dazu möglichst ein Befüll- und Entlüftungsgerät (Anleitung »Entlüften«) verwenden.

■ Elektrische Steckverbindung zum Warnkontakt (3) für Bremsflüssigkeitsstand trennen. Bei Handschaltgetriebe die Hydraulikleitung (Nachlaufschlauch) für den Kupplungsgeberzylinder abziehen und mit Stopfen verschließen.

■ Unteren Verriegelungsstift aus dem Bremsflüssigkeitsbehälter (6) durch Haltelaschen und Hauptbremszylinder (4) drücken. Behälter aus dem Bremszylinder herausziehen, Anschlussstutzen immer mit Stopfen verschliessen!

■ Bremsleitungen am Hauptbremszylinder (4) abschrauben (14 Nm), kennzeichnen und mit Verschlussstopfen z. B. aus dem VW-Satz »1 H0 698 311 A« verschließen.

■ Befestigungsmuttern für den Hauptbremszylinder von den Bolzen abdrehen (25 Nm). Hauptbremszylinder (4) vom Bremskraftverstärker (1) abziehen und aus dem Fahrzeug herausnehmen. Dabei keine Bremsflüssigkeit in den Bremskraftverstärker gelangen lassen!

■ Der **Einbau** aller Komponenten erfolgt in umgekehrter Reihenfolge zum Ausbau. Neue Befestigungsmuttern verwenden und den Dichtring zwischen Hauptbremszylinder und Bremskraftverstärker (siehe Bild 1) erneuern.

■ Beim Einsetzen des Hauptbremszylinders auf richtigen Sitz der Druckstange (roter Pfeil in Bild 1) im Bremskraftverstärker achten. Wenn ein Helfer das Bremspedal etwas niederdrückt, lässt sich die Druckstange besser in den Hauptbremszylinder einführen.

■ Neue selbstsichernde Muttern auf die beiden Bolzen

aufsetzen und mit 25 Nm festziehen, Bremsleitungen anschrauben (Stopfen entfernen!).

■ Bremsflüssigkeitsbehälter (6) in die Anschlussstutzen mit Stopfbuchsen einsetzen und mit Stift verriegeln.

■ **Weiter** umgekehrt zum Ausbau. Befüllen und entlüften. Bremspedal mit mittlerer Fußkraft in Bremsstellung halten und Motor starten. Bei einwandfreier Funktion gibt das Pedal unter dem Fuß spürbar nach. Bei neuen Bremsflüssigkeitsbehältern den Staubschutz erst später entfernen!

Bremsanlage entlüften, Bremsflüssigkeit wechseln

Nach Aus- und Einbau von Bremsbelägen und Bremsscheiben, nach dem Erneuern von Bremsschläuchen oder dem Öffnen von Bremsleitungen müssen die Bremsanlage oder im Einzelfall Teile von ihr entlüftet werden. Wird die Bremsflüssigkeit gewechselt, wird dabei die gesamte Anlage entlüftet. Beim Entlüftungsvorgang darf der Bremsflüssigkeitspegel im Vorratsbehälter niemals unter die MIN-Markierung fallen, weil ansonsten wieder Luft ins System gelangt.
Für das Entlüften wird an den Radbremszylindern/Bremssätteln von Škoda verbindlich die Reihenfolge 1. hinten rechts, 2. hinten links, 3. vorn rechts und 4. vorn links vorgeschrieben.

Entlüften und Flüssigkeit wechseln

■ Motorhaube öffnen und Verschlussdeckel des Bremsflüssigkeitsbehälters abschrauben. So viel Flüssigkeit wie möglich absaugen, um dann später neue Bremsflüssigkeit bis zur MAX-Markierung einzufüllen. Günstig für diese Arbeit ist ein Bremsenfüll- und Entlüftungsgerät, wie wir es in einfacher Ausführung in Bild 1 zeigen. Das Prinzip: Zum Absaugen Saugschlauch (2) des Gerätes in den Bremsflüssigkeitsbehälter einführen, Pumpe (3) betätigen, Bremsflüssigkeit im Auffangbehälter (1) des Gerätes sammeln. Bei Flüssigkeitswechsel sind es insgesamt 1,15 Liter.

■ Wird ein Befüll-/Entlüftungsgerät (wie das VAS 5234; Bild 13 Seite 114) verwendet, Verschlussdeckel des Bremsflüssigkeitsbehälters abschrauben, Sieb im Behälter lassen und Adapter (1 in Bild 2) aufschrauben. Druck einstellen und Befüllschlauch (2) an den Adapter anschließen. Bei Set nach Bild 1 den Flüssigkeitsstand beobachten und durch Nachfüllen von Hand immer über »MIN« halten. Fahrzeug anheben und aufbocken oder mit einer Hebebühne arbeiten.

■ Abdeckkappen (Bild 3) von den Entlüftungsschrauben aller vier Bremssättel abziehen. Das Entlüften am Bremssattel hinten rechts beginnen. Einen straff sitzenden Ablaufschlauch aufstecken und in einen geeigneten Auffangbehälter für Bremsflüssigkeit hängen (Set nach Bild 1 oder Anordnung entsprechend Bilder 2 und 5).

■ Entlüftungsschraube (Entlüftungsventil) mit passendem Schlüssel (VAS 5519) öffnen und Flüssigkeit ablaufen lassen, bis sie völlig blasenfrei und sauber ist. Bei Wechsel der Bremsflüssigkeit 300 ml ablaufen lassen.

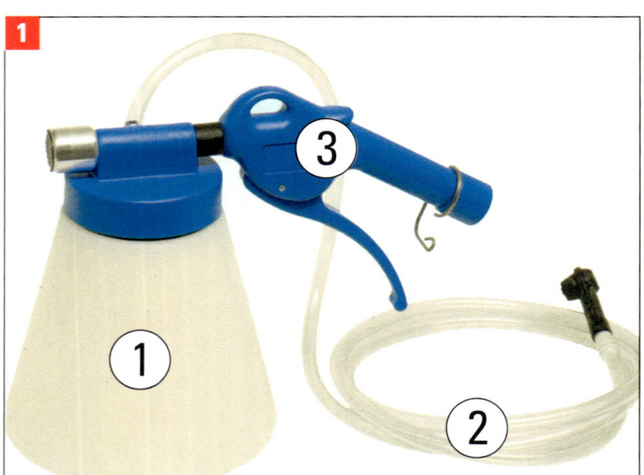

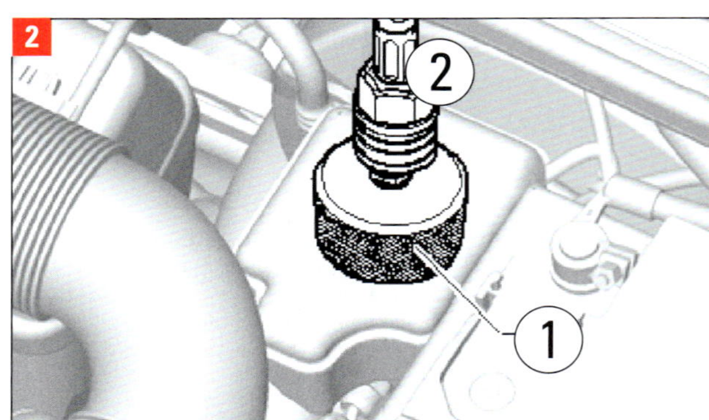

1 Absaugset: (1) Behälter, (2) Saugschlauch, (3) Pumpe.
2 Füllgerät-Adapter: (1) auf den Bremsflüssigkeitsbehälter geschraubter Adapter, (2) Schlauchanschluss.

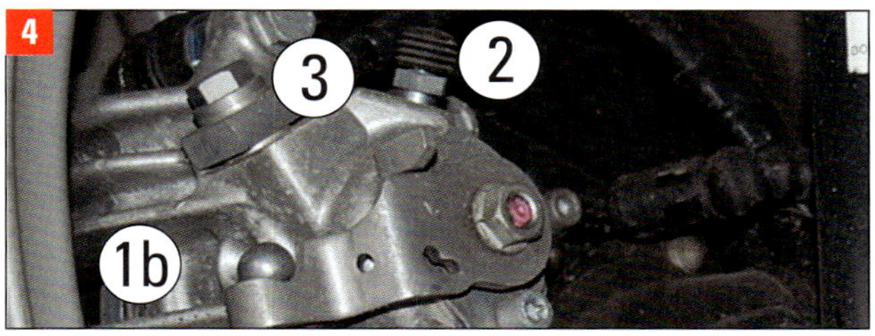

Bei Schaltgetriebe: Kupplungsnehmerzylinder (1) ebenfalls entlüften. Pfeil: Entlüftungsventil mit Abdeckkappe.

Bilder 3/4 Entlüftungsventile: (1) Bremssattel (a = vorn, b = hinten), (2) Entlüftungsschraube, (3) Bremsleitung zum Radbremszylinder, (4) Schutzkappe der Entlüftungsschraube.

■ Vorgang hinten links (Bild 4) wiederholen. Bei Wechsel der Bremsflüssigkeit 300 ml ablaufen lassen. Schraube schließen, Schlauch abnehmen, Kappe aufstecken. Falls nötig, vor dieser Prozedur die Räder abbauen.

■ Ebenso an den Bremssätteln vorn (Bild 3) vorgehen, in der Reihenfolge vorn rechts, vorn links, bei Wechsel je 200 ml Bremsflüssigkeit ablaufen lassen.

■ Fahrzeuge mit Schaltgetriebe: Luftfiltergehäuse ausbauen (Kapitel »Antrieb«), Abdeckkappe vom Entlüftungsventil (Pfeil) des Kupplungsnehmerzylinders (1) abnehmen (Bild 6). Entlüfterschlauch aufstecken, Schraubventil öffnen. 100 ml Flüssigkeit ablaufen lassen, Ventil schließen. 10 bis 15 Mal schnell das Kupplungspedal betätigen. Ventil öffnen, 50 ml Flüssigkeit ablaufen lassen, wieder zudrehen. Schlauch abnehmen, die Abdeckkappe aufstecken.

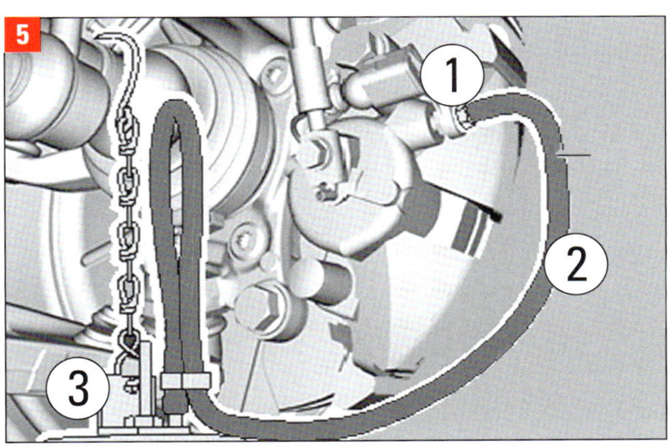

Bremssattel entlüften: (1) Entlüftungsventil, (2) aufgesteckter Schlauch, (3) mit Kette angehängtes Auffanggefäß.

■ ***Anmerkung:*** Das lästige Entlüften beschäftigt viele innovative Schrauber. In Internetforen werden diverse Lösungen zur Vereinfachung angeboten. Sehr professionell scheint die »Stahlbus-Doppelhohlschraube mit Entlüftungsventil« (Bild 7; rund 35 Euro) zu sein. Wenn man den Entlüftungsnippel am Bremssattel durch diese Schraube ersetzt, sei sauberes, sicheres und einfaches Entlüften möglich, lautet das Angebot. Möglich sei »einfache Einmannbedienung durch das integrierte Rückschlagventil«. Damit entfalle das fehleranfällige synchrone Auf- und Zudrehen der üblichen Entlüftungsnippel. Zudem werde das Gewinde im Bremssattel spürbar geschont.

STÖRUNGSBEISTAND

Bremsanlage

Störung	Was kann das sein?	Was kann oder muss ich tun?
A Bremsen quietschen	**1** Hochfrequente Schwingungen	Längskanten der Beläge mit einer Feile anschrägen, dazu Anti-Quietsch-Paste auf Rückseite der Beläge auftragen
	2 Verglaste Beläge nach extremer Überhitzung	Die Bremsklötze müssen ersetzt werden; dabei die Scheiben genau prüfen
	3 Beläge verschlissen, der Verschleißanzeiger liegt an	Die Bremsklötze müssen ersetzt werden, dabei die Scheiben genau prüfen
B Schwache Bremswirkung	**1** Ungünstige Materialpaarung zwischen Scheiben und Belägen	Scheiben und Beläge ersetzen und dabei zumindest Teile vom gleichen Hersteller, am besten die original verbauten Teile verwenden
... bei zu hartem Bremspedal	**2** Bremskraftverstärker ausgefallen	Unterdruckanschluss prüfen. Evtl. ein Marderbiss?
... bei zu weichem Bremspedal	**3** Bremse überhitzt	Bei langsamer Fahrt abkühlen lassen
	4 Luft im System	Mit speziellem Gerät entlüften lassen und dabei die Bremsflüssigkeit erneuern
C Übermäßiger Verschleiß	**1** Überstrapazieren der Bremse	Lieber etwas stärker und dafür weniger lang bremsen
... an einer Bremse	**2** Schwergängiger Sattel oder Belag verklemmt	Zerlegen und reinigen. Etwas stärkerer Verschleiß an der Kolbenseite ist jedoch normal
... nur vorne	**3** Ungünstige Materialpaarung	Scheiben und Beläge ersetzen und dabei Originalteile verwenden. Evtl. größere Bremsanlage verwenden
... nur hinten	**4** Luftspiel zu gering	Park- und Feststellbremse überprüfen. Sie sollte erst nach der ersten Tastung greifen
D Park- und Feststellbremse reagiert träge oder gar nicht	**1** Die Elektromechanik funktioniert nicht einwandfrei	Steuergerät für elektrische Park- und Handbremse überprüfen und ggf. austauschen. Wenn das Steuergerät in Ordnung ist: Stellmotor prüfen und ggf. austauschen
	2 Beläge hinten abgenutzt oder »verglast«	Bremsbeläge tauschen und dabei die Bremsscheibe genau inspizieren. Bei Riefen und Rissen austauschen

STÖRUNGSBEISTAND

Bremsanlage

Störung	Was kann das sein?	Was kann oder muss ich tun?
E Bremsflüssigkeitsstand zu niedrig	**1** Starker Verschleiß an den Bremsbelägen	Alle Bremsen auf Verschleiß prüfen und ggf. ersetzen. Beim Zurücksetzen der Kolben steigt der Stand an
	2 Flüssigkeitsverlust	Undichte Stelle lokalisieren (Bremsleitungen?). Bei deutlichem Leck: Auto abschleppen lassen
F Warnleuchte geht an	**1** Bremsflüssigkeitsstand prüfen	Wenn nötig, etwas nachfüllen
	2 ABS- und/oder ESP-Ausfall	Wagen neu starten. Den Fehlerspeicher auslesen lassen. Manchmal ist der Bremslichtschalter die Ursache
G Schiefziehen beim Bremsen	**1** Reifenzustand fehlerhaft	Reifenprofil und Luftdruck überprüfen
	2 Eine Bremse ist defekt	An den Felgen die Temperatur erfühlen. Ist eine heißer als die anderen, hängt der Bremssattel; ist eine zu kalt, kommt hier kein Bremsdruck an
H Hässliche Schleifgeräusche beim Bremsen	**1** Bremsscheiben angerostet	Vor und nach längeren Standphasen die Bremsanlage freibremsen
	2 Bremsbeläge verschlissen	Prüfen, ob der Verschleißanzeiger bereits an der Bremsscheibe kratzt
	3 Fremdkörper in der Bremsanlage	Fahren Sie ein paarmal rückwärts und bremsen sie dann
I Vibrationen beim Bremsen	**1** Bremsscheiben verzogen	Scheiben genau anschauen! Blaue Verfärbung deutet auf thermische Überlastung hin, dabei können sich die Scheiben verzogen haben
	2 Bremsscheiben verschmiert	Auf den Scheiben können Spuren von Fremdmaterial verblieben sein, die für ein Rubbeln sorgen
	3 Spiel in der Radaufhängung	Querlenker und andere Bauteile prüfen
	4 Ungünstige Materialpaarung	Scheiben und Beläge ersetzen und dabei Originalteile verwenden. Falsche Fahrwerk- und Lenkungsteile können zu Bremsflattern führen

Fahrzeugaufbau: Die Karosserie

Statische und dynamische Steifigkeit des Superb sorgen für Qualität, Sicherheit, gute Fahrdynamik und Schwingungskomfort. Die Akustik dieser Karosserie ist ausbalanciert. Was man im Bedarfsfall an ihr selbst warten und reparieren kann, zeigen wir in diesem Kapitel.

Trotz klassischem Stufenheck verfügt der Superb über eine variable Klappe, die dem Ladevermögen kaum Grenzen setzt. Dieses von den Škoda-Ingenieuren entwickelte und patentierte TwinDoor-Konzept bietet eine sehr funktionale Lösung (Bild zum Kapitelauftakt).

Raffinierte Doppeltür

Wahlweise können nur die Kofferraumklappe oder die gesamte Heckklappe einschließlich der Heckscheibe geöffnet werden. Dazu müssen Taster an der Unterkante des Kofferraumdeckels bedient werden (Bild 1), die eine elektromechanische Verriegelung auslösen. Ein kurzes Aufleuchten der dritten Bremsleuchte in der Heckscheibe signalisiert, wenn die elektrischen Stellmotoren die Schließmechanik beider Klappenteile arretiert haben. Die nutzbare Öffnung des Kofferraums wächst danach auf etwa doppelte Größe.

Platz und Bequemlichkeit

565 Liter Gepäck passen bei aufrechter Stellung der Rückbanklehnen in den Kofferraum. Klappt man die Lehnen nach vorn, steigt das Volumen auf 1700 Liter. Selbst Kombis dieses Fahrzeugsegments können da kaum mithalten. Der Kofferraum ist mit robustem Teppich ausgelegt. Unter der soliden Bodenplatte befindet sich ein Fach für persönliche Gegenstände. Darunter liegt ein vollwertiges Reserverad – bei »GreenLine« ein Reifenmobilitätsset. An den Seiten des Gepäckabteils finden sich Ösen zum Befestigen der Ladung und praktische Klapphaken.

1

Bedienung der Doppeltür: Die nutzbare Kofferraumöffnung wächst per Tastendruck auf das Doppelte.

2

C-förmige Schlussleuchten: Die für Škoda typische Gestaltung findet sich auch beim Superb.

3

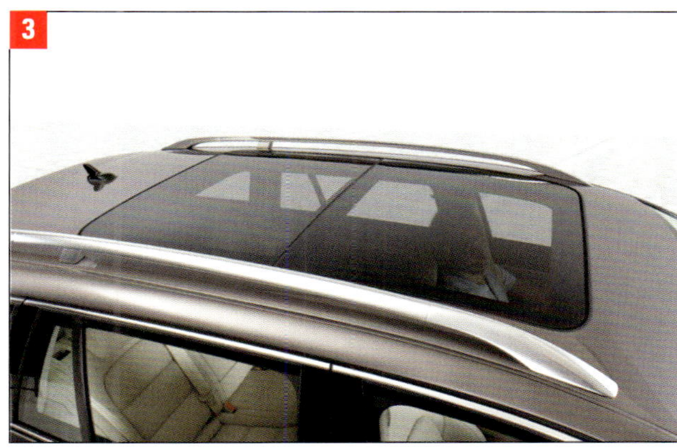

Eindrucksvolles Panorama: Das Schiebe-Ausstelldach ist optional in der Ausstattungslinie Elegance.

4

Ausdrucksstarke Scheinwerfer: Sie rahmen den dynamischen Grill ein, ihre Form folgt perfekt der Lichtkante.

Combi noch einen Tick geräumiger

Sein vielfach gelobtes Design gibt dem Superb Combi eine wirkliche Alleinstellung. Er bietet Laderaum wie kaum ein anderer Mitbewerber in dieser Klasse: 1835 Liter schon in der Ausstattung mit Reserverad (sonst 1865 Liter), und doch ist er keineswegs ein bloßes Nutzfahrzeug. Ausgewogene Proportionen und die großzügigen Fensterflächen geben dem Superb Combi eine stattliche Statur, das leicht geschwungene Heck verleiht ihm zusätzlich Dynamik. Unterstützt wird diese Wirkung durch die maßvoll geneigte Heckklappe.

Leichtbau in Schalenbauweise

Die hohe Steifigkeit der Superb-Karosserie wird über hoch- und höchstfeste Stähle und die belastungsgerechte Gestaltung und Verstärkung der Knotenpunkte erzielt (Bild 5). Einige besonders steife Knotenbauteile haben ein Profil in Schalenbauweise. An bestimmten Stellen werden Klebeverbindungen eingesetzt.
Der gesamte Karosserie-Aufbau optimiert die Wirkungsweise der Knotensteifigkeit. Im oberen Bereich wird eine homogene Verteilung der Steifigkeit erzielt.

Überall in der Struktur finden sich Beispiele für profilintensiven Leichtbau in Schalenbauweise. Die hohe statische Steifigkeit wird dadurch nicht auf Kosten des Gewichts erzielt. Die Leichtbaugüte hat einen ausgezeichneten Wert. Effizient werden in dieser Karosseriestruktur Leichtigkeit und Steifigkeit umgesetzt.

Erfolg durch Laserschweißen

Einige Karosserieteile sind Laser-verschweißt: Ein Lichtstrahl hoher Energie wird über optische Linsen oder Lichtleitfasern auf den Schweißpunkt gelenkt. Dabei wird das obere Blech durch- und das untere Blech angeschmolzen und ohne Zusatzwerkstoff eine Verschweißung erreicht. Bei Reparaturen müssen die Laserschweißnähte durch SG-Lochnähte oder RP-Punktnähte ersetzt werden (Schutzgas- oder Widerstandsschweißen).

Ausschäumungen für Akustik

Einige Karosseriehohlräume des Superb sind ausgeschäumt, um die Übertragung von Fahrgeräuschen in den Innenraum zu verringern.

5

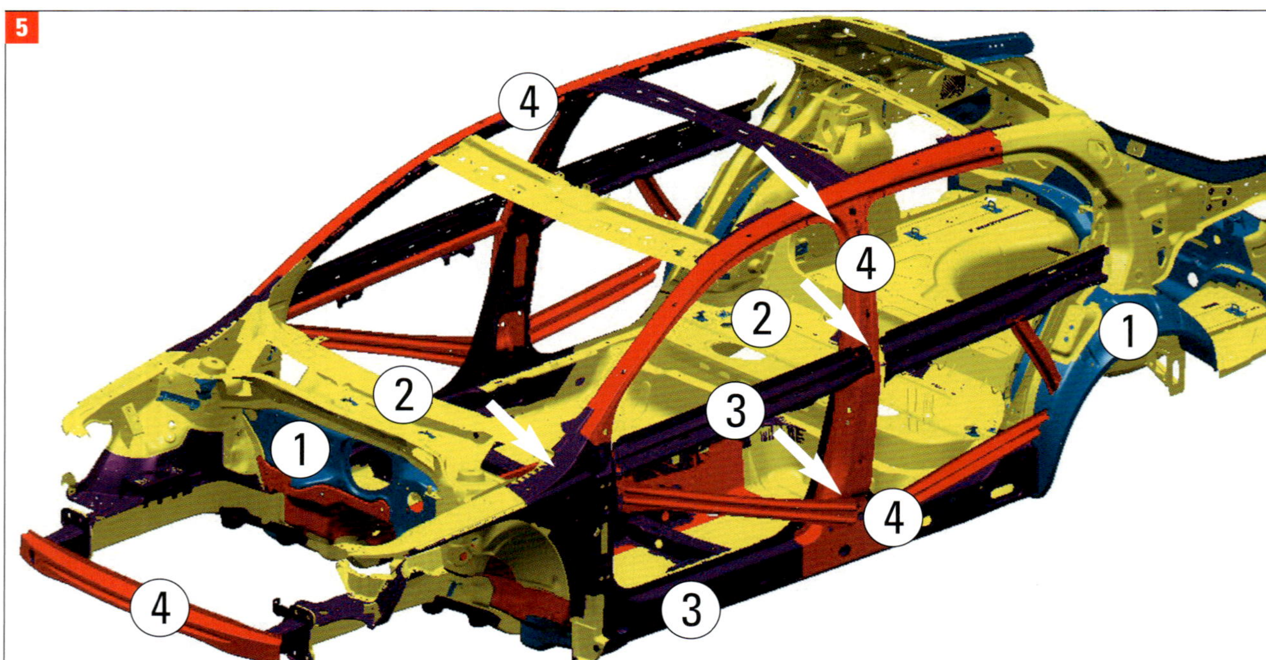

Verschiedene Festigkeiten: (1 - hellblau) weiche, (2 - gelb) hochfeste, (3 - dunkelblau) moderne hochfeste und ultrahochfeste, (4 - rot) ultrahochfeste, warm umgeformte Stähle. Pfeile: Verstärkte Knotenpunkte, zum Teil in Schalenbauweise.

Diese Stellen sind gemäß Bild 6 codiert:

1 = 3T0 864 627 A;
2 = 3T0 864 627;
3 = 3T0 864 649;
4 = 3T5 864 621;
5 = 1K0 864 625;
6 = 3T0 864 623 A;
7 = 3T0 864 623.

6

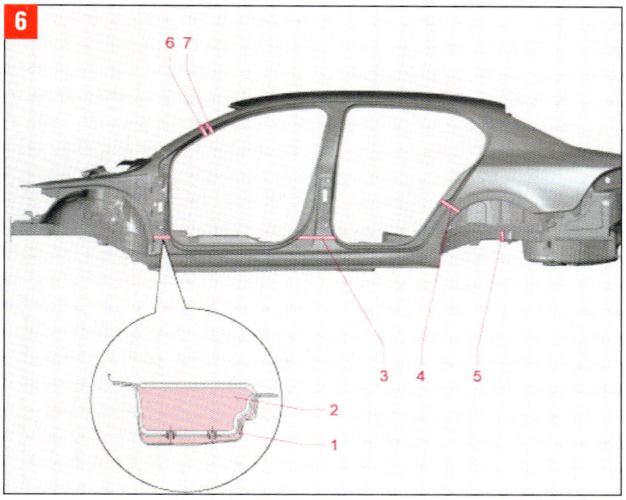

Die Ausschäumung erfolgt durch Kunststoff-Formteile (Dämpfungen). Diese werden in der Rohbaufertigung montiert und vergrößern ihr Volumen nach dem Grundieren im Trockenofen der Lackiererei ab ca. 180 °C.
Eine Temperatur ab 180 °C ist aber unter Werkstattbedingungen nicht zu erreichen. Daher soll bei nötiger Reparatur so vorgegangen werden:

- Blechteil einbaufertig vorbereiten.
- Einpassen, Korrosionsschutz vornehmen.
- Schaumreste am Fahrzeug entfernen.
- Lackaufbau wiederherstellen, ggf. zweimal (nass in nass) mit Lackprimer »D 009 200 02« überstreichen. Wirkungszeit ca.10 Minuten.
- Dämpfung umlaufend mit Dichtschnur »AKD 497 010 04 R10« belegen.
- Dämpfung am Fahrzeug montieren.
- Neuteil fixieren, im Bereich der Dämpfung sanft andrücken und einschweißen.
- 15 mm beiderseits der Dämpfung nicht Schutzgas schweißen!

Korrosionsschutz wieder herstellen

Die Karosserie ist aus beidseitig verzinkten Blechen gefertigt. Der serienmäßige Korrosions-

PRAXISTIPP: Arbeiten an der Karosserie

- Die meisten von uns behandelten Reparaturen können Sie mit einer Werkzeug-Grundausstattung selbst erledigen. Zunehmend sind Fahrzeugteile allerdings mit Torx-Schrauben befestigt, weshalb Sie unbedingt solche Innenvielzahn-Werkzeuge benötigen. Ein Torx-Schrauber ist Teil des Bordwerkzeugs.

- Teile wie Motorhaube, Heckklappe und Türen sind ziemlich sperrig. Sie können beim Ausbau nur schwer gesichert werden. Um Kratzer oder Beulen zu vermeiden, lassen Sie sich von einem Helfer unterstützen. Den Wiedereinbau von Motorhaube und Heckklappe erleichtern Sie sich, wenn Sie die Lage der Scharniere vor der Demontage mit einem wasserfesten Filzstift anzeichnen.

- Bei der Montage von verschraubten Karosserieteilen müssen die vorgeschriebenen Spaltmaße (siehe S. 127/128) eingehalten werden. Es kann sonst zu Klapper- und Windgeräuschen kommen.

PRAXISTIPP: Kontaktkorrosion vermeiden

- Hinsichtlich aller Reparaturarbeiten ist vor Montagefehlern zu warnen, die zu Kontaktkorrosion führen können. Kontaktkorrosion kann entstehen, wenn nicht geeignete Verbindungselemente wie Schrauben, Muttern oder Scheiben verwendet werden.

- Škoda folgt der Volkswagen-Empfehlung, nur Verbindungselemente mit einer speziellen Oberflächenbeschichtung zu verbauen. Keine Gefahr besteht bei Gummi- oder Kunststoffteilen und Klebstoffen aus elektrisch nichtleitenden Materialien.

- Falls Sie bei der Montagearbeit zu bestimmten Teilen Zweifel haben, richten Sie sich am besten nach dem Teilekatalog. Die geprüften Original-Ersatzteile werden vom Hersteller auch deshalb empfohlen, weil sie aluminiumverträglich sind. Die Superb-Karosserie ist zwar kein Verbund mit Aluminium, Vorsicht ist aber doch ratsam, weil Schäden durch Kontaktkorrosion nicht unter die Gewährleistung fallen.

schutz ist nach einer Instandsetzung unbedingt wieder mit den vom Hersteller vorgegebenen Materialien herzustellen. Dies ist eine Voraussetzung für die Gewährleistung auf Korrosionsfreiheit.

■ Blanke Blechstellen nach der Reparatur sofort grundieren (Korrosionsschutzgrundierung »ALN 002 003 10« oder »ALK 007 003 10«).

■ Neue Teile, die nach Instandsetzungsarbeiten von innen nicht zugänglich sind, z. B. Unterholm, sollten vor dem Verschweißen von innen mit entsprechender Grundierfarbe des Fahrzeuges lackiert werden. Die Schweißflansche mit Klebeband abdecken.

■ Auf Punkt-Schweißflansche soll grundsätzlich beidseitig Zinkspray »D 007 500 04« aufgetragen werden. Bereiche, die später Schutzgas geschweißt werden, sind allerdings von der Vorbehandlung mit Zinkspray auszunehmen.

■ Nahtbereiche vor dem Abdichten von innen und außen mit Korrosionsschutzgrundierung »ALN 002 003 04« behandeln.

■ Dichtmasse nur auf grundierte Blechteile auftragen, und vor der weiteren Behandlung mit Lacken genügend aushärten lassen.

■ Blechüberlappungen, Blechkanten, Stoßverbindungen, Schweißnähte usw. völlig mit Dichtmasse versiegeln.

■ Unterbodenschutz mit Langzeit-Unterbodenschutzmaterial vornehmen.

■ Alle Hohlräume im Reparaturbereich nach der Decklackierung konservieren (Bild 7).

■ Nach Abtrocknen des Hohlraumkonservierungmaterials die Wasserabläufe öffnen.

Warnung vor Folgeschäden

Škoda weist ausdrücklich darauf hin, Unterbodenschutz und Karosserielack stets gründlich auf unbeschädigte Schicht PVC Plastisol und unbeschädigten Lack prüfen zu lassen. Alle festgestellten mechanischen Schäden am Fahrwerk-Korrosionsschutz und am Fahrzeuglack, die nicht in der Produktion ihren Ursprung haben, sollen unverzüglich wie übliche Reparaturen behandelt werden. Nur so seien spätere Schäden durch Tiefenkorrosion zu verhindern. Werkstätten sind in dieser Hinsicht verpflichtet, immer einen entsprechenden Vermerk im Serviceplan einzubringen.

7

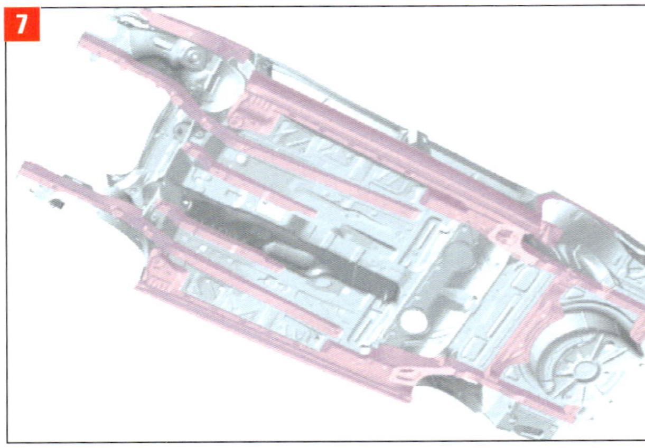

Hohlraumkonservierung: Betroffen sind die lila Bereiche.

GEFAHRHINWEISE

Gurt, Klimaanlage, Elektrik

■ Die Gurtstraffer des Superb, die bei einem Crash die Sicherheitsgurte schlagartig anziehen, zwingen zu besonderer Vorsicht bei Arbeiten außen und innen an der Karosserie. Aktiviert werden die Gurtstraffer von elektrisch gezündeten Gasgeneratoren. An diesen Rückhaltesystemen ist jedes Do-it-yourself untersagt. Montage und Demontage der Gurtstraffer sind Sache der Werkstatt.

■ Wenn Sie an der Karosserie werken: In der Umgebung der Gurtrolle nicht mit Schlagschrauber oder Hammer arbeiten! Die Gurtstraffer reagieren empfindlich auf Vibrationen und harte Schläge und können auslösen. Ziehen Sie auch vor allen Arbeiten unter dem Fahrzeug die Sicherung für die Gurtstraffer ab und warten Sie fünf Minuten, bis sich die Kondensatoren entladen haben.

■ Eine zweite Gefahrenquelle bei Karosseriearbeiten ist die Verzinkung. Die Karosserie ist außen elektrolytisch und innen feuerverzinkt. Bei Schweißarbeiten entsteht giftiges Zinkoxid. Sorgen Sie für gute Belüftung am Arbeitsplatz.

■ Ein weiteres Tabu betrifft die Klimaanlage. Es dürfen keine Schweiß- oder Lötarbeiten durchgeführt werden, bei denen sich Teile der Anlage erwärmen könnten. Der Kältemittelkreislauf darf auch keinesfalls geöffnet werden!

■ Die empfindliche und nicht ungefährliche elektrische Anlage fordert ebenfalls Vorsicht. Soweit Schweißarbeiten oder andere Funken erzeugende Arbeiten durchgeführt werden, müssen grundsätzlich die Batterie abgeklemmt und beide Batterieklemmen (Plus und Minus) sorgfältig isoliert werden.

Spalt- oder Fugenmaße prüfen und einhalten

Ein Qualitätsmerkmal des Karosseriebaus bei jedem Auto sind möglichst geringe Maße des Spalts oder der Fugen zwischen beweglichen Teilen wie Klappen und Türen und den festen Strukturen der Karosserie (Bilder 1 bis 3). Die Einhaltung dieser Spalt- oder Fugenmaße ist ein Gradmesser für die Güte von Reparaturen an der Karosserie. Nach jedem Austausch oder Aus- und Wiedereinbau von Scheinwerfer, Motorhaube, Gepäckraumklappe oder einer einzelnen Tür muss dieses Prüfmaß so stimmen, wie es der Hersteller bei Auslieferung vorgibt.

Bild 1: Spalt-/Fugenmaße Karosserie vorn

Fuge		Spaltmaß	Toleranz
1	(Spange unten)	6,4 mm	±0,8 mm
2	(Spange oben)	0,8 mm	±0,6 mm
3	(Licht innen)	3,5 mm	±0,8 mm
4	(Licht unten)	2,3 mm	±0,8 mm
5	(Licht oben)	3,5 mm	±0,8 mm
6	(Nebellicht)	1,4 mm	±0,8 mm
7	(Lichtlinie)	3,5 mm	±0,5 mm
8	(Stoßfänger)	1,0 mm	±0,2 mm
9	(Kotflügel unten)	2,9 mm	±0,5 mm
10	(Tür vorn)	4,0 mm	±0,5 mm
11	(Tür unten)	5,5 mm	±0,5 mm

Beim Messen des Spaltmaßes ist das Maß »A« = 50 mm einzuhalten: Abstand zwischen den Positionen 5 und 7.

1

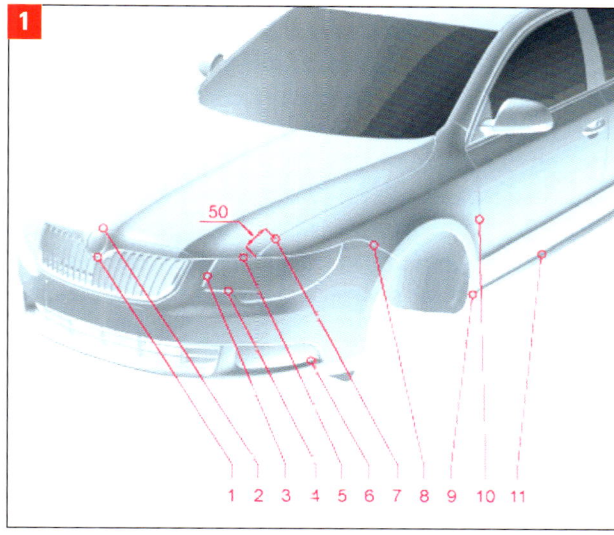

Bild 2: Spalt-/Fugenmaße Superb Limousine hinten

Fuge		Spaltmaß	Toleranz
1	(Vordertür Mitte)	4,5 mm	±0,5 mm
2	(Vordertür oben)	4,5 mm	±0,5 mm
3	(Türlinie/Dach)	9,1 mm	
4	(Fondtür Mitte)	4,0 mm	±0,5 mm
5	(Fondtür oben)	9,1 mm	
6	(Heckf. s. oben)	8,0 mm	±0,6 mm
7	(Stoßfäng./Kotfl.)	1,0 mm	±0,2 mm
8	(Heckf. s. unten)	8,0 mm	±0,6 mm
9	(Heckf./Dach)	5,0 mm	±0,5 mm
10	(Klappe/Kotfl.)	4,5 mm	±0,6 mm
11	(Klappe/Kotfl.)	4,5 mm	±0,6mm
12	(Rücklicht unten)	1,8 mm	±0,5 mm
13	(Rücklichtspalt)	4,5 mm	±0,6mm
14	(Rücklicht innen)	2,0 mm	±0,5 mm
15	(Heckf. unten)	4,5 mm	±1,0 mm
16	(Klappe unten)	14,0 mm	±1,5 mm
17	(Rückl. in. unten)	4,5 mm	±0,6mm

2

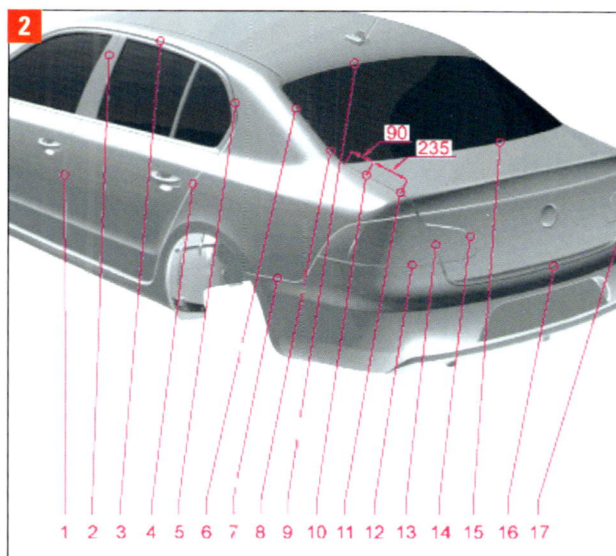

Abstände einhalten: Beim Messen des Spaltmaßes Position 10 muss das Maß »A« = 90 mm (Abstand zum Spaltmaß bei Position 11), beim Messen des Spaltmaßes Position 11 muss das Maß »B« = 235 mm (Abstand zum Spaltmaß bei Position 10) eingehalten werden.

Bild 3: Spalt-/Fugenmaße Superb Combi hinten

Fuge		Spaltmaß	Toleranz
1	(Fondtür unten)	4,0 mm	±0,5 mm
2	(Fondtür Mitte)	3,7 mm	±0,5 mm
3	(Fondtür oben)	4,0 mm	±0,5 mm
4	(Stoßfänger)	1,0 mm	±0,2 mm
5	(Rücklicht vorn)	1,5 mm	±0,5 mm
6	(Heckfenster)	4,0 mm	±0,6 mm
7	(Fenster unten)	4,0 mm	±0,6 mm
8	(Rücklicht hinten)	4,0 mm	±0,6 mm
9	(Klappe/Seite)	4,0 mm	±0,6 mm
10	(Klappe/Dach)	5,0 mm	±0,5 mm
11	(Klappe/Stoßf.)	5,0 mm	±1,0mm

3

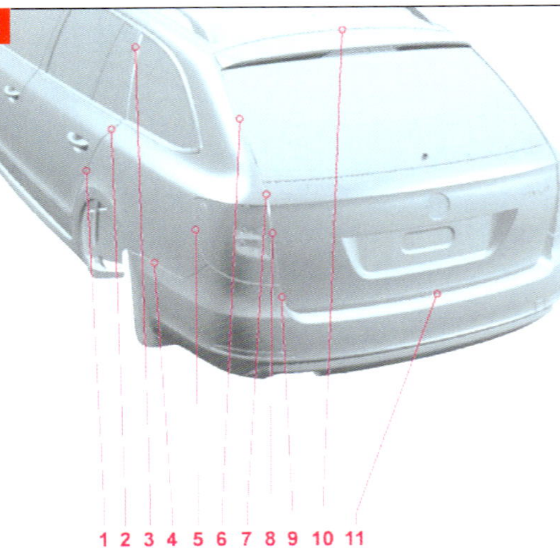

Verlaufen die beiden Grenzkanten der Fuge nicht parallel, ist das schon mit bloßem Auge recht leicht zu erkennen. Nicht fachgerecht ausgeführte Reparaturen sind damit schnell zu »entlarven«. Dabei ist beim Superb meist eine Toleranz von ±0,5 bis ±0,8 mm bei der Fugenbreite gestattet. Die so genannte 0,5-mm-Toleranz ist fertigungstechnisch bedingt und kann in der Produktion auf wirtschaftliche Weise kaum unterboten werden.

Letzter Arbeitsschritt an Türen und Klappen ist stets die Kontrolle der Spaltmaße. Überprüft werden sie mit einer Einstelllehre, Skoda empfiehlt die im Volkswagen-Werkzeugkatalog angegebene Lehre 3371 (Bild 4). Das ist ein Fächer von Messplättchen exakt der jeweiligen Dicke von 0,5 bis 5 mm in 0,5 mm-Schritten.

Die »Prüfspaltmaße« sind nicht zu verwechseln mit den »Karosseriemaßen«. Diese werden relevant bei eigentlichen Karosseriereparaturen, die wir hier nicht behandeln. Das sind vorn z. B. die Maße zwischen den Längsträgern, das Diagonalmaß zwischen Längsträger oben und Aufnahmepunkt für das Klappenscharnier, das Maß zwischen den Federbeinaufnahmen oder das Maß zwischen den Scharnieraufnahmen für die Motorhaube.

4

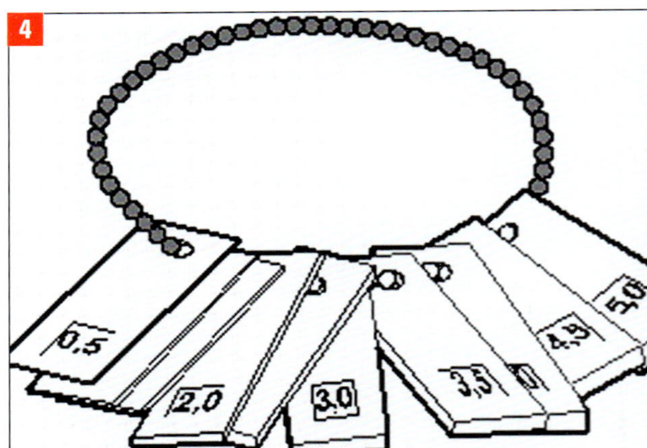

Fühlerblattlehre: Das VW-Prüfwerkzeug 3371.

Türverkleidung und Außenrückspiegel ausbauen

Werkzeuge

■ Drehmomentschlüssel (1783), Demontagekeil 3409.

Türverkleidung

■ **Ausbau:** Zündung und alle elektrischen Verbraucher ausschalten. Griffschale mit Bedienelementen für elektrische Fensterheber (je nach Fahrzeugausstattung) ausclipsen und Stecker für Außenspiegel und Fensterheber abziehen.

■ Die beiden Schrauben (4 Nm) ganz unten an der Tür herausdrehen. Verkleidung in der Griffmulde mit Lautsprecher und Türinnenverriegelungsschalter ausclipsen,

Stecker abziehen. Schraube (1,1 Nm) in der Türinnengriffmulde ausbauen.

■ Türverkleidung mit Demontagekeil (z. B. 3409) nacheinander vorsichtig von den Clips abhebeln. Stecker für Türinnengriffleuchte, Diode für Wegfahrsicherung und Türwarnleuchte (je nach Fahrzeugausstattung) abziehen.

■ Seilzug für Türinnengriffbetätigung trennen. Türverkleidung aus dem Fahrzeug herausnehmen.

■ Der **Einbau** erfolgt in umgekehrter Reihenfolge.

Außen-Rückspiegel

■ **Ausbau:** Zündung und alle elektrischen Verbraucher ausschalten. Die Türverkleidung (Fahrertür oder Beifahrertür) wie vorher beschrieben ausbauen. Steckverbindung (4) für Rückblickspiegel (je nach Fahrzeugausstattung) trennen und die Geräuschdämpfungen (1 und 5) herausnehmen (Bild 2).

■ Die drei Schrauben (6; je 9 Nm) ausbauen und Rückblickspiegel (2; Bilder 1 und 2) vom Fahrzeug abnehmen.

■ Der **Einbau** erfolgt in umgekehrter Reihenfolge.

Spiegelglas und -gehäuse

■ **Ausbau:** Das Spiegelglas (2) in die Maximalstellung schwenken (Bild 3).

■ Verrastungen mit z. B. Schraubendreher in Pfeilrichtung umlaufend zur Glasbefestigung entriegeln (Bild 3).

1

2

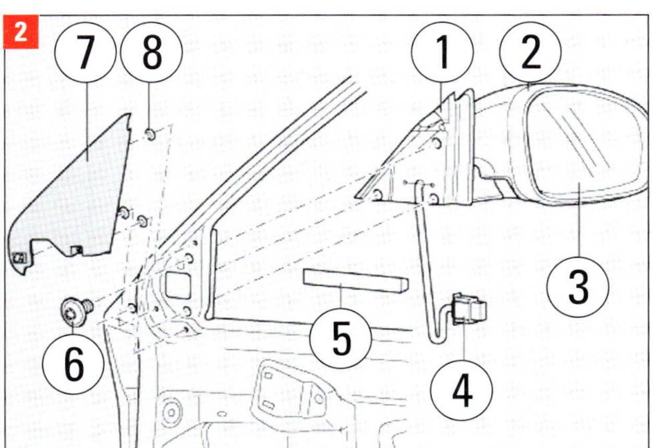

Außenspiegel: (1) Geräuschdämmung, (2) Außenrückspiegel, (3) Spiegelglas, (4) Stecker, (5) Geräuschdämmung, (6) Schraube 9 Nm, (7) Innenabdeckung, (8) Clip.

3

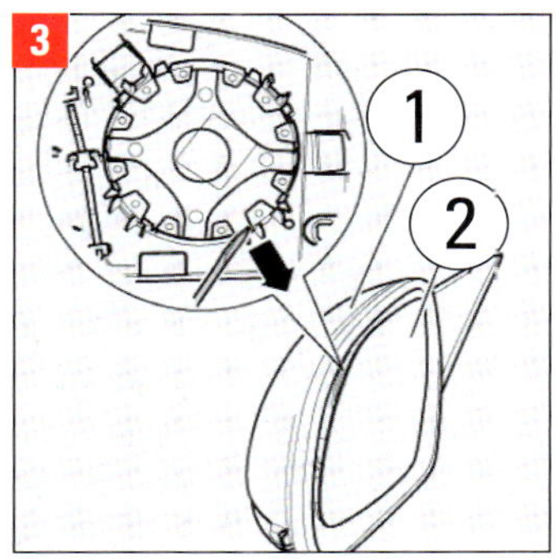

Glasausbau: (1) Spiegelgehäuse mit Glasbefestigung, (2) Spiegelglas.

4

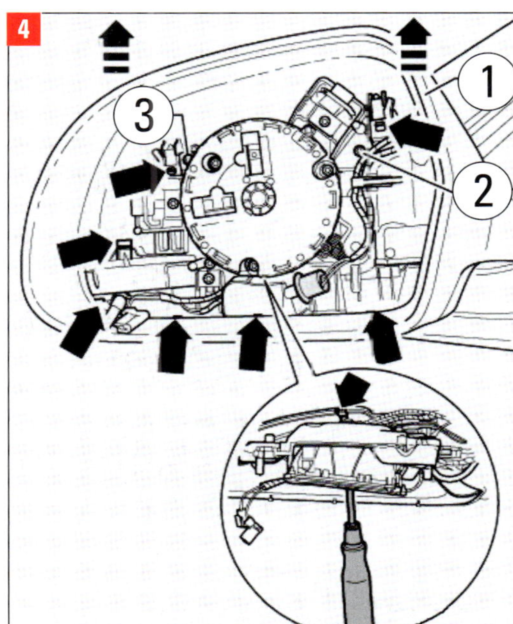

Spiegelausbau: (1) Spiegelgehäuse, (2 und 3) Schrauben jeweils 0,7 Nm. Pfeile: Gehäuse ausclipsen, nach oben abnehmen.

■ Spiegelglas herausschieben und herausnehmen.

■ Schrauben (1) und (3) mit je 0,7 Nm ausbauen. Spiegelgehäuse (2) mit z. B. einem Schraubendreher ausclipsen (Pfeile) und nach oben abnehmen (durchbrochene Bewegungspfeile; alles Bild 4).

■ **Einbau:** Der Einbau erfolgt in sinngemäß umgekehrter Reihenfolge.
Anmerkung: Die elektrische Anschlussleitung findet sich nur bei Fahrzeugen mit elektrischer Spiegelbetätigung und Spiegelheizung. Bei mechanischer Spiegelbetätigung sind Seilzüge eingebaut.

Tankklappeneinheit aus- und einbauen

■ **Ausbau:** Zündung und alle elektrischen Verbraucher ausschalten. Schraube (3) ausbauen (1,5 Nm).

■ Tankklappeneinheit (2) vorsichtig aus dem Seitenteil etwas herausziehen, um Lackschäden zu vermeiden.

■ Gummiteil der Einheit über den Tankeinfüllstutzen und Ablaufschlauch (4) aus der Einheit heraus ziehen.

■ Wenn die Sicherungseinheit (1) ausgebaut werden soll, muss die Steckverbindung im Kofferraum getrennt werden. Die Seitenverkleidung im Kofferraum muss nur gelöst werden, man braucht sie nicht auszubauen.

■ Den Kabelstrang durch die Bohrung im Radhaus ziehen und dann die Tankklappeneinheit aus dem Fahrzeug herausnehmen.

■ Der **Einbau** erfolgt in umgekehrter Reihenfolge.

1

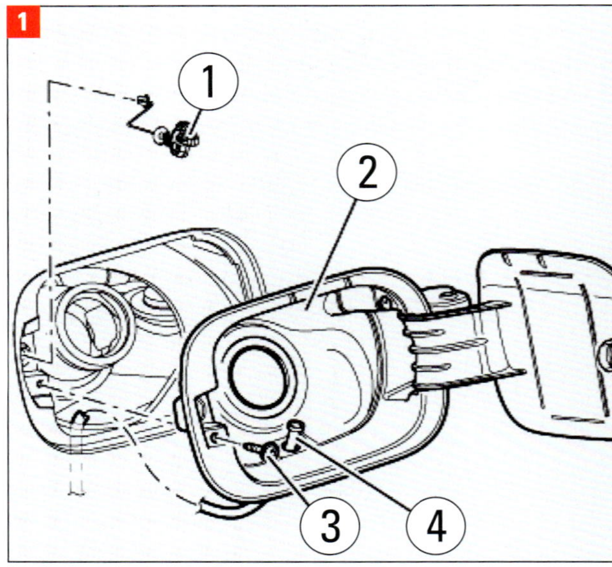

Hinter der Klappe: (1) Sicherungseinheit, (2) Tankklappeneinheit, (3) Schraube (1,5 Nm), (4) Ablaufschlauch.

Radhausschalen und Stoßfänger ausbauen

Radhausschalen vorn/hinten

■ **Ausbau:** Jeweiliges Rad abbauen, wie in vorangegangenen Kapiteln beschrieben .

■ Die Schrauben (2) heraus drehen und die Radhausschale aus dem Radhaus heraus nehmen (Bilder 1 und 2).

■ **Einbau** der Radhausschale sinngemäß umgekehrt. Die Schrauben (2) mit 1,5 Nm festziehen.

Stoßfänger vorn

■ **Ausbau:** Ausbau: Zündung und alle elektrischen Verbraucher ausschalten.

■ Die jeweils vier Spreizniete (1) oben rechts und links abbauen und die von oben her haltenden Stoßfängerabdeckungen (2 und 3) abnehmen (Bild 3).

■ Radhausschalen wie beschrieben ausbauen.

■ Schrauben (4) ausbauen, Spreizniete (1) vom Stoßfänger-Unterteil abbauen.

■ Gitter (6) und (8) heraushebeln, Schrauben (7) und (9) ausbauen (alle Positionen Bild 3).

■ Steckverbindungen für Parksystem und für Nebelscheinwerfer trennen und den Stoßfänger nach vorn vom Fahrzeug abnehmen.

■ Der **Einbau** erfolgt in umgekehrter Reihenfolge.

Stoßfänger hinten

■ **Ausbau:** Zündung und alle elektrischen Verbraucher ausschalten. Schrauben (3) und zumindest teilweise die Radhausschalen ausbauen.

■ Spreiznieten (4) in den Stoßfängerecken ausbauen.

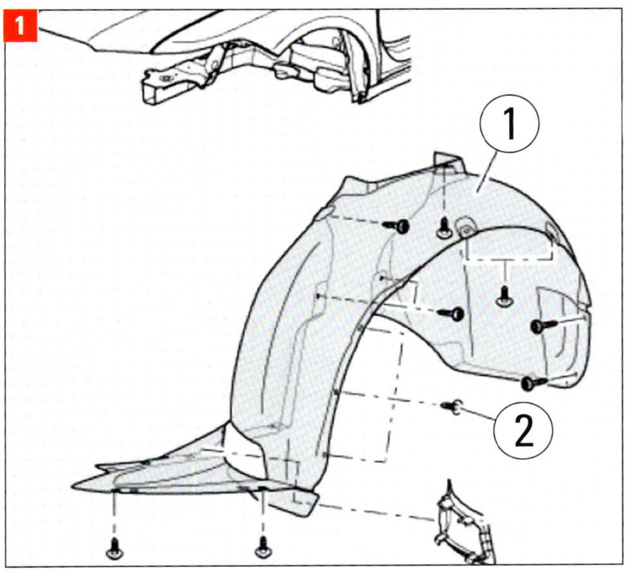

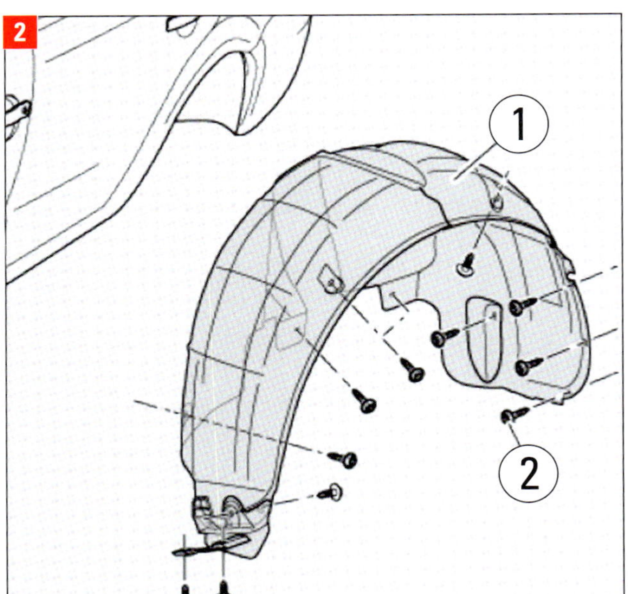

Radhausschalen vorn und hinten: (1) linke Schale, (2) insgesamt neun / elf Schrauben mit 1,5 Nm Anzugsdrehmoment.

■ Heckleuchten ausbauen (folgt später in »elektrische Anlage«). Spreiznieten (4) von oben und Muttern (2) ausbauen (alle Positionen Bild 4).

■ Steckverbindungen für Kennzeichenbeleuchtung für-Parksensoren trennen und Kabelstrang vom Stoßfänger abbauen. Stoßfänger nach hinten herausschieben.

■ Der **Einbau** erfolgt in umgekehrter Reihenfolge. Muttern (2) mit 3,5 Nm, Schrauben (3) mit 1,5 Nm festziehen.

Parkhilfesensoren nachträglich einbauen

■ Sollen Sensoren der Einparkhilfe nachträglich in den Stoßfänger vorn oder hinten eingebaut werden, müssen die Öffnungen dafür heraus geschnitten oder gebohrt werden. Im fertigen Zustand sollen diese Durchbrüche einen Durchmesser von 18 mm haben. Bei dieser Arbeit vorsichtig vorgehen, um Beschädigungen der lackierten Stoßfängerseite zu vermeiden!

■ Stoßfänger ausbauen. Auf der Innenseite der Stoßfänger markieren Achskreuze die vier Einbaustellen. In ihrem

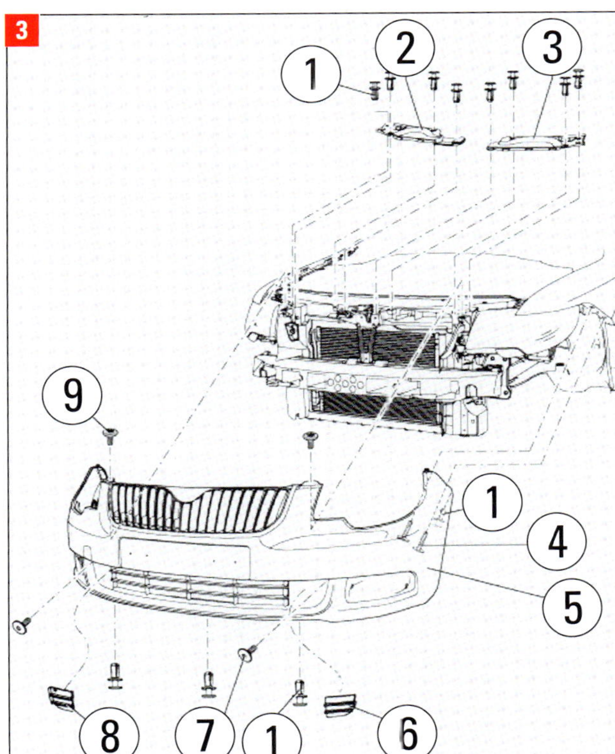

Stoßfänger vorn: (1) Spreizniete, (2) rechte und (3) linke obere Stoßfängerabdeckung, (4) vier Schrauben 3,5 Nm, (5) Stoßfänger, (6/8) Gitter links und rechts, (7) zwei Schrauben 1,5 Nm, (9) zwei Schrauben 6,6 Nm.

4

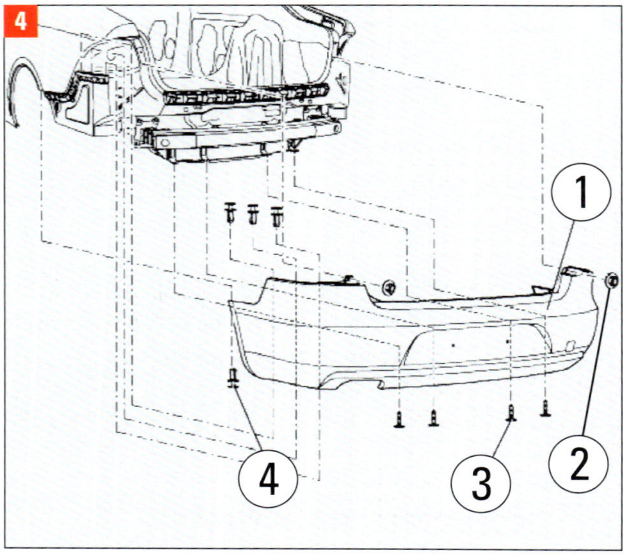

Hinterer Stoßfänger: (1) Stoßfänger, (2) zwei Muttern 3,5 Nm, (3) vier Schrauben 1,5 Nm, (4) vier Spreizniete.

5

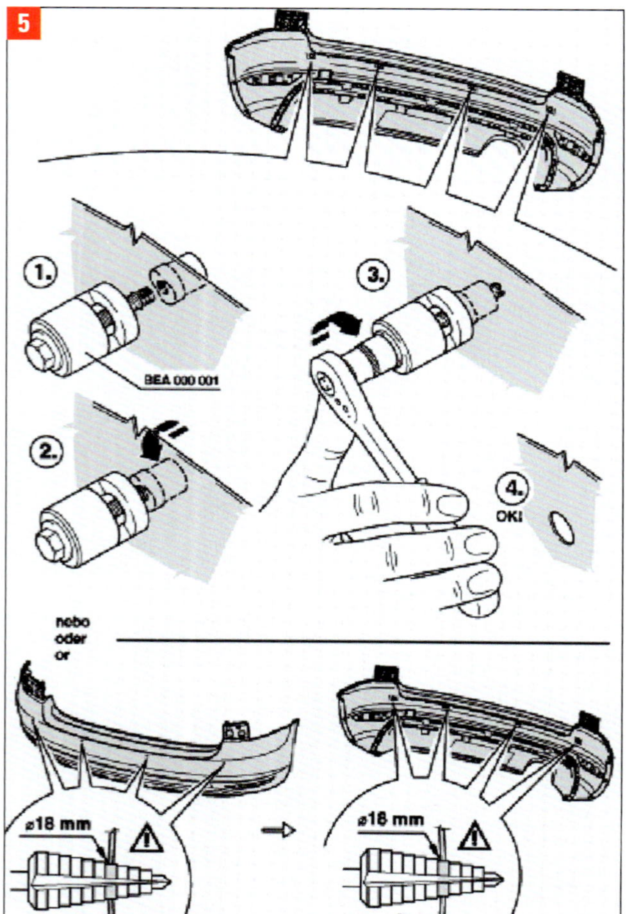

Öffnungen für Einparksensoren: Mit Spezialwerkzeug schneiden (oben) oder mit Stufenbohrer bohren (unten).

Bereich müssen die Mitten für das Einbringen von vier Öffnungen mit einem geeigneten Werkzeug (Körner) gekennzeichnet werden.

■ Dann zunächst Öffnungen mit einem Durchmesser von 8 mm bohren.

■ Zum Herausschneiden der erforderlichen 18 mm-Öffnungen stellt das Schnittwerkzeug BEA 000 001 die eleganteste Lösung dar (Bild 5; oberer Teil).

■ Zum Bohren der Öffnungen durch das vergleichsweise weiche und dünne Kunststoffteil sollte ein Stufenbohrer verwendet werden (Bild 5; unterer Teil).

■ Bei Verwendung eines Stufenbohrers die Öffnungen zuerst von der Stoßfängeraußenseite herstellen. Den Arbeitsschritt dann von der Stoßfängerinnenseite vollenden.

■ Öffnungen in geeigneter Weise entgraten, um Lackschäden zu vermeiden.

■ Sensoren und Sensorenhalter sind ein Reparatursatz. Die Halter werden nach Vorschrift eingeklebt, die Sensoren in ihnen verrastet und über die Steckkontakte an die Bordelektronik angeschlossen. Das ist dann Sachkunde und Systemtester erfordernde Werkstattarbeit.

Stoßfänger hinten beim Combi

■ **Ausbau:** Zündung und alle elektrischen Verbraucher ausschalten.

■ Schrauben (6) ausbauen (alle Positionen Bild 6).

■ Radhausschalen teilweise ausbauen (drei Schrauben)

■ Spreiznieten (8) in den Stoßfängerecken ausbauen.

■ Heckleuchten ausbauen (siehe »Elektrische Anlage«).

■ Spreiznieten (9) von oben ausbauen.

■ Schrauben unter den Heckleuchten ausbauen.

■ Stoßfänger etwas nach hinten herausziehen.

■ Steckverbindungen der Parksensoren trennen und Kabelstrang vom Stoßfänger abbauen. Vorhandensein je nach Fahrzeugausstattung.

■ Stoßfänger nach hinten herausschieben.

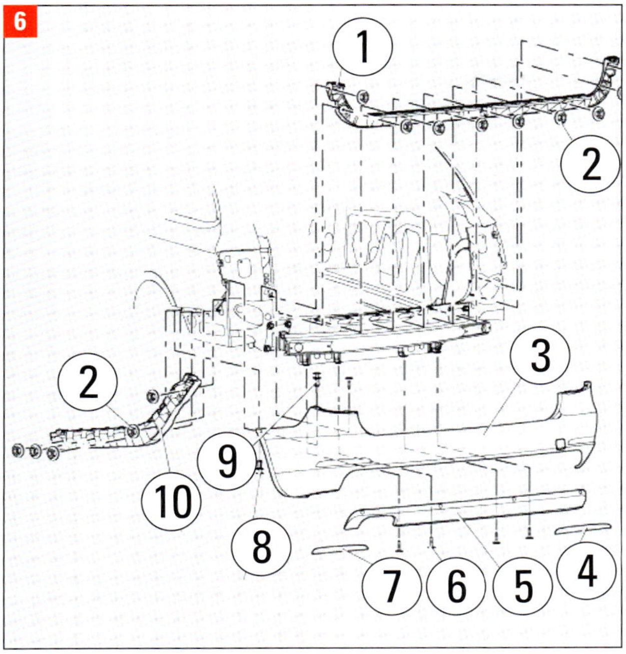

Stoßfänger hinten Combi: (1) Aufnahmeschiene, (2) Mutter 3,5 Nm, (3) Stoßfänger, (4/7) Rückstrahler, (5) Spoiler, (6) Schrauben 1,5 Nm, (8/9) Spreizniete, (10) Führungsteil.

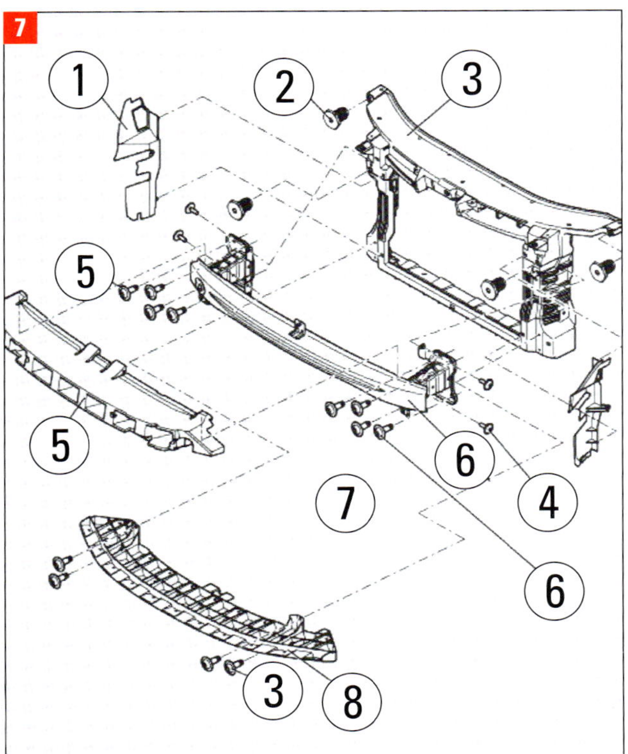

Stoßfängerträger vorn: (1) Luftführung, (2) Einstellmutter, (3) Schlossträger, (4/6/8) Schrauben 9/30/5 Nm, (5) Stoßfängerträger, (7) Schlossträger-Unterteil, (9) Pralldämpfer.

■ **Ausbau** der Rückstrahler (Positionen 4 und 7 in Bild 6): Stoßfänger ausbauen, Verrastungen von der Stoßfängerinnenseite her entriegeln. Rückstrahler aus dem Stoßfänger herausschieben.

■ **Einbau** der Rückstrahler: Rückstrahler in die Öffnungen im Stoßfänger einclipsen.

■ **Ausbau** des Spoilers (Position 5 in Bild 6): Verrastungen von der Stoßfängerinnenseite her nacheinander entriegeln und Spoiler aus dem Stoßfänger herausschieben.

■ **Einbau** des Spoilers: Spoiler in die Öffnungen im Stoßfänger einclipsen.

Stoßfängerträger aus-/einbauen

■ **Ausbau vorn:** Stoßfänger wie beschrieben ausbauen.

■ Schrauben (4) und Mutter für Verstrebung ausbauen.

■ Schrauben (6) und (8) ausbauen (alle Positionen Bild 7).

■ **Ausbau hinten:** Stoßfänger wie beschrieben ausbauen.

■ Befestigungsschrauben (4) ausbauen und Stoßfängerträger vom Fahrzeug abnehmen (Bild 8).

■ Der **Einbau** erfolgt vorn wie hinten in umgekehrter Reihenfolge zum Ausbau.

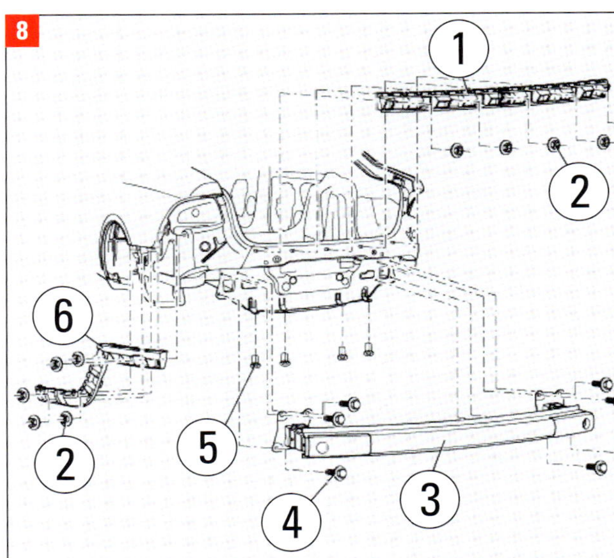

Stoßfängerträger hinten: (1) Aufnahmeschiene, (2) Mutter 3,5 Nm, (3) Stoßfängerträger hinten, (4) Schrauben 20 Nm, (5) Spreizmutter, (6) Führungsteil.

Schlossträger in Servicestellung und zurück bringen

Servicestellung herstellen

■ Für viele Arbeiten im Motorraum ist es günstig, etwas mehr Bewegungsraum nach vorn zu haben. Dazu kann der Schlossträger horizontal etwa um 100 mm nach vorn verschoben werden. Erforderlich sind etwas Montagearbeit und zwei Spezialwerkzeuge, die bei Škoda die Teile-Nummer T30010 (Hülsen) haben.

■ Wie beschrieben den Stoßfänger vorn ausbauen. Geräuschdämpfung unter dem Motor ausbauen (folgt). Luftführungsrohr trennen. Scheinwerfer ausbauen und Schlauch zur Scheinwerferreinigungsanlage trennen (»Fahrzeugelektrik«). Den Bowdenzug zur Betätigung der Motorraumklappe aus den Kunststoffführungen ausclipsen. Den Stoßfängerträger vorn wie beschrieben ausbauen.

■ Bei Fahrzeugen mit Ladeluftkühler die Druckschläuche von der Schnellkupplung abziehen: Halteklammer (1) in Pfeilrichtung »a« entriegeln, Druckschlauch (2) in Pfeilrichtung »b« aus der Kupplung (3) ziehen. Beim Wiederverrasten muss die Klammer (2) in oberer Position sein (alles Bild 2).

■ Die vier Schrauben (1) links und rechts am Schlossträger ausbauen und stattdessen Schrauben (2) der Dimension M10 x 120 einbauen (Bild 1).

■ Die je zwei Schrauben (4) und (5) ausbauen und den Schlossträger (3) ca. 100 mm nach vorn herausziehen (Bild 3). Dann den Träger mit den Schrauben (2) in Bild 1, (7) in Bild 3

2

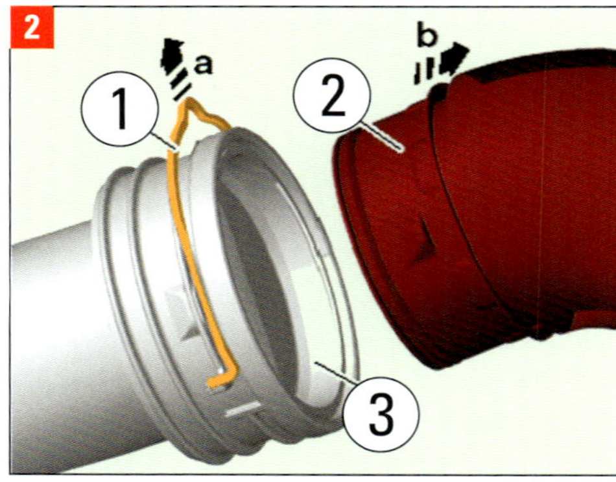

Schnellkupplung: (1) nach oben (Pfeil a) zu entriegelnde Klammer, (2) in Pfeilrichtung b zu ziehender Druckschlauch, (3) Kupplung.

1

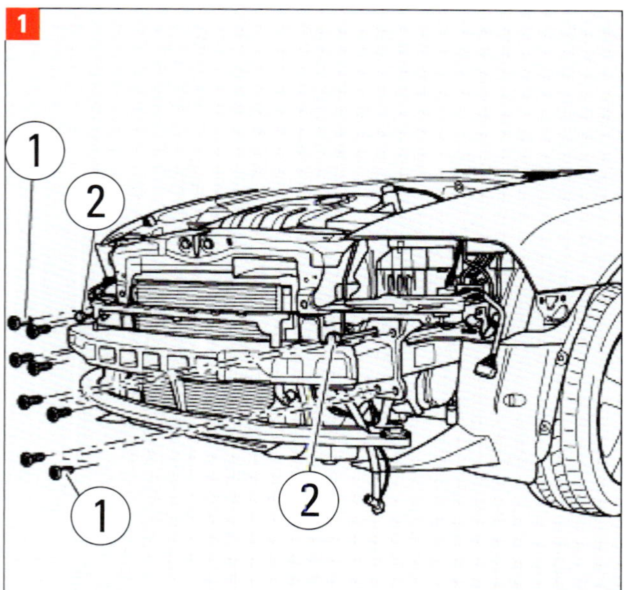

3

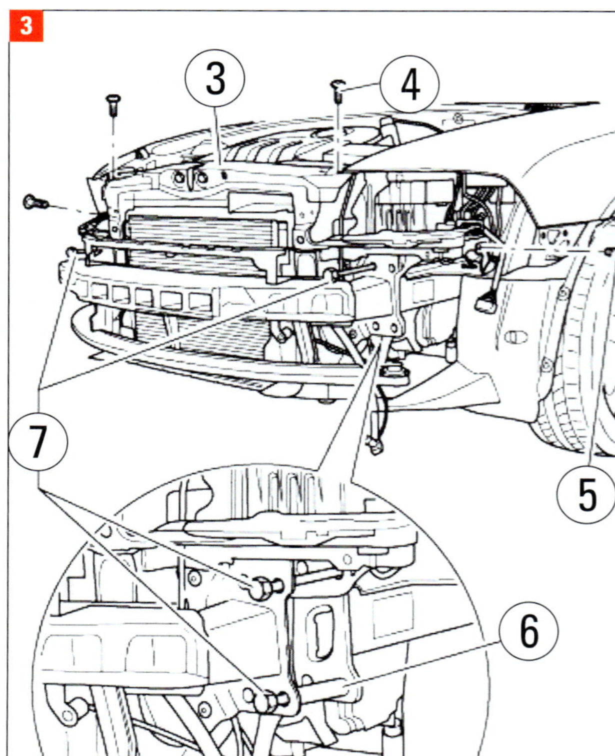

Bilder 1/3 Servicestellung: (1) vier Schrauben je Fahrzeugseite, (2) in die Gewindebohrungen für (1) einzubauende Schrauben, (3) Schlossträger, (4) zwei Schrauben von oben, (5) zwei Schrauben seitlich, (6) zwei Hülsen T30010, (7) vier Schrauben M10 x 120 (empfohlen).

und mit den Hülsen (6; Bild 3) sichern. Die Hülsen sind das Spezialwerkzeug T30010.

■ Das **Zurücksetzen** des Schlossträgers mit Anbauteilen erfolgt in umgekehrter Reihenfolge. Schrauben (1) und (3) mit 20 Nm festziehen. Schlossträger an den Längsträgern und zwischen den Kotflügeln ausmitteln. An der Karosserie vorn müssen nach dem Zurücksetzen der Servicestellung die vorgegebenen Spaltmaße stimmen. Die Luftführungsschläuche zum Ladeluftkühler fest verbinden. Bei Schnellkupplungen nach Bild 2 den Druckschlauch weit einschieben und nochmals nachdrücken, dann Halteklammer verriegeln.

Geräuschdämpfung unter dem Motor aus-/einbauen

Die Geräuschdämpfung unter dem Motorraum tritt in zwei Größen und Formen auf: Die größere Ausführung (Bild 1) bei Diesel-, die kleinere (Bild 2) bei den Benzinmotoren. Die Abdeckung ist mit Laschen in den Stoßfänger eingesteckt und von unten an die Karosserie geschraubt.

■ **Ausbau:** In beiden Fällen die Schrauben (Diesel 2 und 3, Benziner 2) herausdrehen.

■ Geräuschdämpfung aus dem Stoßfänger herausziehen und nach unten entnehmen.

■ **Einbau:** Die Geräuschdämpfung (1) in den Stoßfänger einschieben. Die jeweils vier breiten Laschen kommen nach oben, die jeweils fünf schmalen Laschen nach unten.

■ Die Schrauben einbauen. In beiden Fällen sind das acht Schrauben (2), jeweils vier links und rechts. Bei der größeren Dämpfung unter den Dieselmotoren kommen noch die drei Schrauben (3) am hinteren Rand hinzu. In allen Fällen mit einem Anzugsdrehmoment von 2 Nm festziehen.

■ Der **Fahrzeugboden** hat eine Abdeckung aus zwei Teilen, die mit jeweils acht Kunststoffmuttern befestigt sind.

1

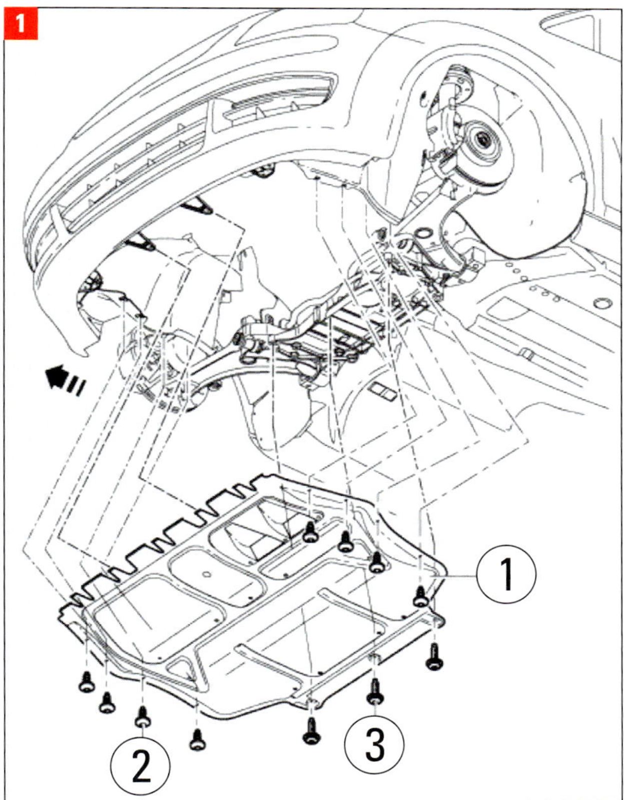

Diesel: (1) Dämpfung, (2) Schrauben, (3) Schrauben 2 Nm.

2

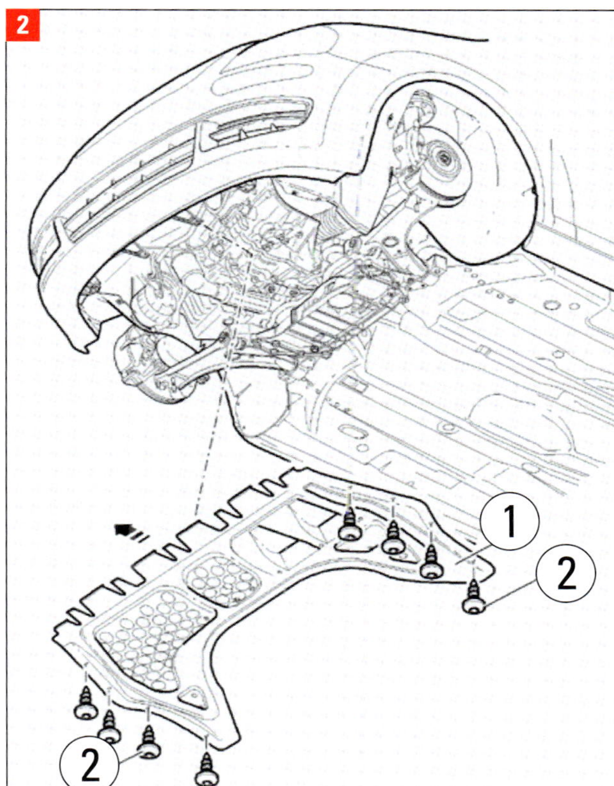

Benziner: (1) Dämpfung, (2) acht Schrauben 2 Nm.

Anhängevorrichtung einbauen und prüfen

Wenn werkseitig eine Anhängerkupplung eingebaut ist, besteht sie aus den in Bild 1 gezeigten Komponenten und ist so aus-/einzubauen wie im Bild gezeigt. Der abgenommene Kugelkopf ist in der Gepäckraumablage unterzubringen. Wenn sie nicht werkseitig eingebaut ist, muss und kann sie nachgerüstet werden, geeignete Bausätze sind am Markt.

Im Kapitel »Große Fahrt...« (Seite 63) haben wir den Nutzen des zusätzlichen Einbaus und die dabei zu berücksichtigenden Details (Originalteile, Anschlusskabel, Steckdose) dargestellt. Nötig ist dazu auch der: Einbau des erforderlichen Trägers, der eigentlichen Anhängevorrichtung oder Kupplung (Position 4, Bilder 1 und 2). Der übliche Stoßfängerträger muss ausgebaut und durch die Anhängevorrichtung mit Arm und Kugelkopf (Position 6, Bilder 1 und 2) ersetzt werden.

Eine auf Škoda-Fahrzeuge (max. 1.200 kg An+- ^^hängelast, gebremst) abgestimmte Anhängerkupplung bietet die Westfalia-Automotive GmbH mit ihrem hochwertigen Produkt A40V an (Bild 2). Dieses Teil :st für die Montage in Eigenleistung vorgesehen und bedarf keiner Eintragung und Abnahme durch den TÜV, was durch die Zertifizierungs-Nummer »EG-2305« bescheinigt wird.

Durch den eigenen Anbau, der nur eine knappe Stunde dauern soll, und den Wegfall der Eintragungspflicht können beträchtliche Kosten gespart werden. Die 17 kg schwere Anhängerkupplung mit allen Befestigungskomponenten und Montageanleitung kostet rund 340 Euro, komplett mit Elektrosatz rund 400 Euro.

Am Markt sind zwar auch Kupplungen für den halben Preis. Dabei handelt es sich dann allerdings um solche mit feststehendem, nicht abnehmbarem Anhängearm.

Anhängerkupplung einbauen

■ Hinteren Stoßfänger wie beschrieben ausbauen. Den Stoßfängerträger hinten abbauen. Der Träger ist an jeder Seite mit zwei Schrauben befestigt.

■ Anhängerkupplung (»Rahmen«) auf die Seitenteile schieben. Die an jeder Seite zwei Schrauben (3, Bild 1) einbauen und mit 55 Nm festziehen.

1

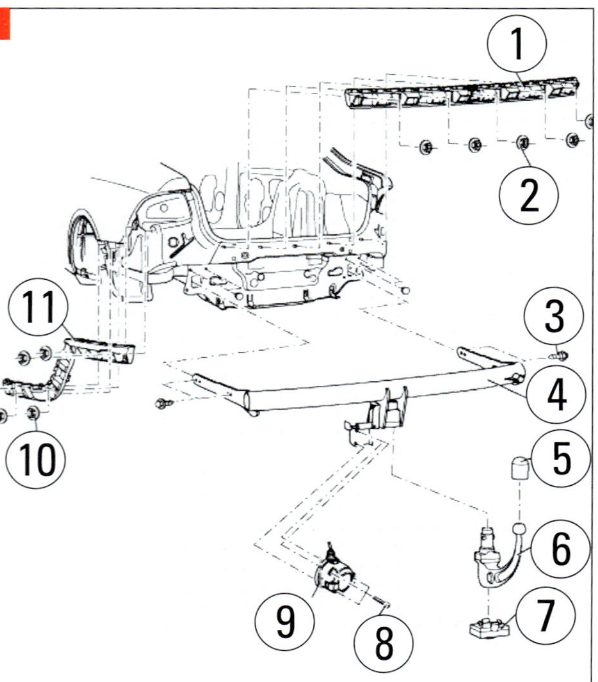

2

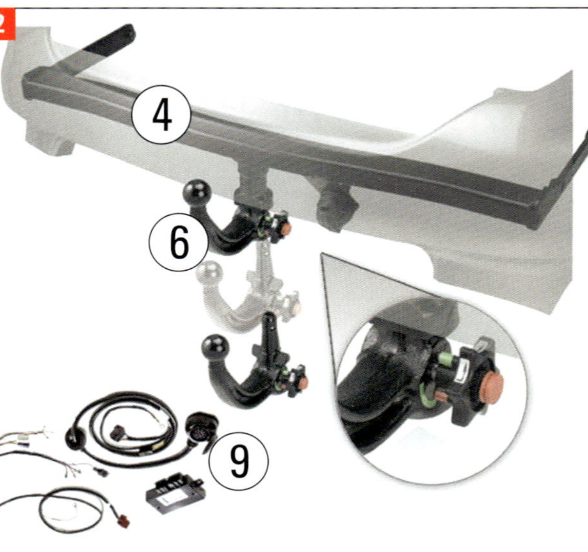

Nötig für Anhänger: (1) Aufnahmeschiene, (2/10) Muttern 3,5 Nm, (3) vier Schrauben 55 Nm, (4) Anhängerkupplung, (5) Schutzkappe, (6) Anhängerarm, (7) Blindverschluss unten, (8) drei Schrauben 2,5 Nm, (9) Steckdose, (11) Führungsteil.

■ Die (13polige) Steckdose (9) mit drei Schrauben (8) mit 2,5 Nm am Kupplungsträger festschrauben und das Kabel nach Einbauvorschrift anschließen (Bilder 1 und 2). Funktion der Steckdose am Bordnetz prüfen.

Arbeiten an den Details

■ **Ausbau Anhängerarm**: Schloss am Betätigungshebel aufschließen.

■ Betätigungshebel um 90° umklappen und Anhängerarm abnehmen.

■ **Einbau** in umgekehrter Reihenfolge.

■ Teilweiser **Ausbau der Wärmeschutzabdeckung**: Nachschalldämpfer (1) aus der Halteschlaufe (3) aushängen.

■ Sicherungsscheiben (2) ausbauen und die Wärmeschutzabdeckung (4) nach unten biegen (alles Bild 3).

■ **Ausbau Steuergerät**: Zündung und alle elektrischen Verbraucher ausschalten.

■ Verkleidung im Kofferraum links teilweise ausbauen, Stecker abziehen und Muttern (1,5 Nm) ausbauen.

■ Steuergerät für Anhängererkennung aus dem Fahrzeug herausnehmen (alles Bild 4).

■ Der **Einbau** erfolgt in umgekehrter Reihenfolge. Bei Ersatz das neue Steuergerät codieren (Fahrzeugdiagnosetester).

Prüfen der Original-Anhängevorrichtung

■ Zustand des Trägers der Anhängevorrichtung und des Aufnahmeschachts (Verunreinigung) prüfen.

■ Verunreinigten Aufnahmeschacht, vor allem seine Keilflächen, von mechanischen Verunreinigungen und Korrosion befreien und den Schacht mit Schmierfett »G 052 778 A2« behandeln.

■ Verschlussdeckel des Aufnahmeschachts auf Funktion prüfen und fehlenden oder beschädigten Verschlussdeckel ersetzen.

■ Anhängerarm auf Vollständigkeit (Schloss-Staubkappe) prüfen. Die Auflage-Keilflächen ggf. von mechanischen Verunreinigungen und Korrosion befreien

■ Drehen des Schlüssels im Schloss prüfen. Verriegelungsschloss im Betätigungshebel ggf. reinigen und mit G 052 778 A2 schmieren. Defektes Schloss (vom Hersteller) reparieren oder ersetzen lassen. Eventuell gegen einen neuen Anhängerarm austauschen.

■ Beim Auftragen des Mittels G 052 778 A2 darauf achten, dass es wirklich in das Schloss gelangt.

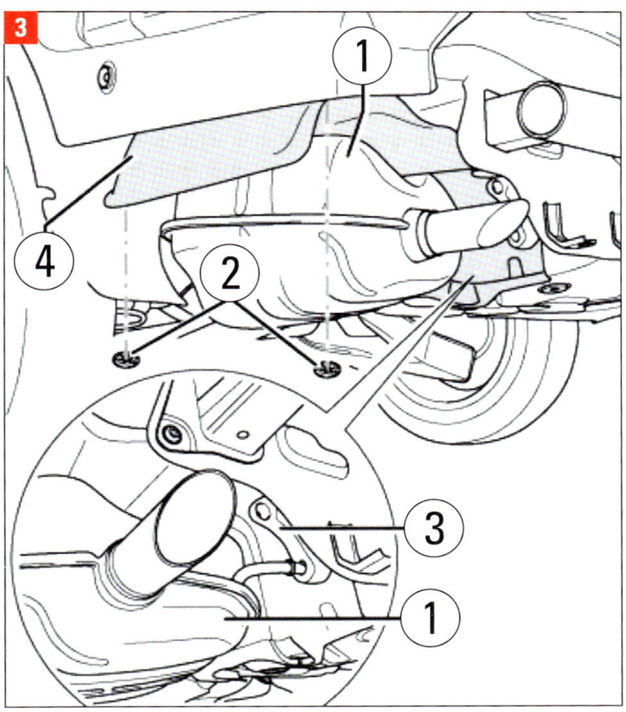

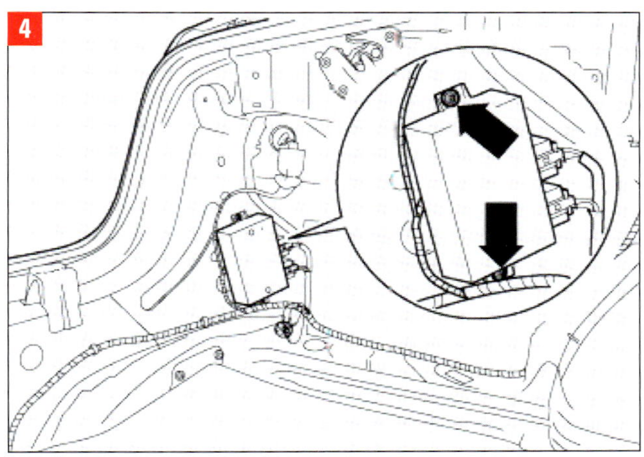

Arbeiten an Details Bild 3: Bei Aus- und Einbau der Anhängevorrichtung (z. B. A40V) ist teilweiser Ausbau des Wärmeschutzblechs am Nachschalldämpfer erforderlich. (1) Nachschalldämpfer, (2) Sicherungsscheiben, (3) Halteschlaufe, (4) Wärmeschutzabdeckung.
Arbeiten an Details Bild 4: Das Steuergerät für Anhängererkennung ist hinter der Abdeckung im Seitenteil des Kofferraums hinten links platziert (Lupe: Schrauben).

■ Funktion prüfen: Anhängerarm in den Aufnahmeschacht einsetzen (der Betätigungshebel muss deutlich automatisch in der Betriebsstellung arretieren).

■ Verriegelung des Betätigungshebels prüfen. Der grüne Teil des Entriegelungsstiftes muss sichtbar sein: Schloss verschließen und Schlüssel abziehen. Prüfen Sie das einwandfreie Verschließen des Betätigungshebels. Der Hebel darf sich nicht drehen lassen.

■ Ebenso den richtigen Sitz des Anhängerarms durch starkes Rütteln prüfen. Anhängerarm abnehmen.

Unterboden prüfen, Bodenabdeckungen aus-/einbauen

Unterboden prüfen

■ Eine empfehlenswerte Wartungsarbeit ist die Kontrolle von Fahrzeugunterboden und Karosserielack. Dazu Unterbodenschutz und Unterbodenverkleidung, Radhäuser und alle Unterholme, Leitungsverlegung und Stopfen sorgfältig auf etwaige Schäden untersuchen. Sind alle Leitungen in ihren Halterungen befestigt? Sind alle Stopfen vorhanden und keine Beschädigungen des Unterbodens zu sehen?

■ Im Zusammenhang damit auch alle Karosserieverbindungen, Rahmen der Front- und der Heckscheibe sowie die Bördel der Innenflächen der Motorhaube prüfen. Waagerechte und senkrechte lackierte Flächen sowie Dachanschluss im Heckklappenbereich ansehen.

■ Alle Mängel sofort beseitigen, um Korrosion und Rostschäden zu vermeiden. Holen Sie fachmännischen Rat ein und verwenden Sie nur die empfohlenen chemischen Materialien und Lacke (Siehe auch »Praxistipp«).

Bodenverkleidung ausbauen

■ **Ausbau:** Die zwei Teile der Unterbodenverkleidung (1 und 3, Bild 1) können zu Reparatur oder Austausch ausgebaut werden. Sie sind mit jeweils acht Sechskant-Kunst-

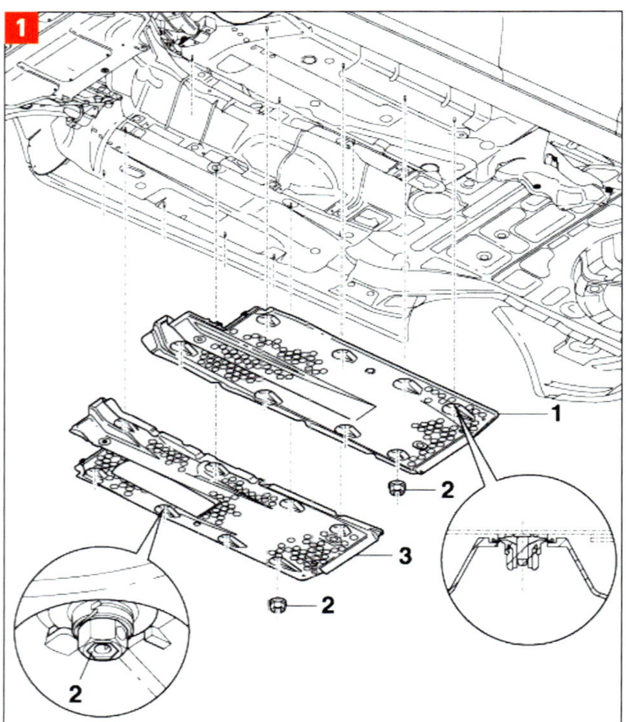

Verkleidungen am Fahrzeugboden: (1) Verkleidung links, (2) Sechskantmuttern, (3) Verkleidung rechts. Die Lupenbilder zeigen, wie die Muttern vertieft in den Verkleidungen an die Stehbolzen geschraubt sind.

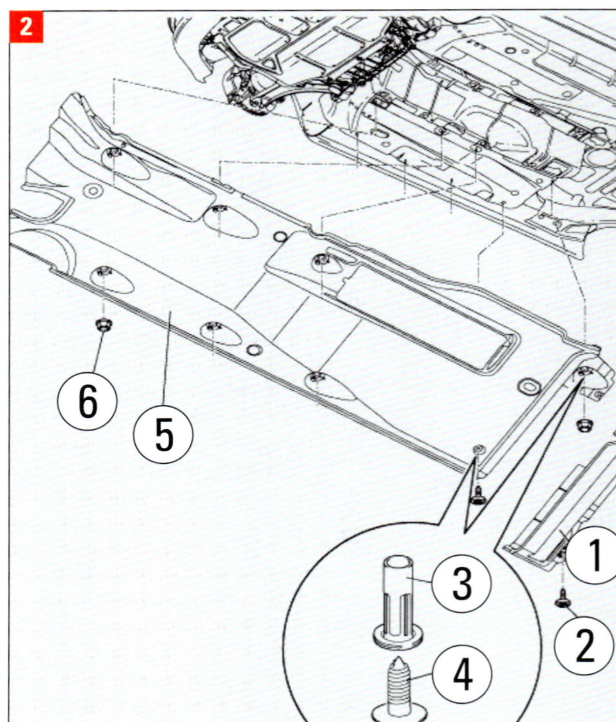

Bodenabdeckung in neuer Ausführung: (1) Heckteil der Bodenabdeckung, (2) zwei Schrauben 1,5 Nm, (3) Nietmutter N 103 102 04, (4) Schraube 4,5 Nm, (5) Frontteil der Abdeckung, (6) sieben Kunststoffmuttern 2 Nm.

stoffmuttern an Gewindebolzen geschraubt, die ans Bodenblech geschweißt sind. Muttern abdrehen.

■ Beim **Einbau** der Platten links und rechts die Muttern mit einem Anzugsdrehmoment von 2 Nm festziehen.

Neue Bodenverkleidung

■ Bei jüngeren Superb-Modellen ist eine Fahrzeugboden-Abdeckung nach Bild 2 eingebaut. Wenn diese auch an älteren Modellen (bis Karosserie-Nr. 023467) nachgerüstet werden soll, muss nachgearbeitet werden:

■ **Einbau**: Abdeckung (5) auf vorhandene Bolzen aufsetzen und die Muttern (6) einbauen. An Stelle der zwei fehlenden Bolzen die Position für neue Löcher kennzeichnen.

■ Abdeckung wieder abnehmen und 7-mm-Löcher bohren. Korossionschutzmaßnahmen durchführen.

■ Nietmuttern (3; N 103 102 04) für Schraube (4, M 5) annieten. Abdeckung (5) auf die ursprünglichen Bolzen aufsetzen, mit Muttern (6) sichern und Schrauben (4) in die neuen Löcher mit Nietmuttern (3) einbauen. Abdeckung (1) hinten einsetzen, mit Mutter (6) und Schraube (2) sichern (alle Positionen Bild 2).

Tunnelbrücke ausbauen

■ **Ausbau**: Die Muttern (Bild 3, schwarze Pfeile) ausbauen und die Tunnelbrücke abnehmen. Wenn das Abgasrohr ausgehängt werden muss, sind die Schrauben an der Doppelschelle (1) zu lösen. Das ist z. B. erforderlich, wenn die drei Wärmeschutzabdeckungen hinten ausgebaut werden müssen. Dann werden auch die Befestigungsschrauben für den Nachschalldämpfer gelöst und der Nachschalldämpfer nach unten ausgehängt. Sicherungsscheiben, Kunststoffmuttern (1,5 Nm) und Schrauben (2 Nm) ausbauen. Abdeckungen vorsichtig abnehmen, um Verformungen zu vermeiden.

3

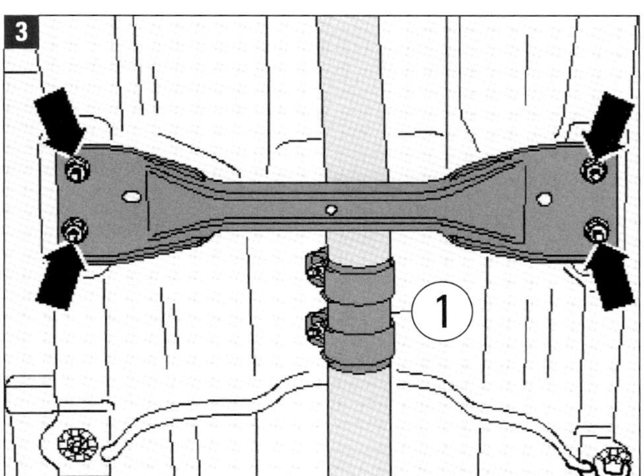

Tunnelbrücke: Die Pfeile zeigen die Verschraubungen mit 20 Nm-Muttern. (1) Doppelschelle am Abgasrohr.

■ **Einbau** umgekehrt. Muttern mit 20 Nm festziehen.

Lackschäden und Konservierung

■ Lackschäden im nicht sichtbaren Bereich zweimal mit Glas-/Lackprimer (nass in nass) überstreichen .

■ Alle Hohlräume im Reparaturbereich nach der Decklackierung konservieren. Nach Abtrocknen des Konservierungsmaterials die Wasserabläufe öffnen. Langzeitkorrosionsschutz (Sprayflaschen) für Hohl- und Halbhohlräume im Spritzwasserbereich.

■ Karosseriefugen, Blechüberlappungen und Schweißnähte mit dauerelastischer Einkomponenten-Polyurethan-Dichtungsmasse abdichten und dann überlackieren.

■ Bei Reparatur beschädigten/beseitigten Unterbodenschutz mit Langzeit-Schutzmaterial wieder herstellen.

PRAXISTIPP

Kunststoff / Korrosionsschutz

Lackieren von Kunststoffteilen:
Bei groben Beschädigungen wie Rissen und tiefen Kratzern im Material von Kunststoffteilen müssen die Teile erneuert werden. Bei kleineren Schäden wie Abschürfungen oder nicht sehr tiefen Rissen und Löchern erlauben spezielle Kunststoff-Reparatur-Sets erfolgreiche Reparaturen. Gearbeitet wird im Prinzip mit Spachtel und Lack:

■ Lackieren nur im ausgebauten Zustand.

■ Kunststoffanbauteile derart legen oder hängen, dass ihre Form erhalten bleibt.

■ Bei ungeeigneter Auflage und Trocknungstemperaturen über 60 °C kann es zu bleibenden Formveränderungen kommen.

Schutz vor Korrosion:
Die Karosserie besteht aus beidseitig verzinkten Blechen. Nach einer Instandsetzung muss serienmäßiger Korrosionsschutz mit den vorgegebenen Materialien hergestellt werden, da dies eine Voraussetzung für die Gewährleistung auf Korrosionsfreiheit ist:

■ Blanke Blechstellen nach Reparatur sofort mit Korrosionsschutzgrundierung »ALN 002 003 10« oder »ALK 007 003 10« behandeln.

■ Auf Punkt-Schweißflansche grundsätzlich beidseitig Zinkspray »D 007 500 A2« auftragen.

Klappen ausbauen und einstellen / Gasdruckfedern

Frontklappe (Motorhaube) aus-/einbauen

■ **Ausbau:** Nötiges Werkzeuge ist ein Drehmomentschlüssel (»V.A.G 1331«). Schläuche der Frontscheibenwaschanlage abziehen.

■ Jeweils zwei Muttern (4) pro Scharnier ausbauen und Klappe (1) abnehmen (Bild 1).

■ **Einbau** in umgekehrter Reihenfolge. Motorraumklappe nach Karosserie-Kontrollspaltmaßen einpassen und einstellen wie nachfolgend beschrieben.

Frontklappe einstellen

■ Das Fahrzeug muss auf dem Boden stehen. Die Frontklappe ist richtig eingestellt, wenn sie im geschlossenen Zustand überall ein gleichmäßiges Spaltmaß hat. Sie darf nicht zu weit nach innen oder außen stehen, die Konturen müssen fluchten. Die Klappe muss ohne größeren Kraftaufwand im Klappenschloss einrasten.

■ Nach Einstellarbeiten ist Korrosionsschutz mit Kupferpaste und/oder Fett an Scharnier und Schrauben nötig.

■ Anschlagpuffer (2/3) durch Drehen einstellen. Frontklappe auf einwandfreies Öffnen und Schließen prüfen.

Anbauteile im Klappenbereich

■ Von der Motorhaube können das Klappenschloss (Bild 2), die Zier-Abdeckleiste mit dem Herstellerlogo und die Gasdruckfeder (Bilder 3 a-c) abgebaut werden.

■ **Ausbau Schloss:** Steckverbindung vom Schloss (6) der Motorraumklappe (1) trennen (Bild 2).

■ Bowdenzug (5) aus der Kupplung (4) aushängen, die drei Befestigungsschrauben (7) und (8) ausbauen. Klappenschloss (6) etwas herausziehen, den Betätigungsseilzug (5) aushängen und Schloss abnehmen. Zum Ausbau des Sicherungshakens (2) die Schrauben (3) ausbauen.

1

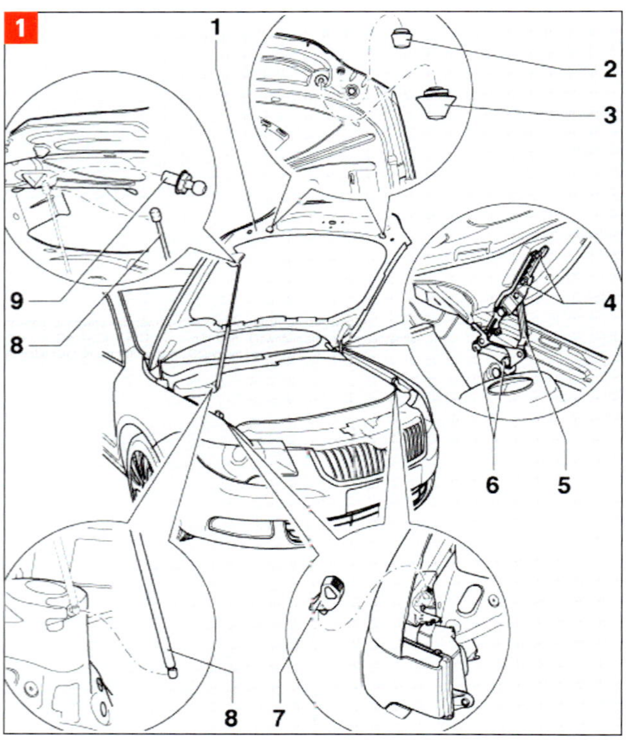

Übersicht zur Motorraumklappe: (1) Klappe vorn, (2 und 3) Anschlagpuffer, (4) Mutter 20 Nm, (5) Scharnier, (6) Dichtstopfen, (7) Führungsstück, (8) Gasdruckfeder, (9) Kugelzapfen 20 Nm.

2

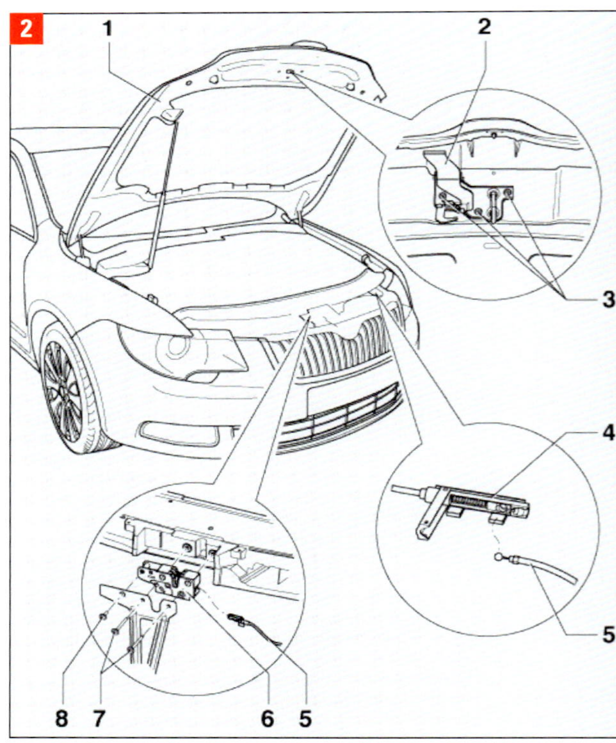

Schloss an der Motorraumklappe: (1) Motorraumklappe, (2) Sicherungshaken, (3) drei Schrauben 9 Nm, (4) Bowdenzugkupplung, (5) Bowdenzug, (6) Klappenschloss für Motorraumklappe, (7/8) dreiSchrauben 12 Nm.

■ **Einbau Schloss:** Die drei Schrauben am Sicherungshaken mit 9 Nm, die drei Schrauben am Schloss mit 12 Nm festziehen.

■ **Aus-/Einbau Abdeckleiste:** Die Zier-Abdeckleiste ist mit einer 2-Nm-Schraube in der Mitte und je drei Kunststoffclips links und rechts am vorderen Rand der Motorhaube befestigt. Die Schraube herausdrehen, die Clips an der Abdeckleiste mit einem Demontagewerkzeug lösen und die Leiste von den Passstiften abziehen. Einbau in umgekehrter Reihenfolge: Leiste in die Öffnungen für Passstifte und Clips einschieben und bis zum Einrasten der Clips hineindrücken. Schraube mit 2 Nm festziehen. Die Abdeckleiste muss nach dem Einbau mit der Motorraumklappe bündig abschließen.

■ **Aus-/Einbau Gasdruckfeder:** Motorraumklappe öffnen, abstützen und verrasten. Sicherungsbügel (2) mit Schraubendreher anheben und die Gasdruckfeder (1) vom Kugelzapfen (3) abziehen (Bilder 3a und 3b).

■ ***Achtung:*** Wenn die Gasdruckfeder nicht entsorgt, sondern wieder verwendet werden soll, vorsichtig vorgehen. Die Federklammer darf nicht ganz aus der Kugelpfanne herausgehebelt werden, sonst wird die Klammer beschädigt. Die Gasdruckfeder springt dann aus der Aufnahme, es gibt Schäden und eventuell sogar Verletzungen des Bedieners.

■ **Gasdruckfeder entsorgen:** Defekte Gasdruckfedern müssen vor dem Entsorgen entgast werden: Feder im Bereich »a« (bis maximal 50 mm vom Kolbenaustritt entfernt; Bild 3c) in den Schraubstock einspannen. Das darf nur in diesem Bereich erfolgen, sonst besteht Unfallgefahr!

■ Zylinder der Gasdruckfeder im ersten Drittel der Zylindergesamtlänge aufsägen. Dabei von der Bezugskante auf der Kolbenstangenseite ausgehen. Sägen mit Schutzbrille! Bereich des Trennschnittes mit Putzlappen abdecken. Öl und Putzlappen vorschriftsmäßig wie Sondermüll, entgaste Druckfeder wie Schrott entsorgen.

Heckklappe ausbauen

■ **Ausbau:** Zündung und alle elektrischen Verbraucher ausschalten.

■ Verkleidungen für Heckklappe ausbauen: Bei der einfa-

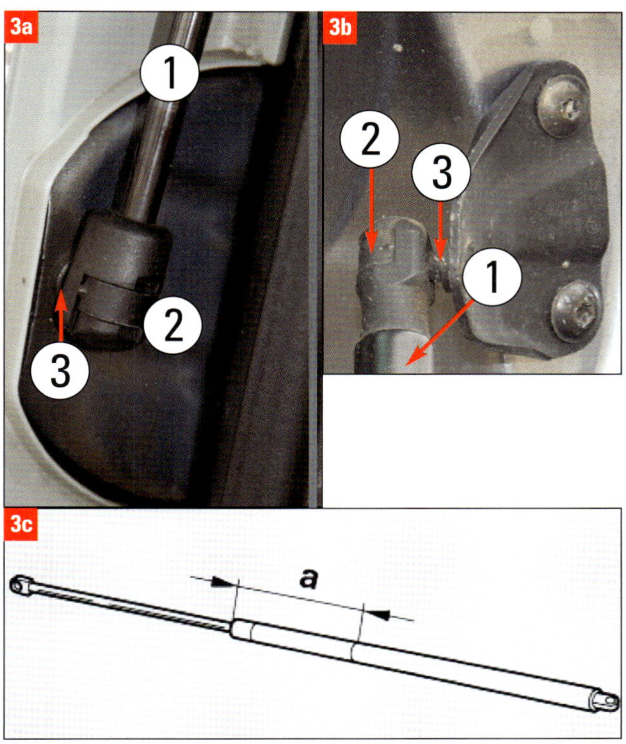

Gasdruckfeder von Škoda-Fahrzeugen: (1) Gasdruckfeder an der Fahrzeugklappe, (2) Sicherungsbügel (Federklammern), (3) Kugelzapfen verschiedener Aufnahmeform.
a = Bereich zum Einspannen der Feder beim Entgasen.

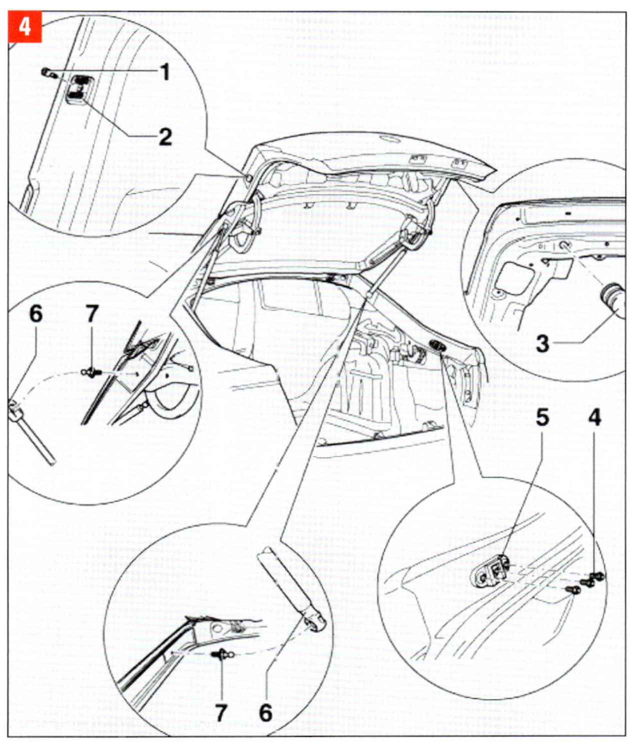

Übersicht zur Heckklappe: (1) Schraube 8 Nm, (2) Keilpuffer für Heckklappe, (3) Einstellpuffer, (4) Schrauben 8 Nm, (5) Keilpuffer für Karosserie, (6) Gasdruckfeder, (7) Kugelzapfen 20 Nm.

chen Klappe den Handgriff abschrauben (2,5 Nm), die 14 Kunststoffclips mit einem Demontagewerkzeug (optimal: MP8-602/1) ausclipsen und die Verkleidung aus dem Fahrzeug herausnehmen. Einbau in umgekehrter Reihenfolge. Bei der TwinDoor ebenfalls mit passendem Demontagewerkzeug (am besten MP8-602/1) erst die vier Clips der oberen, dann die sechs Clips der unteren Verkleidung ausbauen. Die Leiste der Zusatzbremsleuchte an der oberen Verkleidung ist auf die Heckscheibe geklebt. Verkleidungen herausnehmen; umgekehrt einbauen.

■ Steckverbindungen der Kabelstränge trennen und aus der Heckklappe herausziehen, Seilzüge für die Hutablage aushaken.

■ Heckklappe vom Helfer festhalten lassen. Allein ist der Klappenausbau nicht zu bewerkstelligen.

■ Gasdruckfedern ausbauen, wie für die Motorhaube beschrieben. Auch wenn nur eine der beiden Gasdruckfedern ausgebaut wird, muss die Heckklappe abgestützt werden. Eine einzige Feder allein hält die Heckklappe nicht offen.

■ Dann wie beschrieben mit einem kleinen Schraubendreher unter die Federklammer greifen und diese gerade so weit anheben, dass sie sich über die Kugelpfanne verschieben lässt. Gasdruckfeder von den Kugelzapfen abziehen. Nach der Demontage der Gasdruckfeder die Federklammern sofort wieder zurückschieben.

■ Befestigungsschrauben (3) der Scharniere (1) ausbauen und Heckklappe (2) abnehmen (Bilder 5a/5b).

■ Der **Einbau** erfolgt in umgekehrter Reihenfolge. Heckklappe einpassen, Einstellpuffer (Position 3 in Bild 4) einstellen und das Öffnen und Schließen der Klappe prüfen. Die Spaltmaße müssen stimmen, die Klappe muss einwandfrei schließen. Dann die Schrauben mit 10 Nm festziehen. Die Heckklappe ist richtig eingestellt, wenn sie geschlossen überall ein gleichmäßiges Spaltmaß hat, nicht zu weit nach innen oder außen steht und wenn die Konturen fluchten. Sie muss ohne größeren Kraftaufwand im Schließbügel einrasten. Zum Einstellen und Kontrollieren der Spaltmaße eine Einstelllehre (3371) verwenden.

Achtung: Die Einpassung mit eingebauten Gasdruckfedern und eingebauten Heckklappendichtungen vornehmen! Nach der Einstellung sollte eine Wasserfestigkeitsprüfung durchgeführt werden. Bei Undichtigkeiten die Stellmotoren 1 mm nach unten verschieben und die Wasserfestigkeitsprüfung wiederholen. Ggf. die Dichtungen erneuern und die Stellmotoren zurück in die Ausgangslage bringen.

Heckklappe mechanisch entriegeln

Lassen sich das Klappenschloss oder die Stellmotoren nicht mit dem Fahrzeugdiagnosetester entriegeln, können sie mechanisch entriegelt werden.

■ ***Klappenschloss:*** Rücksitzlehne vorklappen und das Schloss vom Kofferraum aus (mit Fahrzeugschlüssel oder

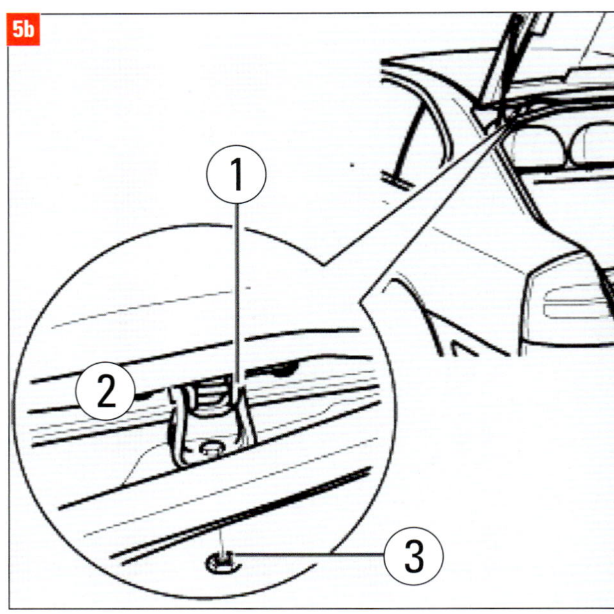

Scharnier an der Klappe hinten: Die Bilder 5a und 5b zeigen zwei Versionen der von Škoda für die Heckklappe eingesetzten Scharniere. (1) Scharnier (Bild 5a rechte, Bild 5b linke Seite), (2) Klappe, (3) Schraubverbindungen 10 Nm.

Schraubendreher) durch den Ausschnitt in der Heckklappenverkleidung entriegeln. Diese Nothilfe wird auch in der Betriebsanleitung beschrieben.

■ ***Heckklappenstellmotoren:*** Kappe (1) an der seitlichen Verkleidung des Heckklappenstellmotors heraushebeln und den Tragbolzen (2) ausbauen (Bild 6). Raste unter der Hülse mit Austreiber ausbauen und Heckklappe öffnen.

6

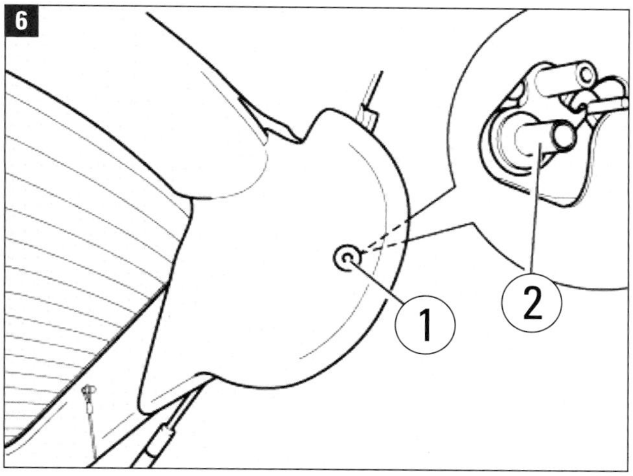

Klappen-Stellmotor: (1) Kappe, (2) Tragbolzen.

Spindelantrieb der Heckklappe ausbauen

Der Superb II Combi verfügt über einen Spindelantrieb für die Heckklappe, dessen Funktion in der Betriebsanleitung beschrieben wird. Er setzt am Kugelzapfen der Gasdruckfeder an.

■ **Ausbau:** Zündung und alle elektrischen Verbraucher ausschalten, Heckklappe öffnen abstützen und verrasten.

■ Steckverbindungen des Spindelantriebs unter der Verkleidung der D-Säule trennen und die Leitung durch die Tülle ziehen.

■ Den Sicherungsbügel mit einem Schraubendreher anheben und Spindelantrieb vom Kugelzapfen abziehen.

Achtung: Bei Wiederverwendung des Spindelantriebs darf der Sicherungsbügel (Federklammer) nicht ganz aus der Kugelpfanne herausgehebelt werden, da er sonst beschädigt wird.

■ Der **Einbau** erfolgt in umgekehrter Reihenfolge. Kugelzapfen mit 27 Nm festziehen. Danach müssen die Endlagen mit einem Fahrzeugdiagnosetester eingestellt werden.

Türen vorn und hinten ausbauen

Bei Superb-Modellen mit Seitenairbags ist das Airbag-System mit Drucksensoren für Seitenaufprall in den Vordertüren untergebracht. Um die einwandfreie Funktion des Systems nicht zu beeinträchtigen, dürfen an den Vordertüren keine Änderungen (Demontage oder zusätzliche Montage von Lautsprechern) vorgenommen werden. Vor dem Komplettieren der Vordertüren soll mit dem Wagen möglichst nicht gefahren werden. Nicht genehmigte Änderungen an den Vordertüren oder nicht komplette Vordertüren können die Funktion des Airbag-Systems beeinträchtigen.
Aus- und Einbau der Türen vorn wie hinten sowie das genaue Einstellen der Türen erfolgen an den Scharnieren. Die Scharniere sind an allen Türen gleich. Es gibt jeweils das obere und das untere Scharnier. Weitere wesentliche Komponenten sind die Türaußengriffe mit der Türbetätigung.

Türen vorn/hinten aus-/einbauen

■ **Ausbau:** Bei Fahrzeugen mit Seitenairbag das Batterie-Masseband abklemmen. Zündung und alle elektrischen Verbraucher ausschalten. Den Faltenbalg (Bild 2) bei den Vordertüren von Säule A, bei den Fondtüren von Säule B abziehen.

■ Vorn wie hinten die elektrischen Steckverbindungen (im Faltenbalg; 1 in den Bildern 2 und 3) trennen. An oberem und unterem Scharnier die Muttern (9 in Bild 1) ausbauen.

■ Schraube (7, Bild 1) aus dem Türfeststeller (3, Bild 1) ausbauen.

■ Die jeweilige Tür nach oben aushaken.

■ Der **Einbau** erfolgt in umgekehrter Reihenfolge. Dabei den Faltenbalghalter (2 in Bild 3) von der jeweiligen Säule abnehmen, den Halter in den Faltenbalg einsetzen und Halter mit Faltenbalg in die Säule einbauen. Tür einstellen.

1

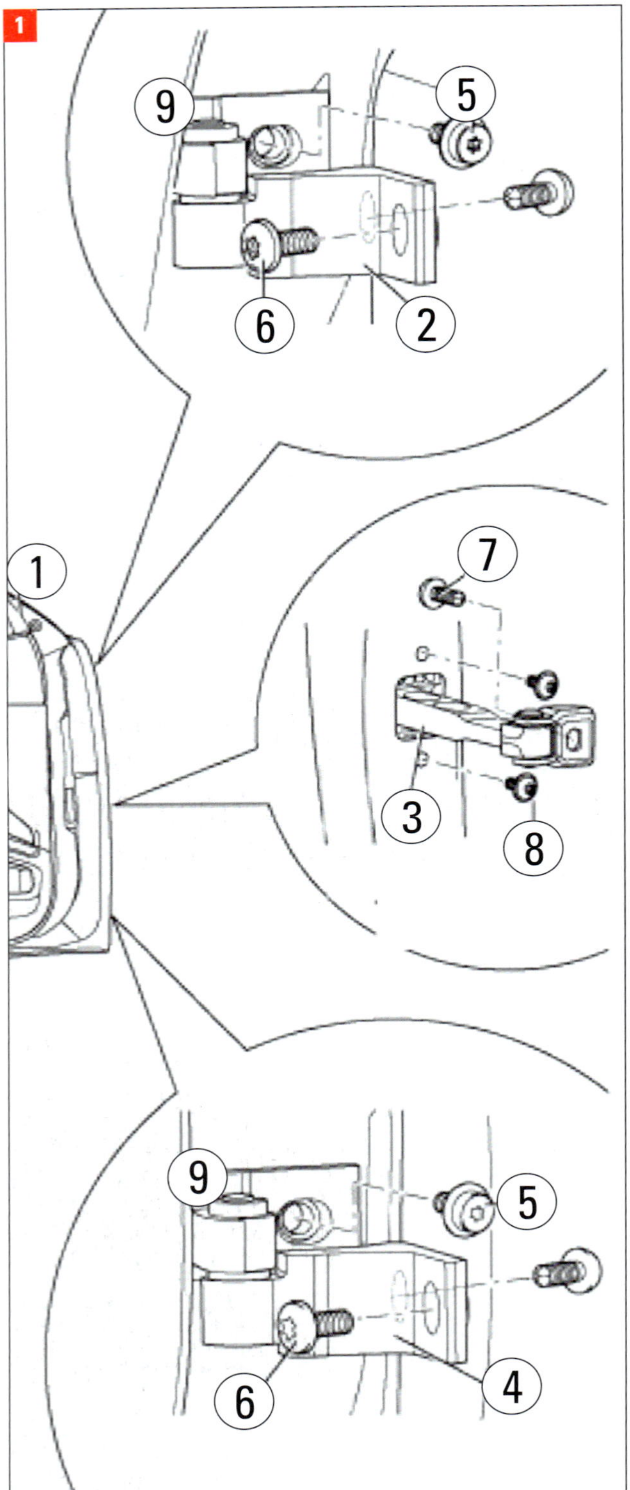

Türscharniere und -feststeller: (1) Fahrzeugtür, (2) Scharnier oben, (3) Türfeststeller, (4) Scharnier unten. Schrauben: (5) 40 Nm, (6) 25 Nm, (7) 30 Nm, (8) 9 Nm. (9) Mutter. Die Situation ist an Vorder- und Hintertür gleich.

Türen vorn/hinten einstellen

■ Für eine korrekte Türeinstellung müssen Sie die Türscharniere an der Säule und an der Tür lösen. Einstellungsmaßnahmen wie das Richten der Türen nach oben sind wirkungslos. Beim nachfolgenden Überdrücken sackt die Tür dann nämlich wieder ab.

■ Die Schrauben (5) und (6) an den Scharnieren (2) und (4) entsprechend Bild 1 müssen so weit gelöst sein, dass sich die Tür verschieben lässt.

■ Türen so einstellen, dass sie im geschlossenen Zustand überall einen gleichmäßigen Spalt zum Türrahmen haben (siehe »Spaltmaße«). Schrauben (5) mit 40 und (6) mit 25 Nm festziehen.

2

3

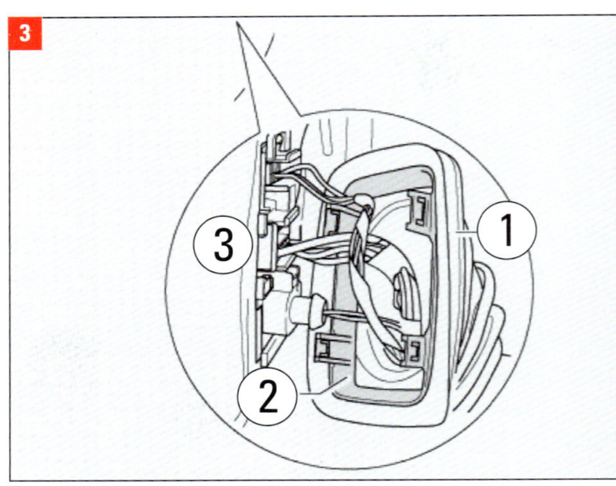

Tür-Faltenbalg und -halter: (1) Faltenbalg für die Kabelstränge zwischen Fahrzeug (Kupplungsstationen in den Säulen) und Fahrzeugtüren (mit Fensterhebern, Lautsprechern, Seitenairbags etc.), (2) Faltenbalghalter, (3) Säule.

Fahrzeugaufbau: Der Innenraum

Hohe Wertigkeit kennzeichnet den Innenraum des Superb in allen Ausstattungsvarianten. Woran Sie in diesem Bereich oft recht empfindlicher Oberflächen tätig werden können, wollen wir hier zeigen. Oberstes Gebot: Größte Vorsicht an Kunststoff-Verkleidungen!

Komfort und Platzangebot des Škoda Superb setzen Maßstäbe Materialien und Verarbeitung erfüllen höchste Ansprüche (Bild 1).

Großzügig bis ins Detail

Die üppigen Innenraummaße sind vor allem eine Folge der raumsparenden Queranordnung von Motor und Getriebe. Sie ermöglichte eine sehr schlanke Gestaltung des Mitteltunnels im 4.838 mm langen, 1.817 mm breiten und 1.462 mm hohen Škoda Superb. Alle Primärfunktionen sind rund um das Lenkrad konzentriert (Bild 2). Schneller Zugriff ist dank der logischen Anordnung garantiert, eine Fehlbedienung aufgrund der eindeutigen Kennzeichnung so gut wie ausgeschlossen. Das Lenkrad bietet ausstattungsabhängig Multifunktionstasten zur Bedienung von Audioanlage, Multifunktionsanzeige und Telefon. Eine Chromintarsie im lederbezogenen Vierspeichenlenkrad zitiert die ausgeprägte V-Form der Frontpartie. Diesem formalen Leitfaden folgt auch das Design der Mittelkonsole mit Navigationssystem und Klima-Bedienung.

2

1

Hoher Reisekomfort: Im Vergleich zum Superb der ersten Generation wuchs die Kniefreiheit im Fond um 19 mm (Bild 1). Die Armaturentafel mit ihrer wellenförmigen Ausprägung gruppiert die Bedienungselemente sinnvoll in einzelne Funktionseinheiten (Bild 2). Gepäckraum, Handschuhfach und formschöne Türtaschen bieten außergewöhnlich viel Staumöglichkeit.

Arbeiten im Innenraum

Ablagen und Fächer, Blenden und Spiegel, Abdeckungen und Verkleidungen, Haltegriffe und Sitze lassen sich recht problemlos aus- und einbauen. Vor Arbeiten an Komponenten mit Sicherheitstechnik müssen wir allerdings warnen. Hier sollte es bei der Gurtprüfung bleiben. Gurtstraffer sowie Sitze und Lenkrad mit den Airbags sind tabu. In Werkstätten darf nur speziell geschultes Personal daran tätig werden. Vermeiden Sie, bei der Reparatur verletzt zu werden und bei Unfall keinen ordnungsgemäß funktionierenden Insassenschutz zu haben!
Besondere Vorsicht ist geraten beim Umgang mit Kunststoff-Verkleidungen. Clipselemente können schnell beschädigt werden, Oberflächen sind oft kratzempfindlich. Arbeiten Sie beim Aushebeln nicht mit metallenem Schraubendreher, sondern mit Hartholz- oder Kunststoffkeil! Im VW-Konzern sind folgende Spezialwerkzeuge üblich (Bilder 3 bis 10):

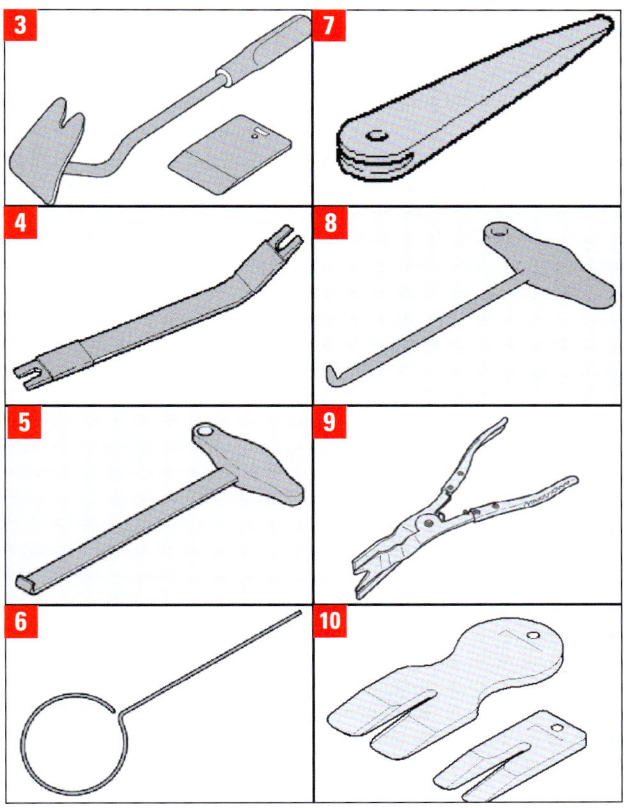

Bilder 3 bis 10: Lösehebel, Abdrückhebel, Frontend-Haken, Absteckstift, Demontagekeil, Demontagehaken, Demontagezange, geschlitzte Demontagekeile.

- Lösehebel T10039 mit Unterlegkeil T10039/1
- Abdrückhebel 80-200
- Haken für Frontend 3370
- Absteckstift T40011
- Demontagekeil 3409
- Demontagehaken 3438
- Demontagezange 3392
- Demontagekeile T10383

Im Bedarfsfall können Sie dafür Ersatzlösungen finden: Handelsübliche Kunststoffkeile, zu passenden Haken gebogene Nägel oder einen Winkelschraubendreher, Hebelwerkzeuge aus zugebogenem Metallstreifen oder Plastikmaterial, Stahldrahtstifte von 0,8 bis 1,5 mm Durchmesser mit Griffring.

Einbaulage und Festsitz beachten

Alle Clips, Verschraubungen und elektrischen Steckverbindungen müssen in logischer Reihenfolge getrennt und wieder zusammengebracht werden. Machen Sie sich in komplizierteren Fällen oder bei einer Abfolge mehrerer Ausbauvorgänge eine Zeichnung oder einige Fotos! Beim Einbau von Dichtungen muss stets der richtige Sitz hergestellt werden.
Wenn immer nötig, ersetzen Sie beschädigte Befestigungselemente unbedingt, sonst halten später Abdeckungen und Blenden nicht. Das ist besonders beim Aus- und Einbau der Säulenverkleidungen zu beachten. Wenn aus unumgänglichem Grund der Umlenkbeschlag für Sicherheitsgurte abgeschraubt wurde, muss beim Wiedereinbau die Funktion der Gurthöhenverstellung geprüft werden.
In den folgenden Arbeitsbeschreibungen gehen wir auf alle »klassischen« Reparaturen im Fahrzeuginnenraum ein.

Sicherheitstechnik entsorgen

PRAXISTIPP

Vor einer Verschrottung des Fahrzeugs etwa nach Unfall müssen die Airbageinheiten und Gurtstraffer nach bestimmten Vorschriften entsorgt werden. Auf keinen Fall dürfen Sie diese Komponenten wie üblichen Abfall behandeln. Das gilt auch für gezündete Einheiten und Gurtstraffer, denn es ist immer möglich, dass nicht alle ihre pyrotechnischen Ladungen wirklich gezündet wurden (siehe dazu auch Seite 151).

Innenspiegel aus-/einbauen, Halteplatte kleben

Spiegel aus- und einbauen

■ **Ausbau:** Orientieren Sie sich an den Bildern 1 und 2. Innenspiegel (2) mit Spiegelfuß (1; Bild 1) um 90° in Pfeilrichtung A (Bild 2) drehen und von der Klebeplatte (roter Pfeil; Bild 1) abnehmen (Klemmfeder im Fuß).

■ Diese Halteplatte verbleibt an der Frontscheibe, an der sie mit Spezialkleber befestigt ist.

■ **Einbau** sinngemäß umgekehrt: Spiegel mit Fuß um etwa 90° im Uhrzeigersinn gedreht rechts in die Halteplatte (1) einsetzen. Dann den Spiegel in Pfeilrichtung B (Bild 2) drehen, bis die Arretierfeder einrastet.

Halteplatte an die Scheibe kleben

■ Wenn der Spiegel wegen Beschädigung ausgewechselt werden muss oder wenn sich die angeklebte Halteplatte von der Frontscheibe gelöst hat, kann nach entsprechender Vorbereitung die Halteplatte erneut (oder eine neue Klebeplatte) in der wie folgt beschriebenen Weise an die Frontscheibe geklebt werden.
Ein Ersatz der Frontscheibe ist nicht erforderlich. Neue Scheiben werden mit Halteplatte geliefert.

■ **Werkzeug und Material:** Handelsüblicher Glasschaber (Bild 3), Drahtbürste und feines Schleifpapier, Klebemittelentferner und PUR-Kleber mit Primer. Volkswagen bietet dafür das komplette Glas-Metall-Klebe-Set »D 000 703 A1« an.

■ **Vorbereitung der Frontscheibe:** Alle Kleberrückstände und Primerreste müssen bis auf die Keramikvorbeschichtung entfernt werden. Vorsichtig arbeiten und die Keramikschicht nicht beschädigen! Kratzer bleiben immer sichtbar. Klebefläche mit Klebstoffentferner D 002 000 10 oder Reinigungslösung D 009 401 04 reinigen. Mindestens 10 Minuten ablüften.

■ Halteplatte aus dem Spiegelfuß herausnehmen.

■ PUR-Klebematerial mit Drahtbürste von der Halteplatte entfernen. Schleifpapier (Körnung 360...400) auf eine plane Fläche legen und die drei Abstandsnoppen der Klebefläche abschleifen. Geschliffene Fläche schmutz- und fettfrei halten.

■ Klebefläche mit Klebstoffentferner (Set: D 002 000 10 oder Reinigungslösung D 009 401 04) säubern.

■ Nylonmaschengewebe genau auf die Größe des Spiegelfußes zuschneiden.

■ Mit Handschutz (es müssen Gummihandschuhe getragen werden!) Klebstoff gleichmäßig auf die Halteplatte satt auftragen.

■ Nylonmaschengewebe auf die Halteplatte auflegen und mit der Tube unter weiterem Auftrag von Kleber das Gewebe antupfen. Bis zum Andrücken an die Windschutzscheibe stehen 30 Sekunden zur Verfügung.

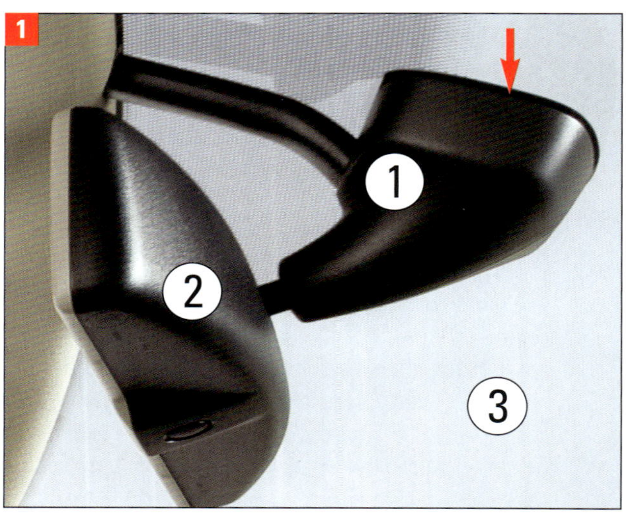

Innenspiegel: (1) Spiegelfuß mit Klebeplatte (roter Pfeil), (2) Spiegel, (3) Frontscheibe.

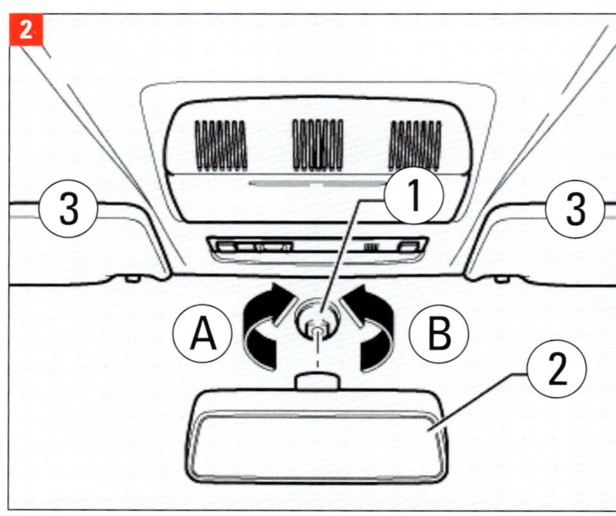

Montage: (1) Klebeplatte, (2) Spiegel mit Fuß, (3) Sonnenblenden. Pfeil A: Einbau; Pfeil B: Ausbau.

■ Halteplatte 15 Sekunden fest (nicht mit Gewalt) an die Windschutzscheibe drücken und dann den überschüssigen Klebstoff mit einem Lappen entfernen.

■ Der Innenspiegel kann nach 15 Minuten mit dem Spiegelfuß an die Halteplatte montiert werden.

Anmerkung: Innenspiegel mit Regensensor werden in ähnlicher Weise behandelt. Sie haben Abdeckkappen am Spiegelfuß; darunter Steckverbindungen und Sensor.

3

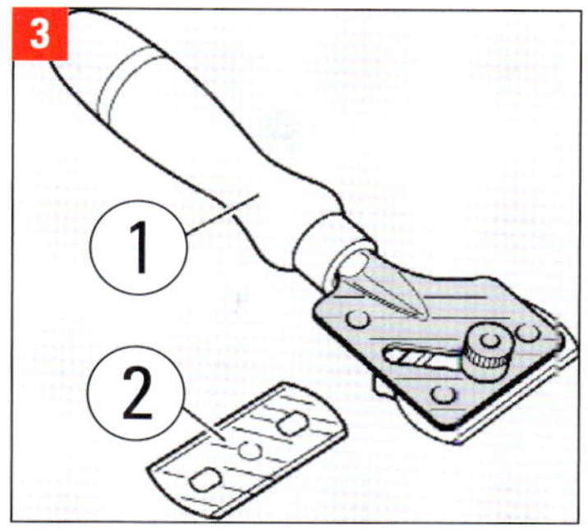

Zum Entfernen von Kleberesten nötiges Werkzeug:
(1) Glasschaber,
(2) auswechselbare Klinge.

Sonnenblende und Haltegriffe aus-/einbauen

■ **Ausbau:** Sonnenblende (4) vom Halter (1) aushängen (alle Positionen Bild 1. Bild 2a zeigt den Halter im Foto.).

■ Abdeckkappe (6) mit einem schmalen Schraubendreher aufhebeln und aufklappen.

■ Schraube (5) herausdrehen (2 Nm).

■ Halter (7) für Sonnenblende aushängen und die Blende herausnehmen.

■ Um den Halter (1/Bild 2a) auszubauen, die Abdeckkappe (2) abhebeln.

■ Schrauben (3) herausdrehen (2 Nm) und den Halter (1) abnehmen.

■ **Einbau:** In umgekehrter Reihenfolge.

■ **Ausbau Brillenfach**: Brillenablage (1) öffnen und die Brillenablage nach unten ausclipsen (Bild 2).

■ **Ausbau Dachhaltegriff**: Haltegriff (2, Bild 2) nach unten klappen (Bild 2b) und an beiden Seiten die Spreizkappen (S, Bild 2b) ausclipsen. Griff aus Karosserieausschnitt nehmen.

■ **Einbau** beider Komponenten in umgekehrter Reihenfolge.

1

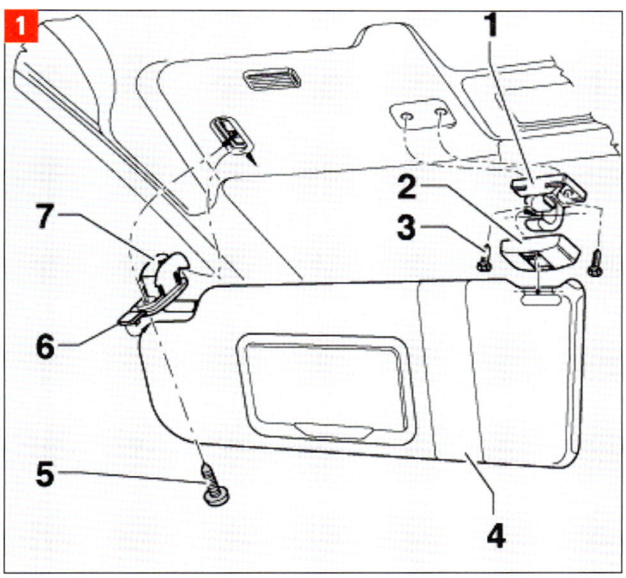

2

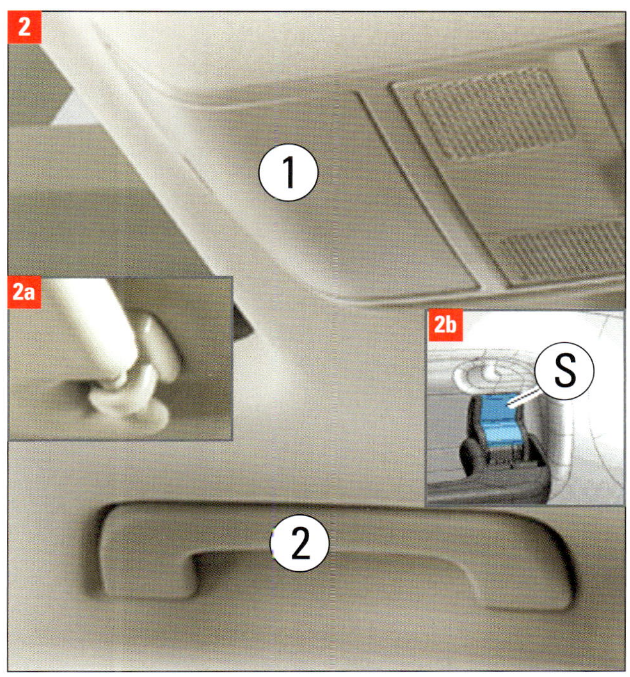

Sonnenblende: (1) Halter, (2) Kappe (Detail Bild 2a), (3/5) Schrauben 2 Nm, (4) Blende, (6) Kappe, (7) Halter.
Bild 2: 1 Brillenfach in der Dachbox, 2 Haltegriff am Dach.

Mittelkonsole und Komponenten aus-/einbauen

■ **Ausbau der Mittelkonsole:** Zündung und alle elektrischen Verbraucher ausschalten. Orientieren Sie sich zum Ausbau an der Montageübersicht Bild 2. Alle folgenden Positionsnummern beziehen sich darauf.

■ Verkleidung für Schalthebel ausclipsen.

■ Schalterstecker abziehen.

■ Schrauben (1) für Ascher/Ablagefach (2) ausbauen.

■ Den Ascher hinten (13) ausbauen.

■ Verkleidung (9) ausclipsen und Stecker für Anzünder, Zeituhr, Schalter für Sitzheizung hinten (je nach Fahrzeugausstattung) abziehen.

■ Die zur Befestigung der Verkleidung hinten (15) dienenden Schrauben (14) ausbauen.

■ Armlehne (6) ausbauen.

■ Linke Verkleidung (17) der Mittelkonsole (16) ausclipsen.

■ Schrauben (18 und 19) ausbauen.

■ Handbremse völlig anziehen.

■ Den 4. Gang einlegen (bei automatischem Getriebe den Wählhebel nach hinten stellen).

■ Die Mittelkonsole nach vorn schwenken und vorsichtig herausnehmen.

■ **Einbau der Mittelkonsole:** Der Einbau erfolgt in umgekehrter Reihenfolge.

■ **Ausbau der Armlehne:** Verkleidung hinten (15) ausbauen. Die Schrauben (7 und 8) ausbauen und die Armlehne herausnehmen.

■ **Einbau der Armlehne:** In umgekehrter Reihenfolge.

■ **Ausbau Ablagefach/Ascher:** Das kombinierte Bauteil Ablagefach/Ascher (13) öffnen.

■ Auf beiden Seiten von Ablagefach und Ascher befinden

1

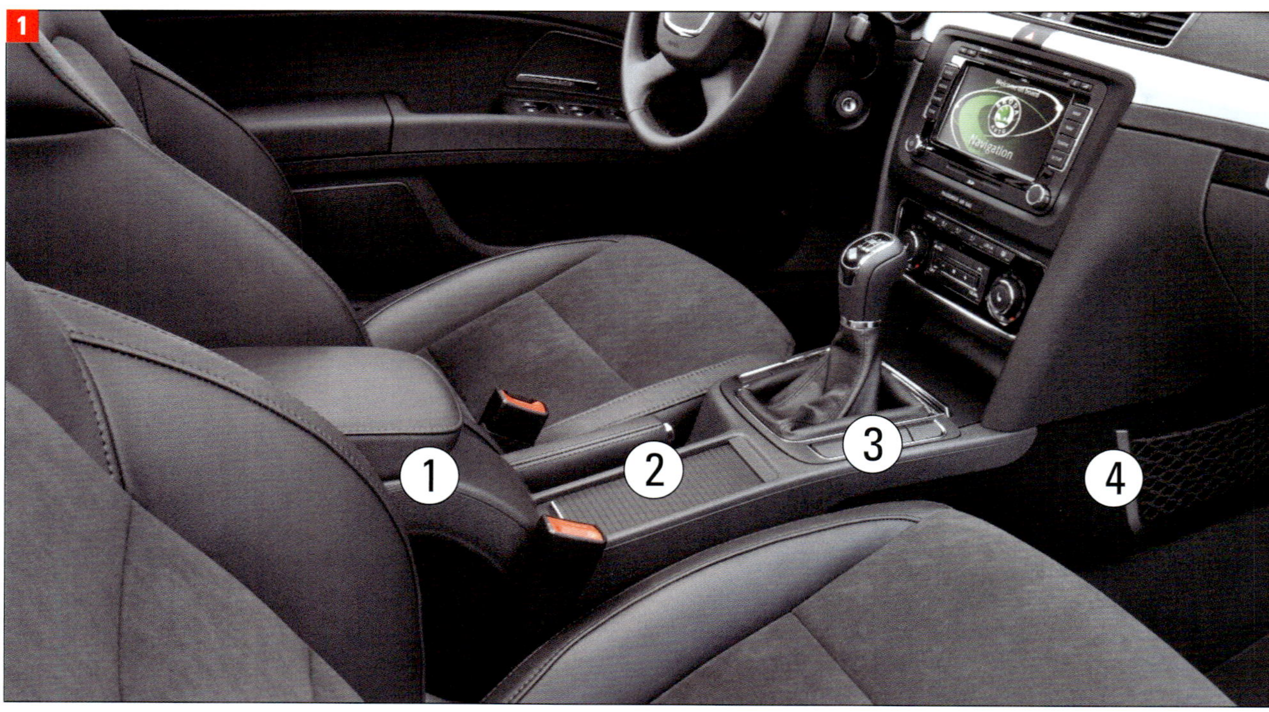

Mittelkonsole: (1) hinten mit Armlehne, (2) Mitte mit Ablage, (3) Mitte mit Schalthebel, (4) Verkleidung vorn rechts.

sich zwei Verrastungen, die nicht mit einem Keil entriegelt werden können. Deshalb das Bauteil aus der hinteren Verkleidung nach hinten vorsichtig aushebeln (ausschwenken).

■ Leitung für Ablagefach-/Ascherleuchte abziehen und Ablagefach/Ascher herausnehmen.

■ **Einbau Ablagefach/Ascher:** Komponente in die Verkleidung hinten eindrücken.

■ **Ausbau hintere Verkleidung:** Verkleidung (9) ausbauen.

■ Ablagefach/Ascher (13) und Schrauben (14) ausbauen. Hintere Verkleidung (15) abnehmen.

■ **Einbau hintere Verkleidung:** Geschieht ebenfalls in umgekehrter Reihenfolge.

2

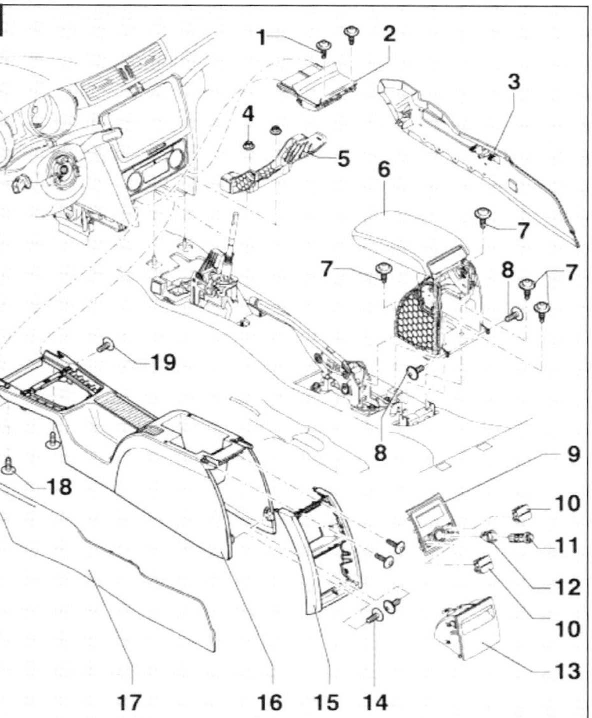

Mittelkonsole Übersicht: (1) Schrauben 1,5 Nm, (2) Ablagefach und Ascher, (3) seitliche Verkleidung rechts, (4) Mutter 8 Nm, (5) Halteteil, (6) Armlehne, (7) Schrauben 2,3 Nm, (8) Schrauben 8 Nm, (9) je nach Fahrzeugausstattung variierende Verkleidung, (10) bei entsprechender Fahrzeugausstattung Schalter für Sitzheizung hinten, (11) Zigarettenanzünder und 12 V-Steckdose, (12) Halter für Zigarettenanzünder/Steckdose, (13) Ablagefach/Ascher, (14) Schrauben 1,5 Nm, (15) Verkleidung hinten, (16) Mittelkonsole, (17) seitliche Verkleidung links, (18/19) Schrauben 1,5 Nm.

Umgang mit Gurtstraffern

Škoda weist auf folgende Sicherheitsvorschriften für etwaige Arbeiten an Gurtstraffern hin:

■ Alle Prüf-, Montage- und Instandsetzungsarbeiten an solchen Einheiten dürfen nur von geschultem Personal durchgeführt werden.

■ Gurtstraffereinheiten dürfen weder geöffnet noch repariert werden. Grundsätzlich sind wegen ansonsten bestehender Verletzungsgefahr nur originale Neuteile zu verwenden.

■ Gurtstraffereinheiten, die harten Stößen ausgesetzt wurden, die zu Boden gefallen oder mechanisch beschädigt sind (Beulen, Risse), dürfen nicht mehr eingebaut werden. Ersatz nur durch originale Neuteile.

■ Außer Betrieb gesetzte, nicht gezündete Gurtstraffer müssen einer spezialisierten Firma oder dem Importeur zur Entsorgung zugeschickt werden. Lagerung und Transport unterliegen dem Gesetz für explosionsgefährliche Stoffe. Zur Lagerung und zum Transport ist die vorgeschriebeneVerpackung zu verwenden.

■ Der Einbau einer Gurtstraffereinheit hat unmittelbar nach der Entnahme aus der Transportverpackung zu erfolgen. Bei Arbeitsunterbrechung ist die Gurtstraffereinheit wieder in die Transportverpackung zu legen.

■ Zum Aus- und Einbau der Gurtstraffer dürfen keine Elektro- oder Schlagschrauber verwendet werden.

■ Unbeaufsichtigtes Liegenlassen von Gurtstraffereinheiten ist nicht zulässig.

■ Gurtstraffereinheiten dürfen nicht mit Fett, Reinigungs- oder ähnlichen Mitteln behandelt und niemals Temperaturen über 100 °C ausgesetzt werden.

■ Nach einem Unfall mit Auslösung der Gurtstraffer sind sowohl diese als auch die Sicherheitsgurte durch neue Originalteile zu ersetzen.

■ Vor Beginn der Instandsetzungsarbeiten sind die Gurtstraffereinheiten auszubauen.

■ Vor Fahrzeugverschrottung sind Gurtstraffer zu zünden.

Säulenverkleidungen und Rücksitze aus-/einbauen

Zum **Ausbau** einen Abdrückhebel oder einen Demontagekeil oder das spezielle Škoda-Werkzeug für Türinnenverkleidungen MP8-602/1 einsetzen.

■ **A-Säule oben:** Verkleidung (1; Bild 1), oben beginnend, aus den beiden Clips an der Säule abziehen. Bei Fahrzeugen mit Kopfairbag vorher die Zündung und alle elektrischen Verbraucher ausschalten. Vorsichtig vorgehen, weil bei gewaltsamer Demontage die Airbageinheit auslösen könnte.

■ **A-Säule unten:** Verkleidung Säule B unten wie nachfolgend beschrieben ausbauen. Den Hebel für Motorraumklappenentriegelung (nur links, Fahrerseite) ausbauen: Sicherung am Hebel zur Seite entsichern und den Hebel ausschieben. Die frei werdende Schraube (1,5 Nm) ausbauen. Dann die Verkleidung von der Säule abclipsen (vier Clips).

■ **B-Säule oben:** Bei Fahrzeugen mit Kopfairbag wieder die Möglichkeit einer Auslösung bei gewaltsamer Arbeit an der Verkleidung beachten. An Bild 2 orientieren: Zündung und alle elektrischen Verbraucher ausschalten und den Endhalter des Sicherheitsgurtes vom Sitz abbauen (s. a. später).

■ Säulenverkleidung (1) zunächst an den Seiten von der Türdichtung lösen und erst danach im oberen Bereich die Clips von Säule B ausclipsen.

2

1

Bild 1 Säulen im Superb Combi mit ihren Verkleidungen: (1) A-Säule, (2) B-Säule (s. a. Bild 2), (3) C-Säule, (4) D-Säule.
Bild 2 B-Säule: (1) obere Verkleidung, (2) Haken, (3) Gurtdurchführung, (4) Sicherheitsgurt, (5) Ausströmer, (6) Clipposition.

■ Sicherheitsgurt (4) durch die Öffnung (3) in der oberen Verkleidung ziehen, den Stecker vom Ausströmer (5) abziehen und die Verkleidung entnehmen.

■ **B-Säule unten:** Rücksitzbank und Rücksitzlehne ausbauen. Dazu die Sitzbank anheben, bis die Verankerungsösen an der Unterseite aus den Clips gleiten. Sitzbank nach hinten drücken und nach vorn schieben, Steckverbindungen für Sitzheizung hinten (falls vorhanden) trennen.

■ Umlenkbeschlag unten für den mittleren Sicherheitsgurt ausbauen, beide Lehnenteile entriegeln und umklappen. Die Schraube (9 Nm) aus dem Boden drehen und die damit befestigte Schelle abnehmen. Lehne aus den Mittellagern aushaken. ggf. Steckverbindungen für Sitzheizung hinten trennen und die Lehne aus dem Fahrzeug herausnehmen.

■ Seitenpolster hinten ausbauen: Rücksitz ausbauen und Mutter (24 Nm) abdrehen. Polster um ca. 90° nach oben drehen, aus der Aufnahme aushaken und aus dem Fahrzeug nehmen. Bei Fahrzeugen mit Seitenairbags hinten Sicherheitsvorschriften beachten, vor Ausbau Batterie-Masseband abklemmen und Steckverbindung vom Airbag trennen.

■ Unterteil der oberen Säulenverkleidung lösen, Schrauben (4) herausdrehen (1,5 Nm), Clip (3) ausbauen und die untere Verkleidung (2) nacheinander vorsichtig ausclipsen (Bild 3). Steckverbindung vom Schalter für Inenraumüberwachung trennen (nur Fahrerseite) und die Verkleidung aus dem Fahrzeug herausnehmen.

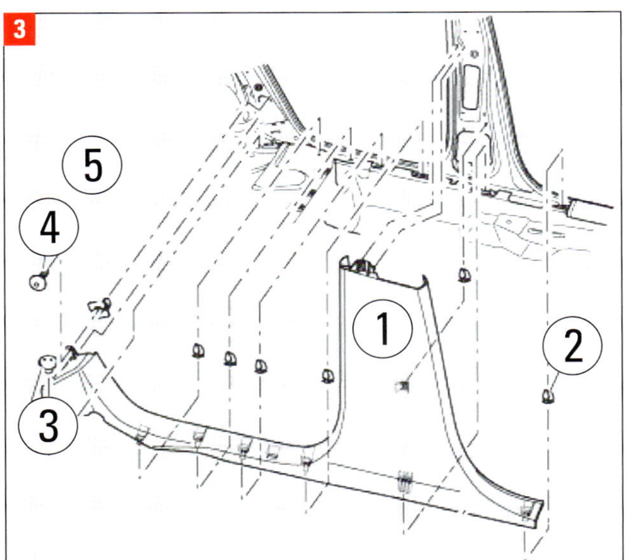

B-Säule unten: (1) untere Verkleidung, (2) seitliche Clips, (3) Clip von oben, (4) Schraube 1,5 Nm, (5) Steckverbindung.

■ **C-Säule oben:** Wenn das Fahrzeug mit Kopfairbag ausgestattet ist, vorher Zündung und alle elektrischen Verbraucher ausschalten und die Sicherheitsbestimmungen beachten. Bei der Limousine Verkleidung (1) von den vier Clips (2) der Säule abziehen (Bild 4). Beim Combi Oberteil der seitlichen Kofferraumverkleidung ausbauen (folgt anschließend), Verkleidungsteil (3) aus den Clips ziehen, Verkleidung (1) auskippen und aus den Öffnungen im Seitenteil nach unten schieben (Bild 5).

■ **D-Säule oben:** Beim Superb II Combi ist noch die Verkleidung der D-Säule (siehe Bild 1, Position 4) auszubauen. Sie ist mit vier Clips befestigt, aus denen sie ausgeclipst werden muss. Dann Verkleidung aus dem Fahrzeug herausnehmen.

■ **Einbau (alle):** Vor der Montage sind die Befestigungselemente auf Beschädigungen zu prüfen und ggf. zu erneuern. Es ist ratsam, stets neue Clips zu verwenden. Das gilt in besonderem Maße für den Clip unten an der oberen Verkleidung der B-Säule, dessen Einbaulage durch (6) in Bild 2 markiert wird, und die Clips (1; Bild 3) am unteren Rand der unteren B-Säulen-Verkleidung.

■ Der Einbau erfolgt sinngemäß in umgekehrter Reihenfolge. Alle Schrauben mit den angegebenen Anzugsdrehmomenten festziehen. Eventuell abgeklemmtes Batterie-Masseband anklemmen, Steckanschlüsse für Ausströmer und ggf. für Lautsprecher wieder verbinden.

■ Auch an der D-Säulenverkleidung sind die Clips zu erneuern. Dann die Heckklappendichtung über den Verkleidungssteg schieben.

■ **Gurtbeschläge:** Nach Ausbau der Oberen B-Säulen-Verkleidung lassen sich der Gurt-Umlenkbeschlag oben und unten (Schraube 35 Nm) und die Gurthöheneinstellung abschrauben und nach oben herausnehmen.

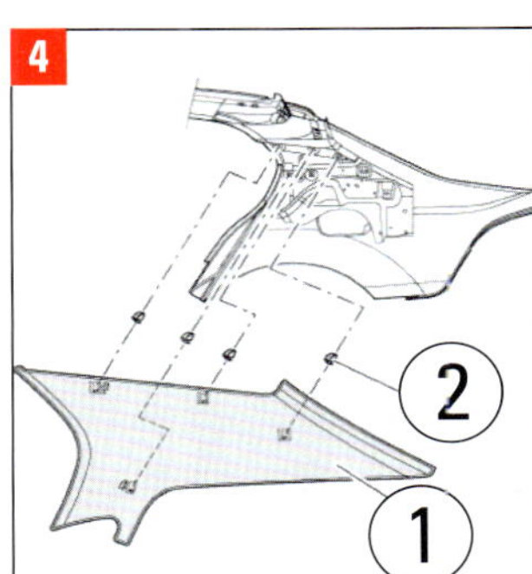

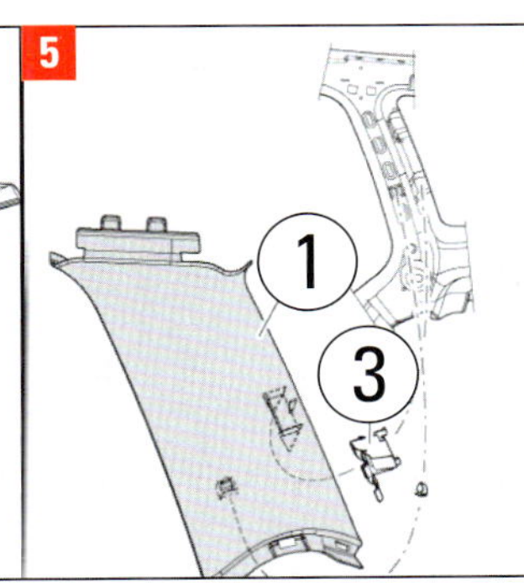

C-Säule oben: Bild 4 Limousine, Bild 5 Superb Combi. (1) Verkleidung, (2) Clips, (3) eingeclipstes Verkleidungsteil.

Verkleidungen/Böden im Kofferraum aus-/einbauen

■ **Ausbau beim Superb II Combi - Oberteil:** Zündung und alle elektrischen Verbraucher ausschalten. Die seitliche Verkleidung besteht aus zwei Teilen (1/2; Bild 1. 1/5 Bild 2)

■ Das Abdeckrollo für den Kofferraum herausnehmen und auf beschriebene Weise die obere Verkleidung der D-Säule ausbauen.

■ Unter Einhaltung der Sicherheitsvorschriften den Seitenairbag hinten ausbauen: Batterie-Masseband abklemmen, Rücksitzlehne und Rücksitzbank wie beschrieben ausbauen, die Mutter 8 Nm unten am Polster abschrauben, Polster in der oberen Aufnahme nach oben schieben und herausnehmen, die Steckverbindung vom Airbag trennen und das Polster (mit dem Airbag) aus dem Fahrzeug herausnehmen.

■ Den äußeren Umlenkbeschlag hinten unten am Sicherheitsgurt abschrauben.

■ Die drei Schraubenabdeckungen (4) ausclipsen und die sechs Schrauben (2) 2,5 Nm sowie die Schraube des klappbaren Hakens (3) für Taschen ausbauen (Bild 2).

■ Die Verkleidung ausclipsen, die Steckverbindungen für Kofferraumleuchte sowie für das Arretierungselement zur Entriegelung des Abdeckrollos trennen und die obere Verkleidung aus dem Fahrzeug herausnehmen.

■ **Ausbau beim Superb II Combi - Unterteil:** Das Oberteil muss ausgebaut sein. Untere Verkleidung der D-Säule ausbauen, indem die Abdeckung der Ladekante wie beschrieben ausgebaut und dann die Verkleidung abgeschraubt wird (zwei Schrauben 2,5 Nm).

■ Lehne hinten und ggf. die Ladebühne des erhöhten Kofferraumbodens sowie (nur auf der Seite der auszubauenden Kofferraumverkleidung) diesen selbst ausbauen.

■ Ladebühne/erhöhter Boden: Den Befestigungssatz ausbauen, den Taster für Schiebezurröse sowie den für elastischen und teleskopischen Befestigungssatz drücken, in der Führungsschiene in die Mitte verschieben und herausnehmen. Ladebühne zusammenklappen, die Sicherungen links und rechts unten hineindrücken, Ladebühne in der Führungsschiene bis Anschlag nach vorn schieben und nach oben

1

Bild 1 Verkleidung im Combi: (1) Oberteil, (2) Unterteil.
Bild 2 Montagebild der Combi-Verkleidung: (1) Oberteil der seitlichen Verkleidung, (2) sechs Schrauben 2,5 Nm, (3) zwei Schrauben 7 Nm, (4) Schraubenabdeckungen, (5) Unterteil der seitlichen Kofferraumverkleidung, (6) zwei Schrauben 5,5 Nm, (7) Verzurröse, (8) Schraube 2,5 Nm.

2

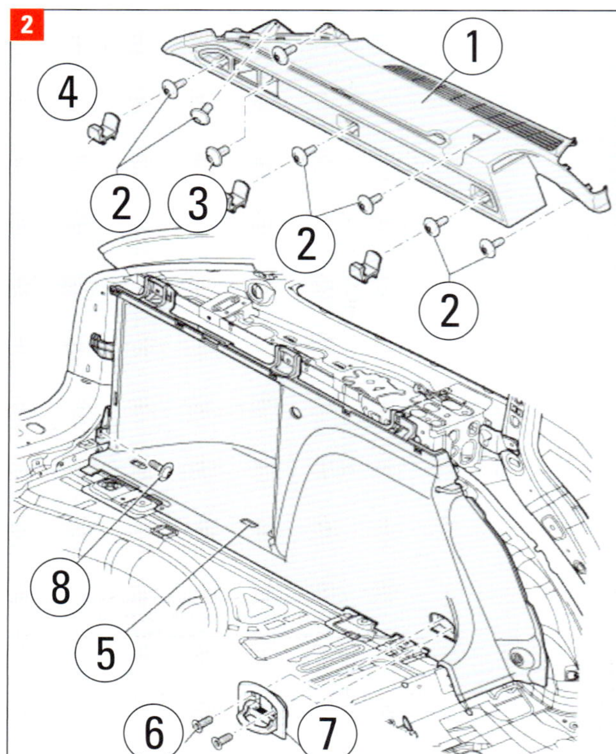

herausnehmen. Jetzt kann der Bodenbelag herausgenommen werden.

■ Die Schraube (8) und die Schrauben (6) ausbauen und Verzurröse (7; je nach Fahrzeugausstattung) herausnehmen (Bild 2).

■ Steckverbindung für Steckdose abziehen und die Verkleidung aus dem Fahrzeug herausnehmen.

■ **Ausbau beim Superb II Limousine:** Zündung und alle elektrischen Verbraucher ausschalten.

■ Rücksitzbanklehne und Seitenpolster hinten wie beschrieben ausbauen.

■ Die drei Schrauben 2,5 Nm (8) für das Oberteil der Kofferraumverkleidung (1) ausbauen (Bild 3).

■ Die einzelne Schraube 2,5 Nm (7) ausbauen.

■ Den Befestigungshaken (6) ausbauen.

■ Kofferraumverkleidung (1) und Abdeckung der Kofferraum-Ladekante ausbauen. Dazu den Kofferraum-Bodenbelag anheben, das Reserverad herausnehmen, die beiden Muttern 2,2 Nm lösen, die beiden Schrauben 1,5 Nm ausbauen, die Abdeckung der Ladekante nach oben ausclipsen, den Stecker am Mikroschalter von der Unterseite der Abdeckung her abziehen und die Abdeckung aus dem Fahrzeug nehmen.

■ Die Abdeckkappe (5) und die darunter befindliche Schraube (4) 2,5 Nm ausbauen.

■ Befestigungsclip (3) ausbauen und den Stecker für die elektrische Steckdose (nur rechte Seite) abziehen.

■ Den Stecker der Kofferraumleuchte ebenfalls abziehen.

■ Seitenverkleidung (2) aus dem Fahrzeug herausnehmen.

■ **Ausbau des erhöhten Kofferraumbodens der Limousine:** Die Fixierbolzen (2) durch Drehen ausbauen. Dabei auf die beiden Scheiben (3) achten, sie dürfen nicht verloren gehen (diese und die weiteren Positionen Bild 4).

■ Kofferraumboden (1) zusammenklappen und aus dem Fahrzeug herausnehmen.

■ Steckverzurrösen (5) um 90° drehen und herausnehmen. Stützen (4) für erhöhten Kofferraumboden aus dem Fahrzeug herausnehmen.

3

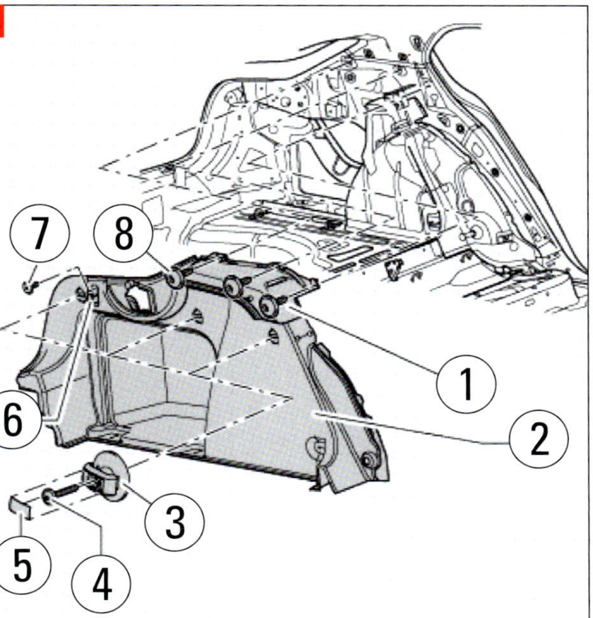

Seitenverkleidung in der Limousine: (1) Kofferraumverkleidung oben, (2) Seitenverkleidung, (3) Befestigungsclip, (4) Schraube 2,5 Nm, (5) Abdeckung, (6) Befestigungshaken, (7) einzelne Schraube 2,5 Nm, (8) drei Schrauben 2,5 Nm.

4

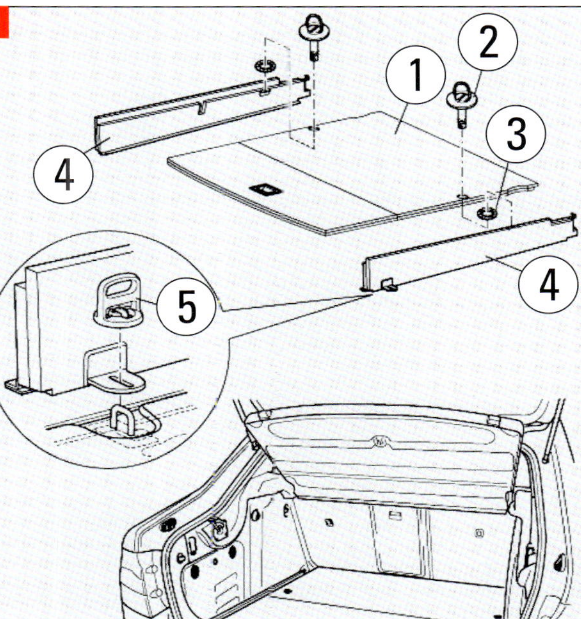

Erhöhter Boden im Kofferraum der Limousine: (1) Erhöhter Kofferraumboden, (2) Fixierbolzen, (3) Scheibe, (4) Stütze, (5) Steck-Verzurröse.
Anmerkung: Keine weiteren Schrauben oder Clips verbaut.

■ **Ausbau der Führungsschiene im Boden:** Dazu müssen zuvor die Ladebühne und der Kofferraum-Bodenbelag wie beschrieben ausgebaut werden. Zur Einbaulage der Schienen, die links und rechts montiert sind, siehe Bild1.

■ Längsverkleidung (6) des erhöhten Kofferraumbodens abschrauben. Dazu die drei Schrauben (7) 4 Nm ausbauen (alle Positionen Bild 5).

■ Die drei Schrauben (2) 10 Nm ausbauen und die Führungsschiene (1) aus dem Fahrzeug herausnehmen.

■ Die Halter (5) für den erhöhten Kofferraumboden sind auszubauen, indem die Schrauben (4) 10 Nm ausgebaut werden.

■ Der **Einbau** erfolgt allen Fällen in umgekehrter Reihenfolge. Alle Schrauben müssen mit den angegebenen Anzugsdrehmomenten festgezogen werden.

5

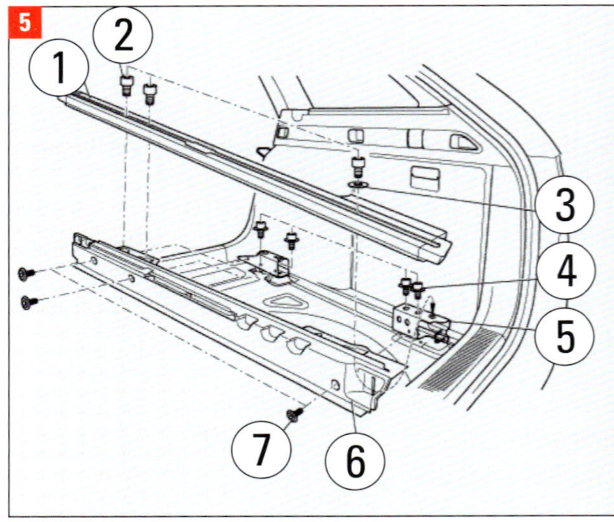

Führungsschiene im Kofferraumboden: (1) Führungsschiene, (2/4) drei und vier Schrauben 10 Nm, (3) Scheibe, (5) Halter, (6) Längsverkleidung, (7) drei Schrauben 4 Nm.

Handschuhfach aus- und einbauen

■ **Ausbau:** Rastnase (3) entriegeln und Griff (1) für das Handschuhfach (2) auf der Beifahrerseite ausclipsen. Ohne Ausbau des Griffes kann die Torxschraube (4) für Handschuhfach nicht ausgebaut werden (Bild 1).

■ Schlüsselschalter für die Abschaltung des Beifahrerairbags aus dem Handschuhfach ausclipsen und Steckverbindung trennen. Dieser Arbeitsschritt ist im Lupendetail in Bild 2 dargestellt.

■ Die fünf Schrauben (2) 1,5 Nm für Handschuhfach (1)ausbauen (Bild 2) und Steckverbindungen von Handschuhfachbeleuchtung und Fußraumleuchte Beifahrerseite trennen.

■ Vorlaufschlauch für die optionale Kühlung des Handschuhfachs Beifahrerseite trennen und das Fach aus dem Fahrzeug herausnehmen.

Einbau in sinngemäß umgekehrter Reihenfolge.

1

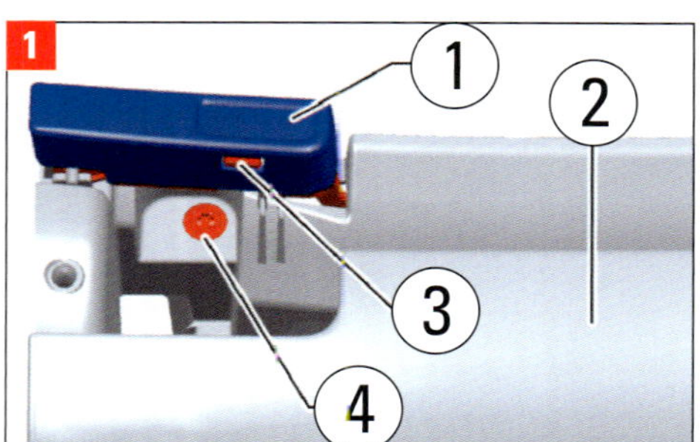

2

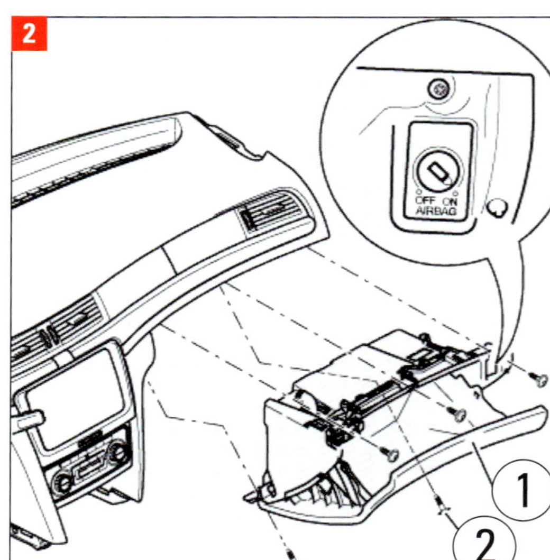

Bild 1 Handschuhfach: (1) Griff, (2) Handschuhfach, (3) Rastnase, (4) Befestigungsschraube (Torx).
Bild 2 Ausbau: (1) Handschuhfach, (2) fünf Schrauben 2 Nm.
Detailbild: Airbag-Schlüsselschalter.

Verkleidungen der Heckklappe aus- und einbauen

Im vorangegangenen Kapitel »Karosserie« haben wir im Zusammenhang mit dem Ein- und Ausbau der Klappen bereits den Ausbau der Heckklappen-Verkleidung erläutert. Wir reichen hier die entsprechenden Škoda-Skizzen zu diesen Arbeiten nach, um die Erläuterungen noch verständlicher zu machen.

■ **Ausbau einteilige Verkleidung:** Schraube (2) 2,5 Nm für Heckklappenhandgriff (3) ausbauen und Halter (1) plus Handgriff abnehmen. Kunststoffclips (4) mit geeignetem Demontagewerkzeug (z. B. MP8-602/1 für Türinnenverkleidung) ausclipsen. Verkleidung für Heckklappe (5) aus dem Fahrzeug herausnehmen (Bild 1).

■ **Ausbau zweiteilige Verkleidung:** Obere Verkleidung (1) mit z. B. dem Demontagewerkzeug für Türinnenverkleidung »MP8-602/1« aus den vier Halterungen ausclipsen und abnehmen. Anstelle des Spezialwerkzeugs ist auch ein üblicher Demontagehebel oder mit viel Vorsicht ein Schlitzschraubendreher zu verwenden. Dann aber Achtung: Lack in der Umgebung nicht zerkratzen! Die Bremsleuchten-Leiste (2) ist auf die Heckscheibe aufgeklebt und verbleibt dort. Die untere Verkleidung (5) mit dem Demontagewerkzeug ausclipsen und aus dem Fahrzeug herausnehmen.

■ Der **Einbau** erfolgt in umgekehrter Reihenfolge. Die Schraube am Handgriff mit 2,5 Nm festziehen. Vor der Montage sind die Befestigungselemente auf Beschädigungen zu prüfen und ggf. zu erneuern.

Anmerkung: Bei der geteilten Heckklappe »TwinDoor« ist das große halbrunde Klappenscharnier ebenfalls mit einer zweiteiligen Verkleidung versehen. Sie wird ähnlich wie die Klappenverkleidung ausgeclipst und abgeschraubt. Beim Einbau die insgesamt drei Schrauben mit 2,5 Nm festziehen.

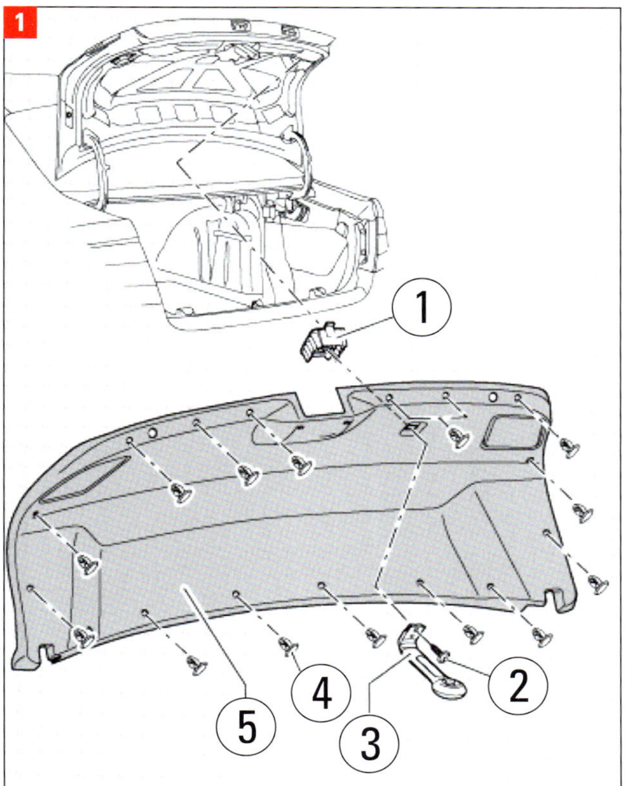

Einteilige Verkleidung ausbauen 1: (1) Befestigung Handgriff, (2) Schraube am Handgriffhalter, (3) Handgriff für Heckklappe, (4) 15 Clips, (5) Verkleidung der Heckklappe.

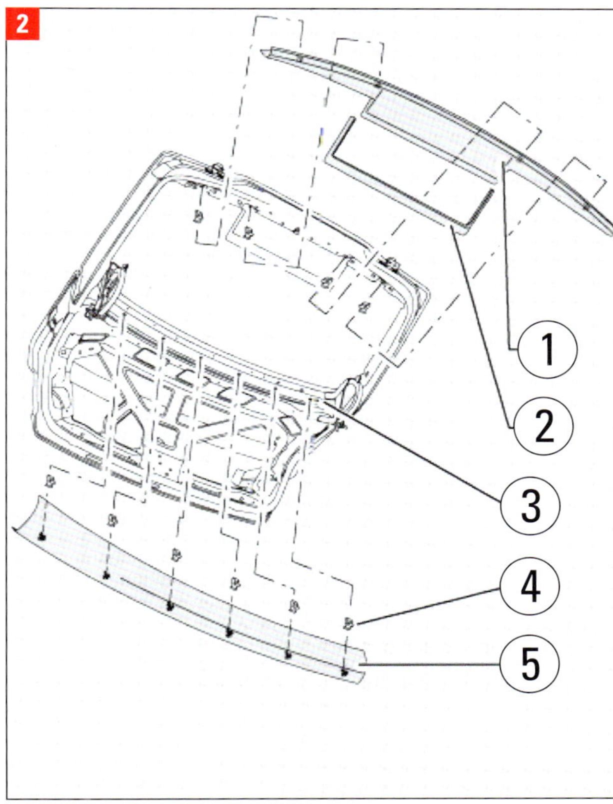

Zweiteilige Verkleidung ausbauen 2: (1) oberer Teil, (2) Leiste der Zusatzbremsleuchte, (3) Heckklappe, (4) insgesamt zehn Clips, (5) unterer Teil.

Türverkleidungen und Sonnenblende hinten ausbauen

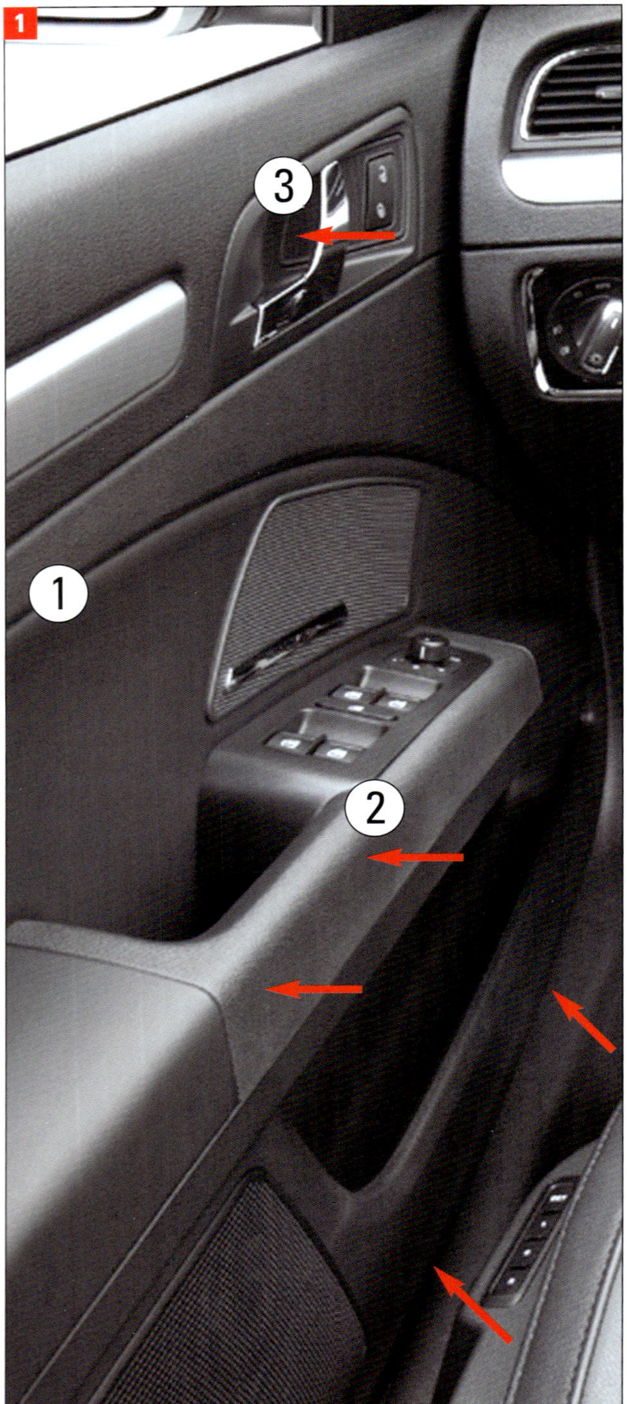

Vordertür links: (1) Verkleidung, (2) Griffschale mit Fenster- und Außenspiegel-Bedienung, (3) Türbetätigung mit Lautsprecher. Pfeile: Position der fünf Schrauben (Bild 3).

Viele elektronische, elektrische und mechanische Baugruppen sind unter den Kunststoffverkleidungen von Türen, Klappen und Säulen platziert. Bei Reparaturen müssen die Verkleidungen oder Teile davon ausgebaut werden. Wir demonstrieren Aus- und Einbau ausführlich an der linken Vordertür (Fahrertür). Situation und Vorgehensweise sind bei allen Türen ähnlich. An einer Fondtür zeigen wir den Ausbau der »Sonnenblende hinten«.

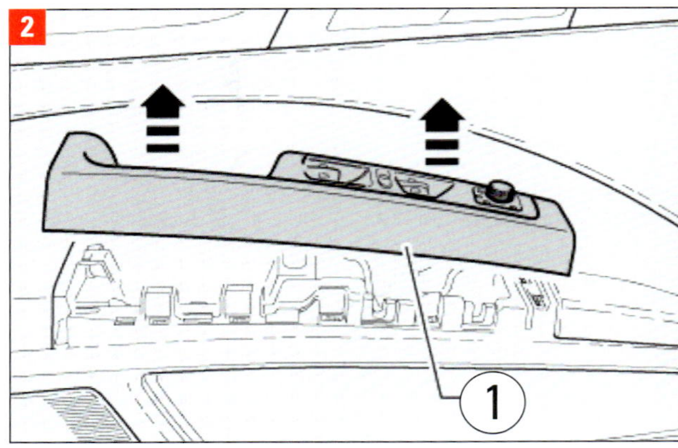

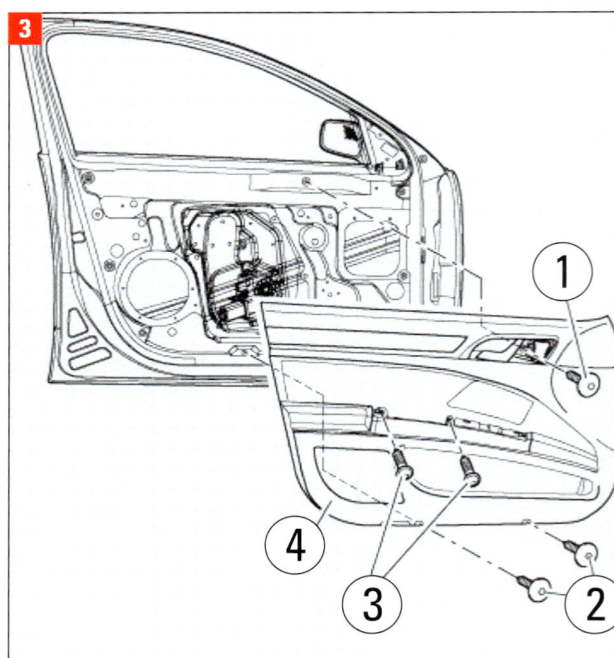

Bild 2 erster Ausbauschritt: Griffschale (1) ausclipsen.
Bild 3 Verkleidung abschrauben: Schrauben (1) und (2) 1,1 Nm sowie (3) 4 Nm von Verkleidung (4) abschrauben.

Als Werkzeuge gebraucht werden Schraubendreher, Drehmomentschlüssel (z. B. V.A.G 1783) und Demontagehebel (Škoda: Demontagewerkzeug für Türinnenverkleidung »MP8-602/1«.

■ **Ausbau Türverkleidung vorn:** Zündung und alle elektrischen Verbraucher ausschalten. Griffschale (2, Bild 1; (1) Bild 2) mit Bedienelementen für elektrischen Fensterheber und elektrischen Außenspiegel ausclipsen und die Stecker für beide Komponenten abziehen (Bild 2).

■ Schrauben (3) 4 Nm und Befestigungsschrauben (2) 1,1 Nm für Türverkleidung unten ausbauen.

4

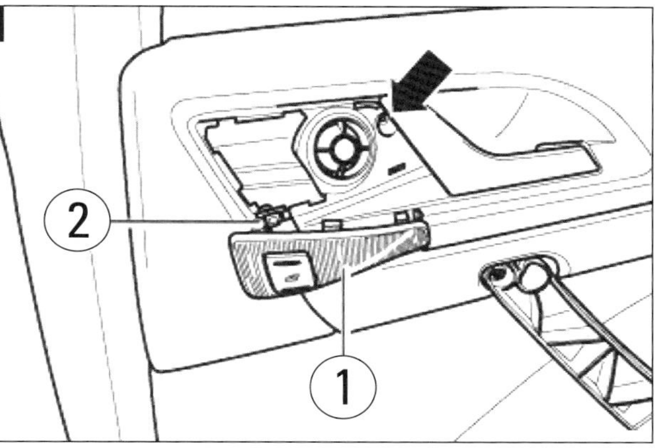

5

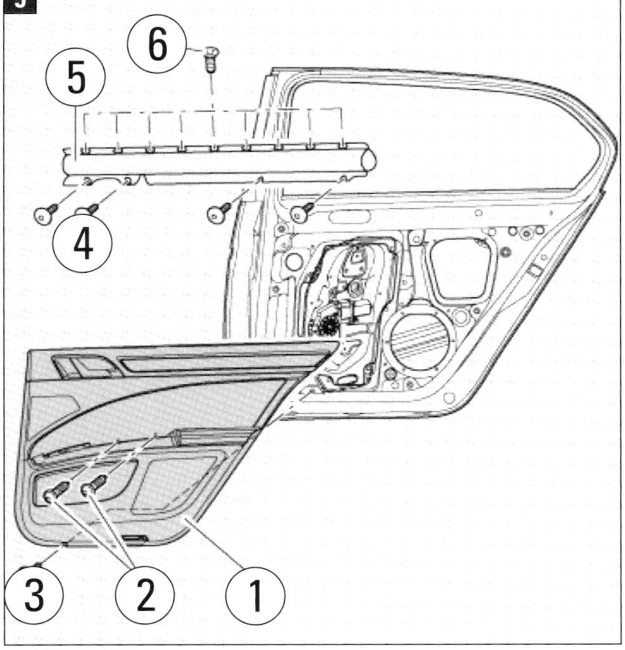

Bild 4 Türinnenbetätigung: (1) Verkleidung, (2) Stecker.
Bild 5 Tür hinten: (1) Türverkleidung, (2 und 3) Schrauben, (4/6) vier bzw. neun Schrauben, (5) Sonnenblende.

■ Verkleidung (1) mit Lautsprecher und Schalter für Türinnenverriegelung ausclipsen. Stecker (2) vom Lautsprecher und vom Verriegelungsschalter abziehen (Bild 4).

■ Schraube (1) 1,1 Nm ausbauen (Bild 3).

■ Türverkleidung nacheinander von den Clips mit z. B. Demontagekeil 3409 vorsichtig abhebeln.

■ Stecker für Türinnengriffleuchte, Diode für Wegfahrsicherung und Türwarnleuchte abziehen.

■ Seilzug für Türinnengriffbetätigung trennen.

■ Türverkleidung (4, Bild 3) aus dem Fahrzeug herausnehmen.

■ **Ausbau Türverkleidung hinten:** Zündung und alle elektrischen Verbraucher ausschalten. Griffschale mit Bedienelementen für elektrischen Fensterheber ausclipsen. Die beiden Schrauben 4 Nm unter der Griffschale ausbauen.

■ Befestigungsschraube für Türverkleidung unten 1,1 Nm ausbauen. An den Fondtüren gibt es unten nur eine Befestigungsschraube.

■ Türverkleidung mit Demontagekeil vorsichtig von den Clips abhebeln. Stecker für Türinnengriffleuchte und Türwarnleuchte (abhängig von der jeweiligen Fahrzeugausstattung) abziehen.

■ Seilzug für Türinnengriffbetätigung trennen und Türverkleidung aus dem Fahrzeug herausnehmen.

■ Der **Einbau** der Türverkleidungen vorn wie hinten erfolgt in umgekehrter Reihenfolge Beschädigte Clipselemente müssen ersetzt werden. Anzugsdrehmomente der Schrauben beachten!

■ **Ausbau Sonnenblende an Fondtür:** Türverkleidung (1) nach dem beschriebenen Muster ausbauen.

■ Die vier unteren Befestigungsschrauben (4) für Sonnenblende ausbauen.

■ Die neun oberen Schrauben (6) ausbauen.

■ Sonnenblende (5) vorsichtig abnehmen (alles Bild 5).

■ Der **Einbau** erfolgt in umgekehrter Reihenfolge.

Formhimmel aus- und einbauen

■ **Ausbau:** Die oberen Verkleidungen der Säulen A, B und C sowie im Superb II Combi dazu noch der D-Säule wie zuvor beschrieben ausbauen.

■ Die Dach-Innenleuchten vorn und im Combi auch die Brillenablage, alle Dach-Haltegriffe und die beiden Sonnenblenden ausbauen.

■ ***Limousine:*** Die Seitenverkleidung im Kofferraum ausbauen. Clips im Formhimmel hinten mit z. B. dem Demontagewerkzeug für Türinnenverkleidung MP8-602/1- ausclipsen.

■ Sitze vorn und hinten umklappen und die Kofferraumabdeckung herausnehmen.

■ Formhimmel absenken und wegen der ansonsten bestehenden Bruchgefahr zusammen mit einem Helfer nach hinten aus dem Fahrzeug herausnehmen.

■ ***Combi:*** Kofferraumabdeckung herausnehmen.

■ Rücksitzbank und Rücksitzlehnen sowie in Abhängigkeit von der jeweiligen Ausstattung den erhöhten Kofferraumboden ausbauen.

■ Seitenverkleidung im Kofferraum rechts und die Heckklappendichtung ausbauen.

■ Den Formhimmel aus den Leisten des Panoramaschiebedachs oder des Ausstelldachs (je nach Fahrzeugausstattung) aushaken und absenken.

■ Mit einem Helfer (Bruchgefahr) den Formhimmel in Pfeilrichtung 1 und 2 aus dem Fahrzeug herausnehmen (Bild 1).

■ **Einbau** in umgekehrter Reihenfolge. Beschädigte Clips ersetzen, Schrauben mit Drehmoment festziehen.

1

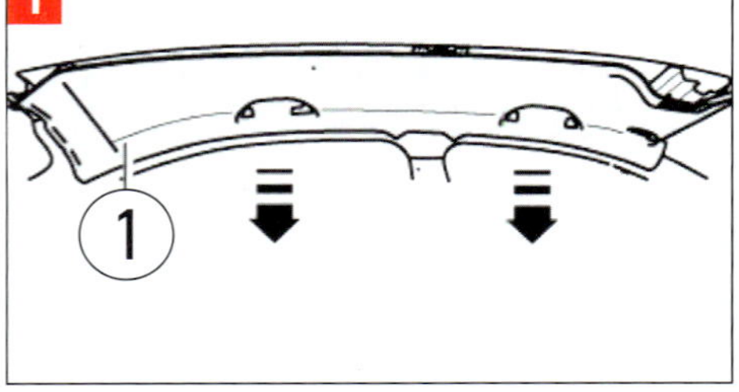

Bild 1 Formhimmel absenken: Die Pfeile geben die Bewegungsrichtung beim Absenken an. Dieses soll gleichmäßig und gleichzeitig vorn und hinten erfolgen, um Bruchschäden zu vermeiden.

2

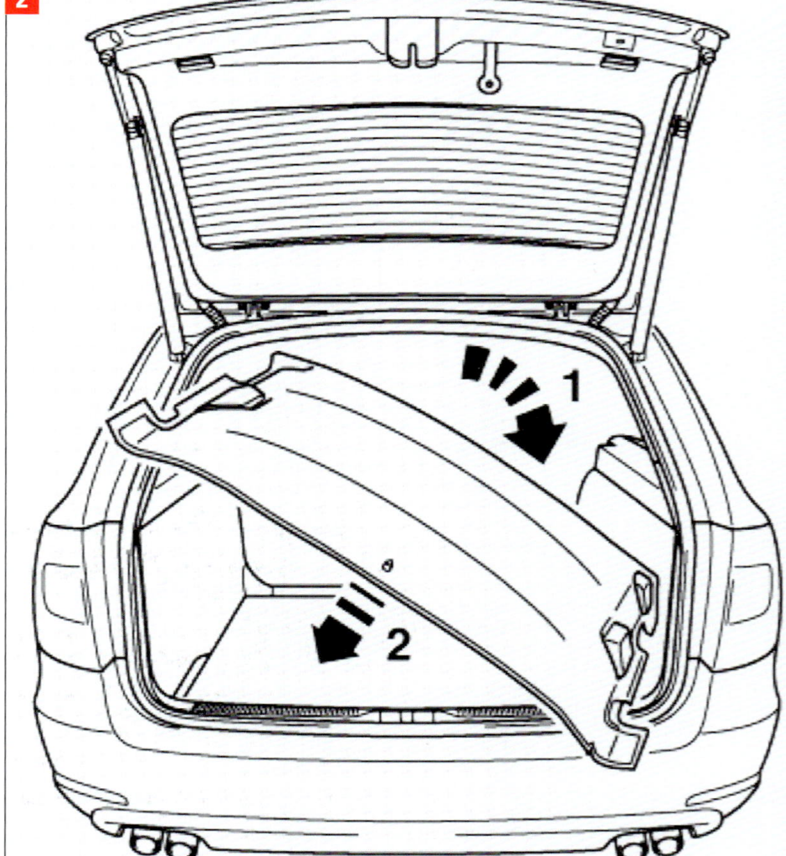

Bild 2 Formhimmel entnehmen: Die Pfeile (1) und (2) geben die Bewegungsrichtung für das Entnehmen an. Nach diesem Muster unbedingt mit einem Helfer zusammen arbeiten, um Schäden an dem Kunststoff-Formteil zu vermeiden.

Sitz(gestelle) vorn und hinten ausbauen

Beim Ausbau der Sitze müssen wegen der Airbags in den Lehnen (3; Bild 1) strikt die Sicherheitsmaßnahmen für Arbeiten am Airbag eingehalten werden. Sind Seitenairbags (4; Bild 1) eingebaut, muss auf jeden Fall das Batterie-Masseband abgeklemmt werden. Erforderliches Werkzeug: Drehmomentschlüssel (V.A.G 1331), Schraubendreher, Seitenschneider.

■ **Ausbau Vordersitze:** Klemmen Sie die Fahrzeugbatterie ab (Kapitel »Fahrzeugelektrik«).

■ Den Sitz (1) über die Längsverstellung in der vordersten Position verrasten und die hinteren Schrauben (2) links und rechts herausschrauben (Bild 2).

■ Den Sitz (1) dann ganz hinten positionieren und die vorderen Schrauben (3) herausschrauben.

■ Sitz im vorderen Bereich anheben. Am Boden darunter befindet sich eine Abdeckung, die herausgenommen werden muss, um an die elektrischen Steckverbindungen heran zu

2

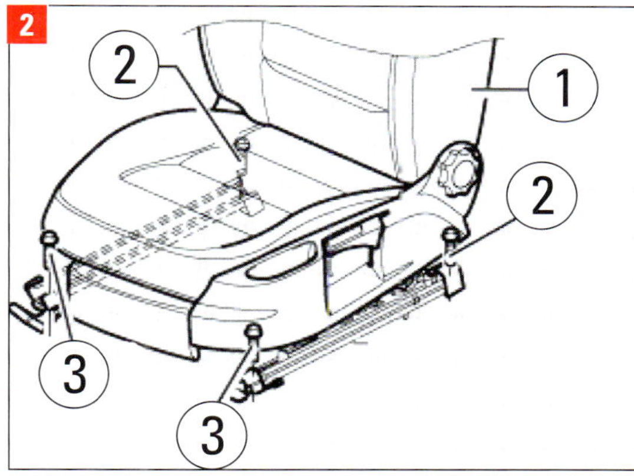

Vordersitz Fahrerseite: (1) Sitz, (2) Schrauben hinten 40 Nm, (3) Schrauben vorn 40 Nm.

1

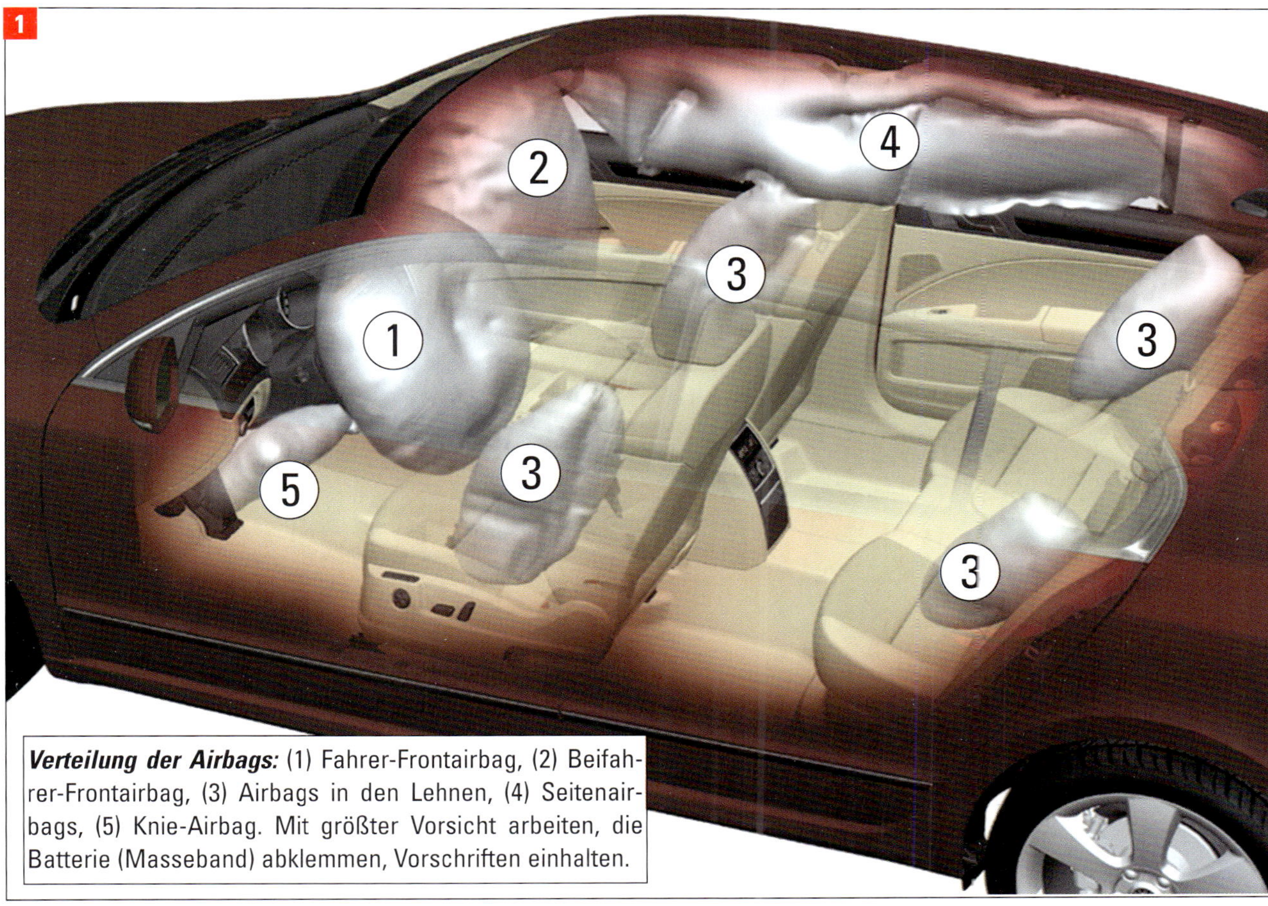

Verteilung der Airbags: (1) Fahrer-Frontairbag, (2) Beifahrer-Frontairbag, (3) Airbags in den Lehnen, (4) Seitenairbags, (5) Knie-Airbag. Mit größter Vorsicht arbeiten, die Batterie (Masseband) abklemmen, Vorschriften einhalten.

kommen. Die beiden dadurch freigelegten Stecker abziehen und den Sitz herausnehmen.

■ **Einbau** in sinngemäß umgekehrter Reihenfolge. Je nach Fahrzeugausstattung die Steckverbindungen der Leitungsstränge wieder verbinden. Die Gestellschrauben kann man mit Kitt (empfohlen Loctite 270) sichern. Alle vier Befestigungsschrauben mit 40 Nm anziehen.

■ **Lehnengestell vom Sitzgestell abbauen:** Sitz und Gurtschloss ausbauen.

■ Entweder (Fahrzeuge mit manuell betätigtem Sitz) Handrad und Griff für Sitzhöhenverstellung vom Sitz abziehen und Spreizniete sowie die Sitzverkleidung links und rechts ausbauen; oder (Fahrzeuge mit elektrisch betätigtem Sitz) Zündung und alle elektrischen Verbraucher ausschalten, Sitzverkleidung rechts und hinten links ausbauen und die Steckverbindungen für die Antriebe von Lendenwirbelstütze und Lehnenneigung trennen, Befestigungsschraube hinten für Haltebügel ausbauen.

■ Steckverbindungen für Sitzheizung (2) und ggf. für Seitenairbageinheit (3) unter dem Sitz trennen (Bild 3).

■ Leitungsklemmen lösen und durchschneiden.

3

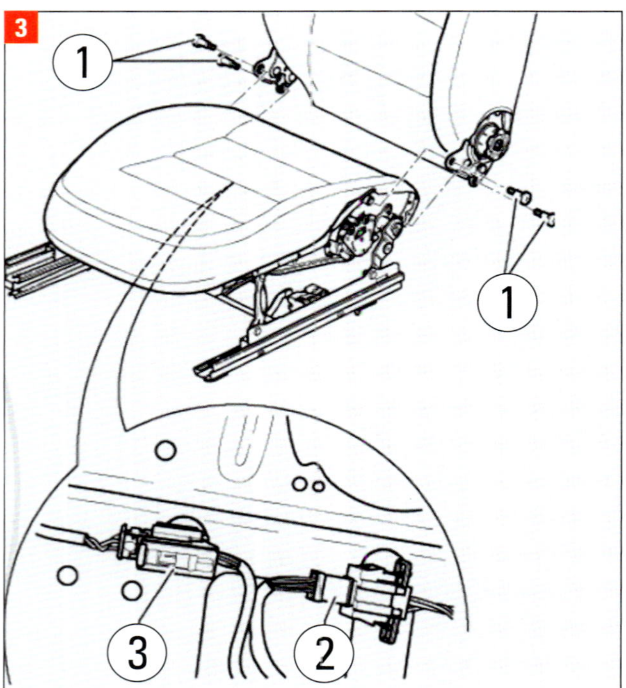

Lehnengestell ausbauen: (1) Schrauben 34 Nm, (2 und 3) Steckverbindungen für Sitzheizung und für Seitenairbag.

■ Schrauben (1) 34 Nm auf beiden Seiten des Sitzes ausbauen und Lehnengestell vom Sitzgestell abnehmen (Bild 3).

■ Der **Einbau** erfolgt in umgekehrter Reihenfolge, wobei unbedingt die Einbaulage der Klemmen der elektrischen Leitung eingehalten werden muss.

■ **Ausbau Rücksitzbank:** Sitzbank so weit anheben, bis Verankerungsösen an der Sitzbank-Unterseite ausclipsen.

■ Sitzbank nach hinten drücken und nach vorn schieben. In Fahrzeugen mit Sitzheizung hinten die Steckverbindungen trennen. Umklappbare Rücksitzbänke klappen, eventuelle Steckverbindungen für Sitzheizung trennen, auf den Drahtrahmen drücken und Sitzbank aus den Clips herausnehmen.

Einbau Rücksitzbank: Ggf. Steckverbindungen für Sitzheizung hinten aufstecken. Sitzbank nach hinten schieben und so drücken, dass die Verankerungsösen in den Kunststoffhülsen verrasten.

■ **Ausbau Rücksitzlehne:** Umlenkbeschlag unten für den mittleren Sicherheitsgurt ausbauen.

■ Lehnenteile entriegeln und umklappen, Schraube 9 Nm ausbauen und Schelle abnehmen, Lehne aus den Mittellagern aushaken.

■ Soweit vorhanden, Steckverbindungen für Sitzheizung hinten trennen und Lehne aus dem Fahrzeug herausnehmen.

■ **Ausbau Armlehne hinten**: Armlehne vorklappen.

■ Die beiden Schrauben 9 Nm hinten an der Lehnenaufnahme ausbauen und Armlehne aus dem Fahrzeug nehmen.

■ **Einbau:** umgekehrt.

■ **Ausbau der Lendenwirbelstütze:** Bezug und Schaumpolster vom Lehnengestell abbauen. Bei manuell betätigter Lendenwirbelstütze die Betätigung vom Lehnengestell abschrauben, bei elektrisch betätigter Stütze Zündung ausschalten, Bowdenzüge von der Lendenwirbelstütze trennen.

■ Den Reißniet abbohren, obere Drähte des Lendenwirbelstütze-Gestells aus dem Lehnengestell aushängen und die Lendenwirbelstütze aus dem Lehnengestell herausnehmen.

■ **Einbau** in umgekehrter Reihenfolge. Dabei nur Original-Ersatzteile verwenden, was vor allem für die Reißniete gilt.

STÖRUNGSBEISTAND

Fensterheber

Störung	Was kann das sein?	Was kann oder muss ich tun?
A Fensterscheibe wird nur in eine Richtung verstellt	**1** Schalter defekt; weniger wahrscheinlich: Fehler im Türsteuergerät	Schalter auswechseln Türsteuergerät mit Diagnosesystem überprüfen lassen (Fehler auslesen)
B Fensterscheibe wird in keine Richtung verstellt	**1** Fensterscheibe schwergängig; Sicherung wegen Motorüberlastung defekt	Fensterscheibe in den Führungen gängig machen Evtl. Sicherung erneuern
	2 Motor läuft nicht, obwohl die Sicherung in Ordnung ist	Spannung direkt an die Motoranschlüsse legen. Wenn der Motor jetzt läuft, liegt der Fehler in der Zuleitung. Läuft der Motor nicht: auswechseln!
	3 Seilführungen ausgerissen	Reparatursatz Fensterheber verbauen
C Fensterscheibe wird im gesamten Verstellbereich zu langsam verstellt	**1** Fensterscheibe in den Führungen verklemmt, Führungen gebrochen	Reparatursatz Fensterheber verbauen
	2 zu hohe Reibung in der gesamten Mechanik	Mechanik ohne Scheibe auf Reibungsverluste überprüfen; ggf. erneuern
	3 Kabelverbindungen defekt oder oxidiert	Überprüfen, reinigen, ggf. auswechseln
	4 Schalter defekt oder oxidiert	Überprüfen; ggf. auswechseln
D Fensterscheibe wird an der oberen Grenze des Verstellbereichs zu langsam verstellt	**1** Fensterscheibe in den Führungen verklemmt. In seltenen Fällen Schaden an den Aufnahmen	Reparatursatz Fensterheber verbauen
E Fensterscheibe fällt in die Tür	**1** seltener Fehler: Mitnehmer gebrochen oder verrutscht	Reparatursatz Fensterheber verbauen Ratsam: Fehlerspeicher auslesen lassen

Zentralverriegelung

Störung	Was kann das sein?	Was kann oder muss ich tun?
A Verriegelung funktioniert nicht	**1** Sicherung durchgebrannt	Erneuern
	2 Motor der Fahrer- oder Beifahrertür defekt	Funktion überprüfen, ggf. auswechseln
	3 Verkabelung unterbrochen	Überprüfen, ggf. erneuern
B Schlösser werden entriegelt, aber nicht verriegelt	**1** Verkabelung unterbrochen	Überprüfen, ggf. erneuern
	2 Mehrfachstecker an Motor und Türkasten locker oder oxidiert	Festen Sitz kontrollieren, ggf. reinigen
	3 Schalter in Servomotor defekt	Durchgangsprüfung an den entsprechenden Motorklemmen durchführen
C Schlösser werden verriegelt, aber nicht entriegelt	**1** Motor der Fahrer- oder Beifahrertür defekt	Funktion überprüfen, ggf. auswechseln
	2 Mehrfachstecker an Motor und Türkasten locker oder oxidiert	Festen Sitz kontrollieren, ggf. reinigen
	3 Schalter in Servomotor defekt	Durchgangsprüfung an den entsprechenden Motorklemmen durchführen
D Eines der Schlösser funktioniert nicht	**1** Motor defekt	Funktion überprüfen, ggf. auswechseln
	2 Kabel- oder Steckerverbindung am Servomotor oder Türkasten defekt	Überprüfen und ggf. instand setzen
	3 Mechanische Übertragungsteile klemmen	Teile auf Funktion überprüfen und festen Sitz kontrollieren. Ggf. Teile etwas fetten; verschlissene Teile auswechseln
E Öffnen und Schließen funktionieren mit mechanischem, aber nicht mit Funkschlüssel	**1** Schlüsselbatterie erschöpft oder Fehler in der Schlüsselelektronik	Neue Batterie einsetzen; ggf. muss Schlüssel ersetzt werden

Fahrzeugaufbau: Media und Kommunikation

Navigationsgeräte zeugen eindrucksvoll von den Möglichkeiten moderner Kommunikationsmittel. Fest eingebaut wie hier im Superb oder mobil, sind sie inzwischen fast unentbehrlich. Kann man an solcher Technik noch selbst etwas tun? Wir zeigen wo und wie.

Das Superb-Multimedia-System

Das Elektronik-Angebot im Superb bewegt sich vom High-Tech-Navigationssystem mit Touchscreenfunktion bis zur hochwertigen Audioanlage mit leistungsstarken High-End-Lautsprechern und MP3-fähigem CD-Spieler. Alle Komponenten sind harmonisch in die geschwungene Armaturentafel integriert. Die Audiobuchse in der Jumbo Box zwischen den Vordersitzen ermöglicht den Anschluss externer Speichermedien. Wenn die Navigationsdaten auf Flashspeicher (Festplatte) hinterlegt sind, erübrigt sich der Einsatz von CD oder DVD. Das Bedienteil des Radio-Navigationssystems sitzt oben in der Mittelkonsole (Bild zum Kapitelauftakt). Bild 1 zeigt die Einbauorte des gesamten Systems.

Amundsen und Columbus

Das Navigationssystem plus hochwertiges Radio ist in der Ausführung »Amundsen« mit CD- und in der Variante »Columbus« mit DVD-Player kombiniert. Im Doppel-DIN-Gehäuse des Systems befinden sich RDS-Radio, TMC-Box für Verkehrsmeldungen, Farbanzeige sowie Navi mit GPS-Satellitenempfänger. In den ersten Ausführungen wurde das Kartenmaterial noch über CD (Amundsen) oder DVD (Columbus) eingegeben, ab 2011 wurde auf Festplattenspeicherung umgestellt.
Ab 22. Kalenderwoche 2011 ist im Navigationssystem Amundsen (dann als »Amundsen +« bezeichnet) ein Bluetoothmodul integriert, das die Funktion der GSM II Handyvorbereitung erfüllt. Das bis dahin unter dem rechten Sitz eingebaute Steuergerät für Bedienungselektronik des Handys »J412« entfällt bei dieser Fahrzeugausführung. Für Superb-Modelle mit GSM III-Handyvorbereitung blieb das Steuergerät J412 allerdings weiterhin unter dem rechten Sitz.
Das System Amundsen kann mit einem externen CD-Wechsler, das System Columbus mit einem externen TV Tuner nachgerüstet werden.

Anti-Diebstahl-Codierung

Das Navigationssystem ist mit elektronischer Diebstahlsicherung ausgestattet, die in Verbindung mit dem Schalttafeleinsatz wirkt. Bei ab Werk montierten Anlagen muss zur erstmaligen Inbetriebnahme ein Sicherheitscode eingegeben werden. Beim Ab- und Wiederanklemmen der Batterie oder beim Aus- und Wiedereinbau der Anlage in dasselbe Fahrzeug braucht man den Code nicht mehr einzugeben.
Werden Navi oder Radio aber in ein anderes Fahrzeug montiert oder werden Schalttafeleinsatz oder Navi-System ersetzt, muss der Code erneut eingegeben werden. Er kann bei Berechtigung online mit dem Diagnosetester eingelesen werden. Wird ein falscher Code eingegeben, kann er einmal korrigiert werden. Wird erneut ein falscher Code eingegeben, so wird das Navigationssystem für eine Stunde gesperrt.

Die Media-Einbauorte:
(1) Navi-System in Mittelkonsole,
(2) Hochtonlautsprecher vorn,
(3) Multifunktionslenkrad,
(4) Tieftonlautsprecher vorn,
(5) Hochtonlautsprecher hinten in der Türverkleidung oben,
(6) Steckdose für externe Tonquelle AUX / MEDIA-IN (MDI); Mittelkonsole unter der Fahrerarmlehne,
(7) Tieftonlautsprecher hinten,
(8) TV-Tuner im Kofferraum,
(9) CD-Wechsler im Kofferraum,
(10) Heckscheibenantenne,
(11) Dachantenne, ab KW 45/2009 nicht mehr mit Antennenstab.

1

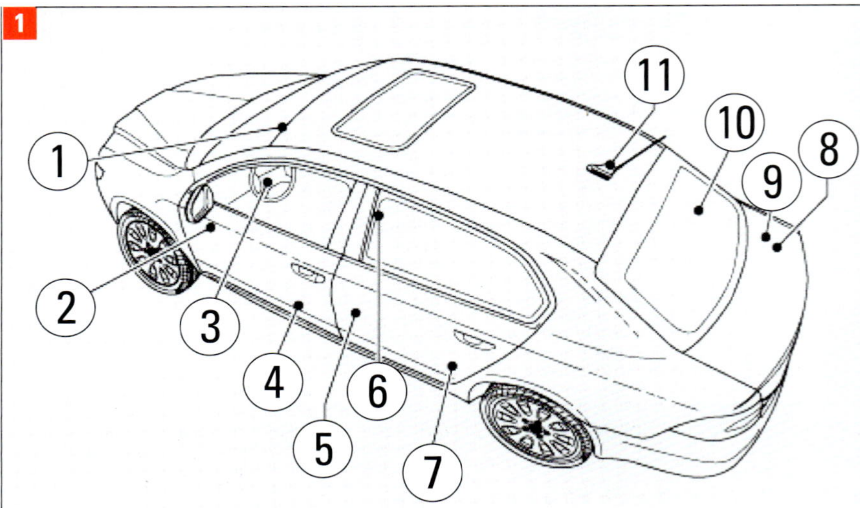

Radio-Navigations-System und Radios ausbauen

Das System »Amundsen+« mit berührungssensitivem Farbmonitor hat SD-Kartenleser und »Mobile Device Interface« zum Anschließen von iPod, Aux-In-, USB- und Mini-USB-Geräten. Ab 2012 wurden sämtliche Infotainmentsysteme (Musikanlage, Freisprecheinrichtungen, Multimediaanschluss) überarbeitet und um neue, kompatible Geräte, Funktionen und Menüsprachen ergänzt. Das serienmäßig auf Westeuropa ausgeweitete Kartenmaterial ist inzwischen im Flashspeicher hinterlegt.

■ **Ausbau Navi-Syteme und Radios:** Die Navigationssysteme »Amundsen« und »Columbus« (Bild 1) werden gleich ausgebaut, die Radios ähnlich. Im Gerät befindliche CDs gemäß Bedienungsanleitung herausnehmen. Navigationssystem, Zündung und alle anderen elektrischen Verbraucher ausschalten.

■ Abdeckrahmen (1) mit einem Demontagekeil (empfohlen 3409) vorsichtig aus den Verrastungen hebeln (Pfeile), dabei den Stecker der Warnleuchte für Airbagabschaltung (2) abziehen. Diese Warnleuchte ist bei den Radiosystemen Bestandteil der Gerätefront, nicht des Rahmens. Die Abdeckrahmen der Radios werden etwas anders ausgebaut, wir erläutern dies nachfolgend.

■ Die vier Schrauben (2, Bild 2) 1,5 Nm herausdrehen. Auch beide Radiotypen sind mit je vier Schrauben 1,5 Nm in der Schalttafel befestigt. Bei ihnen ist nach dem Ausbau des Gerätes der Stecker der Warnleuchte für Airbagabschaltung abzuziehen.

■ Navigationssystem oder Radio (die Geräte unterscheiden sich in der Frontansicht) aus der Schalttafel herausziehen, die Steckerarretierung an der Rückseite zusammendrücken, Arretierungsbügel öffnen und Stecker abziehen.

■ Stecker der Antennenbuchsen (Bilder 3 und 4) entriegeln (Pfeil) und und abziehen. Das Radio Swing hat den einzelnen Stecker nach Bild 3, Navigationssystem und Radio Bolero haben zwei Stecker entsprechend Bild 4. Falls vorhanden, auch den Stecker von der Halterung für Handy abziehen.

■ **Besonderheit beim Radio »Swing«:** Zum Ausbau dieses Radiotyps brauchen Sie das Entriegelungswerkzeug »T30106«. Das Radio, alle anderen elektrischen Verbraucher und Zündung ausschalten. Nacheinander Entriegelungswerkzeug (2) in die Eingangskanten des CD-Players einstecken und durch Heranziehen (Pfeil) die obere Abdeckung des Radios (1) aus den Rasten lösen (Bild 5). Dann das Gerät wie für die anderen beschrieben abschrauben und Antennenstecker abziehen

■ **Besonderheit beim Radio »Bolero«:** Das Radio »Bolero« enthält einen 6-Platten-CD-Wechsler. Nach Herausnehmen der letzten CD wird das CD-Laufwerk automatisch

1

Navigationssystem Columbus: Mit einem Kunststoffkeil wird der Abdeckrahmen (1) herausgehebelt (rote Pfeile). Im Rahmen befindet sich die Warnleuchte für Airbagabschaltung (2).

2

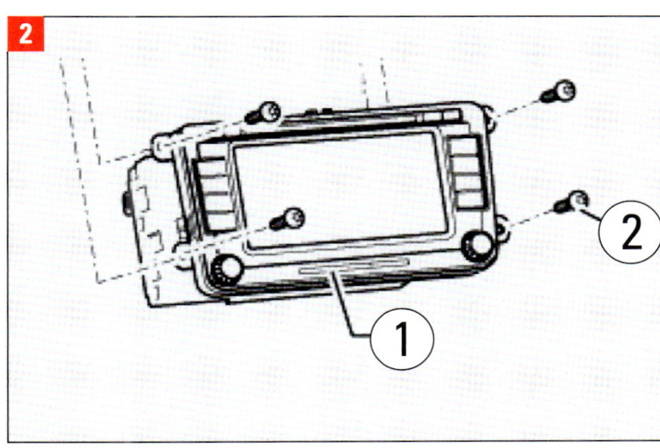

Ausbau des Gerätes: (1) Navi-System »Amundsen« und »Columbus« oder Radio »Swing« und »Bolero«, (2) Schrauben 1,5 Nm. Die Fronten der Radiosysteme sind anders gestaltet, aber stets gibt es die vier Befestigungsschrauben.

abgestellt und dadurch vor Beschädigung durch eventuelle Erschütterungen außerhalb des Fahrzeugcockpits geschützt.

■ **Einbau Navi-Systeme und Radios:** Erfolgt in umgekehrter Reihenfolge. Beim Einschieben in die Schalttafel nicht auf Display oder Bedientasten drücken, das System könnte dabei beschädigt werden. Die vier Schrauben mit 1,5 Nm festziehen. Wurden die Geräte ersetzt, muss die elektronische Anti-Diebstahl-Codierung deaktiviert und ein neuer Sicherheitscode eingegeben werden.

■ Beim Navigationssystem Columbus auch den Stecker vom TV-Tuner abziehen, falls er eingebaut ist.

■ Beim Navigationssystem Amundsen+ (Fahrzeuge ab KW 22.11 mit GSM II Handyvorbereitung und Halterung für Handy) auch den Stecker für Handyvorbereitung abziehen.

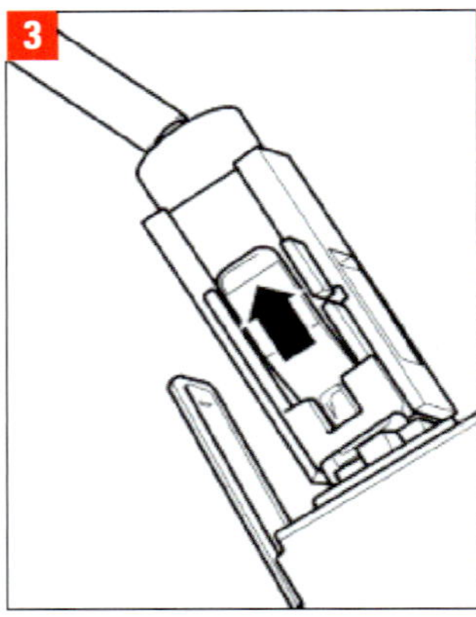

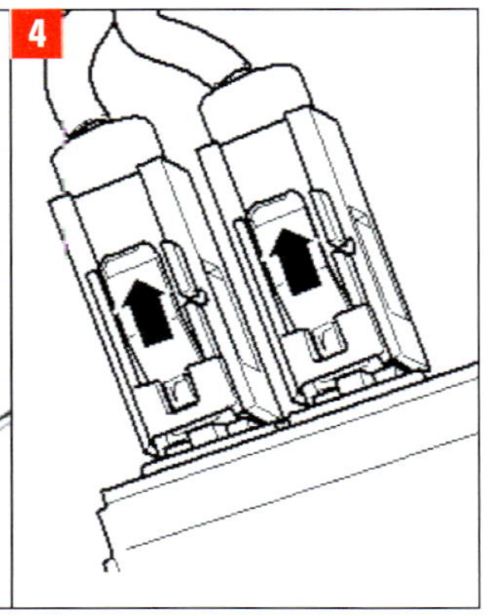

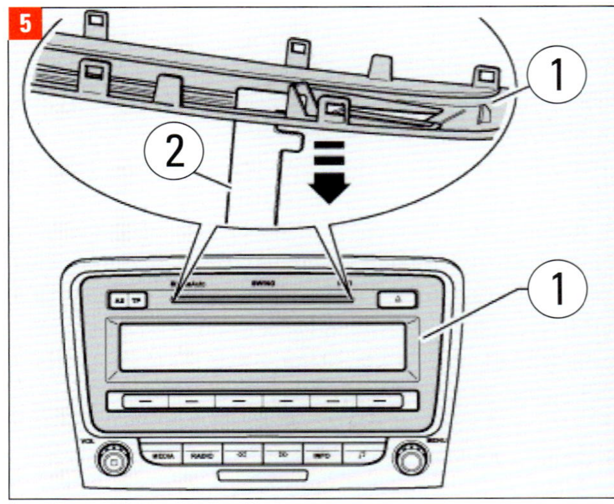

Bilder 3/4 Antennenstecker: Bild 3 Radio »Swing«, Bild 4 Radio »Bolero« und Navigationssysteme.
Bild 5 Radio »Swing«: (1) Rahmen, (2) Werkzeug T30106.

Steckerbelegung der Navigationssysteme

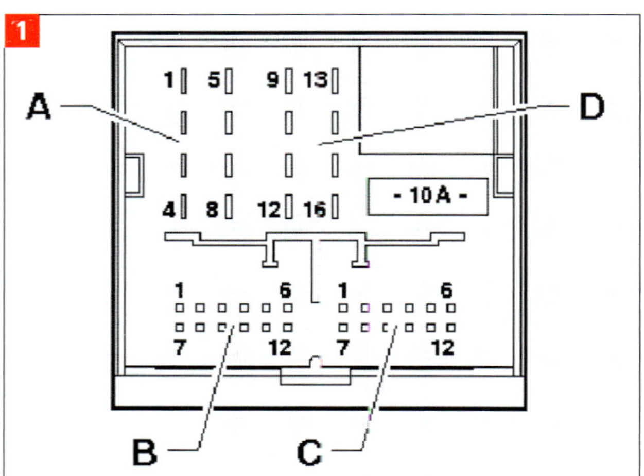

Die Navigationsgeräte haben rückseitig mehrere Steckkontakte für Anschlussstecker. Neben vier Antennen-Steckkontakten und einem 26poligen Steckanschluss für TV und Handy gibt es die folgenden vier Mehrfachsteckverbindungen:

Mehrfachsteckverbindung »A«, 8-polig (Lautsprecher):
1 - Lautsprecher + hinten rechts
2 - Lautsprecher + vorn rechts
3 - Lautsprecher + vorn links
4 - Lautsprecher + hinten links
5 - Lautsprecher - hinten rechts
6 - Lautsprecher - vorn rechts
7 - Lautsprecher - vorn links
8 - Lautsprecher - hinten links

Mehrfachsteckverbindung »B«, 12-polig (CD und Audio-Eingangssignale):
1 - AUX/MDI - Eingang, linker Kanal
2 - AUX/MDI - Audio Masse
3 - CD-Wechsler, Audio Masse
4 - CD-Wechsler, Spannungsversorgung Klemme 30
6 - CD-Wechsler, DATA Ausgang
7 - AUX/MDI - Eingang, rechter Kanal
8 - CD-Wechsler, linker Kanal, CD/L

9 - CD-Wechsler, rechter Kanal, CD/R
10 - CD-Wechsler, Steuersignal
11 - CD-Wechsler, DATA Eingang
12 - CD-Wechsler, CLOCK

Mehrfachsteckverbg. »C«, 12-polig (Telefon, Mikrofon):
5 - Telefon Audio Eingang links -
6 - Telefon Audio Eingang rechts -
11 - Telefon Audio Eingang links +
12 - Telefon Audio Eingang rechts +

Mehrfachsteckverbindung »D«, 8-polig (Versorgungsleitung CAN-Bus):
9 - CAN-Bus +
10 - CAN-Bus -
12 - Klemme 31
15 - Klemme 30
16 - Klemme 30 - (Steuersignal für Anti-Diebstahl-Codierung, »SAFE«)

■ Die Belegung der aufgeführten Steckerkontakte hängt von der Fahrzeugausstattung ab. Nicht aufgeführte Steckerkontakte sind nicht belegt.

■ Der 26polige Steckkontakt enthält vor allem Eingänge für Videosignale und für Handy. Er dient den Sonderfunktionen der Navigationssysteme.

Modul aus Multifunktionslenkrad ausbauen

Das Multifunktionslenkrad enthält je nach Ausstattung die Bauteile
■ Tastenmodul links und rechts am Lenkrad vorn für Audio-Funktionen und Handys.

■ Tastenmodul links und rechts am Lenkrad hinten für Getriebebetätigung im Tiptronicbetrieb (Getriebe 02E - DSG).

■ Leitungsstrang und Steuergerät für Multifunktionslenkrad im Tastenmodul links vorn.
Das Steuergerät für Multifunktionslenkrad kommuniziert mit dem Steuergerät für Lenksäulenelektronik. Dort werden die Datenbefehle für die weitere Kommunikation nochmals geregelt.

1

Multifunktionslenkrad: (1) Airbag, (2) Lenkrad, (3) Multifunktionsmodul rechte Seite vorn.

■ **Ausbau Tastenmodul:** Unter Beachtung der hierfür geltenden Vorschriften und Sicherheitsvorkehrungen die Airbageinheit (1) im Lenkrad (2) ausbauen (Bild 1).

■ Leitungsstrang (Pfeile) freilegen und Steckverbindung

2
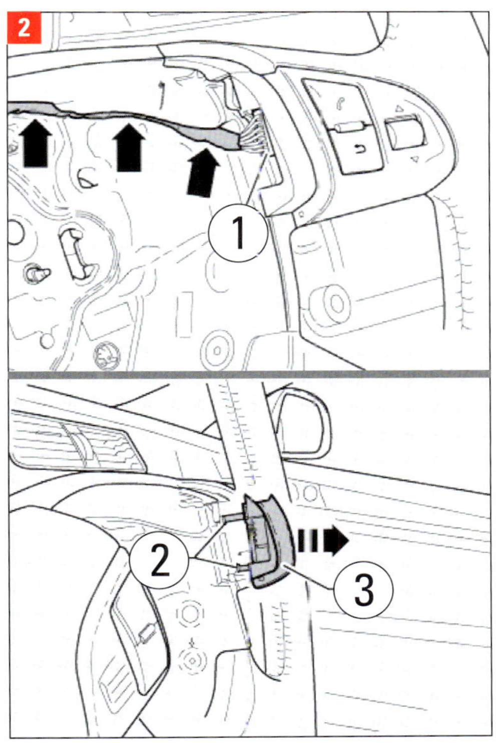

Modulausbau: (1) Steckverbindung, (2) Arretierbolzen, (3) Tastenmodul. Pfeile: Kabel.

(1) vom Tastenmodul (3; Bild 1 und Bild 2) trennen. Die hier geschilderte Montagereihenfolge ist bei den beiden Tastenmodulen für Audio und Mobiltelefon identisch.

■ Tastenmodul ausschwenken (durchbrochener Pfeil), d. h. ein wenig zur Wagenmitte hin kippen, bis die Arretierbolzen (1) gelöst werden.

■ Modul ein wenig in die Lenkradmitte schieben und herausnehmen.

■ Der **Einbau** erfolgt in umgekehrter Reihenfolge. Bevor der Airbag eingebaut wird, muss geprüft werden, ob alle Verkabelungen richtig zurück in die Führungsnuten im Lenkradschaum eingedrückt sind. Herausragende Verkabelung kann durch die rückseitigen Teile des Airbags beschädigt werden.

■ Wenn das Tastenmodul mit integriertem Steuergerät ersetzt wurde (linke Lenkradseite), dann ist die Codierung mit dem Fahrzeugdiagnosetester durchzuführen.

Halterung für Mobiltelefon aus- und einbauen

■ **Ausbau:** Zündung und alle elektrischen Verbraucher ausschalten Handy aus der Halterung herausnehmen.

■ Schrauben (1) 1,5 Nm herausdrehen.

■ Obere Abdeckung der Halterung (2) herausschieben und Antennenbuchse (5) sowie den Stecker (6) abziehen.

■ Mittenausströmer ausbauen, Hand durch die Schalttafelöffnung stecken und die Unterlage hinter der Halterung festhalten.

■ Schrauben (4) 1,5 Nm herausdrehen und Halterungsunterlage mit Halter (3) aus der Schalttafel herausnehmen.

■ Der **Einbau** erfolgt in umgekehrter Reihenfolge. Die Schrauben mit 1,5 Nm festziehen.

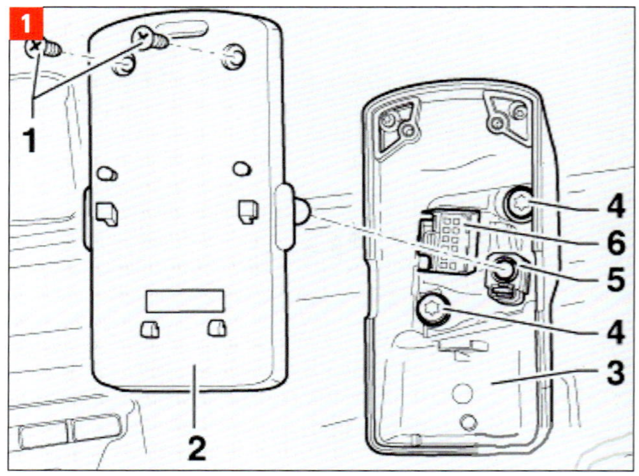

Handyhalter ausbauen: (1) Schrauben 1,5 Nm, (2) Halterung, (3) Gegenstück der Halterung, (4) zwei Schrauben 1,5 Nm, (5) Antennenbuchse, (6) Stecker.

Lautsprecher aus- und einbauen

■ **Ausbau Tieftonlautsprecher vorn/hinten:** Zündung und alle elektrischen Verbraucher ausschalten.
■ Türverkleidung mit dem jeweiligen Lautsprecher ausbauen und Steckverbindung am Lautsprecher trennen.
■ Die vier Haltenieten mit einem geeigneten Bohrer abbohren und den (defekten) Lautsprecher herausnehmen. Alle Bohrspäne aus der Tür entfernen, sonst können Korrosionsschäden auftreten. Wenn durch das Ausbohren der Nieten Lackschäden entstanden sind, diese sofort fachmännisch (wie weiter vorn beschrieben) beseitigen.
■ **Ausbau Hochtonlautsprecher vorn:** Diese Lautsprecher sind mit der Türbetätigung vorn fest verbunden. Wenn der Lautsprecher schadhaft ist und ausgetauscht werden muss, ist die Türinnenbetätigung auszuwechseln.
■ **Ausbau Mitteltonlautsprecher:** Türverkleidung ausbauen, die vier Schrauben 0,6 Nm am Lautsprecher lösen.
■ **Ausbau Hochtonlautsprecher hinten:** Zündung und alle elektrischen Verbraucher ausschalten.
■ Verkleidung der Tür hinten ausbauen und die Steckverbindung am Lautsprecher trennen.
■ Die beiden Schrauben 0,6 Nm herausdrehen und den Hochtonlautsprecher nach innen herausnehmen.
■ Der **Einbau** erfolgt bei allen Lautsprechern in umgekehrter Reihenfolge.
■ Neue Tieftonlautsprecher mit entsprechenden Blindnieten befestigen.

Fahrzeugelektrik: Licht, Wischer, Instrumente

Elektrik im Auto leistet erheblich mehr, als einem Beleuchtung, Scheibenwischer und Antenne zeigen. Mit etwas Kenntnis und geeignetem Werkzeug kann man auch in diesem sehr komplexen Bereich über den Sicherungswechsel hinaus viele Probleme selbst beheben.

Das Bordnetz

Auch der Superb ist vom Start an auf elektrischen Strom angewiesen. Motorsteuerung und Kraftstoffeinspritzung müssen mit Elektroenergie versorgt werden. Alle für Fahrbetrieb, Sicherheit und Bequemlichkeit eingebauten Systeme und die gesamte Lichtanlage sind ohne sie arbeitsunfähig. Pflege und Wartung der Batterie, Ersetzen von Lampen im ausgedehnten Beleuchtungssystem oder Austausch von Sicherungen können Sie durchaus bewältigen. Dazu geben wir Ihnen später einige Tipps.

Bus-Systeme CAN und MOST

Das dezentrale Bordnetz des Superb mit verteilten Steuergeräten, Relaisplätzen, Sicherungsboxen und Kupplungsstationen für die Kabel ermöglicht eine schnelle und genaue Fehlerdiagnose. Es beruht auf dem Bus-System, bei dem auf einer Gruppe von Leitungen viele Informationen parallel übertragen werden. Dieses »Controller Area Network« (CAN) ist aus mehreren Bussystemen aufgebaut.

Batterie

Startenergie bereitzustellen ist die wichtigste Aufgabe der Batterie links im Superb-Motorraum (Bild 1). Zum Anfahren sind 400 W (warmer Motor) bis 2.000 W (Kaltstart) erforderlich. Defekte Verbraucher, Selbstentladung (lange Standzeiten) oder Tiefentladung (nicht ausgeschaltete starke Stromverbraucher) können Ausfälle verursachen. Deshalb regelmäßig den Ladezustand prüfen und ggf. aufladen, auch und gerade bei einem vorübergehend stillgelegten Fahrzeug.

Generator

Der Drehstrom-Synchrongenerator (»Lichtmaschine«), vom Motor angetrieben, versorgt alle elektrischen Aggregate mit Strom und lädt ständig die Batterie auf. Er bringt es auf mehr als 2 kW Elektroenergie. Leistungsdioden besorgen die Gleichrichtung dieses Wechselstroms. Der Generator ist wartungsfrei.
Je schneller die Lichtmaschine dreht, desto höher steigt die Spannung. Ein Regler schützt vor Überspannungen und verhindert ein Überladen der Batterie. Er ist an die Lichtmaschine angeschraubt und reguliert die Betriebsspannung je nach Temperatur von Batterie und Umgebung auf Werte zwischen 13,8 und 14,5 Volt im »14-Volt-Toleranzfeld«.

Anlasser

Der Superb ist mit dem üblichen Schub-Schraubtrieb-Starter (Bild 1) ausgestattet, der sich vorn am Motor befindet. Sein Magnetschalter trägt die Anschlüsse Klemme 30 (Batterie-Plus) und Klemme 50 (vom Zündanlassschalter). Tut sich mal beim Starten gar nichts und könnte es der Anlasser sein: Kontakte überprüfen, durchmessen, vielleicht ausbauen und auswechseln. Magnetschalter, Schleifkohlen oder ein Lager-Verschleiß sind mögliche Ursachen.

1

Superb-Batterie: (1) Entriegelungstaste für die Abdeckung.

2

Anlasser: (1) der Magnetschalter mit den Anschlüssen.

Beleuchtung, Wischer, Sicherungen

Die Fahrzeugbeleuchtung ist ein zentrales aktives Sicherheitselement. Auch das Fahren mit Licht am Tag hat sich inzwischen recht weit verbreitet. Der Superb ist entsprechend ausgestattet. Seine Lichttechnik ist schon über Steuergeräte in den Daten- und Kommunikationsverbund des Fahrzeugs integriert. Neue Funktionen werden realisiert und vernetzt.

Für Sicherheit auf der Straße

Der Superb kann mit

- festem Halogenscheinwerfer (Projektorscheinwerfer) mit H7-Einfadenglühlampen für Abblendlicht und H3-Lampen für Fernlicht oder
- Kurvenlicht-Bi-Xenonscheinwerfer (»Adaptive Frontlighting System«) mit Entladungslampe und integrierter Hochspannungszündeinheit D1S für Abblendlicht sowie H3-Lampen für Fernlicht (Bild 3) ausgestattet sein.

Bei Fahrzeugen, die im Schalttafeleinsatz ein Maxi DOT Display haben, wird die Stellung des Lichtstrahls im Menu »Maxi DOT« Funktion »Licht und Sicht - Touristenlicht - Rechtsfahren bzw. Linksfahren« angepasst. Wenn der Schalttafeleinsatz nicht mit dem Maxi DOT Display ausgestattet ist, muss die Linksverkehr-Stellung des Lichtstrahls mit Fahrzeugdiagnosetester angepasst werden.

3

Superb-Licht: Adaptives System für Kurvenausleuchtung.

Diverse Wischerfunktionen

Über das Bordnetz wird auch die Steuerung der Scheibenwischer geregelt. Die Wischeranlage ermöglicht Wischen in den Geschwindigkeitsstufen 1 und 2, Intervallbetrieb (zwischen 2 und 24 Sekunden), Tippwischen, das Waschen von Scheiben und Scheinwerferglas sowie Service-Funktionen. Scheibenwischermotor und Steuergerät für Wischermotor (J400) sind zu einer Baueinheit kombiniert und können nicht separat gewechselt werden.

Der Stufenschalter auf dem Wischerhebel kann vier Intervallstufen einstellen. Das Frontwischersystem ist einmotorig mit mechanischer Verbindung zwischen den beiden Wischern. Der einmotorige Heckwischer beginnt bei eingeschalteten Frontwischern automatisch zu laufen, wenn im Fahrzeug der Rückwärtsgang eingelegt wird.

Schutz der Systeme

Die zahlreichen Schalter und Taster im Fahrzeug können auch schon mal Ursache für Störungen sein. Der beste Weg ist dann, mit Prüflampe zu kontrollieren und defekte Schalter auszuwechseln. Dazu Zündung und Verbraucher ausschalten, Zündschlüssel abziehen.

Verbraucher, die einen hohen Strom aufnehmen, werden durch Schaltrelais in Betrieb genommen. Erst über das Schließen des Schaltstromkreises wird von ihnen der Arbeitsstromkreis hergestellt. Für den Schutz der elektrischen Systeme sorgen Schmelzsicherungen. Wo sich Relaisträger und Sicherungshalter befinden, zeigen wir weiter hinten. Für Sie am wichtigsten: Sicherungen im Halter seitlich links in der Schalttafel.

Bauteilkennung und Kabelfarben

In den Stromlaufplänen haben alle Bauteile Kennbuchstaben in Kombination mit Zahlen. Die Kabel sind mit Farben gekennzeichnet, und die meisten Anschlüsse an den Mehrfachsteckern wie an den Relais sind nummeriert.

Batterie: Sichtprüfung und richtige Behandlung

Um Gebrauchstüchtigkeit über lange Zeit zu gewährleisten, muss die Batterie, auch nach den Vorgaben im »Reparaturleitfaden« von Škoda, regelmäßig geprüft, gewartet und gepflegt werden. Denn neben der Funktion als Energieversorger für den Startvorgang dient die Batterie als Puffer und Lieferant elektrischer Energie für das gesamte elektrische Bordnetz im Fahrzeug. Geprüft werden soll in der Reihenfolge

- Sichtprüfung,
- Magisches Auge prüfen,
- Ruhespannung prüfen,
- Spannung unter Belastung prüfen und
- Stromentnahme beim Laden (abhängig vom Prüfergebnis unter Belastung) prüfen.

Wir gehen zunächst auf Sichtprüfung und Wartung/Pflege ein.

■ **Sichtprüfung:** Zündung ausschalten, Zündschlüssel abziehen, Motorhaube öffnen. Die Batterie links im Motorraum (Bild 1 Seite 170) kann eine flexible Polyesterhülle oder einen festen Kunststoffkasten haben. Falls die Batterie im Kofferraum verbaut ist (Bild 1, diese Seite), Abdeckung entriegeln und aus der Seitenverkleidung links herausnehmen. Auf Schäden am Gehäuse untersuchen. Wenn Säure ausgelaufen ist: Stellen mit Säurewandler oder Seifenlauge reinigen. Undichte Batterien auswechseln!

■ Sind die Batteriepole beschädigt? Der nötige Kontakt der Klemmen muss gewährleistet sein. Oxidkristalle an Batterieklemmen mit warmem Sodawasser abwaschen oder mit Säurewandler Neutralon behandeln.

■ Die Batteriepolklemmen (Bild 2) müssen korrekt aufgesteckt sein: Pole mit den Klemmen in einer Ebene oder über die Klemmen herausragend. Die Klemmen müssen festgezogen sein, weil sonst der Funktionszustand nicht gewährleistet ist und es sogar zu Leitungsbränden kommen kann.

■ Die Batterie muss fest in ihrer Halterung sitzen. Lockerer Sitz verkürzt durch Erschütterungen die Batterielebensdauer, kann zu Schäden an den Batterie-Gitterplatten führen und stellt eine Gefährdung durch Explosions-Möglichkeit dar.

■ Die Batterie ist richtig eingesetzt, wenn die mittlere Aussparung der vorderen Batteriefußleiste unten mit der Gewindebohrung im Batterieträger fluchtet, in welche die 22 Nm-Schraube für den Befestigungsbügel hinein gedreht wird.

■ Wenn die Batterie zu lose montiert ist, besteht die Gefahr, dass das Batteriegehäuses durch den Befestigungsbügel beschädigt wird. Das kann zu möglichem Säureaustritt mit hohen Folgekosten führen.

■ **Batterie richtig behandeln:** Polklemmen stets gewaltfrei von Hand aufstecken, um das Gehäuse nicht zu beschädigen. Die Muttern (Pfeil, Bild 2) werden mit 6 Nm festgeschraubt. Nach dem Festziehen der Klemmen mit diesem vorgeschriebenen Anzugsdrehmoment dürfen die Schrauben nicht weiter festgezogen werden. Schraube der Klemmplatte (»Befestigungsbügel«) mit 22 Nm anziehen.

■ Hinweise (Piktogramme) auf der Batterie-Oberseite und in der Betriebsanleitung beachten!

1

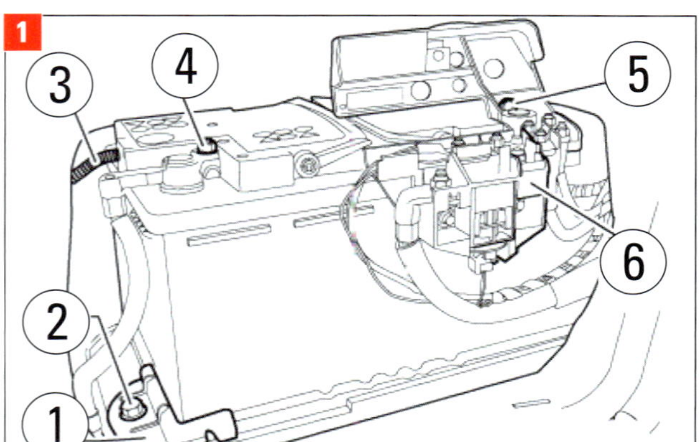

Kofferraum-Batterie: (1) Bügel, (2) Schraube 20 Nm, (3) Gasschlauch, (4/5) Muttern 6 Nm, (6) Sicherungskasten/Zünder.

2

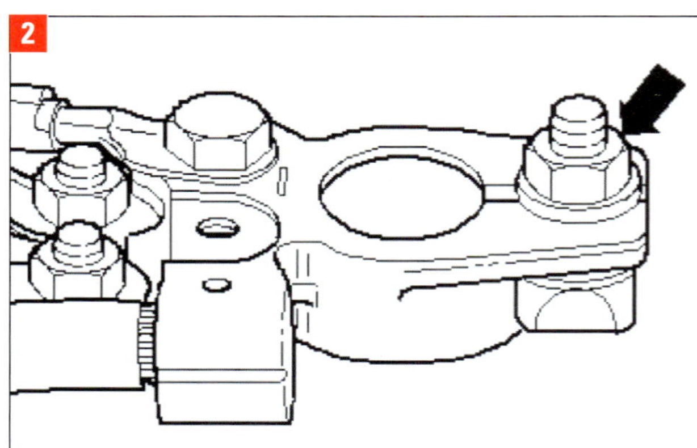

Batterie-Polklemme: Der Pfeil zeigt die Befestigungsmutter, die mit 6 Nm angezogen werden muss.

■ Reihenfolge beim Ab- und Anklemmen: Zuerst Minuspol, dann Pluspol abklemmen. Beim Anklemmen erst Plus-, dann Minusklemme (»Masseband«) aufstecken. Verpolung und Kurzschlüsse vermeiden!

■ Wenn die Batterie längere Zeit im abgestellten Fahrzeug verbleibt, sollte der Minuspol abgeklemmt werden.

■ Nach Wiederanklemmen der Batterie muss eine Grundprogrammierung mit dem Werkstattsystem (VAS 5052) vorgenommen werden.

■ Einige Funktionen »lernt« das Elektrik-System allerdings auch wieder selbst, dafür ist es programmiert. Funktionen (wie Fensterheber) mehrfach probieren!

Batterie: Magisches Auge

■ **Magisches Auge:** Die von Škoda verbauten Starter-Akkus (außer AGM-Akkus) sind wartungsfreie Batterien mit flüssiger Batteriesäure und »Magischem Auge« (Bilder 3 und 4). Das Magische Auge erlaubt die Prüfung von Säurestand und Ladezustand.

■ Das magische Auge kann sich an unterschiedlichen Positionen befinden, aber stets nur an einer Batteriezelle. Seine Anzeige ist genau genommen nur für diese Zelle gültig, aber auf die anderen übertragbar. Eine exakte Beurteilung der gesamten Batterie ist nicht ohne (nachfolgend beschriebene) Belastungsprüfung möglich.

■ Wenn eine Batterie nachgeladen wurde, also auch bei Aufladung während des Fahrbetriebs, können sich Luftblasen unter dem magischen Auge bilden, welche die Farbanzeige verfälschen. Daher vor der Prüfung stets leicht auf die Anzeige klopfen!

■ Škoda unterscheidet wie VW zwischen Batterien, die ein magisches Auge mit den lange Zeit üblich gewesenen drei oder mit nur noch zwei Farbanzeigen haben. Wenn Informationen über Säurestand und Ladezustand der Batterie gegeben werden, sind drei Farbanzeigen (grün, schwarz, hellgelb) üblich; wenn nur über den Säurestand informiert wird, sind nur die Anzeigen schwarz und hellgelb möglich. Die Einführung der neuen (zweifarbigen) Anzeige erfolgt schrittweise. Für eine Übergangszeit bleiben beide Varianten verfügbar. In Zukunft sollen dann nur noch die Farben »schwarz« oder »hellgelb« angezeigt werden.

■ ***Drei Farbanzeigen:*** Die ab Werk montierten Batterien mit der dreifarbigen Anzeige sind mit einem Code gekennzeichnet, der stets mit »1J0«, »7N0« oder »3B0« beginnt. Die konkrete Kennzeichnung ist dann z. B. »1J0 915 105 AC«.
Aus dem Škoda-Originalzubehör gekaufte Ersatzbatterien mit der dreifarbigen Anzeige sind mit »000 915 105 Ax« gekennzeichnet, wobei »x« eine Variable ist. Die konkrete Kennzeichnung ist dann z. B. »000 915 105 AB«. Die Farben bedeuten:

3

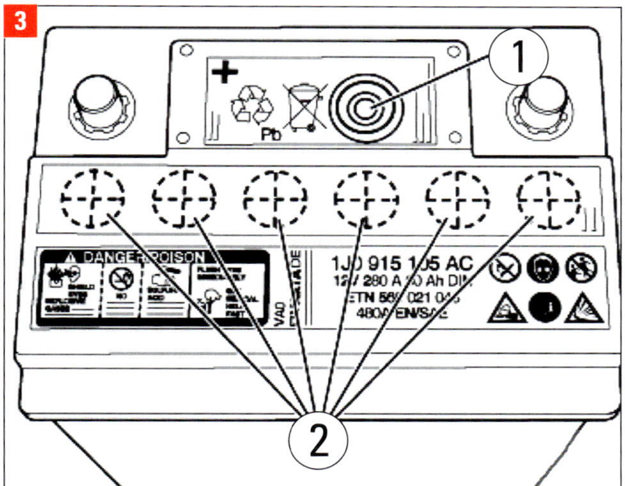

Batterie-Typ 1: (1) »Magisches Auge«, (2) mit Plastikfolie überklebte Batteriestopfen.

4

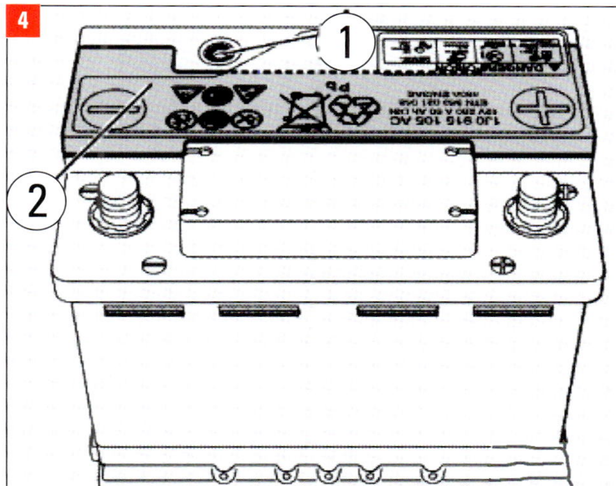

Batterie-Typ 2: (1) »Magisches Auge, (2) Abdeckung für die Batteriestopfen.

– »grün« – Batterie ausreichend geladen;
– »schwarz« – Batterie teilentladen, Ladezustand < 65 % oder entladen;
– »farblos/hellgelb« – Batterie muss ersetzt werden.

■ ***Zwei Farbanzeigen:*** Die ab Werk montierten Batterien mit der zweifarbigen Anzeige sind mit einem Code gekennzeichnet, der stets mit »5K0« beginnt. Die konkrete Kennzeichnung ist z. B. »5K0 915 105 D«.
Aus dem Škoda-Originalzubehör gekaufte Ersatzbatterien mit zweifarbiger Anzeige sind mit »000 915 105 Dx« gekennzeichnet, wobei »x« eine Variable ist. Die konkrete Kennzeichnung ist dann z. B.»000 915 105 DB«. Die Farben bedeuten:
– »schwarz« – Säurestand in Ordnung;
– »farblos/hellgelb« – Säurestand zu niedrig, Batterie muss ersetzt werden.

Achtung! Batterien, deren magisches Auge »farblos oder hellgelb« anzeigt, dürfen nicht geprüft, nicht geladen und nicht zur Starthilfe verwendet werden! Bei ihnen besteht Explosionsgefahr!

Batterie: testen, abklemmen, ausbauen, laden

■ **Batterietester benutzen:** Eine grobe Einschätzung des Ladezustands ist mit preisgünstiger Testern aus dem Zubehörhandel möglich. Solche Geräte verfügen über einen Anschlussstecker, der in die Buchse für den Zigarrenanzünder oder die 12 V-Steckdose passt. Elektrik einschalten, aber nicht den Motor, Licht für eine Minute ein- und dann wieder ausschalten. Leuchten LED in den grünen Sektoren, dann sollte der Ladezustand i. O. sein.

5

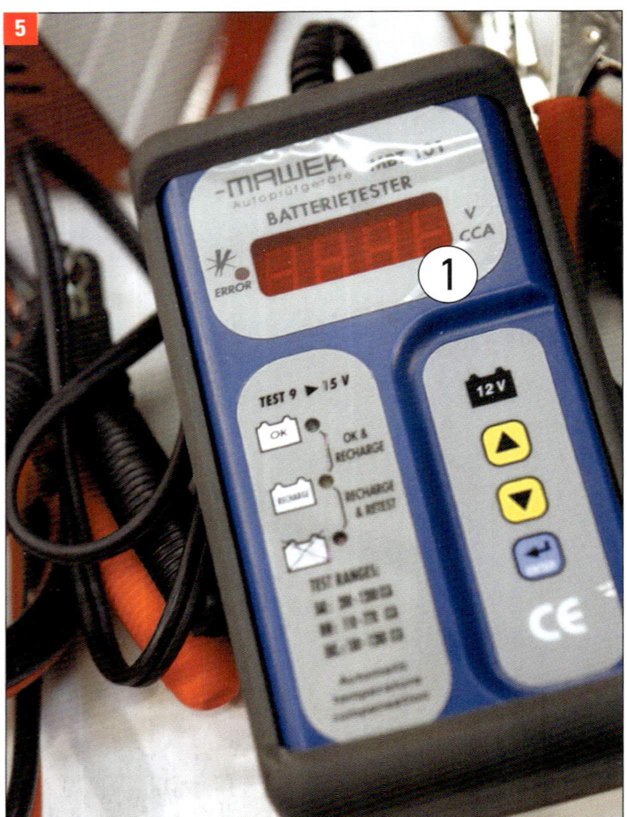

Batterie-Tester: Enthält Messtechnik und nicht lediglich Leuchtdioden. Individuell einzustellen, digitale Anzeige (1).

■ Eine präzise Bestimmung des Ladezustandes ist mit einem professionellen Tester möglich. Solche Geräte enthalten Messtechnik, sind mit Klemmen anzuschließen und individuell einzustellen und zeigen das Messergebnis digital an. Škoda-Werkstätten verwenden vielfach Tester mit Drucker VAS 5097 A oder 6161. Bild 5 zeigt einen auf der Fachmesse »Reed Exhibitions« gezeigten Tester.

■ **Säurestand-Prüfung an Markierungen:** Den Säurestand von Batterien mit Verschlussstopfen können Sie von außen prüfen, wenn MIN- und MAX-Markierungen am Gehäuse vorhanden sind. Die Säure muss über die MIN-Markierung reichen (Oberkanten der Platten gut bedeckt), darf aber auch nicht über der MAX-Marke liegen.

■ **Besonderheiten beachten:** Bei bestimmten Superb-Modellen (Green Line II) ist die Starterbatterie im Kofferraum verbaut. Wir beschreiben die allgemein übliche Situation mit Batterie links im Motorraum. Das Prinzip gilt aber auch für den Sonderfall Kofferraum.

■ **Batterie abklemmen:** Codierung von Navigationssystem/Radio abfragen. Zündung aus, Zündschlüssel abziehen, Motorhaube öffnen. Mutter (Pfeil in Bild 2) lösen, Polschuh der Masseleitung abziehen.

■ **Batterie anklemmen:** Alle elektrischen Verbraucher ausschalten und Zündschlüssel abziehen. Bei Fahrzeugen mit Start-Stopp-System (Batterie im Kofferraum) vor dem Anklemmen der Batterie den Stecker (3) vom Steuergerät für Batterieüberwachung »J367« (2) abziehen (Bild 6). Polklemme (-) mit Steuergerät auf den »-«-Pol der Batterie stecken und die Befestigungsmutter (1) mit 6 Nm festziehen. Stecker wieder am Steuergerät aufstecken.

■ Fahrzeuge ohne Steuergerät für Batterieüberwachung: Batteriepolklemme der Masseleitung auf Batterie-Minuspol aufstecken und die Mutter (s. a. Bild 2) mit 6 Nm festziehen.

■ Batteriepole nicht fetten und nicht ölen. Polklemmen nur gewaltfrei von Hand aufstecken. Wenn beide Klemmen abgeklemmt wurden, dann erst die Pluspolklemme (+) anklemmen. Nach Anklemmen der Batterie und Einschalten der Zündung leuchten ständig die Kontrollleuchten für Stabilitätsprogramm ASR/ESP und für Servolenkung. Sie erlöschen nach Vorwärtsfahrt von einigen Metern, wodurch der Lenkwinkelgeber (Bauteil G85) wieder aktiviert wird.

■ Nach Anklemmen der Batterie je nach vorhandener Fahrzeugausstattung
- Uhr einstellen,
- elektrische Fensterheber prüfen,
- Radio/Navigation mit Anti-Diebstahl-Codierung codieren (nicht für ab Werk montierte Radio-/Navigationssysteme),
- Fahrzeugdiagnosetester anschließen, Fehlerspeicher abfragen und evtl. Fehlereinträge löschen.

■ **Batterie ausbauen:** Alle elektrischen Verbraucher ausschalten, Zündschlüssel abziehen, erst Masseleitung und anschließend Pluspol der Batterie abklemmen.

■ Um einen besseren Zugang zu der Schraube am Befestigungsbügel unten am Batteriefuß zu ermöglichen, die Befestigungsschrauben der oberen Abdeckung des vor der Batterie eingebauten Luftfilters herausschrauben (2 Nm) und seitlich wegklappen. Den Luftfilter gegen Eindringen von Schmutz mit der Abdeckung schützen.

■ Bei Batterien in flexibler Polyesterhülle nach Abnehmen der Klemmen die Hülle nach oben von der Batterie abziehen.

■ Bei Batterien im Kunststoffgehäuse das Gehäuse vorn nach oben ziehen.

■ Schraube am Batteriefuß herausdrehen (22 Nm), den Befestigungsbügel (Klemmplatte) abnehmen und Batterie herausnehmen.

■ **Einbau:** Umgekehrt vorgehen. Klemmplatte mit 22 Nm anschrauben. Erst Plusleitung, dann Minusleitung anklemmen!

■ **Laden:** Die Batterie kann ausgebaut werden, sie muss es aber nicht. Wird die Batterie in eingebautem und angeschlossenem Zustand geladen, wird der Ladestrom in die Kapazitätsrechnung eines eventuellen Steuergerätes für Batterieüberwachung mit Batteriesensor J367 einbezogen.

■ Batterie-Mindesttemperatur 10 °C. Schnellladen nur im Ausnahmefall (z. B. bei Starthilfe).

■ Wenn die Batterie im ausgebauten Zustand geladen wird, unbedingt beachten: Betreffenden Raum wegen des sich bildenden Gases nicht mit offenem Licht oder rauchend betreten! Funken beim An- oder Abklemmen könnten das Gas ebenfalls zur Explosion bringen. Stellen Sie auf jeden Fall Durchlüftung sicher!

■ Zündung und Verbraucher abschalten. Mit dem Allround-Ladegerät VAS 5095 A für alle im Volkswagenkonzern verbauten 12 V-Akkus erfolgt das Laden ohne Strom- und Spannungsspitzen, was die Bordelektronik spürbar schont.

■ Geladen werden kann aber mit allen vergleichbaren handelsüblichen Geräten. Wir demonstrieren in Bild 7 das Laden

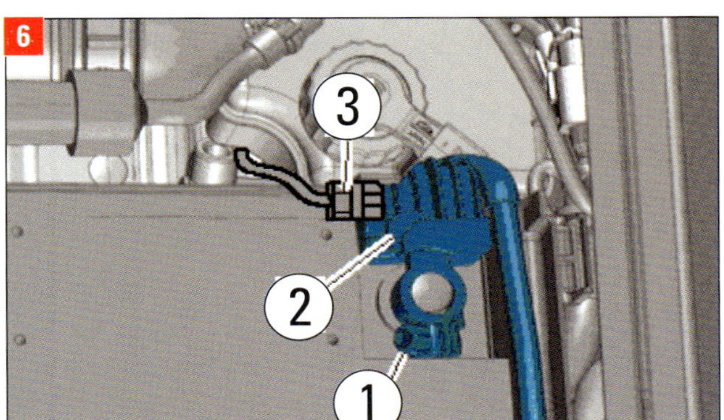

Batterie mit Steuergerät für Überwachung: (1) Mutter 6 Nm, (2) Steuergerät J367, (3) Stecker.

Laden: (1) Batterie, (2) Ladegerät, (3) rote Klemmzange an den Pluspol, (4) schwarze an den Minuspol anklemmen.

einer von VW verbauten Batterie (1) mit einem aktuell im Fachhandel erhältlichen modernen Gerät (2). Rote Ladeklemme (3) am Pluspol, Schwarze Ladeklemme (4) am Minuspol der Batterie anschließen.
Achtung: Für Fahrzeuge mit Start/Stopp-Funktion und mit Steuergerät für Batterieüberwachung (J367) schreibt Volkswagen zur Vermeidung von Störungen vor, die schwarze Ladeklemme an der Karosseriemasse anzuklemmen!

■ Ladegerät ans Netz, Motorhaube geöffnet lassen. Moderne Geräte (in unserem Fall »Top Craft«) steuern den Ladevorgang mit Mikroprozessor in mehreren Lademodi und zeigen die Vorgangsdaten per LCD-Display an.

■ **Vorsicht bei tiefentladenen Batterien!** Bei ihnen ist die Ruhespannung (volle Batterie: 12,6 V) unter 11,6 V abgesunken, ihre Batteriesäure besteht fast nur noch aus Wasser. Bei Tiefentladung »sulfatieren« Batterien, die Plattenoberflächen verhärten. Werden solche Batterien gleich nach der Tiefentladung wieder geladen, bildet sich die Sulfatierung zurück. Werden sie nicht nachgeladen, verhärten die Platten weiter, die Batterieleistung sinkt ab.

■ Die **Ladedauer** bestimmt sich nach den Angaben für das jeweilige Ladegerät. Beim VAS 5095 A und ähnlichen elektronischen »Battery Chargern«, welche die Tiefentladung automatisch erkennen, beträgt die Ladezeit 24 Stunden. LED-Anzeige rot während des Ladens, grün bei Ende des Ladens.

■ **Belastungsprüfung:** Nach dem Laden erfolgt die Belastungsprüfung, die den Batteriezustand eindeutig definiert (siehe Praxistipp). Erforderlich ist ein Batterieprüfgerät wie der VW-Tester 5097 A. Batterie-Temperatur mindestens 10 °C. Zündung und Verbraucher ausschalten.

PRAXISTIPP

Belastungsprüfung der Batterie

■ Den Kälteprüfstrom nach den Angaben auf der Batterie in Ampere (A) nach DIN feststellen oder anhand von Tabellen zum Kälteprüfstrom den Einstellbereich des Batterietesters ermitteln.

■ Kälteprüfstrom mit Wahlschalter, Messbereich (80 - 379 A bzw. 380 - 499 A) mit EIN/AUS-Funktionsschalter einstellen. Batterien mit einem Kälteprüfstrom über 499 A nach DIN (520, 580 oder 600 A) mit der Einstellung 499 A nach DIN prüfen.

■ Rote Klemme »+« des Prüfgeräts an den Pluspol, schwarze Klemme »-« an den Minuspol der Batterie anschließen:

Batterie-kapazität	Kälteprüf-strom	Belastungs-strom	Mindest-spannung
36 Ah	175 A	100 A	10,4 V
40–49 Ah	220 A	200 A	9,2 V
50–60 Ah	265–280 A	200 A	9,4 V
61–80 Ah	300–380 A	300 A	9,0 V
81–110 Ah	380–500 A	300 A	9,5 V

■ Bei einwandfreier Batterie sinkt die Spannung auf den Mindestwert, bei defekter oder schwach geladener Batterie sehr schnell unter den Mindestwert. Nach dem Test steigt die Spannung, allerdings langsam, wieder an.
Falls die Batterie nachgeladen werden muss, danach erneut Belastungsprüfung. Wenn immer noch Nachladen nötig ist: Batterie auswechseln.

Generator und Anlasser ausbauen

Der Generator sitzt mit anderen Nebenaggregaten auf einem Halter am Motor. Er wird über seine Riemenscheibe per Keilrippenriemen vom Motor angetrieben. Sein Ausbau ist bei den TDI-Motoren besonders aufwendig. Der Anlasser ist vorn unten am Getriebe angeschraubt. Zum Ausbau muss jeweils Baufreiheit entsprechend der jeweiligen Motorisierung geschaffen werden. Wir geben hier jeweils das Prinzip an.

■ **Ausbau Generator:** Benötigt werden Drehmomentschlüssel (V.A.G 1331 und 1332). Zündung ausschalten und Batterie-Masseband abklemmen. Laufrichtung des Keilrippenriemens markieren, da der Riemen wieder in ursprünglicher Richtung eingebaut werden muss. Keilrippenriemen ausbauen.

■ Beim 3,6 Liter V6-Motor auch die Spannrolle des Keilriemens abschrauben.

■ Bei Fahrzeugen mit TDI-CR-Motoren: Motorabdeckung abnehmen, Kraftstofffilter ausbauen (Schläuche nicht trennen) und zur Seite ablegen, Geräuschdämpfung ausbauen.

Kühlerlüfter, Ladeluftschlauch und Ladeluftrohr ausbauen. Klimakompressor ausbauen (Kältemittelkreislauf nicht öffnen) und seitlich so befestigen, dass die Vorlaufschläuche nicht überdehnt werden.

■ Alle Motorisierungen: Abschirmkappe von der Befestigungsmutter (1) der B+ Leitung an der Rückseite des Drehstromgenerators abziehen, Mutter abschrauben und elektrische Leitung trennen (Bild 1).

■ Stecker (2) abziehen. Befestigungsmutter (3,2 Nm) für Leitungshalter (3) herausschrauben und die Leitung seitlich ablegen (ebenfalls Bild 1).

■ Schrauben (23 Nm, Pfeile) an der Generator-Vorderseite-

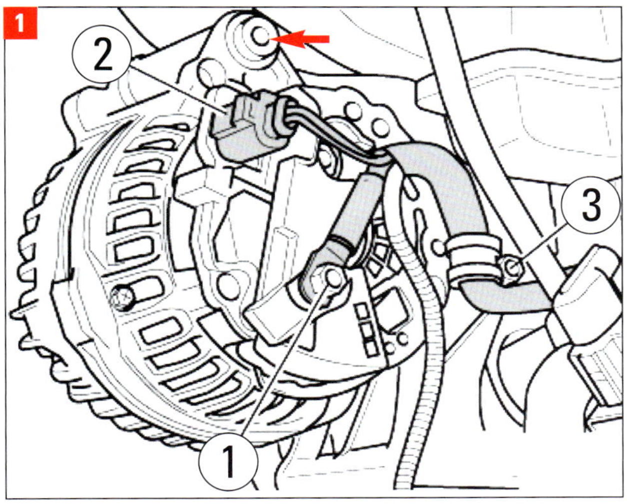

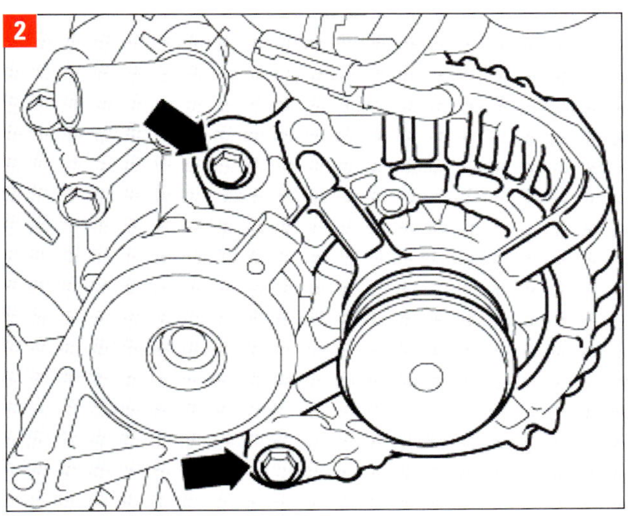

Bilder 1/2 Generator: (1) Mutter, (2) Stecker, (3) Leitungshalter. Pfeile in Bild 2: Schrauben 23 Nm. Der rote Pfeil in Bild 1 zeigt auf eine der beiden Gewindebuchsen.

herausdrehen (Bild 2). In einer anderen Bauform ist der Generator seitlich mit vier Schrauben 23 Nm befestigt.

■ Fahrzeuge mit 3,6 Liter V6-Motor und Common Rail TDI-Motoren: Drehstromgenerator nach unten herausnehmen. Fahrzeuge mit den drei anderen Benzinmotoren: Drehstromgenerator nach oben herausnehmen.

■ **Einbau:** Markierte Laufrichtung und Laufbild des Keilrippenriemens beachten. Riemen muss korrekt auf den Scheiben liegen. Ansonsten Ablauf sinngemäß umgekehrt zum Ausbau. Zur leichteren Montage die Gewindebuchsen (roter Pfeil Bild 1) um rund 3 mm nach außen verschieben.

■ Die B+-Leitung mit 20 Nm befestigen. Wenn sie nicht mit dem vorgeschriebenen Drehmoment befestigt wird, könnte die Batterie nicht vollständig geladen werden, kann es zum Komplettausfall der Fahrzeugelektrik kommen, besteht Brandgefahr auf Grund von Funkenbildung und sind Schäden durch Überspannungen an elektronischen Bauteilen und Steuergeräten möglich.

■ **Ausbau Anlasser:** Benötigt werden wieder Drehmomentschlüssel (V.A.G 1331 und 1332). Masseband der Batterie abklemmen, Luftfiltergehäuse ausbauen und die Schutzabdeckung am Anlasser in Richtung der Kabel verschieben.

■ Mutter (3) herausdrehen und B+-Plusleitung abklemmen, Steckverbindung (2) entriegeln und trennen, Mutter (1) herausdrehen und Batterie-Masseband vom Anlasser lösen (Bild 3). Anschließend Befestigungsschraube oben für Anlas-

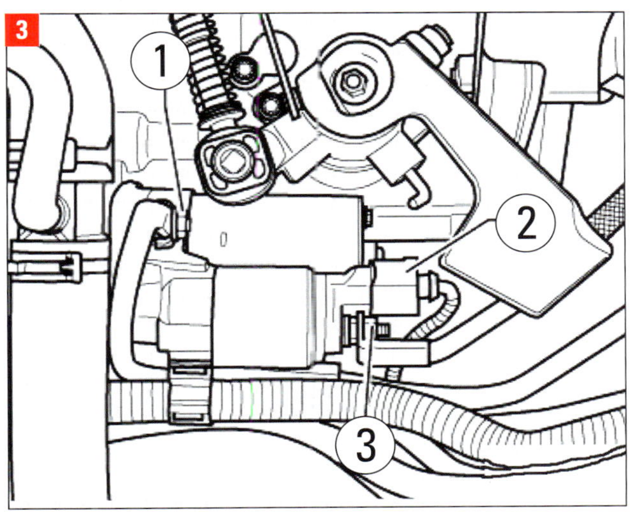

Bilder 3 Anlasser: (1) Mutter zur Massebandbefestigung, (2) Stecker, (3) Leitung Klemme 30. Die Pfeile in Bild 4 zeigen die Befestigungsschrauben des Anlassers (1).

ser herausschrauben. Beim Einbau M12-Schrauben mit 80 Nm, M10-Schrauben mit 40 Nm festziehen.

■ Bei Fahrzeugen mit Schaltgetriebe die Geräuschdämpfung ausbauen und die Mutter (23 Nm) am Leitungshalter herausschrauben. Den Leitungshalter (nicht immer eingebaut) mit Leitung seitlich ablegen.

■ Bei allen Fahrzeugen jetzt die untere Befestigungsschraube des Anlassers herausschrauben. Beim Einbau sind M12-Schrauben mit 80 Nm, M10-Schrauben mit 40 Nm fest zu ziehen.

■ Der **Einbau** erfolgt in umgekehrter Reihenfolge. Folgendes beachten: Zur Befestigung von Masseband und Plusleitung immer neue selbstsichernde Muttern verwenden.

■ Die Anzugsdrehmomente für Masseband und Plusleitung beachten: Masseband 20 Nm; Plusleitung von Anlasser mit Kupferschraube 16 Nm, von Anlasser mit Stahlschraube wie Masseband 20 Nm.

■ Die Befestigungsschrauben des Anlassers je nach Ausführung (M10/M12) mit 40 oder 80 Nm festziehen. Arbeitsablauf beim Anklemmen der Batterie beachten.

Spannungsregler ausbauen, Kohlebürsten prüfen

■ Der Spannungsregler mit Kontakt-Schleifkohlen (Kohlebürsten) ist an die Generatorrückseite geschraubt. Seine Abschirmkappe sieht bei den im Superb verwendeten Spannungsregler-Typen Bosch (Bild 1) und Valeo etwas unterschiedlich aus. Ausbau und Prüfung zeigen wir am Bosch-Regler. Das Prinzip ist auf den von Valeo übertragbar.

■ **Ausbau:** Generator (1, Bild 1) ausbauen, B+-Leitung mit der 20 Nm-Mutter abschrauben.

■ Muttern (4) und Schraube (5) nach Bild 1 abschrauben, Kappe (3) abnehmen. Die drei 2 Nm-Schrauben (6) herausschrauben und den Regler (2) abnehmen.

■ **Prüfen des Spannungsreglers:** Bei etwaiger Fehlfunktion des Generators, bei Aussetzern usw. müssen die Schleifkohlen (Kohlebürsten) des Spannungsreglers überprüft werden. Sie dürfen eine minimale Länge »a« nicht unterschreiten.

■ Dieses Verschleißmaß »a« (Bild 2) beträgt 5 mm bei 1 mm Toleranz zwischen beiden Kohlebürsten.

■ Der **Einbau** erfolgt sinngemäß umgekehrt. Die Kohlebürsten müssen korrekt auf den Schleifbahnen liegen.

■ Zur Befestigung der B+-Leitung immer eine neue selbstsichernde Mutter (20 Nm) verwenden!

1

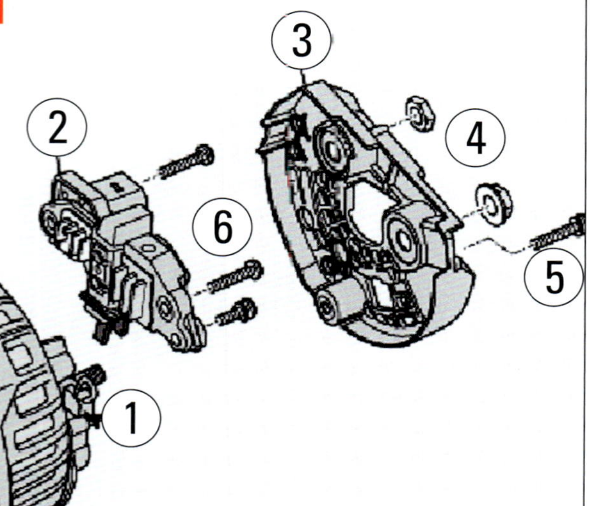

Spannungsregler: (1) Drehstromgenerator, (2) Spannungsregler, (3) Abdeckkappe, (4) Muttern 4,5 Nm, (5) Schraube, (6) drei Schrauben 2 Nm.

2

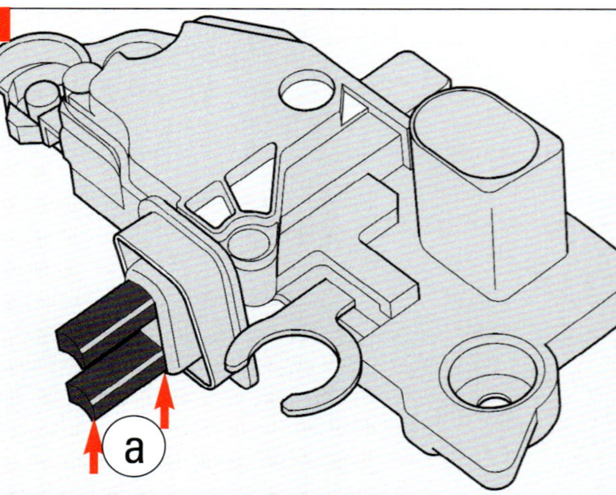

Kohlebürsten am Spannungsregler: Das Verschleißmaß »a« beträgt 5 mm bei 1 mm Toleranz zwischen beiden Kohlebürsten. Bei neuen Spannungsreglern sind die Bürsten 12 bis 15 mm lang. Im Bedarfsfall müssen die Kohlen erneuert oder der Regler ausgetauscht werden.

Scheinwerfer ausbauen, Lampen wechseln

Vor Arbeiten an Scheinwerfern die Zündung und alle elektrischen Verbraucher abschalten. Das Batterie-Masseband muss nicht abgeklemmt werden. Gebraucht werden Drehmomentschlüssel und Schraubendreher (Torx, z. B. Bordwerkzeug). Wird ein Scheinwerfer ausgebaut, ist er nach dem Einbau einzustellen.
Die jeweils konkret eingebaute Scheinwerfervariante ist der Betriebsanleitung zu entnehmen. Eigendiagnose vom Bordnetzsteuergerät erleichtert die Fehlersuche an den Scheinwerfern. Fehlersuche mit VAS 505x in der Betriebsart »Geführte Fehlersuche«.

■ **Scheinwerfer ausbauen:** Die Arbeiten links und rechts sind identisch. Zündung ausschalten, Stoßfänger vorn, wie in »Karosserie« beschrieben, ausbauen.

■ Vom Scheinwerfer (Bilder 1/2) Stecker abziehen und Befestigungsschrauben 5 Nm (Pfeile in Bild 2) ausbauen.

■ Fahrzeuge mit Scheinwerferreinigungsanlage: Zur Entriegelung des Anschlusses die Sicherungsklammer zusammendrücken und Schlauch mit Anschluss vom Hubzylinder für Scheinwerferreinigungsanlage (vergl. 1 in Bild 3) abziehen.

■ Scheinwerfer herausnehmen.

■ **Scheinwerfer einbauen:** Scheinwerfer einsetzen, Anschluss mit Waschwasserschlauch für Scheinwerfer und die Stecker anschließen.

■ Scheinwerfer leicht mit den drei Schrauben befestigen, die Schraube an der Seite (blauer Pfeil in Bild 2) noch nicht festziehen.

■ Stoßfänger einbauen und Scheinwerfer nach den Konturen der Karosserie ausrichten (Spaltmaße einhalten). Zum Ausrichten des Scheinwerfers können zwei Befestigungsschrauben vorn (rote Pfeile in Bild 2) gelöst und anschließend durch Drehen der Einstellmuttern (Linksgewinde) an

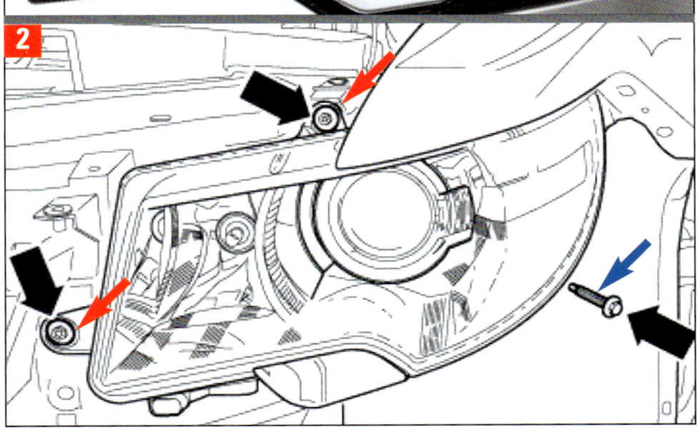

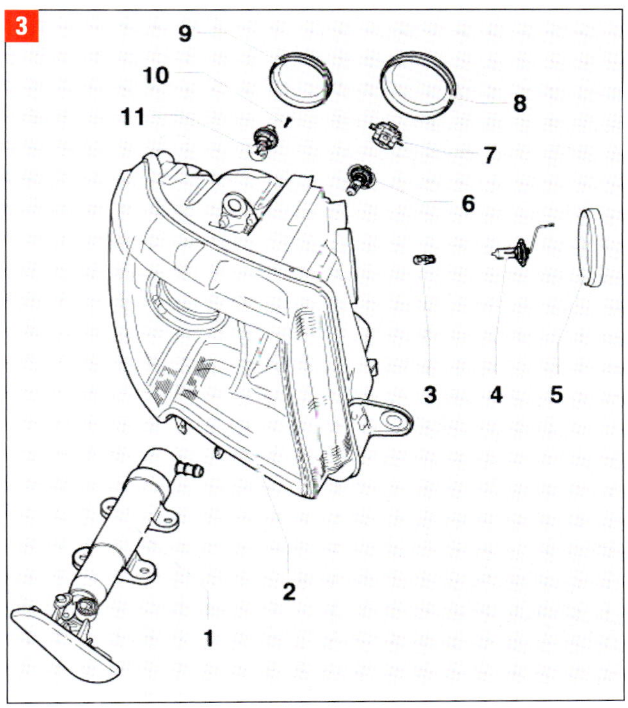

Bilder 1 und 2 Einbaulage des Scheinwerfers: Die Pfeile zeigen die drei Befestigungsschrauben.
Bild 3 Aufbau des Halogenscheinwerfers: (1) Hubzylinder mit Spritzdüsen für Scheinwerferreinigungsanlage, (2) Scheinwerfergehäuse, (3) Glühlampe für Standlicht W5W, (4) Glühlampe für Fernlicht H3, (5, 8 und 9) Gummiabdeckkappen, (6) Glühlampe für Abblendlicht H7, (7) Aufhängeöse, (10) Schraube 1,4 Nm, (11) Glühlampe für Blinklicht PY24W Hyperclick.

den Schrauben die Anschlaghöhe geändert werden. Nach dem Ausrichten des Scheinwerfers die Befestigungsschrauben mit 5 Nm festziehen und die Scheinwerfer einstellen.

■ **Lampen wechseln allgemein:** Scheinwerferlampen und Blinklichtlampen haben jeweils eine Kammer mit runder Abdeckkappe aus Gummi (Bilder 3 und 6). Beim Einbau der Kappe auf richtigen Sitz achten! Durch Wassereintritt kann der Scheinwerfer zerstört werden
Zum Lampenwechsel Zündung und alle elektrischen Verbraucher ausschalten, den Zündschlüssel abziehen.
Beim Einbau nicht den Glaskolben berühren! Finger hinterlassen darauf Fettspuren, die beim Einschalten der Lampe verdampfen und den Glaskolben trüben.
Spezifikation der einzelnen Lampen: **Tabelle** auf Seite 185.

Halogenscheinwerfer (H7-Scheinwerfer)

■ **Abblendlicht H7:** Gummiabdeckkappe für Scheinwerfer abnehmen. Aufhängeöse mit Stecker um ca. 45° drehen. Lampe mit Aufhängeöse und Stecker aus dem Scheinwerfer herausnehmen. Lampe (1) aus der Aufhängeöse mit Stecker (2) herausnehmen (Bild 4).

Der **Einbau** erfolgt in umgekehrter Reihenfolge.

■ **Standlicht W5W:** Zündung und Verbraucher ausschalten, Gummiabdeckkappe für Scheinwerfer abnehmen (vergl. Bild 3). Stecker mit Lampe für Standlicht aus dem Scheinwerfer herausziehen. Glühlampe (2) aus der Fassung (1) herausnehmen (Bild 5). Zum **Einbau** Fassung mit Lampe bis zum Anschlag in den Scheinwerfer eindrücken. Gummiabdeckkappe aufsetzen.

■ **Blinklicht PY24W Hyperclick:** Zündung und Verbraucher ausschalten. Auf der Seite der auszubauenden Glühlampe die Radhausschale, wie unter »Karosserie« beschrieben, ausbauen. Die nun zugängliche Schraube 1,4 Nm im Scheinwerfergehäuse herausdrehen. Lampenfassung drehen und aus dem Scheinwerfer herausnehmen, Stecker abziehen. **Einbau** nach Lampenwechsel in umgekehrtem Sinne.

■ **Fernlicht H3:** Die Glühlampe H3 steht unter Druck und kann bei einem Lampenwechsel platzen. Deshalb dabei möglichst Handschuhe und Schutzbrille tragen! Zündung und Verbraucher ausschalten, Gummikappe abnehmen. Feder-

4
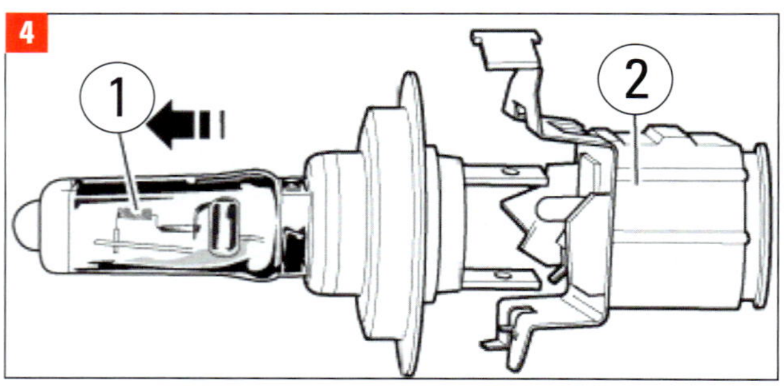

5
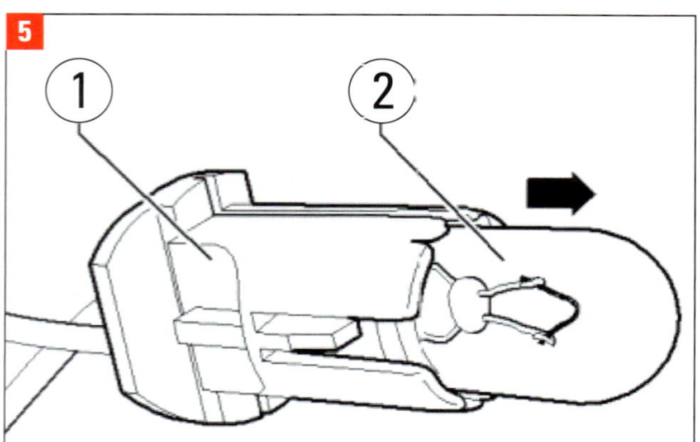

6
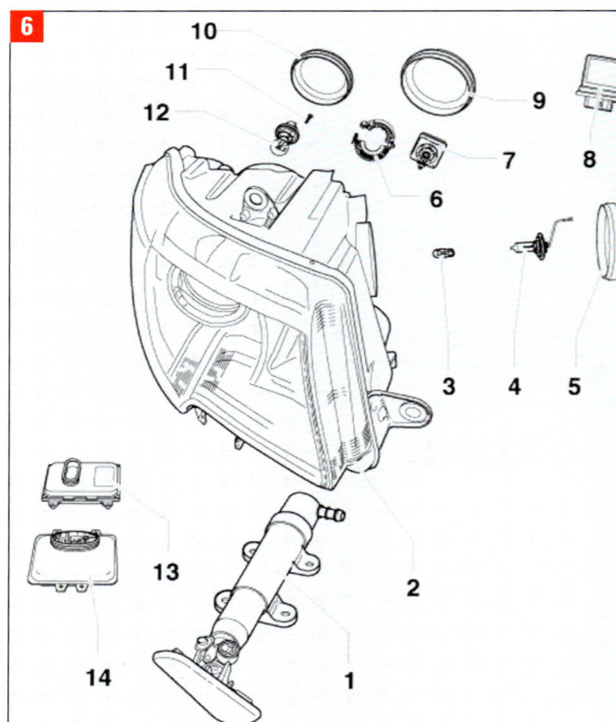

Bild 4 Lampe H7: (1) Glühlampe, (2) Aufhängeöse mit Stecker. ***Bild 5 Lampe W5W:*** (1) Fassung, (2) Glühlampe.
Bild 6 Bixenon-Scheinwerfer: (1) Hubzylinder für Spritzdüsen, (2) Scheinwerfergehäuse, (3) Standlichtlampe W5W, (4) Fernlichtlampe H3, (5, 9, 10) Gummiabdeckkappen, (6) Fassung für (7) Entladungslampe mit Zündeinheit D1S, (8) Steuergerät Kurvenlicht/Leuchtweitenregelung (AFS), (11) Schraube 1,4 Nm, (12) Blinklichtlampe PY24W, (13) Leistungsmodul, (14) Steuergerät für Gasentladungslampe.

drahtbügel entriegeln und die Glühlampe aus dem Scheinwerfer herausnehmen. Steckverbindung trennen. **Einbau** in umgekehrter Reihenfolge. Es muss unbedingt die Einbaulage der Glühlampe eigehalten werden. Diese wird bestimmt von den entsprechenden Ausschnitten auf dem Tragblech.

Bixenon-Scheinwerfer
Die Scheinwerfer mit Xenon-Entladungslampen sind Hightech-Baugruppen. Bei »Bixenonlampen« bewirkt ein Steuergerät für Kurvenlicht und Leuchtweitenregelung »AFS« (Steuergerät J745) das Drehen und Neigen der Scheinwerfer sowie das Schalten der einzelnen Leistungsmodule. Die Scheinwerfer werden ebenso aus- und eingebaut wie die mit Halogenlampen im Abblendlicht. Zum Lampenwechsel:

■ **Abblendlicht:** Zündung und Verbraucher ausschalten, Stecker vom Scheinwerfer abziehen und Gummiabdeckkappe für Scheinwerfer abnehmen. Zur Entriegelung die Nase (1) am Stecker (2) drücken und Stecker nach unten abziehen. Entladungslampe mit Zündeinheit um ca. 45° drehen (Pfeil) und aus dem Scheinwerfergehäuse herausnehmen (Bild 7). Verrastung (Pfeil) drücken, Fassung (1) öffnen (durchbrochener Pfeil) und Entladungslampe herausnehmen (Bild 8). **Einbau** in umgekehrter Reihenfolge. Scheinwerfereinstellung prüfen und mit Fahrzeugdiagnosetester die Grundeinstellung der Leuchtweitenregelung vornehmen.

Standlicht, Blinklicht, Fernlicht: Diese Lampen werden ebenso aus- und eingebaut wie beim H7-Scheinwerfer.

■ **Geräte aus-/einbauen:** Zum Aus- und Einbau von Steuergerät und Leistungsmodul (Bild 9) muss der Scheinwerfer ausgebaut sein. Dann die Komponenten ab- und anschrauben (1,4 Nm). Nach den Arbeiten Scheinwerfer einstellen; im Fall des Leistungsmoduls (2) darüber hinaus mit Diagnosetester codieren.

■ **Pratzen ersetzen:** Beschädigte Scheinwerfer-Befestigungspratzen können durch Einbau des Reparatursatzes ersetzt werden, falls der Scheinwerfer keine anderen Schäden aufweist: Ersatz nach elektronischem Teile-Katalog bestellen. Scheinwerfer ausbauen, die schadhafte Pratze komplett entfernen, neues Teil formgerecht einsetzen und Befestigungsschrauben mit 1,5 Nm anziehen.

7

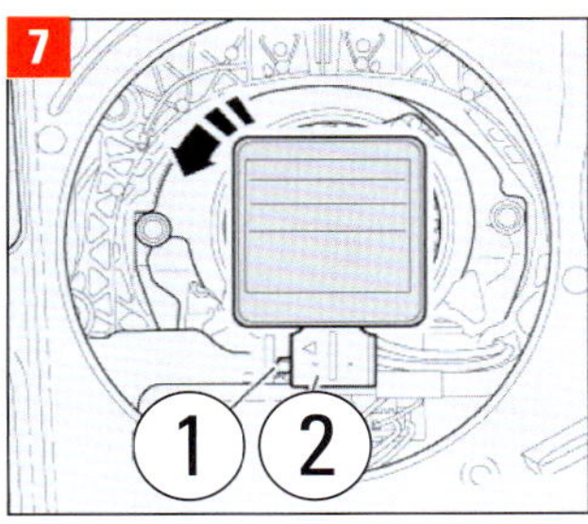

8

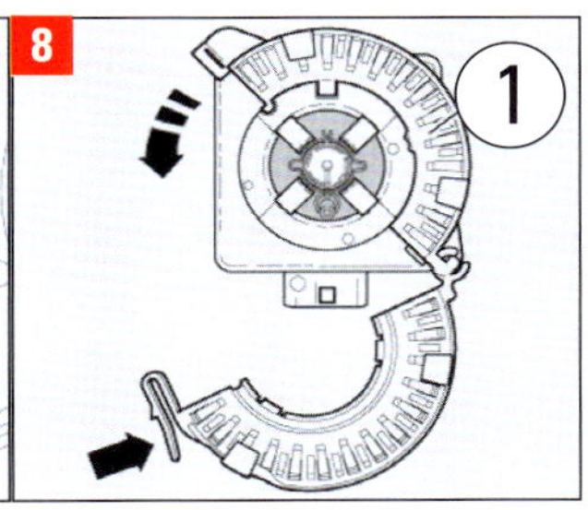

Entladungslampe Bild 7: (1) Entriegelung am (2) Stecker. Pfeil: Drehen um 45°. ***Bild 8:*** (1) Fassung. Pfeil unten/oben: Verrastung drücken/Fassung öffnen.

9

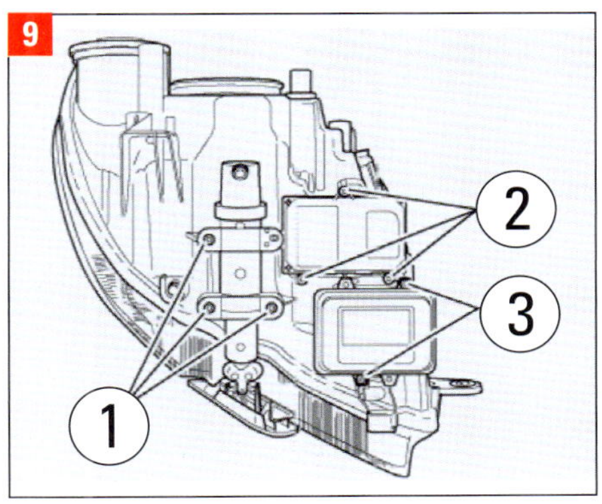

Anbauten: Schrauben 1,4 Nm am (1) Hubzylinder für Spritzdüsen, (2) Leistungsmodul, (3) Steuergerät für Gasentladungslampe.

Scheinwerfer und Nebelscheinwerfer einstellen

■ **Scheinwerfer einstellen:** Eine präzise Einstellung ist nur mit dem Lichteinstellgerät (VAS 5046 oder 5047) in der Werkstatt möglich. Die provisorische Einstellung ist ein Notbehelf und auch sehr umständlich. Sie ist aber erforderlich und nützlich, wenn andere Mittel nicht verfügbar sind.
Fahrzeug gegenüber der Einstellwand auf ebener Fläche abstellen. Der Abstand zwischen Front und Wand muss exakt fünf Meter betragen. Fahrzeug vorn und hinten mehrmals kräftig durchdrücken, damit sich die Federn setzen.

■ Die Einstellung der Scheinwerfer erfolgt bei Abblendlicht. Das vorgeschriebene Neigungsmaß beträgt 10 cm auf 10 m Entfernung (Projektionsabstand). Das Neigungsverhältnis in Prozent (10 cm/10 m = 1%) ist oben auf dem Scheinwerfergehäuse eingeprägt. Bei den im Superb verbauten Scheinwerfern mit getrenntem Abblend- und Fernlicht ist das Fernlicht extra einzustellen, aber nur in der Höhe. Das Neigungsmaß dafür beträgt 0%.

■ Den Abstand zwischen Boden und Mittelpunkt der beiden Scheinwerfer messen. Das Maß an der Wand markieren und die Punkte durch eine Linie (S 1) verbinden (Bild 1). Etwa

1

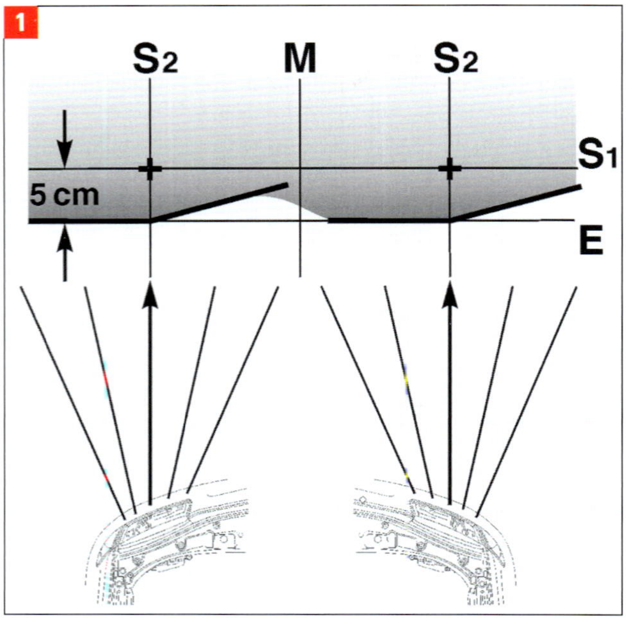

5 cm darunter eine parallele Linie E an der Wand anzeichnen. Das ist die Neigung des Abblendlichts auf 5 m Entfernung.

■ Durch das Heckfenster nach vorn peilen. Einem Helfer Hinweise geben, damit er eine zur Fahrzeugmitte orientierte senkrechte Linie M einzeichnen kann.

■ Abstand zwischen Fahrzeugmitte und Mittelpunkt des Scheinwerfers (rechts und links) messen. Diese Werte sind auf die Hilfslinie S1 (rechts und links vom Schnittpunkt der Linien M und S1) zu übertragen und mit einem Einstellkreuz (S2) zu markieren. 5 cm unter diesen Kreuzen müssen die Abknickpunkte des Abblendlichts auf Linie E justiert werden.

■ Scheinwerfer an den Innensechskantschrauben (Bild 2) für Höhe (1) und Seite (2) mit einem Inbusschlüssel SW 6 einstellen. Erst Höhen-, dann Seiteneinstellschraube so lange drehen, bis die waagerechte Hell-Dunkel-Grenze des Lichtstrahls mit der Einstelllinie E übereinstimmt.

2

■ Zur Korrektur der Seiteneinstellung die entsprechende Schraube in der Weise verdrehen, dass der Abknickpunkt im Lichtbild genau auf das Einstellkreuz ausgerichtet ist. Ein Streuanteil von 15 Prozent darf über der Linie liegen.

■ **Nebelscheinwerfer einstellen:** Die kleine Abdeckung (1) neben dem Nebelscheinwerfer aus dem vorderen Stoßfänger ausclipsen (Bild 3). Seitlich oben am Nebelscheinwerfer ist die Einstellschraube für Höhe. Seiteneinstellung ist bei Nebelscheinwerfern nicht vorgesehen.

■ Das Neigungsmaß beträgt 22 cm (2,2%). Mit einem Schraubendreher mit Inbusverlängerung oder mit einem Inbusschlüssel SW 6 einstellen (nur Höhe).

■ Will man den **Nebelscheinwerfer ausbauen**, dann wie zum Einstellen die kleine Abdeckung ausclipsen (Bild 3). Von innen die Verrastung drücken (Bild 4, Pfeil). Scheinwerfer auskippen und herausnehmen, Steckverbindung trennen. Bis

3

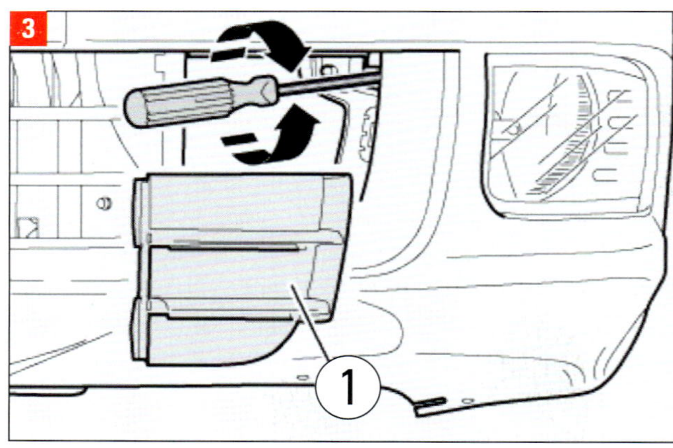

4

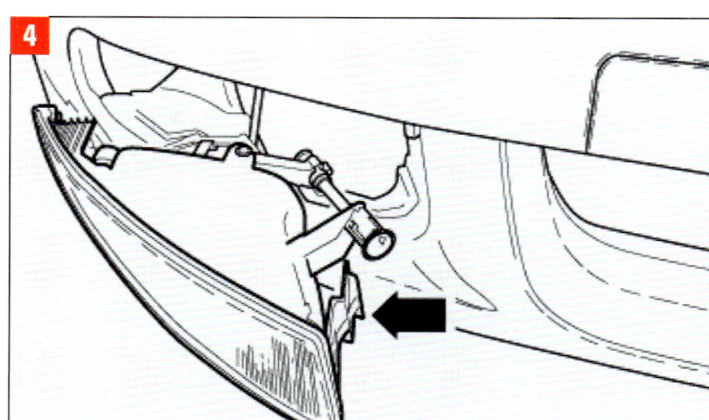

Bild 2 Scheinwerfer einstellen: (1) Höhe, (2) Seite.
Bilder 3/4 Nebelscheinwerfer: Einstellen (oben)/ausbauen.

zur 44. Kalenderwoche 2009 wurden im Superb die so genannten Nebelscheinwerfer mit »Corner-Funktion« ohne Tagfahrlicht, ab 45. KW 2009 werden sie mit eingebautem Reflektor mit Glühlampe für Tagfahrlicht montiert. Die Corner-Funktion, ein statisches Kurvenlicht für den Winkelbereich von 30° bis 60°, soll die Fahrzeugumgebung beim Abbiegen oder Parken besser ausleuchten. Die Nebelscheinwerfer mit Tagfahrlicht werden zusammen mit weiteren Funktionen über das Bordnetzsteuergerät (J519) gesteuert. Lampe für Scheinwerfer H8, Glühlampe für Tagfahrlicht PY21W.

Schlussleuchten ausbauen und Lampen wechseln

Schlussleuchte Limousine: (1) im Seitenteil, (2) in der Heckklappe.

Schlussleuchte Combi: Einteilig im Seitenteil.

■ **Ausbau Leuchte Seitenteil:** Zündung und Verbraucher ausschalten, Zündschlüssel abziehen. Abdeckungen (1) von den Schrauben (2) abnehmen, die Schrauben herausdrehen (2,5 Nm) und das Leuchtengehäuse (3) nach hinten aus der Kegelschraube (7) lösen (alles Bild 3). Gummitülle (5) herausnehmen, Schaumverpackung verschieben und Steckverbindung (6) trennen. **Einbau** in umgekehrter Reihenfolge.

■ **Lampenwechsel Seitenteil:** Dazu muss die Schlussleuchte ausgebaut werden, es ist lediglich nicht nötig, die Steckverbindung zu trennen. Fassungen mit Glühlampen nach links drehen und aus der Schlussleuchte herausnehmen; defekte Glühlampe ersetzen. Bild 3 zeigt die Positionierung und die Spezifikation der Lampen. Siehe dazu auch Tabelle auf Seite 185.

Anmerkung: In der entsprechenden Leuchte beim Superb-Modell Laurin & Klement ab 42. KW 2011 sind Schluss- und Bremslicht mit Leuchtdioden (LED) bestückt. Nur die Lampe für Blinklicht kann einzeln ausgetauscht werden. Bei defekter LED muss die Leuchte komplett ersetzt werden. Ihr Ausund Einbau erfolgt wie für die Leuchte mit herkömmlichen Glühlampen beschrieben. Die Funktion der LED kann mit dem Fahrzeugdiagnosetester in der Funktion »Stellglieddiagnose« geprüft werden.

■ **Ausbau Leuchte Heckklappe:** Zündung und Verbraucher ausschalten, Zündschlüssel abziehen. Heckklappe öffnen, Abdeckung (1) der Schlussleuchte lösen (Bild 4). Muttern (Pfeile) herausdrehen (2,5 Nm). Stecker (3) abziehen. Schlussleuchte mit Lampenträger (2) herausnehmen. Der **Einbau** geschieht in umgekehrter Reihenfolge.

■ **Lampenwechsel Heckklappe:** Wie beim Ausbau Zün-

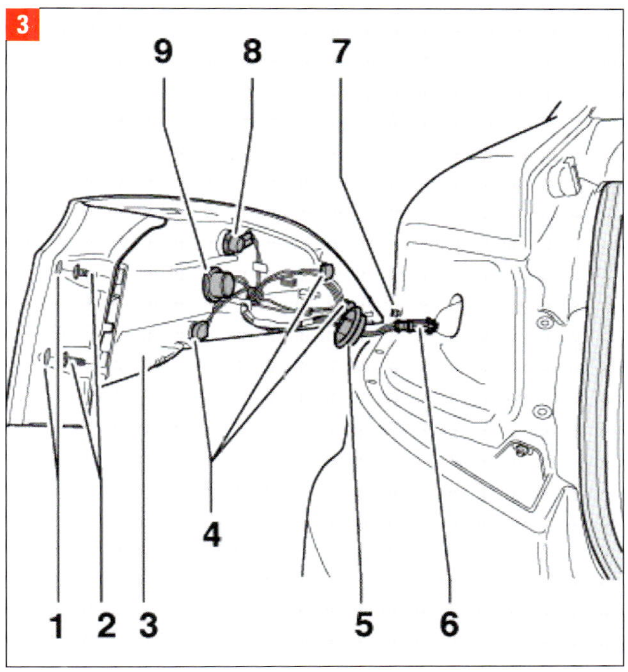

Schlussleuchte Seitenteil: (1) Schraubenabdeckungen, (2) zwei Befestigungsschrauben 2,5 Nm, (3) Leuchtengehäuse, (4) die drei Glühlampen für Schlusslicht W5W, (5) Gummitülle, (6) Stecker, (7) Kegelschraube 1,3 Nm, (8) Glühlampe für Brems- und Standlicht W16W, (9) Glühlampe für Blinklicht PY21W.

dung und Verbraucher ausschalten, die Abdeckung (1; Bild 4) der Schlussleuchte lösen. Verrastung (roter Pfeil) drükken und Lampenträger (2) herausnehmen (Bild 4). Glühlampe für Nebelscheinwerfer (P21W, 12V 21W) drehen und herausnehmen. Glühlampe für Rückfahrlicht (W16W, 12V 16W) herausnehmen. Der **Einbau** erfolgt in umgekehrter Reihenfolge.

■ **Ausbau Leuchte Combi:** Zündung und Verbraucher ausschalten, Zündschlüssel abziehen. Die beiden Schrauben 2,5 Nm (4) herausdrehen und Leuchte (3) nach hinten (Pfeil) aus den Kegelschrauben 1,3 Nm (5) lösen. Gummitülle (2) herausnehmen und Steckverbindung (1) trennen. **Einbau** in umgekehrter Reihenfolge.

■ **Lampenwechsel Combi:** Zum Lampenwechsel muss die Heckleuchte des Combi wie beschrieben ausgebaut werden. Position der Lampen siehe Bild 6, Spezifikation nach Tabelle auf Seite 185.

Anmerkung: Glühlampen dürfen nur durch solche gleicher Ausführung ersetzt werden. Die Bezeichnung steht auf dem Lampensockel oder auf dem Glaskolben.

■ **Lampenwechsel Kennzeichenleuchten:** Zündung und alle elektrischen Verbraucher ausschalten. Die beiden Befestigungsschrauben 1 Nm der Streuscheiben herausdrehen, Streuscheibe mit einem kleinen Schraubendreher lösen und herausnehmen. Defekte Glühlampe (C5W) ersetzen.

■ **Einbau** in umgekehrter Reihenfolge. Dabei die Streuscheibe zurück einsetzen und bis zum Anschlag drücken. Unbedingt die richtige Stellung der Scheibe beachten! Der Blendschutzstreifen muss zur Frontpartie zeigen.

■ **Kennzeichenleuchte ausbauen:** Zündung und alle elektrischen Verbraucher ausschalten. Stoßfänger hinten, wie unter »Karosserie« beschrieben, ausbauen. Verrastung drücken, Kennzeichenleuchte auskippen und aus dem Stoßfänger herausnehmen. Steckverbindung trennen.

■ Beim **Einbau** in umgekehrter Reihenfolge die Kennzeichenleuchte so in den Stoßfänger einclipsen, dass der Blendschutzstreifen zur Frontpartie zeigt.

■ **Kennzeichenleuchte Combi:** Einen kleinen Schlitzschraubendreher in die Bohrung der Leuchte stecken und ein wenig verschieben. Leuchte auskippen und herausnehmen. Die Steckverbindung trennen, defekte Glühlampe

4

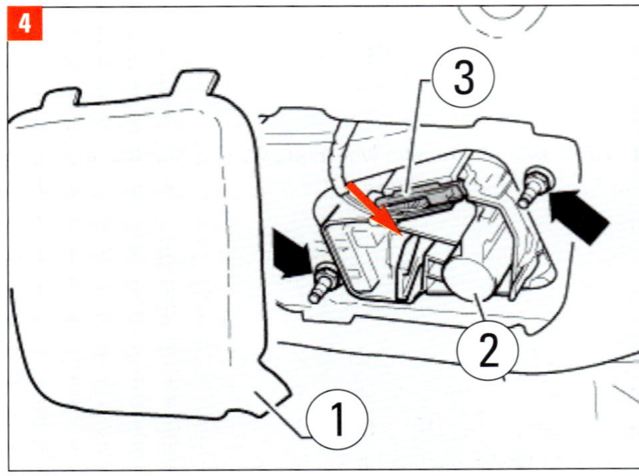

Schlussleuchte Heckklappe: (1) Abdeckung, (2) Lampenträger, (3) Steckverbindung.

5

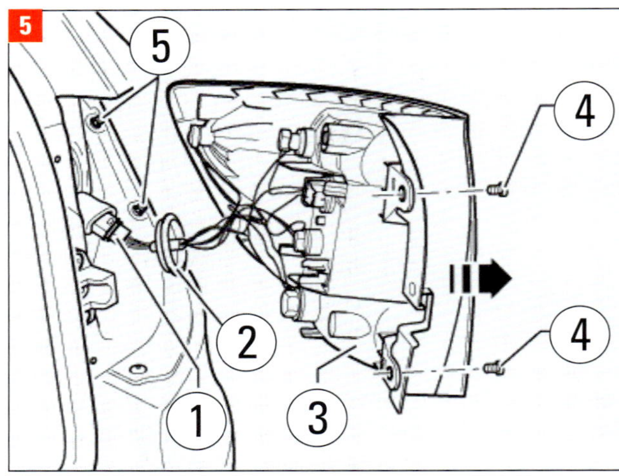

Heckleuchte Combi: (1) Stecker, (2) Gummitülle, (3) Leuchte, (4) Schrauben 2,5 Nm, (5) Kegelschrauben 1,3 Nm.

6

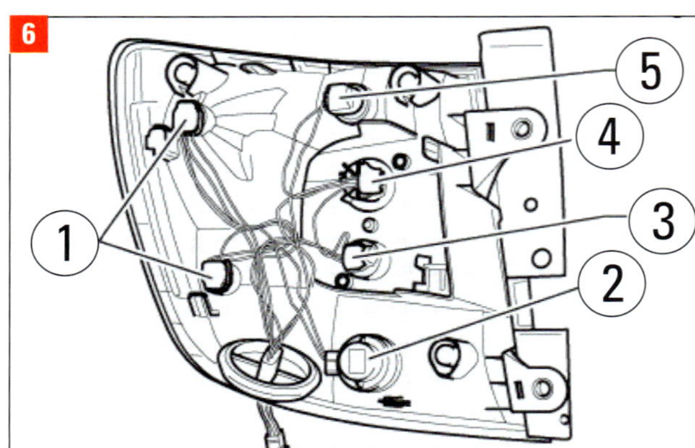

Lampenträger Combi: (1) Standlicht, (2) Nebelleuchte, (3) Rückfahrleuchte, (4) Blinkleuchte, (5) Bremslicht.

Leuchten im Innenbereich und der Lichtschalter

■ **Leuchten ausbauen:** Mit Flachschraubendreher, Abdrückhebel oder Montagekeil die Abdeckungen oder die komplette Leuchte aus dem Einbauort heraushebeln, Steckverbindung trennen. Lampen wechseln, wieder fest verrasten.

■ Leuchten im Innenraum sind die Innenleuchten vorn und hinten (Glassockellampen W5W, Bild 1), die Leuchten am Kosmetikspiegel (Soffitten C5W), Handschuhfachleuchte (Soffitte C3W), die Leuchten im Fußraum und die Kofferraumleuchten (Glassockellampen W5W), Leuchten in der Tür, in der Mittelkonsole und in der Schalttafel. Vielfach werden wie im Außenbereich die »klassischen« Glühlampen und Soffitten (Bild 2) durch LED abgelöst.

■ Schützen Sie beim Aus- und Einbau der Leuchten (wie auch von Schaltern) die Bereiche, an denen Hebel, Keil oder Schraubendreher angesetzt werden, mit Klebeband vor Kratzern.

■ Die **Innenleuchte vorn** in der Dachbedieneinheit ist etwas komplizierter auszubauen: Zündung und alle elektrischen Verbraucher ausschalten, mit Demontagekeil die Abdeckung aus den Rasten lösen und nach unten schwenken, die beiden frei werdenden Schrauben herausdrehen, Innenleuchte auskippen und vom Montagerahmen herabhängen lassen. Stecker abziehen. Lampen mit Fassung um etwa 45° drehen und herausnehmen. Dann die Lampen aus der Fassung ziehen (Bild 1). **Einbau** umgekehrt.

1

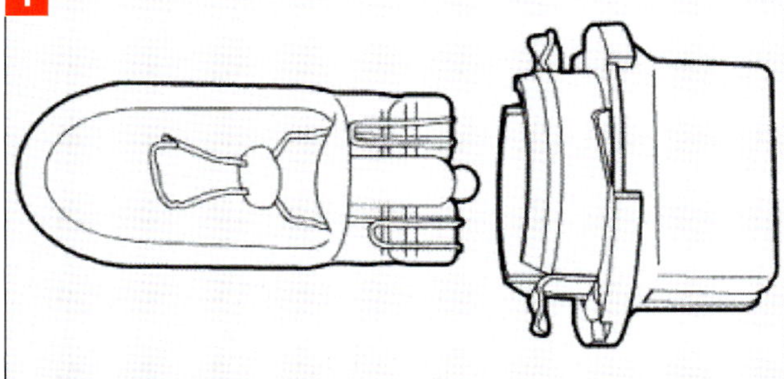

Glühlampe W5W: Mit Fassung herausdrehen, aus Fassung herausziehen.

2

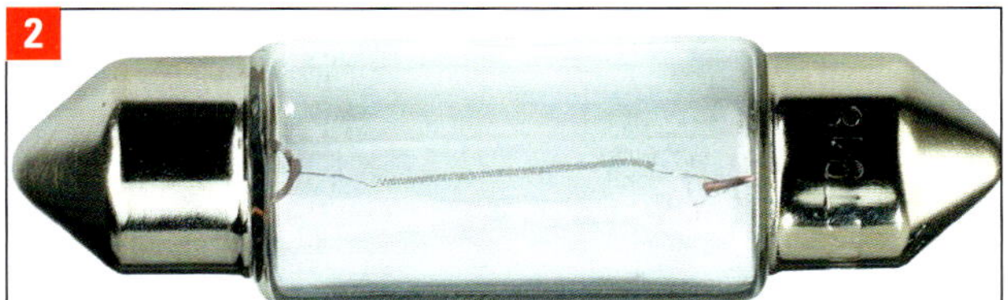

Spiegel und Handschuhfach: Die »klassischen« Soffitten der Spezifikation 12 V C5W oder C3W.

■ **Hauptlichtschalter ausbauen:** Alle elektrischen Verbraucher ausschalten und Zündschlüssel abziehen. Drehgriff des Lichtschalters in Stellung »0« drehen, fest hineindrücken und etwas nach rechts drehen. Schalter in dieser Position am Drehgriff aus der Schalttafel herausziehen. Steckverbindung trennen. Zum **Einbau** den Schalter in die Montageöffnung schieben, bis er hörbar einrastet.

Lampen der Superb-Leuchten

Leuchte	**Lampen 12 V**	**Daten**
Halogenscheinwerfer		
Fernlicht	H3	55 W
Abblendlicht	H7	55 W
Standlicht	LongLife	W 5 W
Blinklicht vorn	PY Hyperclick	24 W
Bi-Xenonscheinwerfer		
Fernlicht	H3	55 W
Abblendlicht	Entladungslampe D1S mit	
integrierter Zündeinheit	plus AFS-Steuergerät	
Standlicht	Blaues Glas	W 5 W
Blinklicht vorn	PY Hyperclick	24 W
Tagfahrlicht	PY	21 W
Nebelscheinwerfer	H8	35 W
Bremslicht	W	16 W
Hochgesetzte Bremsleuchten	LED in einer Leuchtleiste	
Schlussleuchte		
Standlicht	Glassockellampe	W 5 W
Brems-/Standlicht L&K	Leuchtdioden	
Rückfahrlicht		W16W
Blinklicht hinten	Glassockellampe PY	21 W
Nebelscheinwerfer	H8	35 W
Kennzeichenleuchte	Soffitte C	5 W
Innenleuchten vorn	Glassockellampe	W 5 W
Innenl. hinten Mitte.	Glassockellampen	W 5 W
Innenl. hinten l./r.	Glassockellampen	W 5 W

Einbauorte der Relais- und Sicherungshalter

Für Reparatur- und Überprüfungsarbeiten relevante Einbauorte der Kabel-Kupplungsstationen, diversen Steckverbindungen und Sicherungs- und Relaishalter sind:

■ A- und B-Säulen, Dachrahmen, Box neben der Fahrzeugbatterie und Schalttafel.

■ Die Türen enthalten ebenfalls zahlreiche Einbauten unter der Verkleidung: Zentralverriegelung, Fensterheber, Lautsprechersysteme, Steuergeräte und diverse Steckverbindungen.

■ In der **Schalttafel links** (Fahrerseite) ist der Sicherungshalter B (Sicherungen SB) für die erste Überprüfung bei Störungen der elektrischen Anlage besonders wichtig. Er enthält die meisten jener Stecksicherungen, die schnell zugänglich sein müssen. Dieser Sicherungshalter wird nach Abheben der Abdeckung an der linken Schalttafelseite zugänglich (Bild 1). Zum Öffnen der Abdeckung einen kleinen Flachschraubendreher in die Aussparung stecken und Abdeckung abhebeln.

1

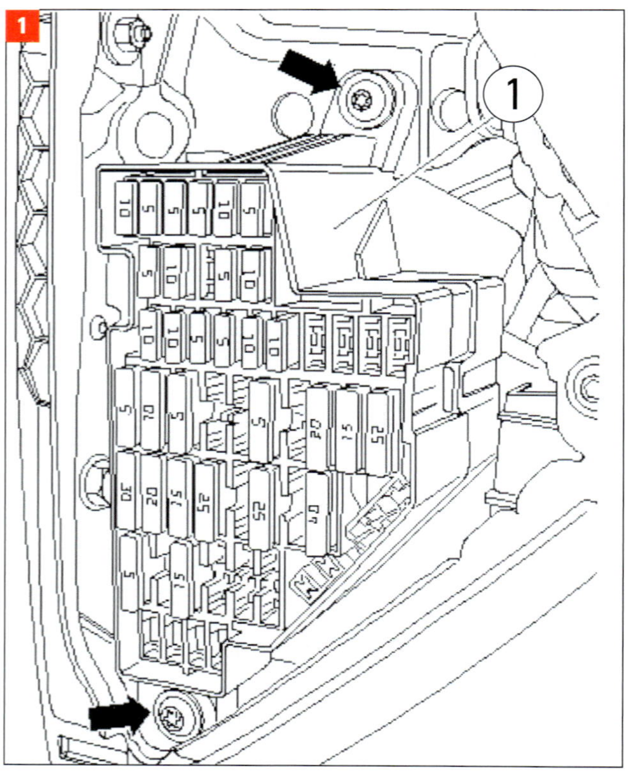

Schalttafel links: Hinter einer Abdeckung ist der Sicherungshalter (1) eingebaut. Pfeile: Befestigungsschrauben.

■ **Sicherungshalter B ausbauen:** Ablagefach (zweites Handschuhfach) unter dem Lenkrad ausbauen. Befestigungsschrauben 3 Nm (Pfeile in Bild 1) herausschrauben, Sicherungshalter (1) lösen und durch die Öffnung an der Stelle des Handschuhfachs unterhalb des Lenkrades durchstecken.

■ Die **Sicherungsbelegung** ist wesentlich von der Fahrzeugausstattung abhängig. Sie findet sich auf dem Aufkleber Innenseite Abdeckung und ist in der Betriebsanleitung des jeweiligen Fahrzeugmodells enthalten. Sicherungen sind nach Steckplätzen nummeriert. Angegeben sind abgesicherter Verbraucher und der Stromstärke-Wert (in A), durch Farbe markiert.

■ Die **Sicherungsfarben** bedeuten:

hellrot	50 A;
orange	40 A;
hellgrün	30 A;
natur (weiß)	25 A;
gelb	20 A;
hellblau	15 A;
rot	10 A;
braun	7,5 A;
hellbraun	5 A;
lila	3 A.

■ **Relaisträger unter Bordnetzsteuergerät:** Die Schalttafel enthält in Kammern auf der Fahrerseite eine Reihe wesentlicher Baugruppen, darunter hinter dem Handschuhfach unterhalb des Lenkrads das Bordnetzsteuergerät J519. Diese »Schaltzentrale« bewältigt je nach Ausstattungsgrad mehr als 40 Fahrzeugfunktionen. Die Belegung des Relaisträgers darunter ist von der Fahrzeugausstattung abhängig.

■ Die **E-Box im Motorraum** neben der Batterie enthält die Halter A und C mit den Sicherungen SA und SC sowie eine Reihe von Relais.

Signalgeber prüfen, Signalhorn ausbauen

■ **Warnblinkanlage:** Zündung aus, Druckschalter mit rot umrandetem Dreieck betätigen. Alle vier Blinklampen und Kontrollleuchte/Schalter leuchten im gleichen Rhythmus.

■ **Richtungsblinker:** Zündung einschalten, Blinkerhebel drücken. Alle Blinker einer Fahrzeugseite müssen blinken, auch die Blinkerkontrolle in der Schalttafel.

■ **Bremsleuchten:** Fahrzeug mit dem Heck zur Wand stellen, Bremspedal drücken: Wand muss rot aufleuchten. Oder ein Helfer gibt Bescheid. Funktionieren beide Lampen nicht: Sicherung und Bremslichtschalter prüfen.

■ **Lichthupe:** Funktioniert die Lichthupe nicht, obwohl die Scheinwerfer brennen, zuerst prüfen, ob an den beiden roten Klemme-30-Kabeln zum Lenkstockschalter Spannung anliegt. Ist dies der Fall, dürfte der Lichtumschalter im Hebelschalter defekt sein.

■ **Signalhorn:** Betätigen Sie die Druckplatte auf dem Lenkrad. Die Hupe muss ertönen.

■ **Signalhornausbau:** Das Signalhorn (Alarmhorn H12) ist im Wasserkasten verbaut. Es besitzt eine Notbatterie, die nicht einzeln ersetzt werden kann (Horn austauschen). Wasserkastenabdeckung rechts ausbauen, die beiden Schrauben 1,2 Nm ausbauen und die Abdeckung (neben dem Federbeindom) abnehmen. Der Halter mit dem Horn kann oben (Schraube aufbohren und herausziehen) oder am Einlassgitter befestigt sein (abschrauben). Steckverbindung trennen und Horn abschrauben (5 Nm).

■ **Signalhorneinbau** sinngemäß umgekehrt.

Anmerkung: Wegen der Steuergeräte muss bei Störungen und Fehleranzeigen oftmals auch der Fehlerspeicher ausgelesen werden (Werkstattsystem). Die elektronische Wegfahrsperre funktioniert nur online mit Download.

Quetschverbindungen herstellen

■ Bei Ergänzungen und zusätzlichen Einbauten sind Eingriffe ins und Arbeiten am Leitungsnetz nötig. Das Verlegen und Verbinden von Leitungen ist durchgängig nur mit Quetschverbindungen erlaubt. Gelötet darf nichts werden.

■ Nötige Werkzeuge sind Crimpzange zum Zusammenquetschen der Leitungen mit einem Quetschverbinder (1) und das Heißluftgebläse (2) mit »Schrumpfaufsatz« (3) zum Schrumpfen der Verbinder, damit keinerlei Feuchtigkeit eindringen kann (Bild 1). Der Verbinder wird mit dem Gebläse von der Mitte nach außen in Längsrichtung erhitzt, bis er vollständig abgedichtet ist und der Kleber an den Enden austritt. Bei mehreren so verbundenen Leitungen nebeneinander, müssen die Quetschverbinder versetzt angeordnet werden!

1

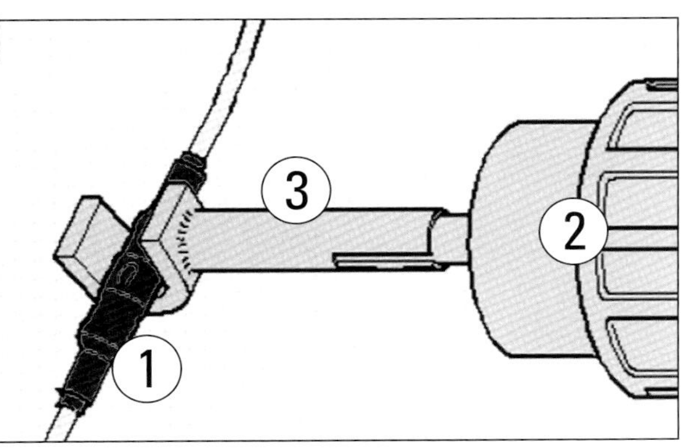

■ Optimale Reparaturqualität an der Fahrzeugelektrik wird bei Verwendung des Leitungsstrang-Reparatursets VAS 1978 oder seiner noch neueren Ausführung 1978A ermöglicht. Mit den Werkzeugen aus diesem Set (Reparaturleitungen, Zange, Heißluftgebläse) können Reparaturen an Steckverbindungen und schadhaften Leitungen durchgeführt werden.

■ Die kompletten Reparaturleitungen haben angecrimpte Kontakte. Sie können mit Hilfe solcher Quetschverbinder mit dem fahrzeugeigenen Leitungsstrang verbunden werden. Die Anschlagzange im VAS-Set hat drei unterschiedliche Quetschmulden, die neue Crimpzange im Set 1978A sogar auswechselbare Köpfe . Mit den Zangen und dem erwähnten Heißluftgebläse zum Schrumpfen der Quetschverbinder (Bild 1) werden einwandfreie elektrische Verbindungen hergestellt. Quetschverbinder selbst dürfen übrigens grundsätzlich nicht repariert werden.

STÖRUNGSBEISTAND

Batterie und Lichtmaschine

Störung	Was kann das sein?	Was muss ich tun?
A Rote Ladekontrolle brennt nicht beim Einschalten der Zündung	**1** Batterie leer	Mit Starthilfekabel starten oder Wagen anschleppen
	2 Batteriekabel gebrochen. Kabelklemmen lose oder oxidert	Batteriekabel und -klemmen kontrollieren
	3 Kontrollleuchte defekt	ersetzen
	4 Kabelweg zwischen Zündschloss, Kontrollampe und Lichtmaschine unterbrochen	Stromweg mit Prüflampe kontrollieren
	5 Schleifkohlen abgenutzt	Regler tauschen
	6 Spannungsregler defekt	Regler austauschen
	7 Lichtmaschine schadhaft	Lichtmaschine überholen oder austauschen
	8 Feuchtigekit bildet einen isolierenden Schmierfilm zwischen den Schleifringen und Kohlen (z.B. nach Motorwäsche)	Lichtmaschine mit Druckluft ausblasen oder Schleifringe und Kohlen sauberreiben
B Ladekontrolle brennt oder glimmt bei laufendem Motor	**1** Keilrippenriemen lose bzw. ohne Spannung	Keilrippenriemenspannung kontrollieren
	2 Mangelnder Kontakt an Kabelanschlüssen der Lichtmaschine oder unterbrochene Kabel	Kabelanschlüsse und Kabel prüfen
C Batterieoberfläche feucht	**1** Zuviel destilliertes Wasser eingefüllt	Ausgasen lassen, keine Säure absaugen
	2 Batterieverschlüsse verstopft	Entlüftungslöcher säubern
	3 Spannungsregler defekt	austauschen
D Batterie gast stark	**1** Spannungsregler defekt	Regler austauschen

Anlasser

Störung	Was kann das sein?	Was muss ich tun?
A Beim Drehen des Zündschlüssels in Startstellung dreht der Anlasser zu lange oder gar nicht	**1** Kontrollampen brennen schwach oder verlöschen **1a** Batterie entladen **1b** Kabelanschlüsse lose oder oxidiert **1c** Batterie entladen	Mit Starthilfekabel starten, Auto anschieben/anschleppen, Kabel befestigen, Anschlüsse säubern, Anlasser überholen lassen oder austauschen
	2 Kontrollampen brennen hell, Klicken aus Richtung Anlasser immer noch nicht: **2a** Kohlenbürsten bzw. deren Anschlüsse im Anlasser gelöst **2b** Kontakte im Magnetschalter verschmort **2c** Anlasserwicklung schadhaft	Anlasser überholen lassen oder austauschen
B Der Anlasser dreht, aber der Motor dreht nicht	**1** Ritzel verschmutzt	Ritzel reinigen
	2 Einrückvorrichtung klemmt	Anlasser überholen lassen
	3 Verzahnung des Ritzels oder der Motorschwungscheibe beschädigt	Wagen bei eingelegtem Gang durch Helfer ein Stück vorschieben lassen. Erneut starten. Beschädigte Teile ersetzen
C Magnetschalter schaltet schnell ein und aus. Anlasser läuft nicht an	**1** Batterie stark entladen, beim Einschalten des Magnetschalters fällt die Spannung ab und er schaltet wieder aus	Batterie laden
	2 Einrückvorrichtung klemmt	Anlasser überholen lassen
	3 Verzahnung des Ritzels oder der Motorschwungscheibe beschädigt	Wagen bei eingelegtem Gang durch Helfer ein Stück vorschieben lassen – Zündung aus! Erneut starten. Beschädigte Teile ersetzen
D Anlasser läuft weiter, obwohl der Zündschlüssel losgelassen wurde	**1** Magnetschalter hängt oder schaltet nicht ab	Zündung sofort abschalten, notfalls Batterie abklemmen. Magnetschalter reparieren oder Anlasser austauschen
	2 Zünd-/Anlassschalter defekt	Schalter ersetzen
E Ritzel spurt nach Anspringen des Motors nicht aus	**1** Rückstellfeder des Einrückhebels lahm oder gebrochen	Motor abstellen, Anlasser austauschen

STÖRUNGSBEISTAND

Hupe

Störung	Was kann das sein?	Was muss ich tun?
A **Hupe tönt nicht**	**1** Sicherung defekt	Ersetzen
	2 Kabel vom Lenkrad zur Hupe unterbrochen	Kabelverlauf kontrollieren, Steckkontakte der Hupe blankkratzen
	3 Hupe defekt	Prüfen, ggf. ersetzen
	4 Relais defekt	Prüfen, ggf. ersetzen
B **Hupe tönt dauernd**	**1** Hupenkontakt vom Lenkrad defekt. Kabel vom Hupenkontakt zur Hupe hat Dauerstrom	Schwarz/gelbes Kabel von der Hupe abziehen. Hupt es nicht mehr, Hupenkontakt bzw. Kabel reparieren lassen
	2 Hupe hat inneren Masseschluss	Hupe ersetzen. Unterwegs Kabel von der Hupe abziehen

STÖRUNGSBEISTAND

Bremslicht

Störung	Was kann das sein?	Was muss ich tun?
A **Eine Bremsleuchte brennt nicht**	**1** Glühlampe durchgebrannt	Austauschen
	2 Masseverbindung unterbrochen. Brennen alle übrigen Lampen in derselben Heckleuchte?	Kabel kontrollieren
	3 Unterbrechung in der Zuleitung	Kabel kontrollieren
B **Beide bzw. alle drei Bremslichter brennen nicht**	**1** Sicherung defekt	Ersetzen
	2 Bremslichtschalter defekt	Überprüfen, ggf. ersetzen
	3 siehe A1 und A3	
C **Bremslicht brennt dauernd**	**1** Kabel zum Bremslichtschalter haben direkten Kontakt	Kabel kontrollieren

STÖRUNGSBEISTAND

Warnblink- und Blinkanlage

Störung	Was kann das sein?	Was muss ich tun?
A Kontrollampe für Richtungsblinker leuchtet in ganz kurzen Intervallen auf. Normaler Blinkrhythmus beim Warnblinken	**1** Eine Glühlampe defekt oder ohne Kontakt	Auswechseln
B Blinkleuchten und Kontrolleuchte brennen bei Richtungs- und Warnblinken dauernd oder gar nicht	**1** Blinkrelais defekt	Auswechseln
C Richtungsblinken funktioniert, aber kein Warnblinken	**1** Sicherung defekt	Auswechseln
	2 Kabel vom Steckkontakt am Warnblinkschalter zur Sicherung bzw. Blinkerrelais unterbrochen	Durchgang kontrollieren, ggf. erneuern
	3 Warnblinkschalter defekt	Auswechseln
D Warnblinken funktioniert, aber kein Richtungsblinken	**1** Kabel zwischen Blinkerschalter und Blinkerrelais unterbrochen	Durchgang kontrollieren, ggf. erneuern.
	2 Blinkerschalter defekt	Auswechseln (lassen)
	3 Sicherung defekt	Ersetzen
E Kein Richtungs- und kein Warnblinken	**1** Sicherung defekt	Auswechseln
	2 Warnblinkschalter defekt	Auswechseln

Antrieb: Motor und Öl, Kühlung und Getriebe

Der neue Superb hat leistungsstarke und sparsame Motoren. Die Wartung der Triebwerke am Schmier- und am Kühlsystem sowie die Anbindung der Motoren ans Fahrwerk über das Getriebe sind Gegenstand dieses Kapitels.

Die Motoren des Superb

Für den Superb stehen vier Benzinmotoren und drei Dieselaggregate zur Auswahl. Das Motorenangebot erstreckt sich vom 1.4 TSI Benziner mit 92 kW (125 PS) bis zur Topmotorisierung 3.6 FSI V6 mit 191 kW (260 PS). Alle Aggregate arbeiten mit direkter Kraftstoffeinspritzung. Als Automatikgetriebe kommen ausschließlich moderne DSG Doppelkupplungsgetriebe mit sechs oder sieben Gängen zum Einsatz. Sämtliche Motoren und Antriebsarten sind für Limousine und Combi erhältlich.

Sieben Motoren 77 bis 191 kW

■ Als Basis-Benziner dient der 1.4 TSI mit 92 kW (125 PS). Der verbrauchsoptimierte Motor ist beim Superb erstmals serienmäßig mit Start-Stopp und Rekuperation ausgestattet. Das frontgetriebene Fahrzeug mit manuellem 6-Gang-Getriebe verbraucht nur noch 5,9 l/100 km (Combi: 6,1 l).

■ Nächststärkerer Ottomotor ist der 1.8 TSI mit 118 kW (160 PS). Er erreicht seine Drehmomentspitze von 250 Nm zwischen 1.500 und 4.500 U/min. Als Getriebe stehen ein manuelles 6-Gang-Getriebe und ein automatisches 7-Gang-DSG zur Verfügung. Der 1,8 TSI ist auch mit Allradantrieb bestellbar.

■ Der 2,0 TSI leistet 147 kW (200 PS). Dieser Motor ist ausschließlich in Verbindung mit Sechsgang-Doppelkupplungsgetriebe und Vorderantrieb zu haben. Das maximale Drehmoment von 280 Nm wird zwischen 1.700 und 5.000 U/min erreicht.

■ Top-Benziner ist der 3.6 V6 mit 191 kW (260 PS). Der Verbrauch liegt kombiniert bei 9,3 l/100 km (Combi: ebenfalls 9,3 l/100 km). Diese Motorisierung gibt es in Verbindung mit einem 6-Gang-DSG und permanentem Allradantrieb. Das Fahrzeug entfaltet sein maximales Drehmoment von 350 Nm zwischen 2.500 und 5.000 U/min.

1

1,4-Liter-TSI: Kultivierter Motor mit 92 kW Leistung.

Das Viertaktprinzip

WISSENSWERTES

Bei den Superb-Motoren umfasst ein Arbeitszyklus des Kolbens im Zylinder vier Takte:

■ **Einspritzen:** Der Kolben gleitet zum Unteren Totpunkt UT. Einlassventile öffnen, das Einspritzventil arbeitet, Luft und Kraftstoff strömen in den Zylinder.

■ **Verdichten:** Der Kolben bewegt sich vom UT zum Oberen Totpunkt OT. Einlassventile schließen. Der Kolben verdichtet das eingeströmte Gemisch.

■ **Verbrennen:** Kurz vor dem OT wird das Gemisch gezündet. Es verbrennt und drückt den Kolben zum UT. Sein Pleuel dreht die Kurbelwelle.

■ **Ausstoßen:** Der Kolben geht nach oben. Auslassventile öffnen, die verbrannten Gase werden ins Abgassystem und in den Turbolader geschoben.

Die Verdichtung:

Der Raum, den der Kolben im Zylinder durchmisst, ist der Hubraum. Hat der Kolben darin seinen höchsten Punkt erreicht, bleibt der Brennraum mit dem Kraftstoff-Luft-Gemisch. Hubraum plus Brennraum bilden den Zylinderraum. Das Verhältnis Zylinderraum zu Brennraum gibt an, auf den wievielten Teil des Zylinderraums das Gemisch verdichtet wird:

Verdichtung beim 1.4 TSI	10,0:1
Verdichtung beim 1.8/2.0 TSI	9,6:1
Verdichtung beim 3.6 FSI	11,4:1
Verdichtung bei den TDI-Motoren	16,5:1

■ Rund elf Prozent sparsamer als bislang ist seit 2013 der Superb mit dem Basis-Dieselmotor 1.6 TDI 77 kW (105 PS). Das Aggregat arbeitet neuerdings in Verbindung mit einem 6-Gang-Schaltgetriebe (bislang: fünf Gänge). Der frontgetriebene Handschalter begnügt sich mit nur 4,5 l Diesel auf 100 km (Combi: 4,6 l/100 km). Zum ersten Mal gibt es auch ein automatisches DSG-Siebenganggetriebe, und Der sparsamste Selbstzünder ist der ŠKODA Superb GreenLine 1.6 TDI. Mit Optimierung von Gewicht, Bodenfreiheit und Luftwiderstand gelang es, den Kraftstoffverbrauch auf 4,2 l/100 km zu senken.

■ Mittlerer Superb-Dieselmotor ist der 2,0 TDI mit 103 kW (140 PS). Der frontgetriebene Handschalter begnügt sich mit 4,6 l/100 km. Das maximale Drehmoment beträgt 320 Nm zwischen 1.750 und 2.500 U/min. Zur Kraftübertragung kommen ein manuelles 6-Gang-Getriebe oder ein 6-Gang-DSG zum Einsatz; DSG und Handschaltung auch mit Allradantrieb.

■ Als Top-Dieselmotorisierung im ŠKODA Superb dient der 2.0 TDI mit 125 kW (170 PS). Das Drehmomentmaximum von 350 Nm entfaltet sich zwischen 1.750 und 2.500 U/min. Getriebe: manuell oder DSG mit jeweils sechs Gängen. Der Verbrauch des Fronttrieblers mit Handschaltung beträgt lediglich 4,6 Liter.

Vierstellige Kennbuchstaben

Mit dem Buchstaben »C« beginnend, wurden im VW-Konzern die 4-stelligen Motorkennbuchstaben eingeführt. Die ersten 3 Stellen stehen für Hubraum und mechanischen Aufbau des Motors. Sie sind mit fortlaufender Nummer im Zylinderblock eingeschlagen. Die 4. Stelle steht für Leistung und Drehmoment des Motors und ist vom Motorsteuergerät abhängig.

Motorkennbuchstaben und sechsstellige Motornummer sind zu finden:

■ CAXC (1.4 TSI): Aufkleber am Steuergehäuse.

■ CDAA, CCZA (1.8/2.0 TSI): Links an der Trennfuge Motor/Getriebe und Aufkleber auf der oberen Abdeckung der Steuerkette.

■ CDVA (3.6 V6 FSI): Neben dem Schwingungsdämpfer auf dem Zylinderblock und auf einem Aufkleber auf dem Saugrohr.

■ CAYC, CFFB, CFGB (alle TDI): Vorn an der Trennfuge Motor/Getriebe sowie Aufkleber auf dem Zahnriemenschutz.

Der vierstellige Kennbuchstabenblock befindet sich auf dem Fahrzeugdatenträger und auf dem Motorsteuergerät.

Bild 2 der Modernste: Vierzylinder-2,0-Liter-Turbodiesel mit Common-Rail-Direkteinspritzung. Er bietet 147 kW auf.

Bild 3 der Vielseitigste: Vierzylinder-1,6-Liter-Turbodiesel mit Common-Rail-Direkteinspritzung und im Superb 77 kW.

Das Schmiersystem

Alle Stellen im Motor, an denen Metalle aufeinander gleiten, müssen ständig mit Öl versorgt werden: Kolben, Zylinderlaufbahnen, die Lager von Kurbelwelle und Nockenwelle. Kein Triebwerk hält mehr als einige Minuten ohne passende Schmierung durch. Ein Teil des Schmieröls wird vom Kreislauf abgezweigt und zur Kühlung u. a. des Kolbens direkt in dessen Inneres gespritzt.

Das Motoröl

Öl vermindert Reibung und Verschleiß und dichtet die engen Räume zwischen Kolben, Kolbenringen und Zylinderwand so fein ab, dass der hohe Druck bei der Verbrennung fast ohne Verluste auf die Kurbelwelle übertragen wird. Öl kühlt auch den Motor, zum Beispiel die Kolben in den Zylindern und die Lager von Kurbelwelle und Nockenwelle. Außerdem schützt es vor Rost, bindet Schmutzpartikel und einen Teil der Verbrennungsrückstände.

Wichtige Kenngröße für Motoröl ist seine Viskosität. Sie ist das Maß für die Fließfähigkeit des Schmieröls. Im Winter muss ein Motoröl so dünnflüssig sein, dass es nach dem Kaltstart sofort alle Schmierstellen versorgt. Bei höheren Temperaturen ist dickflüssiges Öl gefragt, das den Schmierfilm nicht abreißen lässt.

Im Superb fließt ganzjährig fahrbares »Mehrbereichsöl« (Bilder 1/2). Die meisten Motoröle sind solche Öle aus Mineralöl und bis zu 20% Additiven (»VI-Verbesserer«). Diese Zusätze bewirken, dass sich das Öl den Temperaturen im Motor anpasst. Sie schützen ferner das Öl vor Oxidation und verhindern das Aufschäumen bei hohen Drehzahlen.

Die Additive verschleißen aber bei hohen Temperaturen und verlieren ihre Wirkung. Wasser, Kraftstoff und Verbrennungsrückstände setzen der Lebensdauer des Motoröls ebenfalls Grenzen. Rechtzeitiger Ölwechsel ist daher kein Luxus, sondern reine Notwendigkeit, wenn Ihr Motor reibungslos funktionieren soll.

WISSENSWERTES

Normen für Motoröl

■ SAE-Klasse: Einstufung durch die Society of Automotive Engineers. Bezeichnet die Klasse der Viskosität, zum Beispiel SAE 5W-40 (unser Bild). Je kleiner die erste Zahl, umso dünner und bei Kälte besser fließend ist das Öl (W = Winter). Ein Öl mit 0W schmiert noch bei minus 30 Grad, bei 5W ist es gut bis minus 25 Grad, bei 15W bis minus 15 Grad. Je höher die zweite Zahl, umso besser widersteht das Öl hohen Temperaturen. Das von Škoda empfohlene Shell-Helix-Öl entspricht wie in Bild 2 der SAE 5W-40, VW-üblich ist aber schon SAE 5W-30.

■ ACEA-Norm: Von der Association des Constructeurs Européen d'Automobiles im Jahre 1996 eingeführte europäische Ölnorm. Nach ACEA gibt es für Benziner die Gruppen A1 (Sprit sparend), A2 (gering belastet), A3 (Hochleistungs-Öl). Für Diesel gilt eine Einteilung von B1 bis B4.

■ API-Norm: Vorschrift des American Petroleum Institute. Diese Spezifikation besteht aus den Buchstaben S bzw. G (Benziner) und C bzw. PD (Diesel) sowie einem weiteren Buchstaben bzw. einer Zahl. Je höher im Alphabet oder je größer die Zahl, umso besser ist die Qualität des Öls.

1

Der Ölkreislauf

Im Motorblock strömt das Öl durch ein System von Leitungen und feinen Bohrungen an die richtige Adresse. Dieses System bildet von der Ölwanne unten am Motor über die verschiedenen Stationen bis in die Wanne zurück einen Kreislauf mit der Ölpumpe im Zentrum.
Die Pumpe holt über die Saugleitung das Öl aus der Wanne. Im Hauptstrom sitzt der Ölfilter (Bild 3), der Verunreinigungen wie Ruß, Metallabrieb und Staub zurückhält. Vom Filter gelangt das Motoröl über Bohrungen im Zylinderblock zu den Schmierstellen der Kurbelwelle und zu den Pleueln. Von den Gleitlagern der Kurbelwelle wird das Öl in den Zylinderkopf, zu den Nockenwellenlagern und an andere sensible Stellen gedrückt. Rücklaufkanäle führen wieder in die Ölwanne.

Der Ölfilter

Bauform und Montage des Ölfilters unterscheiden sich je nach Motortyp, aber das Prinzip ist immer ähnlich dem in Bild 3 für den 1.6 TDI gezeigten. Der Filter arbeitet nur so lange, bis er vom Schmutz zugesetzt ist. Deshalb Filtereinsatz (2) beim Ölwechsel tauschen!
Wenn er nicht rechtzeitig gewechselt wurde, tritt ein Überdruckventil in Aktion. Es öffnet, und das Motoröl umgeht den Filter. Damit ist zwar die Ölversorgung sichergestellt, doch ungefiltertes Motoröl bewirkt einen höheren Verschleiß an den Lagerstellen.
Durch die Mittelachse der Filterpatrone gelangt das gereinigte Öl direkt in den Hauptölkanal. Der Öldruckschalter dort signalisiert über die Kontrollleuchte im Schalttafeleinsatz und einen Warnton zu niedrigen Öldruck.

Der Öldruck

Denn damit die Schmierung bei jeder Belastung des Motors sicher gestellt ist, muss der Öldruck stimmen. Bei zu kaltem und sehr zähflüssigem Öl kann ein zu hoher Druck entstehen. Dann öffnet ein Überdruckventil eine Umgehungsleitung (Bypass) und leitet das Öl direkt auf die Saugseite der Ölpumpe zurück. Der Ölkreislauf bleibt in diesem Fall erhalten.

Problematisch ist zu niedriger Öldruck, der z. B. vorkommt, wenn Sie bei zu geringem Ölstand mit hohem Tempo durch eine Kurve fahren. Die Ölpumpe saugt dann Luft anstatt Öl aus der Ölwanne. Der Öldruck fällt abrupt ab, was zu schweren Lagerschäden führen kann. Wenn nach schnellen Autobahn- oder Passfahrten die Öldrucklampe im Leerlauf flackert, ist das ein Indiz dafür, dass der Öldruck durch zu heißes und damit dünnflüssiges Öl unter den normalen Wert gesunken ist, obgleich das Öl einen extra Kühler passiert.
Wenn die Kontrollleuchte beim Gasgeben wieder verlischt, ist alles in Ordnung. Wenn aber der Geber in der Ölwanne zu geringen Ölstand signalisiert, könnte Motorschaden drohen. Sofort anhalten, Motor abstellen, Öl auffüllen und prüfen, ob die Warnsignale damit ausgeschaltet sind. Sonst Werkstatt oder Selbsthilfe!

3

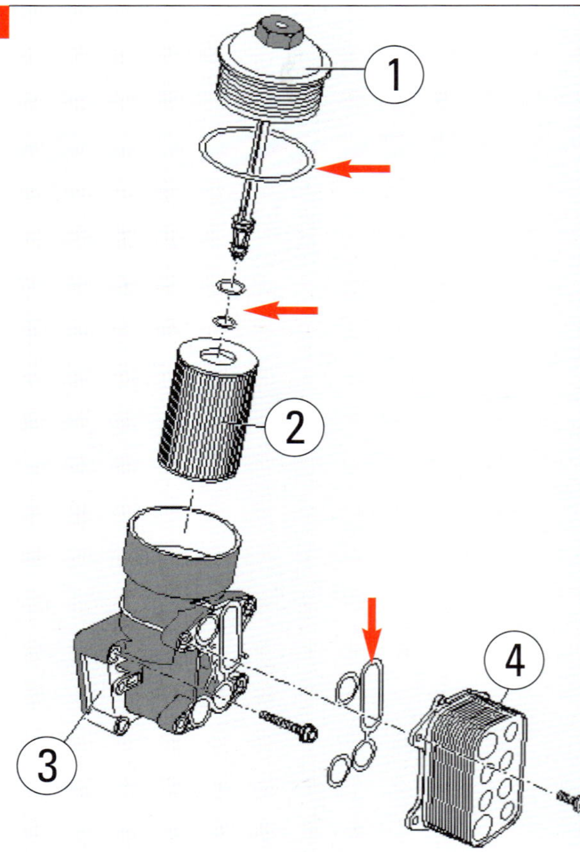

Ölfilter beim 1,6 TDI: (1) Verschlussdeckel, (2) Filtereinsatz, (3) Ölfiltergehäuse, (4) Motorölkühler. Pfeile: Dichtung zwischen Filtergehäuse und Ölkühler, Dichtringe (O-Ringe) zwischen Filtereinsatz und Deckel.

Das Kühl-system

Für die richtige Betriebstemperatur des Motors sorgt das Kühlsystem. In dem Kreislauf zirkuliert die in den Ausgleichsbehälter (Bild 1) eingefüllte Flüssigkeit aus Wasser und Kühlmittelzusatz. Das System besteht aus Kühler, Temperaturregler (Thermostat), Wasserleitungen und einem Netz kleiner Kanäle in Motorblock und Zylinder. Dieser Wassermantel führt die Verbrennungswärme über die Schläuche des Kühlsystems an den Kühler ab.
Nach dem Kaltstart zirkuliert das Kühlmittel im kleinen Kühlkreislauf, der sich auf Motor und Heizung beschränkt. In diesem »Kurzschlusskreislauf« hält der Thermostat den Durchfluss zum Kühler geschlossen. Das Kühlmittel gelangt auf direktem Weg zurück in den Motor. So erhitzt sich die Kühlflüssigkeit schneller und der Motor wird schneller warm. Der Kühler tritt erst in Aktion, wenn die Kühlflüssigkeit eine bestimmte Temperatur erreicht hat. Wenn dann der Thermostat öffnet, wird kaltes Wasser aus dem Kühler mit erwärmtem Wasser aus dem kleinen Kühlkreislauf vorgemischt.

1

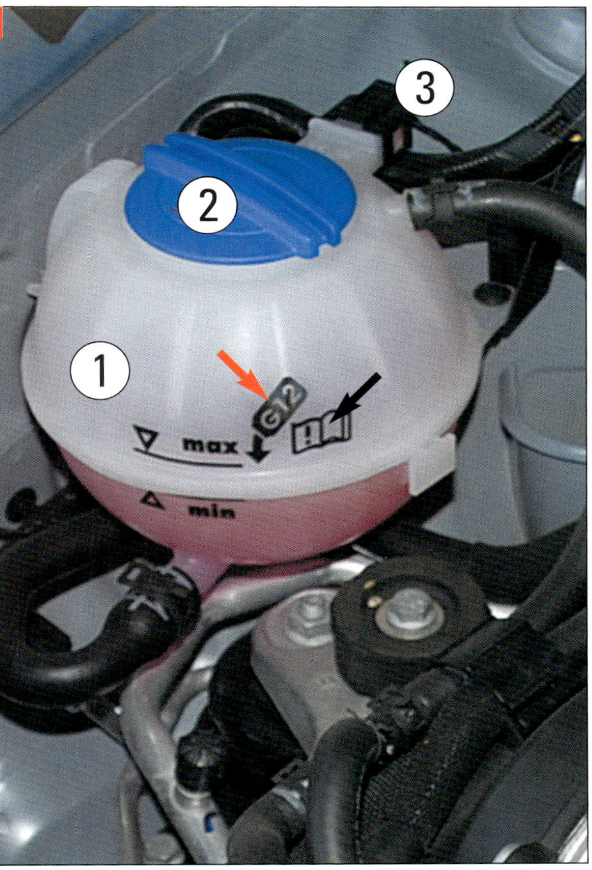

Im Superb üblicher Kühlmittelbehälter: (1) Ausgleichsbehälter mit Wasser plus Zusatz, (2) Deckel mit Ventil, (3) Geberanschluss. Pfeile: rot = Kühlmittelzusatz »G 12« verwenden, schwarz = Bedienungsanleitung befolgen.

Kühlung bei Betriebstemperatur

Solange die Wassertemperatur steigt, öffnet der mit dem Anschlussstutzen in den Zylinderblock geschraubte Thermostat den Kaltwasserzufluss aus dem Kühler immer weiter und schließt den Kurzschlusskreislauf. Bei Betriebstemperatur zirkuliert die Kühlflüssigkeit vom unteren Kühlwasserschlauch zur Wasserpumpe (Kühlmittelpumpe), die sie in Motorblock und Zylinderkopf drückt. Der größte Teil der Flüssigkeit läuft über den geöffneten Thermostat zum Kühler, der Rest zum Wärmetauscher der Heizung.
Das im Kühler unten abfließende kalte Wasser zieht heißes Kühlmittel oben in den Kühler nach. Dort wird es durch die Kühlerlamellen abgekühlt. Sinkt während der Fahrt die Wassertemperatur unter die Soll-Betriebstemperatur, sperrt der Thermostat den Kühlerdurchfluss erneut, bis das Kühlmittel warm genug ist.
Das Kühlsystem steht unter einem Überdruck von etwa 1,2 bis 1,5 bar bei Betriebstemperatur. Dadurch und durch den Einsatz von Kühlmittelzusätzen erhöht sich der Siedepunkt der Kühlflüssigkeit von 100 °C auf rund 135 °C. Die höhere Temperatur ermöglicht einen wirtschaftlicheren, Kraftstoff sparenden Motorbetrieb.

Überdruck und Kühlerventilator

Wenn bei einem heißen Motor der Kühlmittel-Druck 1,5 bar übersteigt, tritt das Überdruckventil am Ausgleichsbehälter (im Schraubdeckel, Position 2 in Bild 1) in Aktion. Es öffnet und lässt zum Druckausgleich etwas Wasserdampf entweichen.
Trotzdem kann es zum Beispiel bei Fahrten in der Stadt vorkommen, dass das Kühlmittel im System überhitzt wird. Dann muss der Kühler-

ventilator den Kühler zusätzlich kühlen. Bei 92 bis 97 °C Kühlmitteltemperatur wird die erste Stufe (halbe Drehzahl), bei 99 bis 105 °C die zweite Stufe mit voller Drehzahl geschaltet.

Das Kühlmittel

Kühlflüssigkeit besteht aus Wasser und Kühlmittelzusatz. Beim Zusatz im VW-Konzern handelt es sich um das Kühlerfrost- und Korrosionsschutzmittel G 12 plus plus mit lila Färbung. Es soll stets nur G 12 lila nachgefüllt werden. Der Zusatz ist aber mit den älteren Mitteln G 11 und G 12 (rot) mischbar.
G 12 ist als Lebensdauerfüllung geeignet und schützt optimal vor Frost, Korrosionsschäden, Kalkansatz und Überhitzung. Das Mittel sorgt für bessere Wärmeableitung. Deshalb soll das Kühlsystem unbedingt ganzjährig mit dem Mittel befüllt sein, mindestens 40% gemischt mit 60% Wasser. Das Mischungsverhältnis sollte immer einmal mit einem handelsüblichen Prüfgerät (Bild 2) oder auch mit einem Refraktometer (Bild 3) kontrolliert werden.
Der Zusatzanteil am Gemisch von mindestens 40% sichert Frostschutz bis -25 °C. Bis zu dieser Temperatur muss der Frostschutz gewährleistet sein, in Ländern mit arktischem Klima sogar bis -35 °C. Der Anteil soll 60% nicht übersteigen, weil sich bei zu viel Zusatz Frostschutz und Kühlwirkung wieder verschlechtern.

WISSENSWERTES: Teile der Motorkühlung

Ausgleichsbehälter: Lässt bei zu hohem Druck durch ein Überdruckventil im Deckel Wasserdampf entweichen. Der Behälter (beim Superb ganz rechts im Motorraum) hat an der Außenseite eine Anzeige des Kühlmittelstandes (max-min-Markierung). Achtung beim Aufschrauben: Heißer Dampf kann entweichen.
Kühler: Am Schlossträger der Karosserie montiert. Zwischen Kunststoff-Wasserkästen links und rechts befinden sich dünnwandige Röhrchen, die durch ein Gerüst von Lamellen miteinander verbunden sind. Die vom Luftstrom bestrichene Fläche ist dadurch viele Quadratmeter groß.
Kühlerventilator: Lüfter und kleinerer Zusatzlüfter direkt am Kühler verhindern ein Überhitzen des Kühlmittels.
Motorölkühler: Am Ölfilter montiert. Mit Schläuchen ins Kühlsystem eingebunden.
Rohre und Schläuche: Verbinden die einzelnen Komponenten zum System.
Thermostat: Hält die Wassertemperatur konstant. Der Regler öffnet bei etwa 87 °C und lässt das Wasser zum Kühler oder zurück in den Motor strömen. Bei 102 °C endet der Öffnungshub von ca. 8 mm. Die mechanischen Thermostaten werden mit Elektronik komplettiert.
Wasserpumpe: Sorgt für den Kreislauf des Kühlmittels. Bei den Motoren des Superb wird diese Flügelpumpe über den Keilrippenriemen angetrieben.

2

3
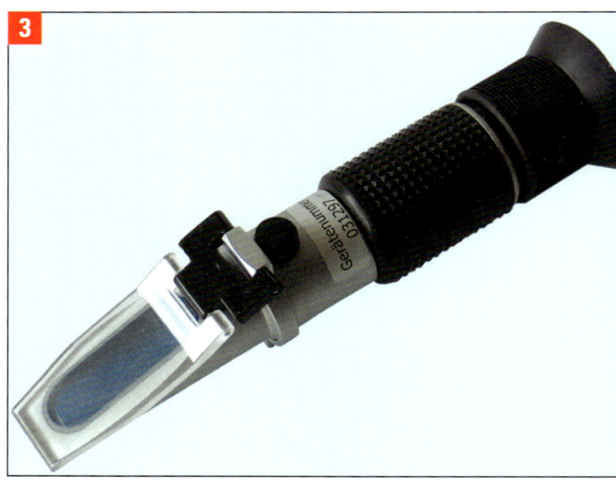

Bild 2 Prüfgerät: Die Skala zeigt Frostschutztemperatur an.
Bild 3 Refraktometer: Erlaubt ganz genaue Messung mit der herausklappbaren Skala. Bei VW heißt dieses Spezialwerkzeug T10007.

Das Motormanagement

Kraftstoffzufuhr und -dosierung, Herstellung des optimalen Kraftstoff-Luftgemischs, Arbeit des Turboladers und Abgaskontrolle werden von der Motorsteuerung bewerkstelligt. Das Motormanagement ist mit Kennfeldern für Gemischaufbereitung und Kraftstoffeinspritzung vorprogrammiert.

Bordcomputer und Diagnose

Gesteuert werden Einspritzmenge und -beginn, Leerlaufdrehzahl, Abgasrückführung, Turbolader, Aufladung, Ladeluftkühlung und Ladedruck. Das zuständige Motorsteuergerät (Bild 1) ist im Superb je nach Ausstattung eines von gut zwei Dutzend Steuergeräten. Es ist als Bauteil »J623« im Motorraum links über dem Bremskraftverstärker an der Wasserkastenstirnwand montiert (Bild 2). Es wird meist mit einer Schutzabdeckung eingebaut (Bild 3). Die TDI-Motoren werden von Bosch-Geräten Typ EDC, die FSI- und TSI-Motoren von Bosch-Geräten der Motronic-Baureihe MED 17 gesteuert.

Zur Funktionsdiagnose und Fehlerabfrage von Steuergeräten gibt es im Fahrzeug den nach internationaler Vorschrift unter der Schalttafel Fahrerseite angeordneten Steckanschluss (»Diagnoseinterface«; 1 in Bild 4), der über Kabel mit dem mobilen Diagnosegerät (Bild 5) verbunden wird. Škoda verwendet VW-Diagnosetester der Typen VAS 5051 oder 5052.

Diese Werkstattsysteme sind so programmiert, dass die Einstellung »Fahrzeug – Eigendiagnose« und der Menüpunkt »Gateway – Verbauliste« angewählt werden. Dann folgt der Schritt »Steuergeräte mit hinterlegtem Fehlerspeichereintrag auslesen«. Relevante Fehler müssen schnell behoben werden.

Einige Hersteller bieten Diagnosegeräte für den typenoffenen Einsatz an. Im Vergleichstest 2009 der Sachverständigenorganisation DEKRA wurde der kompakte Steuergeräte-Diagnosetester KTS 340 (Bild 3) von Bosch Testsieger. Er ist für viele Fahrzeug- und Steuergerätetypen ein-

1

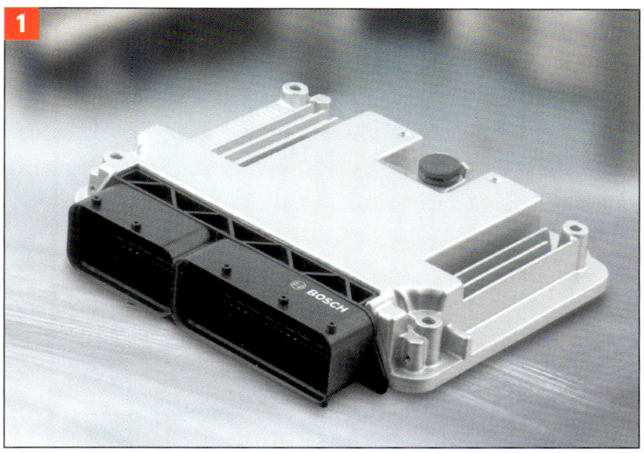

2

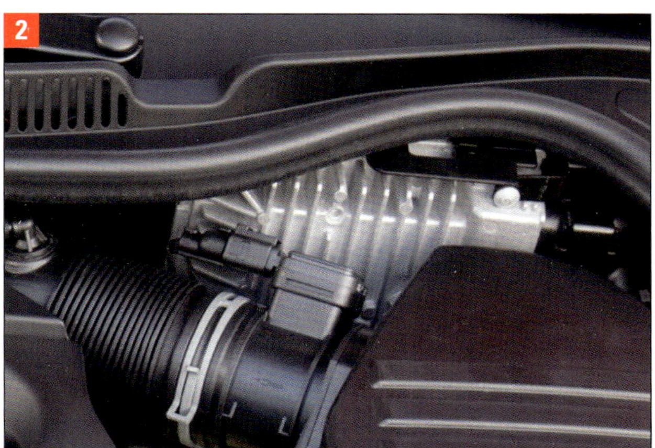

Prototyp: Seit Jahren bewährt haben sich die Motorsteuerungen von Bosch EDC17 (Bild 1) für Diesel und MED 17 für Ottomotoren. Škoda baut sie im Wasserkasten ein (Bild 2).

3

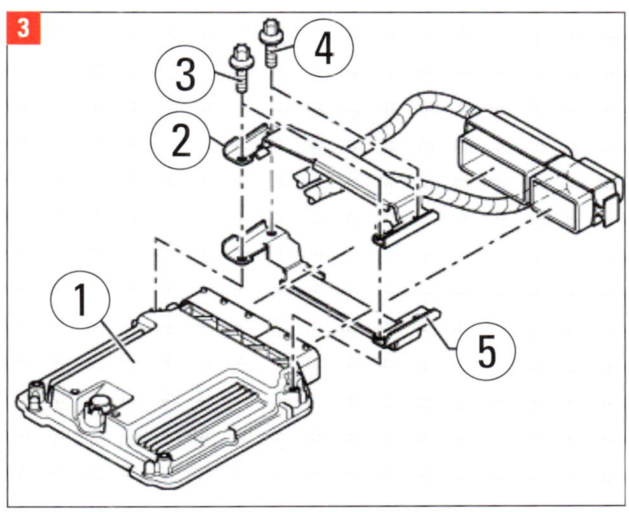

Im Wasserkasten: Am Motorsteuergerät »J623« (1) sind die Schutzabdeckungen (2/5) mit Abreißschrauben (3/4) befestigt, die zum Ausbau eingesägt werden müssen.

setzbar und bietet zahlreiche Diagnosefunktionen. Das Bild 6 zeigt ein preisgünstiges Kleingerät von Bosch mit allem Zubehör und dem nötigen Verbindungskabel für das Interface. Über Internet (www.TuningPro24.de) werden solche Produkte angeboten. Nötig für ihren Einsatz ist aber jedoch immer eine Software, mit der die Datenspeicher des eigenen Fahrzeugs auslesbar sind.

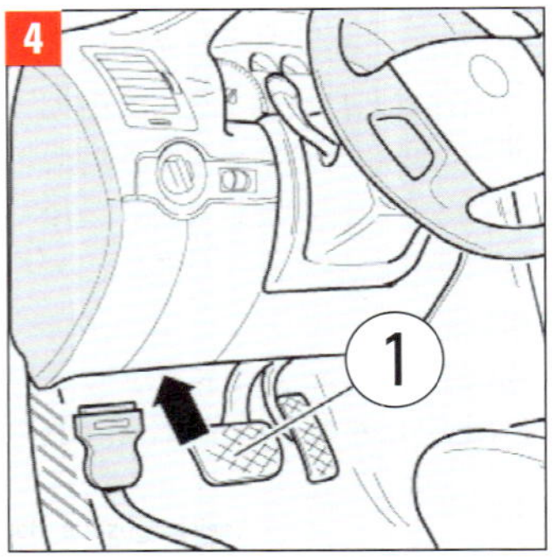

Dem VAS vergleichbar: Das Steuergeräte-Diagnosesystem KTS 340 von Bosch erhielt gute Noten von der DEKRA.

Effiziente Systeme

Die elektronischen Systeme für das Motormanagement errechnen die bestmöglichen Werte für Kraftstoffaufbereitung und Verbrennung. Motorsteuergerät (1), Kraftstoff-Hochdruckpumpe (2), Common Rail mit Injektoren (3) und die nötigen Sensoren bilden das Einspritzsystem (Bild 7), das den Einspritzvorgang optimiert und maßgeblich zu hoher Wirtschaftlichkeit und niedrigen Emissionen der Motoren beiträgt.
Die Elektronik wertet in Echtzeit alle Sensordaten über die Kühlmittel-, über Kraftstoff- und Ansauglufttemperatur sowie über die momentane Motordrehzahl, die Gaspedalstellung und über die angesaugte Luftmasse aus. Damit schafft sie auch Voraussetzungen für Systeme, mit denen sich der Komfort des Motors steigern und Emissionen sowie Verbrauch senken lassen. Das sind vor allem solche Komponenten wie elektronisches Gaspedal (E-Gas), automatische Geschwindigkeitsregelung (AGR) und Leerlauf-Regelung.
Schließlich ermöglicht die Elektronik die On-Board-Diagnose sowie den Datenaustausch mit dem Steuergerät des Automatikgetriebes. Dies stellt sicher, dass der Motor im verbrauchsgünstigsten Bereich arbeitet und gestattet ruckfreie Gangwechsel mit hoher Dynamik.

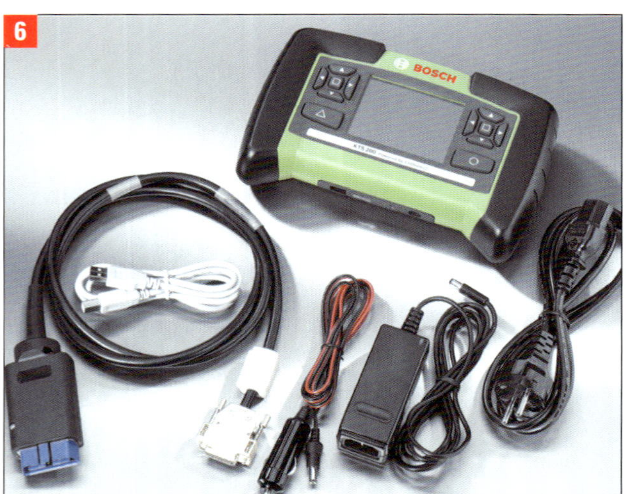

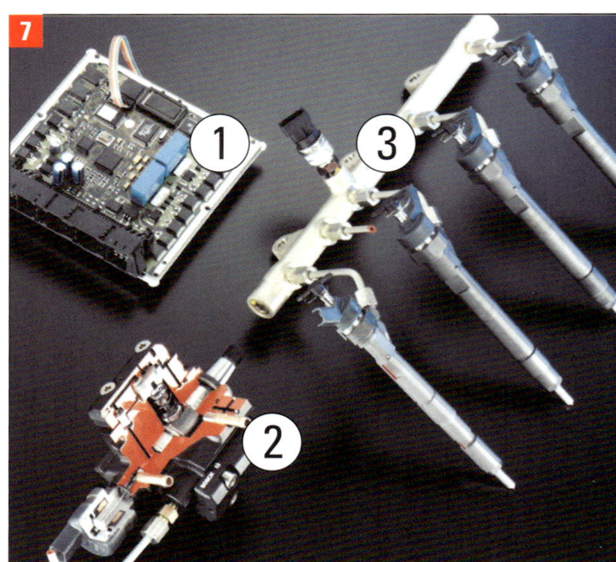

Bild 4 Kleingerät: Preiswerter Tester mit Anschlusskabel.
Bild 5 System: (1) J623, (2) Pumpe, (3) Rail mit Injektoren.

Steuergerät, CAN-System, Geber

Das Motorsteuergerät mit Funktions- und Überwachungsrechner ist gegen äußere Einflüsse in einem Metallgehäuse gekapselt (Bilder 1 bis 3). Es enthält vor Kurzschlüssen und Überlastung geschützte Endstufen, die genügend Leistung für direkten Anschluss der Stellglieder liefern.
Zum Datenaustausch zwischen den elektronischen Komponenten dienen Bus-Systeme, bei denen sehr viele Daten parallel in einen einzigen Kabelstrang eingespeist werden. Für Kraftfahrzeuge wurde das Bussystem CAN konzipiert und international genormt. Die elektronischen Steuergeräte brauchen eine serielle Schnittstelle CAN, dann sind sie über die Datensammelschiene miteinander und auch mit dem Diagnoseanschluss zu verbinden. Das Steuergerät erfasst folgende Parameter:

Luftbeschaffenheit

Luftmassenmesser, Geber für Ansauglufttemperatur, Höhenmesser und Ladedrucksensor bestimmen präzise die Dichte der Umgebungsluft und den Druck für den Turbolader. Von der Luftdichte hängt der Anteil der für die Verbrennung entscheidenden Sauerstoffteilchen ab. Die Luftfüllung ist zusammen mit der Motortemperatur ein Berechnungsfaktor für Einspritzmenge und jeweiliges Motor-Drehmoment.

Motordrehzahl

Der Drehzahlgeber an der Kurbelwelle informiert über Motordrehzahl, genaue Stellung der Kurbelwelle und Stellung des Kolbens jedes einzelnen Zylinders. Dazu werden per Magnetfeld Impulse erzeugt, deren Anzahl pro Zeit ein Maß für die Drehzahl des Schwungrades ist.

Nockenwellenstellung

Der Nockenwellenpositionssensor, ein »Hallgeber«, gibt die Stellung der Nockenwelle an. Motordrehzahl und Nockenwellenstellung bestimmen Einspritzzeitpunkt und sequenzielle Einspritzung jedes Zylinders.

E-Gas und Drosselklappe

Zwei Geber für Gaspedalstellung sitzen als gemeinsames Modul direkt am Gaspedal. Das elektronische Gaspedal erfasst so den »Fahrerwunsch« als eine Haupteingangsgröße für das Motorsteuergerät.
Nach dieser Information wird vom Drosselklappensteller der Öffnungswinkel in Abhängigkeit vom Betriebszustand reguliert. Beim Beschleunigen kann die Klappe schon ganz geöffnet sein, obgleich das Gaspedal erst halb durchgetreten ist. Auch die Einflussnahme auf die Systeme des Fahrwerks (ABS, ESP) ist möglich. Falls z. B. der Fahrer zu viel Gas gibt, kann das Steuergerät so weit drosseln, bis kein Rad mehr durchdreht.

Das »Chiptuning«

Die Parameter der elektronischen Motorsteuerung, im Allgemeinen ein mehrdimensionales Kennfeld, sind als Datensatz auf einem meist wiederbeschreibbaren Speicherchip im Steuergerät abgelegt (Bild 8). Durch Veränderung der Software werden bei den Motoren mit gleicher Motormechanik verschiedene Leistungsstufen ermöglicht.
Hier greifen spezialisierte Werkstätten und auch Tüftler an, um durch »Chiptuning« eine Leistungssteigerung des Motors zu bewirken. Dabei werden die werkseitig festgelegten Steuerparameter verändert und die relevanten Kenndaten neu verknüpft. Einspritzzeitpunkt und Einspritzmenge für jeden Zylinder ergeben sich dann neu. Aber **Vorsicht:** Falsches Tuning kann Schäden am Antrieb bewirken!

8

Eingriff ins Programm: Einflussnahme auf die im Steuergerät gespeicherten Programme ändert Motoreigenschaften.

Kraftstoff, Einspritzung, Zündung

Per Zapfpistole gelangt der Kraftstoff durch Einfüllöffnung und Einfüllstutzen der Tankklappeneinheit (6, Prinzipbilder 1 und 2) in den Kraftstoffbehälter (1). Der Kraftstoff für die TDI ist Diesel mit einer Cetanzahl (CZ) von mindestens 51, für die FSI und TSI ist es Superbenzin 95 ROZ. Vom Tank schafft die Kraftstoff-Fördereinheit (2) mit Kraftstoffpumpe und Füllstandsgeber den Kraftstoff über Vorlaufleitung (4) und Kraftstofffilter (11) zur Hochdruckpumpe. Diese drückt ihn ins »Common Rail«, den Kraftstoffverteiler von TDI und TSI, und von dort in die Piezo-Injektoren der TDI (Bild 3) oder in die Einspritzventile der Benziner.

Kraftstoffvor- und -rücklaufleitung sind aus besonders druckfestem Material gefertigt und werkseitig mit Schellen gesichert. Aus Sicherheitsgründen sollen bei einem Austausch immer originale Federbandschellen benutzt werden (mit Zangen VAS 5024 A oder V.A.G 1921 aus- und einbauen). In den Motorraum eintretende Kraftstoffleitungen sind durch einen Wärmeabschirmkanal aus hochtemperaturfestem Kunststoff geschützt. Den Kraftstoffbehälter sichern Wärmeschutzbleche (7).

Tankentlüftung, Diesel, Benzin

Für die Tankent- und -belüftung sorgen Ventile und Leitungen, bei den Benzinmotoren auch die Aktivkohlebehälter-Anlage (9) im Radhaus hinten rechts. Durch das geschlossene Lüftungssystem entweicht die Luft, wenn der Tank mit Kraftstoff gefüllt wird. Bei Verbrauch strömt von außen Luft in den Tank nach, damit sich kein Unterdruck bildet.

Der Kraftstoff für die Dieselmotoren muss der DIN EN 590 entsprechen. Wichtig ist seine

1

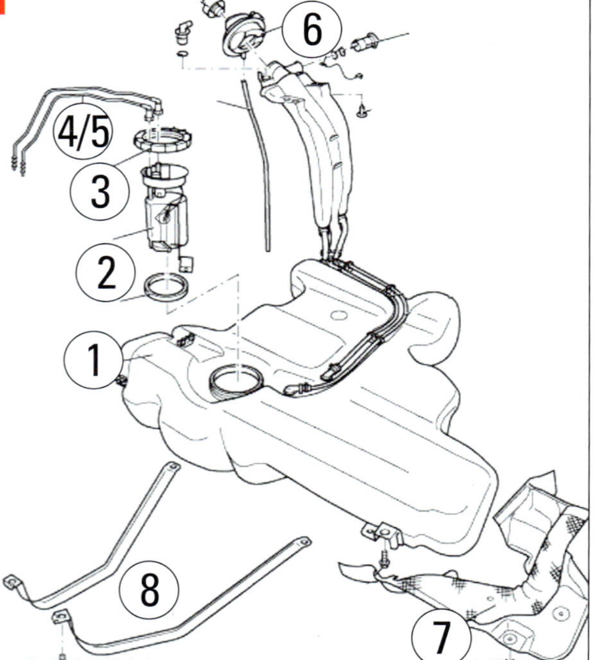

2

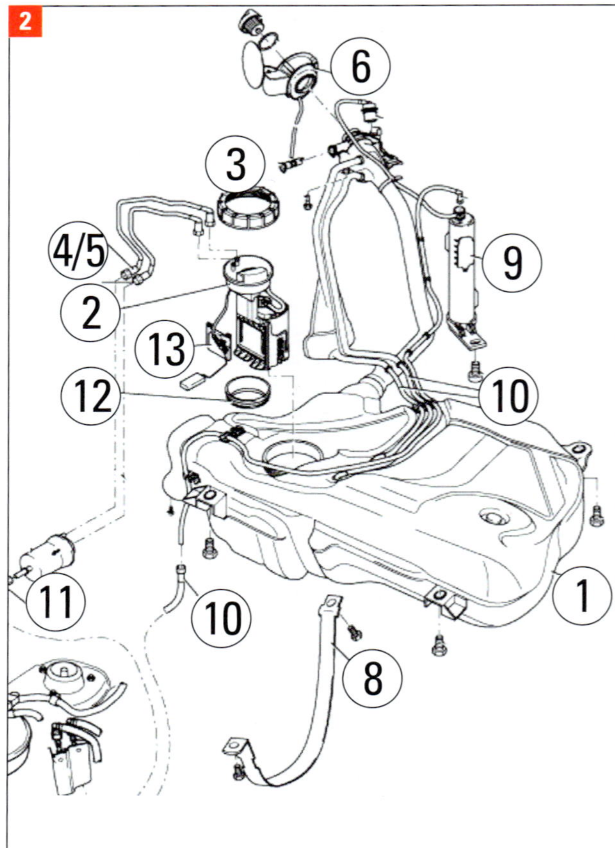

Kraftstoffbehälter 1 = TDI, 2 = TSI: (1) Tank, (2) Kraftstofffördereinheit, (3) Überwurfmutter, (4/5) Vorlauf-/Rücklaufleitung, (6) Tankklappe, (7) Abschirmblech, (8) Spannband, (9) Aktivkohlebehälter, (10) Entlüftungsleitung, (11) Kraftstofffilter, (12) Dichtring, (13) Geber Kraftstoffanzeige.

Cetan-Zahl, die angibt, wieviel Volumenprozent zündfreudiges Cetan sich in einem Gemisch mit dem Vergleichskraftstoff befinden müssten, um seine Zündwilligkeit zu haben. Sie darf bei den Superb-TDI nicht niedriger sein als 51.

Fahrzeuge mit TDI-Motoren haben eine Filter-Vorwärmanlage, weshalb mit Winterdiesel bis zu einer Außentemperatur von ca. -24 °C betriebssicher gefahren werden kann. Wird der Kraftstoff bei noch niedrigeren Temperaturen so dickflüssig, dass der Motor nicht mehr anspringt, muss das Fahrzeug einige Zeit in einen geheizten Raum wie Garage oder Werkstatt.

Für die Oktanwerte des Superbenzins gilt die DIN EN 228. Die Oktanzahl steht für die Klopffestigkeit eines Kraftstoffs. An der Zapfsäule findet man in der Regel die Bezeichnung »ROZ« (Research-Oktanzahl), seltener die Spezifikation »MOZ« (Motor-Oktanzahl). Wenn der Kraftstoff nicht klopffest genug ist, kommt es zu Selbstentzündungen im Zylinder, und zwar um so eher, je höher das Kompressionsverhältnis des Motors ist.

Einspritzung und Gemisch

Ziel aller Maßnahmen mit dem Kraftstoff ist es, zum Zündzeitpunkt ein zündfähiges Kraftstoff-Luft-Gemisch im Zylinderbrennraum bereit zu stellen. Der Kraftstoff wird von der Hochdruckpumpe dem Common Rail (Verteilerrohr) zugeführt, von dem ihn die Einspritzventile im Steuerungsrhythmus entnehmen und direkt in die Brennräume der Zylinder oder ins Saugrohr einspritzen.

Kraftstoffpumpe in der Fördereinheit und Hochdruckpumpe bewegen immer nur soviel Kraftstoff, wie der Motor gerade benötigt. Dadurch sind elektrische und mechanische Antriebsleistung gering, Kraftstoff wird eingespart.

Vorglühen und Zünden

Damit das Kraftstoff-Luft-Gemisch im Brennraum seine optimale Wirkung entwickelt, muss es exakt zum richtigen Zeitpunkt gezündet werden. Da sich das Dieselgemisch selbst entzündet, sorgt dafür der vom Motorsteuergerät gewählte richtige Einspritzmoment. Das EDC-Gerät ist dazu mit den Zündzeitpunkten für die verschiedenen Lastzustände des Motors programmiert. Das Kraftstoff-Luft-Gemisch, in den Ottomotoren von Zündkerzen »entflammt«, zündet im Moment der höchsten Verdichtung, also wenn der Kolben von der Aufwärtsbewegung des Kompressionshubs in die Abwärtsbewegung des Arbeitstaktes übergehen will.

Bei Dieseleinspritzmotoren wird reine Luft in die Zylinder gesaugt und dort hoch verdichtet. Dadurch erwärmt sie sich weit über die Zündtemperatur des Dieselkraftstoffs hinaus auf 600 bis 900 °C. Steht der Kolben kurz vor dem Oberen Totpunkt, wird der Kraftstoff in den Zylinder eingespritzt. Dann erfolgt das Zünden.

Bei sehr kaltem Dieselmotor kann es sein, dass die Zündtemperatur nicht erreicht wird. Deshalb wird nach Einschalten der Zündung mit einer Glühkerze im Brennraum jedes Zylinders »vorgeglüht«. Die Vorglühdauer wird ebenfalls vom Motor-Steuergerät eingestellt. Wenn die Kerzen glühen, signalisiert das die Kontrollleuchte für Vorglühzeit. Ist der Glühvorgang beendet, erlischt die Kontrollleuchte.

3

Einspritzventile: Schneller und präziser als Magnetventilinjektoren (links) arbeiten Piezo-Inline-Injektoren. Sie sind in den 1,6-Liter-TDI verbaut.

Nach jedem Motorstart wird nachgeglüht. Dadurch werden die Verbrennungsgeräusche vermindert, die Leerlaufqualität verbessert und die Kohlenwasserstoff-Emissionen reduziert. Die Nachglühphase dauert maximal vier Minuten. Sie wird bei Motordrehzahlen über 2.500 U/min unterbrochen.

Fortschritt unterm TDI-Signum

Auf der Basis der Hochdruck-Einspritzpumpe (Bild 4 Produkt von Bosch) und zunächst der Pumpe-Düse-, jetzt der Common-Rail-Technologie haben Volkswagen seit Anfang der 1990er Jahre und inzwischen auch Škoda das Direkteinspritzverfahren bei Turbodieseln mit Abgasrückführung beispielhaft vorangetrieben. Die Entwicklung führte zum Turbolader mit verstellbarer Turbinengeometrie, was Elastizität und Leistung des Motors verbessert.
Bosch hatte die Common-Rail-Einspritzung (CR) 1997 als Weltneuheit auf den Markt gebracht. Dabei baut eine Hochdruckpumpe den festgelegten Einspritzdruck im Speicher, dem Rail, auf. Die Injektoren spritzen ihn dann direkt in den Brennraum (Bild 5).

Erfolgreiche Piezo-Technologie

Gegenüber den meist noch verwendeten magnetisch gesteuerten Einspritzdüsen können die elektrischen Piezo-Injektoren Kraftstoff schneller und exakter einspritzen. Dadurch sinkt der Verbrauch. Nachdem diese Technologie zunächst den Dieselmotoren vorbehalten war, im Superb sind Piezo-Injektoren in den 1,6-Liter-TDI eingesetzt, wird sie jetzt zunehmend auch für die Benzin-Direkteinspritzung verwendet. Die schnelle Piezo-Technik mit bis zu fünf mal schnelleren Schaltvorgängen sorgt durch exaktere Steuerung auch für eine bessere Verbrennung.

Zündkerze und Wärmewert

Zündkerzen, Zündtrafos und Zündspulen realisieren in den Ottomotoren den Zündvorgang. Der lange üblich gewesene Zündtrafo auf der Zylinderkopfhaube mit den Leitungen zu den Kerzen in jedem Zylinder ist inzwischen den Zündspulen gewichen. Zu den wesentlichen Parametern jeder Zündkerze gehört neben ihrem Aufbau und dem Elektrodenabstand ihr »Wärmewert«, der sich nicht unmittelbar aus der Zahlenangabe auf der Kerze ergibt.
Nach dem Start muss so schnell wie möglich eine Mindesttemperatur von etwa 400 °C erreicht werden, damit die Zündkerze Rückstände auf dem Isolator »freibrennen« kann, um so ein »Verrußen« und damit Zündaussetzer zu vermeiden. Es darf aber auch an keinem Punkt der Kerze eine Höchsttemperatur von 800–900 °C überschritten werden (Selbstzündung, Klopfen).

Magnetventilinjektor und Hochdruckpumpe: Die Bosch-Beispiele zeigen das Herz der Einspritzanlage.

Einspritzung: Der fein zerstäubte Kraftstoff wird in den Zylinderbrennraum gedrückt.

Das Abgassystem

Die Abgas- oder Auspuffanlage eines Kraftfahrzeugs muss Verbrennungsabgase ableiten und soll Schadstoffe möglichst gering halten. Außerdem reduziert sie die Geräusche, die bei der Verbrennung entstehen, auf ein Minimum. Ihre wesentlichen Teile sind:

- Abgaskrümmer mit Abgasturbolader, Druckdose und Vorkatalysator (Benziner),
- Partikelfilter mit Oxidationskatalysator, Abgasvorrohr und Lambdasonde (TDI),
- je ein Abgastemperaturgeber an Vorrohr und Partikelfilter (TDI),
- Differenzdruckgeber zwischen Partikelfilter und Steuerleitung (TDI) sowie
- Vorschalldämpfer, Abgasendrohr und Nachschalldämpfer (alle).

Die Teile der Abgasanlage sind miteinander verschraubt oder mit Klemmhülsen (Doppelschellen) verbunden und lassen sich einzeln auswechseln. So sind Partikelfilter und Abgasvorrohr sowie Vorrohr (1) und hinteres Abgasrohr (2) mit Nachschalldämpfer durch eine Doppelschelle (3) verbunden (Bild 1). Deren Einbauort (Markierung auf dem Abgasrohr) und Einbaulage (Abstand und Ausführung der Verschraubung; Bilder 2 und 3) müssen unbedingt eingehalten werden.

In der Erstausstattung sind Vorrohr und hinteres Abgasrohr/Nachschalldämpfer mit einem durchgehenden Abgasrohr verbunden. Bei einer Reparatur können die Teile aber einzeln ersetzt werden. Dazu muss man das Verbindungsrohr an der markierten Trennstelle (Eindrückungen) aufsägen und mit dem neuen Rohr wieder verbinden.

Die Abgasanlage des Superb II bewirkt einen gegenüber dem Vorgänger noch reduzierteren Schadstoffausstoß, der nun den Anforderungen der EU-Norm 5 entspricht. Sie trägt damit optimal zu der in diesem Sinne angelegten Technologie von Motoren und Turbolader bei.

1

Trennstelle: (1) vorderes und (2) hinteres Abgasrohr mit (3) Klemmschelle, (4) Tunnelbrücke.

2

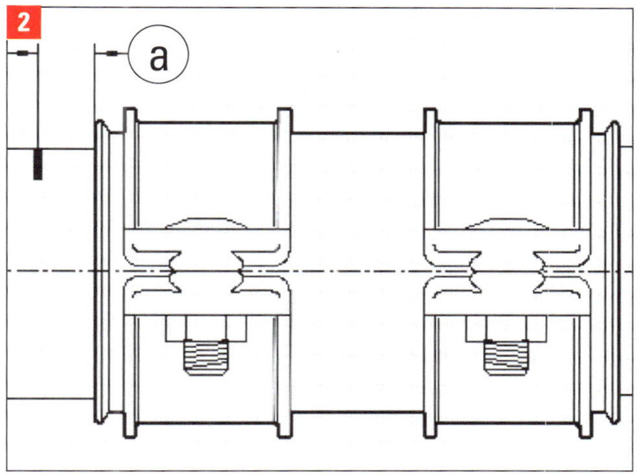

3

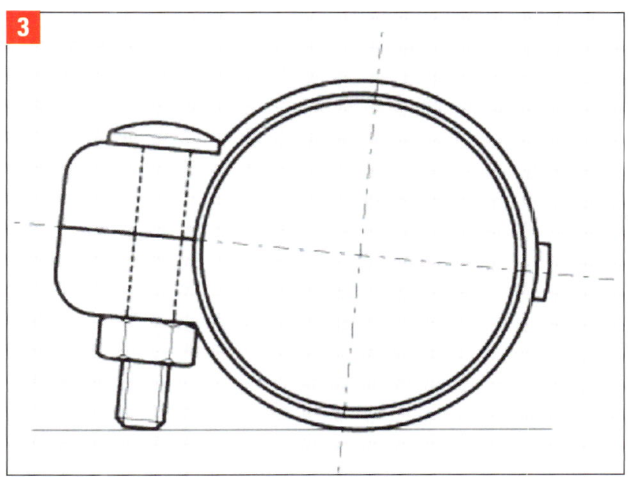

Bilder 2 und 3 Einbaulage der Klemmhülse: Die Doppelschelle im Abstand a = 5 mm von der Markierung am Abgasvorrohr positionieren und die Schraubenenden nicht über die Unterkante der Klemmhülse hinausragen lassen.

Die Kraftübertragung

Die Motorleistung gelangt zu den Rädern über ein System der Kraftübertragung aus Kupplung, Getriebe und Achsantrieb. Diese drei Akteure sind durch Gelenke, Wellen und Zahnräder miteinander verbunden.

Die Kupplung

Der Kraftfluss vom Motor zum Achsantrieb muss nach Wunsch hergestellt und unterbrochen werden können. Das übernimmt bei den Schaltgetrieben die Kupplung. Sie ermöglicht ruckfreies Anfahren, indem sie die unterschiedlichen Drehzahlen von Kurbelwelle und Getriebe-Antriebswelle ausgleicht. Superb mit Schaltgetriebe haben eine hydraulisch betätigte Einscheiben-Trockenkupplung mit asbestfreien Belägen und Zweimassen-Schwungrad. Superb mit Automatik arbeiten mit dem innovativen Getriebe DSG, das eine Doppelkupplung hat (Bilder 1 und 2).

Das Schaltgetriebe

Das Getriebe ist nötig, damit Ihr Auto immer die gewünschte Zugkraft entwickelt. Beim Anfahren wird an den Antriebsrädern ein großes Drehmoment gebraucht. Dazu übersetzt der erste Gang die Motordrehzahl ins Langsamere. Bei der Autobahnfahrt im fünften oder sechsten Gang verhält es sich umgekehrt, eine Übersetzung ins Schnellere wird wirksam.
Bei den Schaltgetrieben sitzen auf der Antriebswelle (Eingangswelle), laufruhig auf dünnen Rollen (»Nadeln«) gelagert, fünf bzw. sechs Zahnräder für die Vorwärtsgänge und eines für den Rückwärtsgang. Die ersten drei Gänge übersetzen ins Langsamere, der vierte Gang (direkter Gang) überträgt die Motordrehzahl etwa im Verhältnis 1:1. Im fünften und im

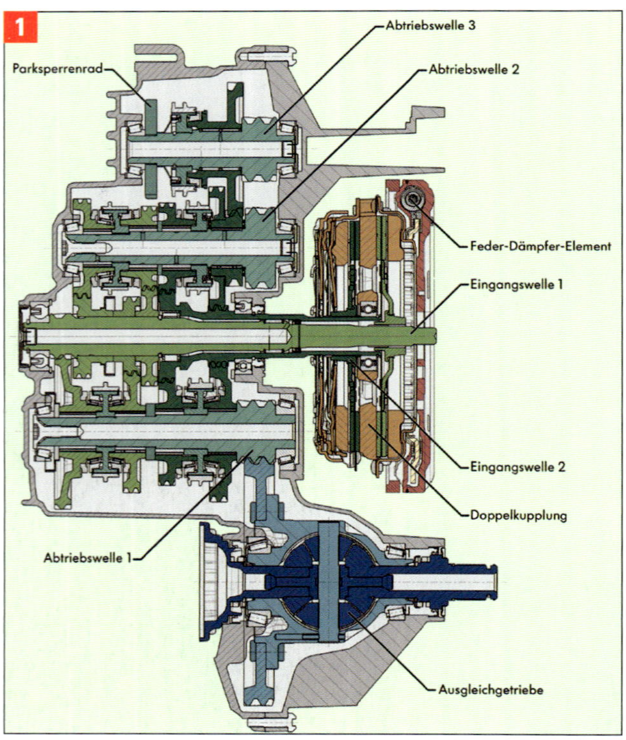

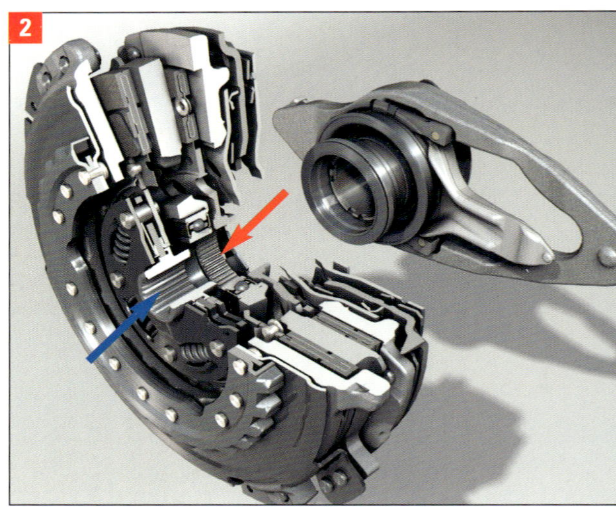

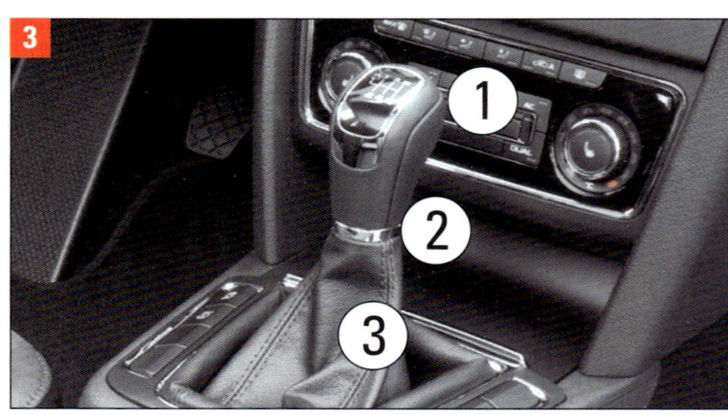

Bilder 1/2 herausragendes Konzept: Thermisch hoch belastbare Doppelkupplung mit Steuerhydraulik.
Bild 3 Schalthebel: (1) Schaltknopf, (2) Klemmschelle; bei Automatik mit Schriftzug DSG, (3) Manschette.

sechsten Gang ist die Drehzahl der Abtriebswelle größer als die Motordrehzahl. Damit rückwärts gefahren werden kann, sitzt auf jeder Antriebswelle ein Zahnrad, das den Drehsinn der Antriebsräder umkehrt Am Schalthebel (Bild 3) für die Gänge ist der Schaltknopf (1) mit einer Manschette (3) per Klemmschelle (2) befestigt. Seine Bewegung wird über Stangen und Seilzüge auf Getriebeschalthebel und Umlenkhebel am Getriebe übertragen.

6- und 7-Gang-DSG

Bei Automatik gewährleistet ein elektronisches Steuergerät die sinnvollste Übersetzung. Im Superb löst das DSG die klassische Wandlerautomatik komplett ab, weil es höchste Wirtschaftlichkeit mit beispielloser Schaltdynamik verbindet. Bei seiner Einführung wurde es als »Direkt-Schaltgetriebe« bezeichnet, daher das Kürzel »DSG«. Inzwischen wird das hocheffiziente Schaltwerk nach seinem herausragenden Merkmal, den ineinander angeordneten zwei Lamellenkupplungen unterschiedlichen Durchmessers, treffender »Doppelkupplungsgetriebe« genannt. Die äußere Kupplung K1 (roter Pfeil, Bild 2) bedient die ungeraden Gänge (plus Rückwärtsgang), die innere Kupplung K2 (blauer Pfeil, Bild 2) die geraden Gänge.
Das DSG besteht also aus zwei parallel geschalteten Teilgetrieben mit gemeinsamem Achsantrieb. Folge: komfortables Schaltgefühl bei höherem Wirkungsgrad. Für die Superb-TSI-Motoren mit maximalem Drehmoment von 250 Nm (1.8 TSI 118 kW) wird das 7-Gang-DSG mit »trockener« Doppelkupplung verwendet. Der 3.6 FSI V6 und die 2.0 TDI sind mit 6-Gang-DSG mit »nasser« (Öl) Doppelkupplung kombiniert.

Der Achsantrieb

Im Getriebe- und Kupplungsgehäuse sitzt auf zwei Kegelrollenlagern das Ausgleichsgetriebe. Mit dessen Gehäuse ist das Zahnrad für den Achsantrieb fest vernietet und mit dem Zahnrad der Abtriebswelle gepaart, denn der Achsantrieb ist die »letzte Station«. Er muss die vom Getriebe kommenden Drehzahlen ins Langsamere übersetzen, das Drehmoment vergrößern und an die Antriebsräder übertragen.

Der Luftfilter

Die Reinigung der zur Verbrennung angesaugten Luft übernimmt ein Filter. In dessen feinporigem Einsatz setzen sich die feineren Staub- und Schmutzteilchen ab, die größeren fallen ins Filtergehäuse. Der Filtereinsatz muss regelmäßig gewechselt, das Gehäuse muss gereinigt werden. Wir demonstrieren das Prinzip des Luftfilteraufbaus in Bild 1 am Beispiel des 1,6-Liter-TDI.
Erläuterungen dazu: Die Heizung (2) erwärmt die Kurbelgehäuseentlüftung, der Saugschlauch (3) führt zum Abgasturbolader, der Schlauch (4) dient der Kurbelgehäuseentlüftung, der Filtereinsatz (7) wird mit Vierteldrehung nach links ausgebaut, der Ansaugstutzen (9) ist an den Schlossträger geschraubt, beim Entwässerungsrohr (11) soll die Einbaulage beachtet werden.

1

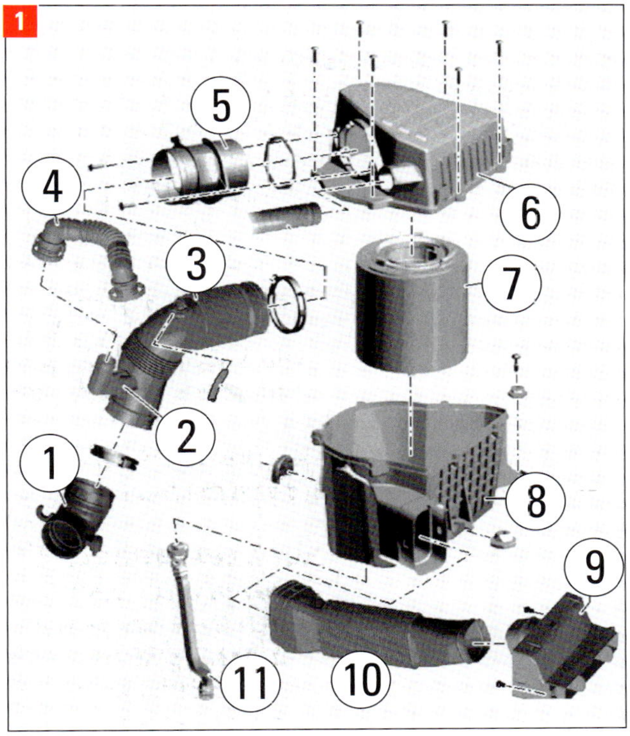

1.6-TDI-Luftfilter: (1) Ansaugstutzen, (2) Heizung, (3) Saugschlauch, (4) Schlauch, (5) Luftmassenmesser, (6) Filteroberteil, (7) Filtereinsatz, (8) Filterunterteil, (9) Ansaugstutzen, (10) Luftansaugschlauch, (11) Entwässerungsrohr.

Luftfiltergehäuse reinigen, Filtereinsatz ersetzen

Die Luftfilter des Superb differieren je nach Motor. aber natürlich sind Aufbau und Komponenten im Prinzip immer gleich. Deutlichster Unterschied ist der zwischen 1.6 TDI (s. Bild 1 Seite 207) sowie 1.4 TSI mit zylindrischen Filtereinsätzen einerseits und 1.8 TSI, 2.0 TDI (Bild 1, diese Seite) sowie 3.6 FSI V6 mit rechtkantigen Einsätzen andererseits. Zum sachgerechten Ausbau ist eine Zange für Federbandschellen (vergl. Schellen (5) in Bild 1) nötig.

■ **Gehäuse reinigen:** Durchgängiges Prinzip ist, die Verschraubung Ober-/Unterteil zu lösen, die Federbandschelle zu öffnen und den Schlauch auf der Zylinderkopfseite abzuziehen. Deckel (Gehäuseoberteil) abnehmen. Bei den TDI Steckverbindung vom Luftmassenmesser (7) trennen und Saugschlauch (6) zum Abgasturbolader abziehen (Bild 1). Oberteil und Unterteil der Gehäuse innen mit feuchtem Tuch reinigen. Luftführung am Schlossträger von Laub und anderen Verunreinigungen säubern.

■ **Filtereinsatz wechseln:** Einsatz (Beispielbilder Positionen 7 bzw. 2) herausnehmen. Mindestens einmal im Jahr reinigen, nach zwei Jahren wechseln. Die Spezifikation des jeweiligen Filters ist sowohl auf dem Gehäuse als auch auf dem Filtereinsatz angegeben.

1

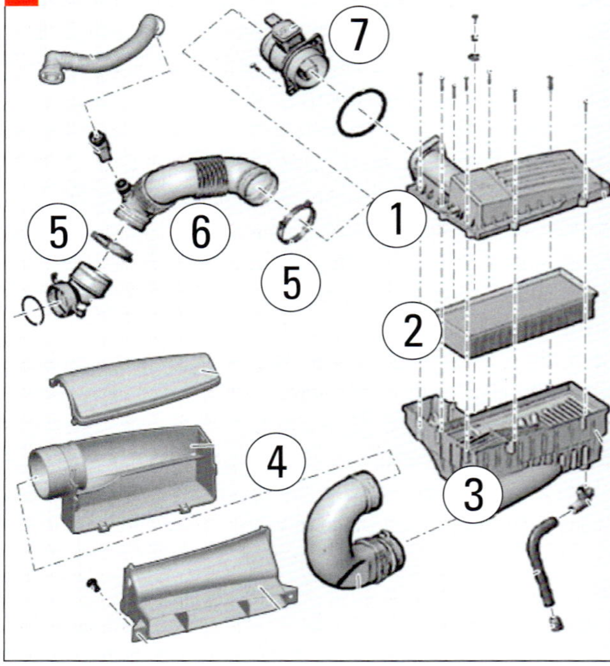

Luftfilter der 2.0 TDI: (1) Gehäuseoberteil, (2) Filtereinsatz, (3) Gehäuseunterteil, (4) Teile der Luftführung am Schlossträger, (5) Federbandschelle, (6) Saugschlauch zum Turbolader, (7) Luftmassenmesser.

Motor: Obere Abdeckungen ausbauen, Sichtprüfung

■ **Ausbau:** Die Motorabdeckungen der TDI-Motoren sind in vier Kugelpfannen (vorn und hinten je zwei) eingeclipst, die der FSI und TSI sind ähnlich befestigt. Abdeckungen mit leichtem Ruck nach oben gleichzeitig aus allen Befestigungsstellen herausziehen.

■ **Einbau:** Um Beschädigungen zu vermeiden, beim Aufsetzen nicht mit Faust oder gar Werkzeug auf die Abdeckung schlagen! Bei den Kugelpfannen die korrekte Position prüfen und ggf. korrigieren, sonst kommt es zu Schäden an der Motorabdeckung. Abdeckung auf die Befestigungspunkte setzen und fest in die Verrastungen drücken.

■ **Sichtprüfung Motor/Motorraum:** Nach Ausbau der Abdeckung oben Motor und Umgebung auf Undichtigkeiten und Beschädigungen prüfen. Die Leitungen, Schläuche und Anschlüsse von Kraftstoffanlage, Kühl- und Heizsystem, Ölkreislauf, Klimaanlage, Luftansaugung und Bremsanlage sorgfältig untersuchen. Schläuche auch leicht biegen oder kneten. Achten Sie auf alle Undichtigkeiten, auf Scheuerstellen, Porosität und Brüchigkeit.

■ Fahrzeug anheben, untere Abdeckung (Geräuschdämpfung) abschrauben und den Motorraum von unten nach den gleichen Gesichtspunkten untersuchen. Das Getriebe in die Kontrolle einbeziehen!

■ Alle entdeckten Schäden und Undichtigkeiten müssen unbedingt beseitigt werden. Wenn das erforderlich wird, ist es ratsam, eine Werkstatt aufzusuchen.

Keilrippenriemen prüfen, aus- und einbauen

Das Verlaufsschema des Keilrippenriemens ist im Grunde bei allen Motoren gleich, zumindest stark ähnlich. In unseren Bildern steht der 3.6 FSI V6 für die Benziner (1) und der 2.0 TDI für die Diesel (2). Unsere Bilder zeigen die Variante mit Klimakompressor. Bei TSI ohne Kühlmittelkompressor für Klimaanlage verläuft der Riemen ohne Umlenkrolle über die Riemenscheibe Generator, bei TDI nur über die Scheiben an Kurbelwelle (1) und Generator (2).

■ **Prüfen:** Motorabdeckung abnehmen, eine gut sichtbare Stelle des Keilrippenriemens (1, Bilder) wählen und kontrollieren. Motor mehrmals drehen lassen, damit alle Flächen des Riemens ins Blickfeld kommen. Auf Risse achten, die genau auf einer Riemenscheibe liegen. Mit Kreide die kontrollierten Abschnitte markieren.

■ Achten Sie auf

- Unterbaurisse (Anrisse, Kern- und Querschnittbrüche);
- Lagentrennung (Deckschicht und Zugstränge);
- Ausbruch am Unterbau, Ausfransen der Zugstränge;
- Flankenverschleiß (Materialabtrag, Ausfransungen, Flankenverhärtung, Oberflächenrisse);
- Öl- und Fettspuren.

■ Mit kräftigem Daumendruck die Riemenspannung und die Funktion des Spannelements prüfen. Der Riemen darf erst bei Druck nachgeben, die Spannrolle schwenkt aus. Hängt der Riemen lose, ist die Spannrolle defekt oder blockiert. Rolle tauschen oder Blockierung lösen.

■ Bei Schäden oder/und Fehlfunktion den Riemen und ggf. die Spannrolle auswechseln. Bei Entnahme des Riemens zum Ausbau von Generator oder Klimakompressor, Laufrichtung mit Kreide auf dem Riemen kennzeichnen!

■ **Ausbauen:** Wagen heben, Geräuschdämpfung (untere Motorabdeckung vorn) abschrauben. Ringschlüssel am Spannelement ansetzen und im Uhrzeigersinn schwenken. Spannvorrichtung mit Absteckdorn (VW: T10060 A) arretieren. Den Keilrippenriemen abnehmen.

■ **Einbau** im umgekehrten Sinne. Den Riemen entsprechend Laufbild in der richtigen Reihenfolge auflegen: Bei den Benzin-Motoren (2), (Rolle), (6), (Rolle), (4) und (5); bei den TDI-Motoren (1), (2), (3) und (4).

■ Generator und Klimakompressor müssen nach Aus-/Einbau fest am Halter für Nebenaggregate montiert sein.

■ Spannvorrichtung kurz im Uhrzeigersinn drehen und Absteckwerkzeug (rechtwinklig abgebogener Dorn) herausziehen. Spannrolle entlasten und Riemenlage prüfen.

■ **Funktionsprüfung:** Motor starten, Riemenlauf prüfen.

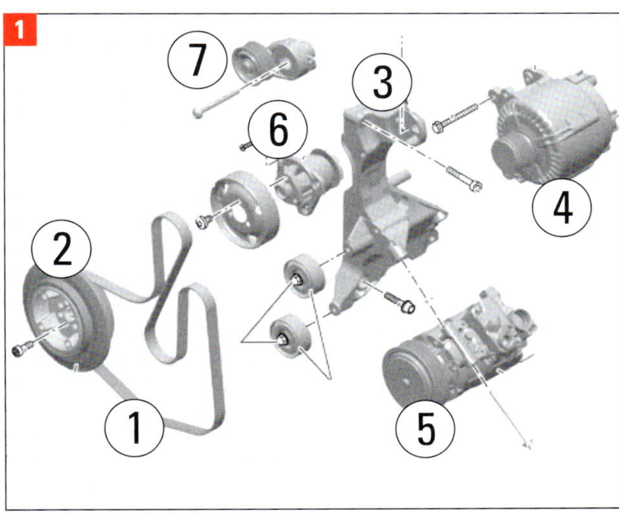

Riementrieb vom 3.6 FSI V6 (Bild 1) und aller TDI (Bild 2): (1) Keilrippenriemen, (2) Riemenscheibe Kurbelwelle, (3) Halter der Nebenaggregate, (4) Drehstromgenerator, (5) Klimakompressor, (6) Wasserpumpe, (7) Spannelement.

Ölstand prüfen, Öl / Filter wechseln, Öldruck prüfen

■ **Ölstand prüfen:** Nach Betriebsanleitung des Fahrzeugs vorgehen. Kontrolle laut Faustregel nach jedem zweiten Tanken ist nicht verkehrt, aber bei den Superb-Motoren kaum nötig. Auf jeden Fall ist Prüfen mit dem Peil- oder Messstab (Bilder 1 und 2) in regelmäßigen Abständen erforderlich für sicheres Fahren zwischen den Ölwechseln.

■ Kontrolle bei mindestens 60 °C Öltemperatur (10 min Fahrt nach Kaltstart). Messstab ziehen (Vorsicht vor heißer Umgebung der Stabführung!). Stab flusenfrei abwischen, wieder einschieben, kurz warten, erneut herausziehen. Ölbedeckung an der Messspitze auswerten. Bild 2 zeigt Varianten der Messspitzen von Ölpeilstäben bei TDI-Motoren. Andere Ausführungen (flache Stäbe) sind möglich. Es gilt:
A = Maximalstand, kein Öl nachfüllen.
B = Normalbereich, Nachfüllen nicht nötig, kann aber erfolgen bis höchstens zur Marke »A«
C = Minimalstand, Öl muss nachgefüllt werden.

■ **Öl nachfüllen:** Mit Trichter. Nur Motoröl nach Norm 504 00 / 507 00 verwenden, SAW 5W40 oder 5W30; z. B. Shell Helix oder Aral Super-Tronic LongLife III (Empfehlung von Škoda und Volkswagen; Bild 3).

■ **Öl und Filter wechseln:** Die Golf-LongLife-Motoren gestatten Intervalle von zwei Jahren oder 30.000 Fahrtkilometern, falls die Anzeige nicht früheren Service verlangt. Bei ausschließlichen Stadtfahrten macht früherer Wechsel in jedem Falle Sinn. Im Winterhalbjahr können schon sechs Monate (7.000 bis 10.000 km) ausreichend sein.

■ Das Altöl sollte abgesaugt werden, man kann es aber auch ablassen. Wenn ein Ölabsauggerät verfügbar ist (V.A.G 1782; Mietwerkstatt), können Sie den Ölwechsel in eigener Regie vornehmen. Das sollte Sie aber nicht dazu veranlassen, billiges Motoröl zu verwenden. Das ist für die hochentwickelten und damit auch sehr anspruchsvollen Motoren der jüngsten Generation nicht zu empfehlen.

■ Mit dem Ölwechsel ist immer auch der Ölfilterwechsel verbunden. Einfüllmengen mit und ohne Filterwechsel unter »Technische Daten«. Der Ölfilter ist vorn am Motor nahe der Ölmessstabführung montiert (bei TDI obere Motorabdeckung abnehmen).

■ Ölwechsel am betriebswarmen Motor. Entsorgungsvorschriften beachten. Am mit Ölkühler verschraubten Filtergehäuse den Verschlussdeckel mit Ringschlüssel (Steckschlüssel) SW 36 lösen und abschrauben.

■ Den Filterwechsel vor dem Ölwechsel vornehmen: Durch das Herausnehmen des Filterelements wird ein Ventil geöffnet, und das Öl im Filtergehäuse fließt automatisch ins Kurbelgehäuse. Es kann dann abgelassen (Schraube unten an der Ölwanne) oder eben besser abgesaugt werden.

■ Filtereinsatz herausnehmen. Der O-Ring vom Deckel muss ersetzt werden, dazu den neuen O-Ring leicht einölen. Einen neuen Filtereinsatz (Spezifikation laut Gehäuseaufdruck) einsetzen, Deckel wieder aufschrauben. Motor-

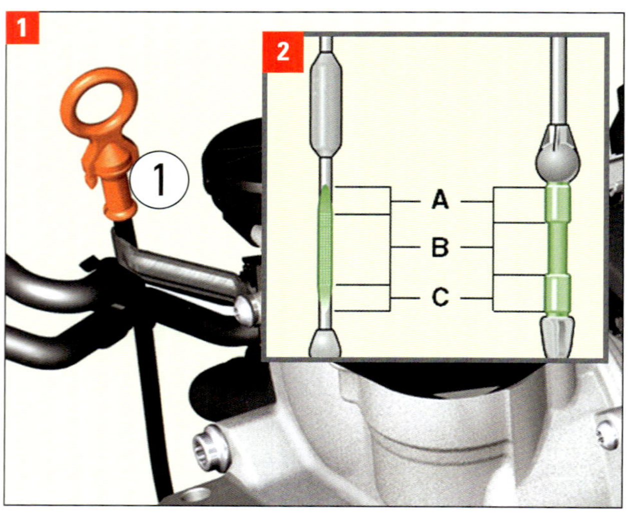

Bilder 1-3 Motoröl: Der Messstab (1) bietet unten die Ablesemöglichkeit A/B/C. Öl am besten mit Trichter einfüllen.

öl mit einem Absauggerät (nach VW-Katalog Gerät 1782) absaugen.

■ Öl der genannten Spezifikation und Menge einfüllen. Nach dem Filter- und Ölwechsel beim ersten Motorstart beachten: Solange die Kontrollleuchte für Öldruck leuchtet, nur Leerlauf! Bei Gasstößen kann der Turbolader geschädigt werden oder ganz ausfallen.

■ **Öldruck prüfen:** Öldruckschalter aus Filterhalter oder Motorblock ausschrauben, Öldruckprüfer (V.A.G 1342) ein- und Schalter an Prüfer schrauben. Bei mindestens 80 °C Öltemperatur und normalem Ölstand erst Leerlauf, dann erhöhte Drehzahl. Folgende Werte sollten gemessen werden:

Im Leerlauf	Mindestüberdruck 0,3...0,7 / 0,8 bar
Bei 2000/min	Mindestüberdruck 2,0 / 1,5 bar
Darüber	Mindestüberdruck nicht über 7,0 / 5,0 bar

(Erste Zahl Ottomotoren, zweite Zahl TDI-Motoren)

■ Wenn die Sollwerte bei der Prüfung nicht erreicht werden, muss auf Lagerschäden untersucht, der Ölfilterhalter mit Überdruckventil ersetzt oder die Ölpumpe ausgetauscht werden. Arbeiten für die Fachwerkstatt!

Kühlsystem: Kühlmittel, Dichtheit, Thermostat

■ **Kühlmittel ablassen:** Verschlussdeckel des Kühlmittelausgleichsbehälters öffnen. Vorsicht: Es könnte Dampf entweichen! Lappen auf den Deckel legen (Bild 1) und zunächst vorsichtig Druck ablassen, weil das Überdruckventil (1, Bild 2) erst bei gefährlich erhöhtem Druck öffnet. Dann den Deckel ganz abschrauben.

■ Geräuschdämpfung vorn (die Abdeckplatte unter dem Motorraum) abschrauben. Eine geeignete flache Auffangwanne unter Kühler und Motorbereich stellen. Verschlussschraube unten am Kühler öffnen oder Kühlmittelschlauch abziehen und das Kühlmittel (Wasser plus Frostschutzzusatz wie vorher beschrieben) abfließen lassen.

■ **Kühlsystem auf Dichtheit prüfen:** Ohne Kühlsystemprüfer (z. B. V.A.G 1274 mit Adaptern) ist nur eine Augenscheinprüfung möglich. Dichtheit aller Wasserschläuche an Kühler, Motor und Heizanlage prüfen. Schläuche kneten, harte und rissige Teile austauschen! Die Enden müssen satt auf den Stutzen sitzen, Schlauchschellen (Federband) müssen fest und unverschiebbar anliegen. Lockere Schellen festziehen, korrodierte Schellen erneuern.

■ **Überdruckventil prüfen:** Nur mit dem Prüfgerät möglich. Deckel vom Behälter schrauben, Messeinrichtung aufschrauben, mit Handpumpe Druck erzeugen. Bei 1,4 bis 1,6 bar Überdruck muss das Ventil (1 in Bild 2) öffnen.

■ **Kühlmittelregler prüfen:** Der aus der Wasserpumpe ausgebaute Thermostat wird im Wasserbad erwärmt. Er muss von ca. 87 °C bis ca. 102 °C öffnen. Der Öffnungshub muss mindestens 8 mm betragen.

Druck abbauen: Lappen zwischen Hand und Behälterdeckel legen, Verschlussdeckel vorsichtig aufdrehen.

Verschlussdeckel abnehmen: Nach Druckabbau Deckel ganz abschrauben. (1) Überdruckventil.

Zündkerzen, Glühstiftkerzen, Vorglühanlage

■ **Zündkerzen ausbauen:** Die Stecker entriegeln und gleichzeitig von den Zündspulen mit Leistungsendstufe abziehen. Mit Abzieher T40039 (1.8/2.0 TSI) die Zündspulen aus dem Kerzenschacht ziehen. Den Abzieher an der obersten dicken Rippe der Zündspule ansetzen. Für 1.4 TSI und 3.6 FSI V6 Montagewerkzeug T10118 (Stecker) und Abzieher T10094 A bzw. T10095 A (Spule) benutzen.

■ Nach Abziehen von Spulen und Steckern die Zündkerzen mit Schlüssel 3122 B herausdrehen.

■ **Zündkerzen einbauen:** Spezifikation (Teilenummer) und Elektrodenabstand »EA« beachten:

– 1.4 TSI/92 kW	NGK PZFR6R	EA 0,9...0,8 mm
– 1.8/2.0 TSI	Bosch F5KPP332SBN	EA 0,7...0,8 mm
– 3.6 FSI V6I	NGK ILZKR 8A	EA 0,8...0,7 mm

Kerzen mit 30 Nm festziehen. Zündkerzenstecker mit Schmierpaste G 052 141 A2 nachfetten, damit der Dichtschlauch nicht an der Kerze festklebt.

■ **Glühstiftkerzen ausbauen:** Zündung aus, Motorabdeckung ab. Halteklammern am Leitungsstrang öffnen, Stecker der Glühstiftkerzen abziehen. Flachzange mit Nut am spitzen Ende der Backen (VW-Spezialwerkzeug 3314) mit der Nut am Bund der Stützhülse des Kerzensteckers ansetzen. Stecker mit der Zange von den Kontakten (1 in Bild 3) der Kerzen abziehen.

■ ***Vorsicht:*** Zange nicht zu fest zusammendrücken, damit die Stützhülse nicht beschädigt wird! Beim Abziehen keine Leitungsverbindung beschädigen.

■ Kerzenkanal im Zylinderkopf reinigen. Kein Schmutz darf in den Zylinder fallen. Grobes mit Staubsauger entfernen. Bremsenreiniger (oder ähnlichen Reiniger) in den Kerzenkanal sprühen und einwirken lassen. Mit Pressluft ausblasen und mit einem ölbenetzten Lappen reinigen.

■ Die Kerzen am Sechskant (2 in Bild 3) aus dem Zylinderkopf ausschrauben (Gewinde: Pfeil). Gelenkschlüssel (bei VW 3220) mit Schlüsselweite 10 verwenden.

■ **Glühstiftkerzen einbauen:** Sinngemäß umgekehrt vorgehen. Die Kerzen mit Anzugsdrehmoment 18 Nm festziehen und die Stecker festsitzend wieder aufstecken.

■ **Vorglühanlage prüfen:** Das Steuergerät für Glühzeitautomatik, das die Vorglühanlage ansteuert und zusammen mit den Glühstiftkerzen den Schnellstart ermöglicht, ist zur Eigendiagnose fähig. Fehler der Vorglühanlage werden ferner im Speicher des Motorsteuergerätes abgelegt. Prüfung mit Tester über »Geführte Fehlersuche«.

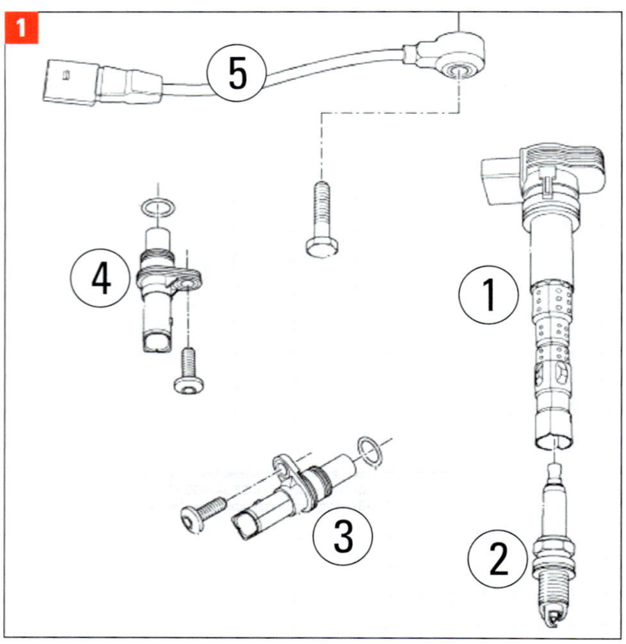

Zündanlage: (1) Zündspule mit Leistungsendstufe, (2) Zündkerze, (3) Drehzahlgeber, (4) Hallgeber, (5) Klopfsensor.

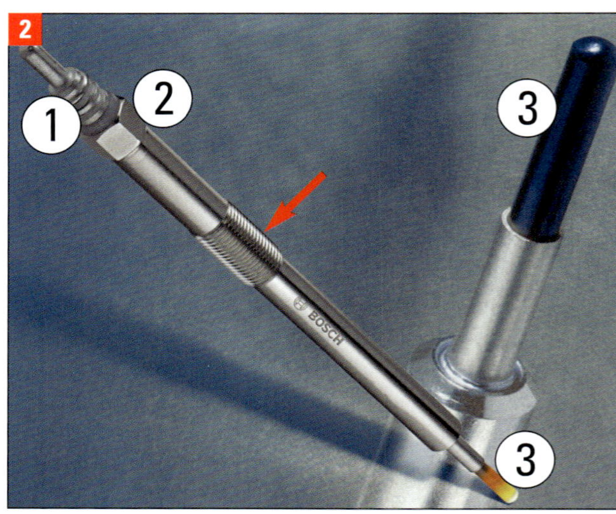

Keramik-Glühstiftkerzen: (1) Steckerkontakte, (2) Sechskant SW 10 für Schlüssel, (3) Glühstift. Pfeil: Gewinde.

Abgasanlage trennen und spannungsfrei einrichten

Serienmäßig werden Abgasrohr (Mittelteil) und Schalldämpfer (Hinterteil) der Superb-Abgasanlage als ein Teil eingebaut (Bild 1). Auch im Reparaturfall sollen sie als ein Teil gewechselt werden. Auftrennen und wieder verbinden mit einer Klemmschelle ist nicht mehr vorgesehen. Wir geben aber diesen üblichen Arbeitsablauf noch an, weil Übergänge auch immer fließend sind. Falls ein Abgasrohr mit markierter Trennstelle (z.B. bei den TDI) eingebaut ist, kann danach verfahren werden.
Bei Montagearbeiten wird die Doppelschelle (Bilder 2/3, Seite 205) zwischen Vorderteil und Mittel-/Hinterteil der Anlage gelöst. Beim Einbau muss darauf geachtet werden, dass die Anlage nicht verspannt wird und ausreichend Abstand zum Aufbau hat. Die Aufhängungen müssen gleichmäßig belastet werden. Dazu ist die Abgasanlage dann einzurichten.

■ **Anlage zur Reparatur trennen:** Verbindungsrohr an der Trennstelle (durch Eindrückung auf dem Abgasrohr gekennzeichnet) mit einer Karosseriesäge (z. B. V.A.G 1523 A) rechtwinklig trennen. Dabei Schutzbrille tragen. Die Reparaturdoppelschelle beim Einbau an den seitlichen Markierungen positionieren.

■ Verschraubungen der Klemmhülse (Reparaturdoppelschelle) gleichmäßig anziehen, M 8 mit 23 Nm, M10 mit 40 Nm. Vor dem Anziehen Abgasanlage in kaltem Zustand spannungsfrei einrichten.

■ **Anlage spannungsfrei einrichten:** Der Motor muss kalt sein. Die hintere Abgasanlage (Bild 1) ist per Doppelschelle mit dem Abgasvorrohr verbunden.

■ Verschraubungen der Doppelschelle lösen, Klemmhülse nach der Markierung am Abgasvorrohr ausrichten. Beachtet werden muss die Fahrtrichtung. Zur Handhabung der Doppelschelle müssen die auf Seite 205 gegebenen Hinweise beachtet werden.

■ Die Verschraubungen müssen stets rechts an der Schelle sein. Das Einbaumaß für die Klemmhülse vorn beträgt genau 5 mm für den Abstand zwischen Hülsenkante und Markierung am Vorrohr. Die Verschraubungen dürfen nicht über die Unterkante der Klemmhülse hinaus ragen.

■ Abgasanlage so weit nach vorn schieben, bis zwischen Aufhängung/Karosserie und Aufhängung/Mittelschalldämpfer das Maß »a« von 7...9 mm erreicht ist (Bild 2). Für die TDI wird dafür auch 9...11 mm angegeben.

■ Verschraubung der Doppelschelle gleichmäßig mit 23 Nm festziehen. Für die TDI wird auch 25 Nm angegeben.

■ Ausrichten: Zwischen Stoßfängerausschnitt und Abgasendrohr muss ein gleichmäßiger Abstand sein.

1

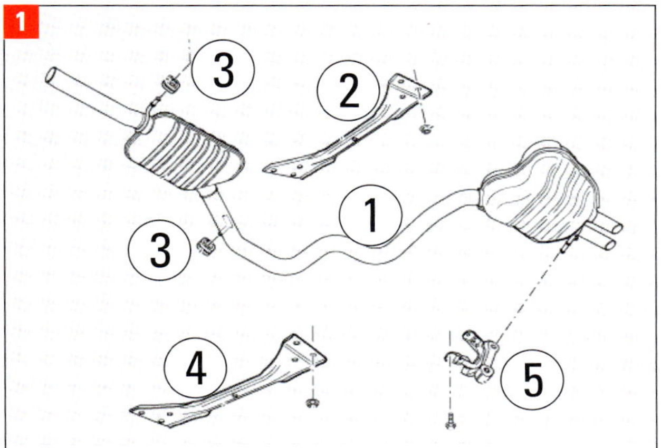

1.4TSI als Beispiel: (1) Mittel- und Hinterteil der Abgasanlage, (2) Tunnelbrücke vorn, (3) Halteschlaufen, (4) Tunnelbrücke hinten, (5) Aufhängung.

2

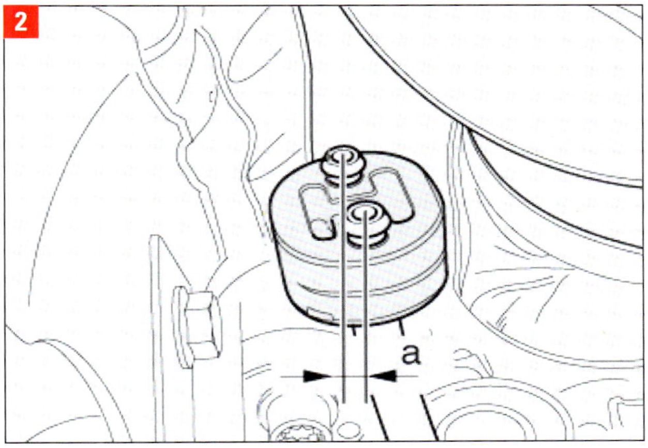

Aufhängung der Abgasanlage: (a) = max. 7...9 bzw. 9...11 mm. Zum Zentrieren beim Ausrichten der Endrohre müssen die Aufhängungen ggf. nochmals gelöst werden.

Motor

Störung	Was kann das sein?	Was muss ich tun?
A Motor startet nicht, Anlasser dreht nicht	**1** Die Wegfahrsperre bzw. die Anlasssicherung	Zu- und wieder aufschließen, Bremse getreten halten und Schalthebel auf Stellung N
	2 Batterie leer	Wenn die Scheinwerfer bei eingeschalteter Zündung nur schwach leuchten: Alle Verbraucher abschalten, Starthilfekabel benutzen und dann mindestens 20 Kilometer fahren
B Der Anlasser dreht, aber der Motor springt nicht an	**1** Die häufigsten Ursachen sind: Kein Sprit und/oder kein Zündfunke. Das kann leider an sehr vielen Bauteilen liegen	Zuerst prüfen ob noch Sprit und auch die richtige Sorte (Benzin oder Diesel) im Tank ist. Dann die Verkabelung im Motorraum auf Beschädigungen prüfen (Marderbiss?) Vorsicht! Zündung dabei unbedingt ausschalten!
C Motor läuft nach dem Start unrund	**1** Fehler in der Kraftstoffversorgung und/oder Zündanlage, Nebenluft durch undichte Schläuche	Zunächst eine Sichtkontrolle des Motorraums bei ausgeschalteter Zündung durchführen. Beschädigte Leitungen mit Isolierband notdürftig flicken. Mit einem Diagnosegerät den Fehlerspeicher auslesen lassen.
	2 Diesel: Falschbetankung oder defekte Glühkerzen	Vorsicht: Bei Falschbetankung nicht mehr weiterfahren, sonst kann die Hochdruckpumpe kollabieren
D Motor qualmt und stinkt aus dem Auspuff	**1** Turbolader (blauer Rauch) oder Zylinderkopfdichtung (weißer Rauch) defekt	Ist der Turbolader defekt besteht akute Gefahr: Bruchstücke wandern durch den Motor. Nicht mehr starten! Bei einer kaputten Kopfdichtung fehlt Wasser im Ausgleichsbehälter, auf jeden Fall auffüllen
E Motor zieht nicht mehr richtig	**1** Der Hauptverdächtige ist auch hier der Turbolader, besonders wenn der Motor im Leerlauf oder bei wenig Gas noch gut läuft	Beobachten Sie die Ladedruckanzeige und achten Sie auf ungewöhnliche Geräusche beim Beschleunigen. Eventuell entweicht Ladedruck. Ein blockierter Lader macht dagegen gar keine Geräusche mehr
	2 Luftmassenmesser defekt	Fehlerspeicher auslesen, ggf. ersetzen
F Hoher Verbrauch	**1** Wahrscheinlich ist der Luftfilter stark verschmutzt	Luftfilter austauschen, die Anleitung dazu finden Sie in diesem Kapitel
G Motor wird zu langsam warm	**1** Thermostat hängt	Sie können zunächst weiter fahren, der Thermostat sollte jedoch so bald wie möglich getauscht werden

STÖRUNGSBEISTAND

Getriebe / Kraftübertragung

Störung	Was kann das sein?	Was muss ich tun?
A Kratzen beim Gangwechsel	**1** Kupplung trennt nicht richtig	Schadensursache feststellen und beheben. Wenn Sie diesen Fehler ignorieren, ruinieren Sie sonst sehr schnell das Getriebe.
	2 Synchronring verschlissen	Wenn das Kratzen nur in einem Gang auftritt, kann der entsprechende Synchronring ersetzt und das Getriebe gerettet werden. Bis dahin: langsam schalten!
B Rupfen, Ruckeln und Springen	**1** Die Kupplung ist verschlissen oder verölt	Die Kupplung ist ein Verschleißteil, das bei hohen Laufleistungen irgendwann abgenutzt ist. Tritt an Motor oder Getriebe Öl aus, rutscht die Kupplung. In beiden Fällen hilft nur der Ausbau des Getriebes
	2 Motorlager defekt	Kontrollieren Sie den Zustand der Lager und vermeiden sie bis zur Reparatur starke Lastwechsel und allzu rasantes Anfahren.
C Schläge, ungewöhnliche Geräusche oder Vibrationen	**1** Motorlager ausgeschlagen	Beobachten Sie von außen, wie stark der Motor beim Anfahren kippt. Bei verschlissenen Lagern kann das dazu führen, dass Teile irgendwo anschlagen
	2 Antriebswellen defekt	Fahren Sie enge Kurven (auch rückwärts) und versuchen, Sie den Schaden an den Wellen zu lokalisieren Äußere und Innere Gelenke können einzeln ausgetauscht werden.)
	3 Synchronringe oder Getriebelager im Getriebe verschlissen	Auch die Synchronringe unterliegen einem gewissen Verschleiß. Wenn es in mehreren Gängen kratzt ist ein Austauschgetriebe fällig, mahlende Getriebelager lassen sich einzeln ersetzen.
	4 Zu wenig Öl im Getriebe	Ölstand prüfen und nötigenfalls ergänzen
D Es lässt sich kein Gang mehr einlegen	**1** Seilzüge ausgehängt	Untersuchen Sie die Anschlüsse und Führungen der Schaltseilzüge. Manchmal lässt sich so ein Zug auch an Ort und Stelle wieder einhängen.

Technische Daten

Wir präsentieren sechs Grundmodelle mit sechs Motorisierungen, ausgewählter Getriebe-Kombination und unterschieden nach Limousine oder Combi. Unsere Werte folgen den Werksangaben von Škoda. Auf seine Neufahrzeuge, seine Original Teile und Zubehör bietet Škoda neben der zweijährigen Garantie ohne Kilometerbegrenzung eine dreijährige Lack-Garantie und zwölfjährige Garantie gegen Durchrostung an.

Ottomotoren: Direkteinspritzer TSI und FSI

Modell	Lim. 1.4 TSI Green tec 92 kW	Combi 2.0 TSI 147 kW	Limousine 3.6 FSI V6 191 kW
Getriebe	6-Gang manuell	7-Gang DSG	6-Gang DSG
Motor	4-Zyl 1,4 Liter TSI Green tec	4-Zyl 2,0 Liter TSI	6-Zyl 3.6 FSI (Allrad 4x4)
Motor-Kennbuchstaben	CAXC	CDAA	CDVA
Bauzeit	ab 08.08	09.08	ab 10.08
Abgasnorm	EU 5	EU 5	EU 5
Zylinder / Ventile pro Zyl.	4 / 4	4 / 4	6 / 4
Hubraum in cm^3	1390	1798	3597
Bohrung in mm	76,5	82,5	89,0
Hub in mm	75,6	84,1	96,4
Verdichtung	10,0 : 1	9,6 : 1	11,4 : 1
Höchstleistung in kW / PS	92 / 125	118 / 160	191 / 260
bei Umdrehungen/min	5000	4500-6200	5100-6000
max. Drehmoment in Nm	200	250	350
bei Umdrehungen/min	1500-4000	1500-4500	2500-5000
Höchstgeschwindigkeit in km/h	204	221	250
Beschleunig. 0-100 km/h	10,5 s	8,5 s	6,4
Kraftstoff	unverbleit, min. 95 ROZ	unverbleit, min. 95 ROZ	unverbleit, min. 95 ROZ
Verbrauch Liter/100 km			
– innerorts:	7,8	9,4	13,0
– außerorts:	4,9	5,7	7,0
– kombiniert:	5,9	7,1	9,3
CO_2-Emission g/km	138	164	215
CO_2-Effizienzklasse	C	D	F
Motor-Einbaulage	vorne quer	vorne quer	V-Form, vorne quer
Ventilantrieb	indirekt, Rollenschlepphebel	indirekt, Rollenschlepphebel	indirekt, Rollenschlepphebel
Nockenwellen	2 oben im Zyl.Kopf	1 oben im Zyl.Kopf	1 oben im Zyl.Kopf
Nockenwellenantrieb	durch Kette	durch Kette	durch Kette
Kurbelversatz in Grad	240	180	180
Kurbelwellenlager-Zahl	5	5	4 plus 4
Aufladung	Turbolader	Turbolader	nein
Ladeluftkühlung	ja	ja	nein

Normen und Füllmengen

Der Kraftstoffbehälter fasst 60 Liter, die Reservemenge beträgt 5 Liter.
Die Bremsflüssigkeit (Gesamtmenge 1,15 l) hat bei Škoda den Code N 052 766 ZO. Das entspricht der USA-Norm FMVSS 571.116 DOT 4, im Konzern mit Teilenummer VW 501 14 gekennzeichnet. Als Füllmengen hinten sind bei den Superb-Scheibenbremsen 0,52 angegeben.
Das Synthetiköl für die 6-Gang-Schaltgetriebe, Füllmenge 2,0 l, ist Norm G 51 - SAE 75W90. Das 7-Gang-DSG hat zwei Ölhaushalte. Der Teil mit Rädern und Wellen ist mit 1,7 l Getriebeöl G052 171 befüllt, der Steuerteil Mechatronic (J743) mit 1,0 l Zentralhydrauliköl und Servolenkgetriebeöl G004 000. *(weiter S 220)*

Dieselmotoren: Direkteinspritzer TDI Common Rail mit Partikelfilter

Modell	**Limousine 1.6 TDI 77 kW**	**Limousine 2.0 TDI 103 kW**	**Combi 2.0 TDI 125 kW**
Getriebe	6-Gang manuell	6-Gang DSG	6-Gang DSG
Motor	4-Zyl TDI CR Green tec	4-Zyl TDI CR Green tec	4-Zyl TDI CR Green tec
Motor-Kennbuchstaben	CAYC	CFFB	CFGB
Bauzeit	ab 09.10	03.10	ab 06.10
Abgasnorm	EU 5	EU 5	EU 5
Zylinder / Ventile pro Zyl.	4 / 4	4 / 4	4 / 4
Hubraum in cm³	1598	1968	1968
Bohrung in mm	79,5	81,0	81,0
Hub in mm	80,5	95,5	95,5
Verdichtung	16,5 : 1	16 : 1	16 : 1
Höchstleistung in kW / PS	77 / 105	103 / 140	125 / 170
bei Umdrehungen/min	4400	4200	5000
max. Drehmoment in Nm	250	320	350
bei Umdrehungen/min	1900	1750-2500	1750-2500
Höchstgeschwindigkeit in km/h	194	212	221
Beschlg. 0-100 km/h in s	12,1	10,1	8,7
Kraftstoff	Diesel min. 51 CZ	Diesel min. 51 CZ	Diesel min. 51 CZ
Verbrauch Liter/100 km			
– innerorts:	5,2	6,3	6,4
– außerorts:	4,0	4,5	4,7
– kombiniert:	4,5	5,2	5,4
CO_2-Emission g/km	117	139	141
CO_2-Effizienzklasse	A	B	B
Motor-Einbaulage	vorne quer	vorne quer	vorne quer
Ventilantrieb	indirekt, Rollenschlepphebel	indirekt, Rollenschlepphebel	indirekt, Rollenschlepphebel
Nockenwellen	2 oben im Zyl.Kopf	1 oben im Zyl.Kopf	1 oben im Zyl.Kopf
Nockenwellenantrieb	durch Kette	durch Kette	durch Kette
Kurbelversatz in Grad	240	180	180
Kurbelwellenlager-Zahl	5	5	5
Aufladung	Abgasturbolader	Abgasturbolader	Abgasturbolader
Ladeluftkühlung	ja	ja	ja

Das Kühlsystem der Ottomotoren ist mit 7,7 l, das der TDI-Motoren mit 8,4 l Wasser/G12 plus-plus befüllt. Die Motoröl-Füllmengen der Spezifikation 5W-30 (VW-Norm 504 00/507 00) mit Filterwechsel:

- 1.4 TSI 92 kW 3,6 Liter
- 1.8 TSI 118 kW 4,6 Liter
- 2.0 TSI 147 kW 4,6 Liter
- 3.6 FSI V6 191 kW 5,5 Liter
- 1.6 TDI 66 / 77 kW 4,3 Liter
- 2.0 TDI 103 kW 4,3 Liter
- 2.0 TDI 125 kW 4,0 Liter

Die in den folgenden Listen angegebenen (kombinierten) Werte für Kraftstoffverbrauch und Emissionen wurden nach den vorgeschriebenen Verfahren (VO(EG)715/2007) ermittelt.
Die Angaben dienen Vergleichszwecken zwischen den verschiedenen Fahrzeugtypen. Denn bekanntlich hängen Kraftstoffverbrauch und CO_2-Emissionen nicht nur von der effizienten Ausnutzung des Kraftstoffs durch das Fahrzeug ab. Sie werden ganz entscheidend auch vom Fahrverhalten und von anderen nichttechnischen Faktoren beeinflusst.

Gemischaufbereitung, Einspritzung/Zündung, elektrische Anlage

Gemischaufbereitung: FSI/TSI: Direkte Einspritzung. TSI Aufladung über Turbolader. Elektronische Zündung per Spule mit Leistungsendstufe; Zündfolge 1-3-4-2 bzw. 1-4-3-6-2-5. / TDI: 1-3-4-2.
TDI CR: Direkte Einspritzung über Common Rail. Aufladung über Abgasturbolader.

Motormanagement: Benziner: Bosch Motronic MED 17.5 (Motor CAXC: MED 17.5.20). Diesel: Bosch EDC 17.

Generator: 12 V. 110 A, 140 A,

Batterie / Kapazität: 12 V. 330 A / 61 Ah,

Bremsanlage

Art der Bremsen: Hydraulik-Zweikreisbremssystem, diagonal. Vorn: innenbelüftete Scheibenbremsen. Hinten: Scheibenbremsen. Bremskraftverstärker, hydraulisches ABS, EBV, Bremsassistent.

Bremsentypen vorn: 16″ FN3, 17″ FNR-G.

Bremsentypen hinten: 15″ CII 41, Bosch BIRI II, 17″ CII 41.

Zuordnung zum Aggregat: **Vorderradbremsen:** Durchgängig 16″ FN3, mit Ausnahme der Motorisierung mit dem 3.6 FSI V6: 17″ FNR-G.
Hinterradbremsen: Durchgängig 15″ CII 41 oder Bosch BIRI II; Abweichungen zwischen Fahrzeugen vor und nach KW 44/2009. Motorisierung mit dem 3.6 FSI V6: 17″ CII 41.

Bremse vorn:

Bremsbelagdicke ohne Stützplatte: Bremsen 16″ FN3: 14,0 mm; Bremsen 17″FNR-G: 14,0 mm.

Verschleißgrenze ohne Platte: Bei allen Bremsen: 2 mm.

Bremsscheibe Durchmesser: Bremsen 16″ FN3: 312 mm; Bremsen 17″FNR-G: 345 mm.

Bremsscheibe Dicke: Bremsen 16″ FN3: 25 mm; Bremsen 17″FNR-G: 30 mm.

Verschleißgrenze: Bremsen 16″ FN3: 22 mm; Bremsen 17″FNR-G: 27 mm.

Bremssattel Kolben: Bremsen 16″ FN3: 54 mm; Bremsen 17″FNR-G: 57 mm Durchmesser.

Bremse hinten:

Bremsbelagdicke ohne Stützplatte: Durchgängig alle 11 mm.

Verschleißgrenze ohne Platte: Durchgängig alle 2 mm.

Bremsscheibe Durchmesser: 15″ CII 41: 260 mm; 16″ CII 41: 286 mm; 17″ CII 41: 310 mm. Bremse Bosch BIRI II: 272.

Bremsscheibe Dicke: 15″ CII 41: 12 mm; 16″ CII 41: 12 mm; 17″ CII 41: 22 mm. Bremse Bosch BIRI II: 10 mm.

Verschleißgrenze: 15″ CII 41: 10 mm; 16″ CII 41: 10 mm; 17″ CII 41: 20 mm. Bremse Bosch BIRI II: 8 mm.

Bremssattel Kolben: Bremse 15″/16″ CII 41: 41 mm; Bremse Bosch BIRI II: 38 mm. Bremse 17″ CII 41: 41mm.

Handbremse: Mechanische Feststellbremse; wirkt auf die Hinterräder.

Fahrwerk

Vorderachse: Einzelradaufhängung, McPherson-Federbeine, Dreiecksquerlenker, Torsionsstabilisator.
Hinterachse: Verbundlenkerachse, Schraubenfedern. Stabilisator.
Federung: Schraubenfedern und (vorn) Teleskopstoßdämpfer bzw. (hinten) Gasdruckstoßdämpfer.
Lenkung: Elektromechanisch unterstützte Zahnstangenlenkung.
Spurweite (mm): Vorn: 1545; Allrad 1537. Hinten 1518; Combi 1517; Allrad 1510.
Radstand / Wendekreis (m): 2761 mm; Sportfahrwerk: 2758 mm. / 10,82; Sportfahrwerk 11,69.
Räder / Reifen: Stahlräder und Alu 6 J x 16", 7,0 J x 17" / 205/55 R 16. 225/45 R17.

Kraftübertragung, Getriebeübersetzungen

Antrieb: Frontantrieb mit elektronischem Stabilisierungsprogramm ESP oder Allradantrieb 4x4.
Kupplung: Einscheibentrockenkupplung, Tellerfeder, asbestfreie Beläge. Zweimassen-Schwungrad. DSG: zwei elektrohydraulisch gesteuerte twinkoaxiale Lamel enkupplungen.
Getriebe: Synchronisierte 6-Gang-Handschaltgetriebe. DSG: 1. I.-IV. Gang; 2. V.-VI.VII. Gang; 2. R.
Getriebe-Übersetzungen:
***6-Gang* + 1.4 TSI 92 kW** I-3,62; II-1,95; III-1,28; IV-0,97; V-0,78; VI-0,65. R-3,18. Achsübersetzung: 4,060.
***6-Gang* + 1.6 TDI 77 kW** I-4,11; II-2,12; III-1,36; IV-0,97; V-0,73; VI-0,59. R-4,00. Achsübersetzung: 3,389.
6-Gang DSG I-3,46; II-2,05; III-1,30; IV-1,90; V-0,91; VI-0,76. R-3,99.
***mit Motor 2.0 TDI 103* kW** Achsübersetzungen: I-IV = 4,118; V-VI = 3,043.
6-Gang DSG I-3,46; II-2,05; III-1,30; IV-0,90; V-0,91; VI-0,76. R-3,99.
mit Motor 2.0 TDI 125 kW Achsübersetzungen: I-IV = 4,118; V-VI = 3,043.
6-Gang DSG I-2,92; II-1,79; III-1,19; IV-0,83; V-0,86; VI-0,69. R-3,264.
mit Motor 3.6 FSI V6; Allrad Achsübersetzungen: I-IV = 4,769; V-VI = 3,444.
7-Gang DSG I-3,76; II-2,27; III-1,53; IV-1,12; V-1,18; VI-0,95; VII-0,80; R-4,17.
mit Motor 1.2 TSI 77 kW Achsübersetzungen: I-IV = 4,438; V-VII = 3,227; R = 4,176.

Maße, Gewichte und Lasten

Außenmaße

Länge: 4838 mm.
Breite (mit/ohne Spiegel): 2009 mm / 1817 mm.
Höhe (bei Leergewicht): 1462 mm; Combi 1481 mm, mit Reling 1510 mm.

Innenmaße

Effektiver Kopfraum vorn: 988 mm; Combi 1001 mm.
Effektiver Kopfraum hinten: 955 mm; Combi 986 mm.
Ellenbogenbreite vorn: 1468 mm.
Ellenbogenbreite hinten: 1451 mm; Combi 1450 mm.
Luftwiderstandsbeiwert: 0,29 cw; Combi 0,30 cw.
Gepäckraumvolumen: 595 l; Combi 633 l.
Rücksitze umgeklappt: 1700 l; 1865 l.

Gewichte / Lasten

Leergewicht: 1.4 TSI 1467 kg, 1.6 TDI 1512 kg, 2.0 TDI 1557 kg; 3.6 FSI V6: 1704 kg, alle inkl. Fahrer (75 kg).
Effektive Zuladung: 638 kg inkl. Fahrer (75 kg) und Mehrausstattungen; bei Sportfahrwerk 25 kg weniger.
Zuläss. Gesamtgewicht: 2030 kg, 2075 kg, 2092 kg. Combi 2142 kg. 3.6 FSI V6: 2265 kg. Sportfahrwerk 25 kg weniger.
Max. Stütz-/Dachlast: 80 kg / 100 kg.
Max. Anhängelast, ungebr.: 730 kg, 750 kg.
Max. Anhängel. gebremst
– bei 12 % Steigung: 1400 kg, 1500 kg. 2.0 TDI: 1800 kg. 3.6 FSI V6: 2000 kg.
– bei 8 %Steigung: 1500 kg, 1700 kg. 2.0 TDI: 1800 kg. 3.6 FSI V6: 2000 kg.

Wartungsplan

Ihr gerade gekaufter Superb hat den »Übergabeservice« hinter sich und dürfte Ihnen zunächst keine größeren Wartungsarbeiten abverlangen. Vom festen Sitz der Batteriekabel über sämtliche Flüssigkeitsstände oder auch die Vollständigkeit der Bordliteratur bis hin zur Zeituhr wurde alles geprüft und richtig gestellt.

Im späteren Fahrbetrieb werden dann in bestimmten Intervallen Ölwechsel und Inspektion fällig. Wie heute fast alle Hersteller, unterscheidet auch Škoda schon seit einigen Jahren nach

- Inspektionsservice in festen Intervallen und
- LongLife Service mit flexiblen Wartungsintervallen.

Wenn Wartung oder Ölwechsel erforderlich sind, erscheint eine entsprechende Anzeige auf dem Display kurzzeitig nach Einschalten der Zündung und nach dem Anlassen des Motors. Es ist jeder Zeit möglich, restliche Kilometeranzahl und Tage bis zum nächsten Inspektions-Service bei eingeschalteter Zündung, ausgeschaltetem Motor und stehendem Fahrzeug anzeigen zu lassen.

Nach dem Service muss die Intervallanzeige zurückgesetzt werden. In der Werkstatt geschieht das mit dem Diagnose- und Informationssystem VAS 5051 oder 5052: Gerät am Diagnosesteckplatz (»Interface«) unterm Lenkrad anschließen, die »Geführten Funktionen« einschalten, auf »Servicearbeiten« stellen und dem Programm folgen.

Feste Wartungsintervalle

Dabei setzt sich der Inspektionsservice aus Ölwechsel nach Service-Intervall-Anzeige bei maximaler Laufleistung von 15.000 km oder maximalem Zeitintervall von 12 Monaten sowie einer Inspektion nach Service-Intervall-Anzeige bei maximaler Fahrt von 30.000 km oder maximalem Zeitintervall von 24 Monaten zusammen.

Bei erschwerten Betriebsbedingungen wie überwiegenden Kurzstreckenfahrten oder staubigen Straßenverhältnissen soll der Ölwechsel öfter vorgenommen werden. Die Inspektion soll nach der Intervallanzeige stattfinden, davon unabhängig aber alle 30.000 km.

LongLife Service mit flexiblen Intervallen

Durch schonende Fahrweise und günstige Einsatzbedingungen kann die Intervalldauer auf das Doppelte vergrößert werden. Das sind also maximal 30.000 km oder 24 Monate (Inspektion sogar 36 Monate).

Bei extremer Fahrweise und beanspruchenden Einsatzbedingungen kann die Wartung allerdings auch bei Fahrzeugen mit LongLife-Service nach 15.000 km oder 12 Monaten fällig werden. Dazu erfolgen dann entsprechende Signale durch die Intervall-Anzeige der Instrumententafel (Display).

Lange Zeit galt für LongLife-Service-Turbodiesel der Motoröl-Standard nach Spezifikation VW 505.00 oder 505.01 und für die Ottomotoren VW 503 00. Inzwischen ist als Weiterentwicklung das Öl VW 504/507.00 auf dem Markt. Wenn frühere, nicht dem LongLife-Standard entsprechende Öle verwendet werden (z. B. VW 500 00), gilt für das Fahrzeug der Service nach festen Intervallen. Die Anzeige muss dann auf 15.000 Kilometer/12 Monate programmiert werden, verlängertes Intervall ist nicht möglich.

Zum Ölwechsel-Service gehören das Absaugen des

Eines für alle: VW empfiehlt als jüngstes Universalöl auch für TSI- und TDI CR-Motoren das nach Haus-Norm 504 00 und 507 00. Die Spezifikation dieses Öls ist SAE 5W-30.

Motoröls, wie wir es im Kapitel »Antrieb« unter »Das Schmiersystem« beschrieben haben, das Ersetzen des Ölfilters, das Auffüllen des neuen Öls und das Zurücksetzen der Service-Intervall-Anzeige. Nach VW- und Škoda-Anweisung gehört dazu auch stets das Prüfen der Bremsbelagdicke der Scheibenbremsen.

Umfang des Inspektionsservice

Wenn Sie die Wartungsarbeiten selbst erledigen, denken Sie bitte daran, in der Werkstatt die Abfrage des Fehlerspeichers der elektronischen Steuergeräte mit einem Werkstattsystem VAS 505x vornehmen zu lassen. Die Kontrolle der Fehlerspeicher ist sinnvoll, weil manche Defekte im elektronischen System während der Fahrt nicht unbedingt auffallen.
Denn die Steuergeräte verfügen über Notlaufprogramme, die den Betrieb auch bei Ausfall beispielsweise eines Sensors garantieren sollen. Manche dieser Programme funktionieren so gut, dass der Fahrer einen Fehler gar nicht bemerken kann. Natürlich muss dennoch unbedingt die Reparatur erfolgen. Richten Sie sich bei Wartungen und Kontrollen nach dem Plan, wie ihn Škoda/Volkswagen vorgeben:

Ständige Kontrollen

- Scheibenwaschwasser auffüllen. Scheibenwischer und Waschanlage prüfen
- Standlicht, Abblend- und Fernlicht prüfen
- Motorölstand prüfen
- Rücklichter und Nebelschlussleuchten prüfen
- Kühlflüssigkeit prüfen und nachfüllen
- Bremsen und Bremsflüssigkeit prüfen
- Bremsleuchten, Blinker und Warnblinker sowie das Signalhorn (auch Lichthupe) prüfen
- Reifendruck prüfen

Alle 30.000 Kilometer oder einmal in 36/24 Monaten

- Beleuchtung über Fahrerinformationssystem prüfen
- Zusätzlich Signalhorn und Kennzeichenbeleuchtung prüfen
- Flüssigkeitsstand der Batterie prüfen, ggf. destilliertes Wasser auffüllen (nur Batterien ohne »magisches Auge«)
- Scheibenwisch- und Waschanlage auf Düseneinstellung und Funktion prüfen
- Scheibenwischerblätter auf Beschädigung prüfen
- Motorraum: Sichtprüfung auf Beschädigungen und Undichtigkeiten
- Von unten: Sichtprüfung von Motor, Getriebe, Achsantrieb und Lenkung. Alle Gelenkschutzhüllen auf Beschädigung und Undichtigkeiten kontrollieren. Im Zweifel zur Werkstatt
- Motoröl: Absaugen, Ölfilter ersetzen, neu befüllen
- Dicke der Bremsbeläge und davon abhängig Bremsflüssigkeitsstand prüfen
- Reifen (und, falls vorhanden, Reserverad): Zustand, Reifenlaufbild, Fülldruck und Profiltiefe prüfen. Wenn damit ausgestattet: Haltbarkeitsdatum des Reifenreparatur-Sets prüfen
- Teile der Abgasregulierung in der Werkstatt kontrollieren lassen, besonders, falls das Fahrzeug wegen bestimmter Umstände (Arbeiten nach Unfall) dem TÜV vorgeführt werden muss

Zusätzlich alle 60.000 Kilometer oder 60/48 Monate

- Staub- und Pollenfilter ersetzen
- Innenraumbeleuchtung und Licht im Handschuhkasten prüfen
- Motorhaubenfanghaken schmieren
- Scheinwerfereinstellung prüfen
- Unterboden auf Beschädigungen und lose Befestigungsteile prüfen
- Gelenke an der Vorderachse: Dichtungsbälge, Spiel und Befestigung prüfen
- Bremsanlage auf Undichtigkeiten und Beschädigungen prüfen (Sichtprüfung)
- Frostschutz und Flüssigkeitsstand im Kühlsystem prüfen
- Flüssigkeitsstand der Hydraulik prüfen
- Wasserablauf im Wasserkasten prüfen

Danach folgende Wechselintervalle unbedingt einhalten

- Glühstiftkerzen alle 60.000 km oder 4 Jahre
- Ölfilter des DSG alle 60.000 km
- Staub- und Pollenfilter alle 30.000 km oder 2 Jahre
- Bremsflüssigkeit entsprechend der regelmäßigen Wartungen nach Service-Tabelle, jedenfalls alle 2 Jahre
- ATF (das Getriebeöl) der automatischen DSG-Getriebe zur Sicherheit alle 60.000 km (leichte Unterschiede 6- und 7-Gang)

Nach Wartungsarbeiten Probefahrt unternehmen. Beim Auslesen des Fehlerspeichers in der Werkstatt oder mit einem Ihnen verfügbaren Diagnose-System die Service-Intervall-Anzeige (SIA) zurücksetzen. Oder die SIA nach der in der Betriebsanleitung beschriebenen Methode über Tasten an Schalttafel und Lenkrad sowie Fahrzeugdisplay per Hand zurücksetzen.

Techniklexikon

Das folgende Stichwortverzeichnis soll Ihnen helfen, einige der häufig benutzten Ausdrücke zu verstehen, die Sie im Gespräch mit den Leuten in der Werkstatt, im privaten Kreis von »Experten« und auch in diesem Buch immer wieder hören oder lesen.

Abgasturbolader – von Abgasen angetriebenes Turbinenrad. Die Turbine nutzt die im Abgas enthaltene Energie und drückt zur Leistungssteigerung Frischluft und vorverdichtete Luft in die Zylinder.

ABS – Antiblockiersystem. Drehzahlsensoren an allen vier Rädern melden einem Steuergerät, wenn das jeweilige Rad kurz vor dem Blockieren ist. Der Bremsdruck am Rad wird abwechselnd verringert und erhöht und das Blockieren verhindert.

ACC – Adaptive Cruise Control (adaptive Geschwindigkeitsregelung); hält die gewünschte Fahrzeuggeschwindigkeit konstant.

Achsschenkel – Bauteil der Vorderradaufhängung, schwenkt beim Lenken um die Lenkdrehachse. Auf dem Achsschenkel ist das Vorderrad gelagert.

Achstrieb (Vorder-, Hinterachstrieb) – Vorderachstrieb: Baugruppe, die ein Stirnradpaar und das Differenzial zum Antrieb der Gelenkwellen vom Getriebe aus enthält.
Bei Hinterradantrieb sind in einem eigenen Gehäuse ein Kegelradsatz (»Teller und Kegelrad«) und das Differenzial vereinigt.

Achswelle – Angetriebene Welle, starr oder mit Gelenken, an deren Nabe eines der Räder montiert ist.

Adaptives Kurvenlicht – Technologie mit horizontal schwenkbaren Scheinwerfern, die die Kurven optimal ausleuchten, sobald der Fahrer in sie einlenkt. Zu diesem Zweck erfassen Sensoren den Lenkwinkel, die Gierrate (Drehgeschwindigkeit um die Hochachse) und die Fahrgeschwindigkeit.

Airbag – Per gezielter Sprengladung in kürzester Zeit aufgeblasenes Luftkissen, das bei Aufprall des Autos auf ein Hindernis die Insassen vor Verletzung schützt. Gewöhnlich in die Lenkradnabe und die Schalttafel (auch in die Sitzlehnen als Seiten- und Kopf-Airbags) eingebaut.

Aktivkohlefilter (EVAP) – System zur Verminderung der Emission schädlicher Benzindämpfe aus dem Tank. Die Dämpfe werden in einem Filter aus Holzkohle gespeichert und später im Motor verbrannt.

Anlasser – Elektromotor, der zum Anlassen des Motors dient. Sein längs verschiebbares Ritzel wird zuerst in den großen Zahnkranz des Schwungrads eingespurt und dreht dann die Kurbelwelle.

Antriebsriemen – Normalerweise aus Gummigewebe gefertigter Riemen, der über mindestens zwei Riemenscheiben läuft und von der Kurbelwelle aus Nebenaggregate oder die Nockenwelle(n) antreibt (als Keilriemen, Flachriemen oder Zahnriemen).

Antriebsstrang – Oberbegriff für den gesamten Antrieb eines Fahrzeugs mit Motor, Kupplung, Getriebe, Kardanwelle (soweit vorhanden), Achstrieb/Differenzial und Antriebswellen.

Asphärischer Außenspiegel – Außenspiegel mit zweigeteilter, teilweise gebogener (konvexer) Spiegelfläche. Dadurch vergrößert sich die Sichtfläche des Rückspiegels.
Die korrekte Einstellung der Seitenspiegel auf die Sitzposition des Fahrers vermeidet beim asphärischen Außenspiegel den toten Winkel fast vollständig. Alle Modelle aus der Volkswagen-Pkw-Palette sind mit asphärischen Außenspiegeln auf der Fahrerseite ausgerüstet.

ASR – Antriebsschlupfregelung; verhindert Durchdrehen der Antriebsräder, hält Wagen in der Spur.

ATF –Automatic Transmission Fluid (Getriebeöl für automatische Getriebe).

Aufbohren (Zylinder) – Verfahren zum Nacharbeiten der Zylinderbohrungen bei starkem Verschleiß. In die um ein geringes Maß vergrößerten Bohrungen werden entsprechend größere Kolben eingebaut. Nur nach langer Laufzeit erforderlich.

Ausdehnungsbehälter – Teil der modernen, unter Druck arbeitenden Kühlanlage. In diesen Ausgleichsbehälter kann das infolge des Temperaturanstiegs sich ausdehnende Kühlmittel ausweichen.

Ausgleichsgetriebe – Siehe Differenzial.

Ausgleichscheibe – Stahlscheibe, zumeist in verschiedenen Dicken, zum Ausgleich des Axialspiels beweglicher Bauteile.

Ausgleichswelle – eine zur Kurbelwelle gegenläufig rotierende Welle für einen ruhigen Motorlauf.

Auspuffkrümmer – Sammelrohr, das die Abgase des Motors von jedem der Zylinder in die (gemeinsame) Abgasanlage leitet.

Ausrücklager (Kupplung) – Wälzlager, das axial gleitend auf einer Hülse vorn im Getriebegehäuse montiert ist, beim Auskuppeln vom KupplungsAusrückhebel gegen die rotierende Tellerfeder gedrückt oder gezogen wird und dabei die Kupplungsscheibe freigibt

Auswuchten (Räder) – Prüfen und Korrigieren eines Rades mit Reifen im Hinblick auf statische und dynamische »Unwucht«, d.h. auf Kräfte, die das Rad zu Flatter oder Zitterbewegungen veranlassen könnten.

Automatikgurt – Sicherheitsgurt, der den Fahrzeuginsassen bei normaler Fahrt Bewegungsfreiheit lässt, aber blockiert wird, wenn das Auto stark verzögert wird oder die angegurtete Person plötzliche Bewegungen macht.

AWD – All Wheel Drive (Allradantrieb).

Axialspiel – Bewegungsfreiheit eines Bauteils in Achsrichtung, z.B. die seitliche Bewegung eines Pleuels auf dem Lagerzapfen der Kurbelwelle.

Batterie – (Akkumulatorenbatterie) »Reservoir«, in dem elektrische Energie gespeichert wird. Sie liefert den Strom zum Anlassen des Motors und für die übrigen Verbraucher bei stehendem Motor. Sie wird bei laufendem Motor vom Generator aufgeladen.

Benzindirekteinspritzung – Bei diesem Verfahren der Kraftstoffaufbereitung wird dieser mit einem Druck bis zu 150 bar direkt in den Brennraum eingespritzt. Besondere Brennraumgeometrie sorgt für eine optimale Verwirbelung des Kraftstoff-Luft-Gemischs.

Biodiesel – wird aus nachwachsenden Rohstoffen gewonnen. In Deutschland wird häufig Raps zur Gewinnung von Biodiesel genutzt. Daher haben sich auch die Bezeichnungen RME (Raps-Methyl-Ester) bzw. PME (Pflanzen-Methyl-Ester) durchgesetzt. Aus ökologischer Sicht stellt Biodiesel eine sinnvolle Alternative zu herkömmlichem Dieselkraftstoff dar, da man sich in einem geschlossenen CO_2-Kreislauf bewegt. Das bedeutet, dass die Pflanze während ihres Wachstums soviel an CO_2 aufnimmt, wie nachher bei der Verbrennung wieder abgegeben wird.
Da sich Biodiesel jedoch in seiner Zusammensetzung von herkömmlichem Dieselkraftstoff unterscheidet, kann er nicht uneingeschränkt als direkter Ersatz für Diesel genommen werden. Größtes Problem ist derzeit, dass es keine einheitliche Norm für Qualität und Zusammensetzung von Biodiesel gibt. Der Marktanteil von Pflanzen-Methyl-Ester liegt zur Zeit unter einem Prozent. Selbst bei Ausschöpfung aller Anbaupotenziale könnte Pflanzen-Methyl-Ester nur ein Zehntel des Dieselkraftstoffbedarfs decken.

Bi-Xenon – XenonScheinwerfer für Abblend und Fernlicht (siehe Xenonlicht).

Blattfeder – Lange, schmale, gekrümmte Feder, zumeist als Paket aus mehreren Blättern zusammengesetzt. Heute nur noch bei Lkws, schweren Geländewagen und alten Autos mit hinterer Starrachse zu finden.

Bord-Diagnosesystem – Elektronische Überwachungsanlage für das Motor-Managementsystem. Sie lässt über den Fehlercode Fehlfunktionen erkennbar werden, die sich negativ auf Abgasemissionen, Leistung und Verbrauch auswirken können.

Boxermotor – Motorbauform, bei welcher die Zylinder einander gegenüberliegen; im allgemeinen sind gleich viele Zylinder auf jeder Seite der Kurbelwelle.

Bremsankerplatte – Stahlblechplatte, am Radträger (zumeist nur noch der Hinterräder) befestigt. Daran sind die Bremsbacken der Trommelbremse montiert.

Bremsbacken – Gekrümmtes Bauteil in der Trommelbremse, mit Bremsbelägen bewehrt. Die Backen werden beim Bremsen von innen gegen die Bremstrommel gedrückt.

Bremsbelag – Trommelbremse: auf die Bremsbacken aufgebrachter Reibbelag aus hitzebeständigem Werkstoff; Scheibenbremse: Mit aufvulkanisiertem Reibbelag versehene Metallplatte. Die Bremsbeläge werden von den Hydraulikkolben von beiden Seiten her beim Bremsen an die Bremsscheibe angedrückt.

Bremse entlüften – Entfernen unerwünschter Luft aus einer geschlossenen hydraulischen Bremsanlage.

Bremsflüssigkeit – Spezielles, hitzebeständiges Hydrauliköl für Bremsanlage (ggf. auch für Kupplungsbetätigung).

Bremsscheibe – Mit dem Rad umlaufende, häufig hohl gegossene (»belüftete« Bremsscheibe) Metallscheibe. Beim Betätigen der Bremse werden von beiden Seiten her die Bremsbeläge an die Scheibe angedrückt und verzögern dadurch Scheibe und Rad.

Bremsservo (VakuumBremsverstärker) – Gerät, das die am Pedal aufgebrachte Kraft zum Betätigen des Hauptbremszylinders erhöht. Der Unterdruck, mit dem das Gerät arbeitet, kommt beim Benzinmotor vom Saugrohr, beim Dieselmotor von einer zusätzlichen Pumpe.

Bremstrommel – Mit dem Rad umlaufendes, schüsselförmiges Bauteil der Trommelbremse. Beim Betätigen der Bremse werden von innen her die beiden Bremsbacken an die Trommel angedrückt und verzögern dadurch Trommel und Rad.

Bremszange, -sattel – Bauteil, das am Radträger montiert ist und sattelförmig die Bremsscheibe übergreift. Enthält die Hydraulikkolben und Bremsbeläge.

Brennraum – Raum über dem Kolben, in dem dieser das Gemisch verdichtet, und in dem im Augenblick der Zündung die Verbrennung stattfindet. Der Brennraum kann auch zum Teil in den Kolbenboden eingelassen sein.

CAN – Control Area Network (KontrollNetzwerk); verknüpft elektronische Funktionen.

Carbon – Kohlenstoff; belastungsstarker und extrem leichter Werkstoff für Karosserieteile und Bremse von Supersportwagen und für die Formel 1.

Chip-Tuning – Leistungssteigerung durch Austausch eines elektronischen Speicherbausteins und damit verbundene Steuerprogrammänderung.

Choke (Vergaser) – Manuell oder automatisch betätigtes Klappenventil, das beim Kaltstart durch Drosselung der Luft zum Motor das Gasgemisch anreichert.

CNG – Compressed Natural Gas (komprimiertes Naturgas); Erdgas für speziell ausgerüstete Personenwagen und Transporter.

CO-Gehalt – Anteil von Kohlenmonoxid im Abgas

Common Rail – (gemeinsame Schiene) Diesel-Direkteinspritzer, bei dem alle Zylinder über eine gemeinsame, unter Druck stehende Verteilerleitung mit Kraftstoff versorgt werden.

Comprex-Lader – Druckwellenlader, Mischung aus Turbolader und Kompressor. Wird von der Kurbelwelle über einen Zahnriemen angetrieben.

Crossover – Kreuzung verschiedener Fahrzeug-Gattungen zu neuem Typ.

CVT-Automatik – (Continuously Variable Transmission) Automatische, stufenlose Kraftübertragung mit je einer zweigeteilten, kegeligen Scheibe auf An und Abtriebswelle. Durch axiales Verschieben der Scheiben wird der wirksame Radius eines auf ihnen laufenden Keilriemens oder einer Lamellenkette stufenlos verändert – damit auch die jeweilige Übersetzung.

DB - Dezibel – Einheit für Lautstärke.

DBC – dynamische Bremskontrolle (siehe BAS).

Diagnosesystem – Siehe BordDiagnosesystem.

DiagnoseWarnleuchte – Warnleuchte an der Schalttafel. Zeigt an, dass eine Fehlfunktion vorliegt und als solche im Steuergerät gespeichert wurde.

Dichtung – Verformbares Material, das zwischen zwei Oberflächen eingefügt wird, um gas bzw. flüssigkeitsdichte Verbindungen zu schaffen.

Dieselmotor – Der »Selbstzünder« (Gegensatz: »Ottomotor« = Fremdzünder) arbeitet mit der durch

Verdichtung reiner Luft im Zylinder entstehenden Temperatur, die ausreicht, um den zerstäubten Dieselkraftstoff zu entzünden. Hierfür ist freilich eine weit höhere Verdichtung erforderlich als beim Ottomotor.

Differenzial/Ausgleichgetriebe – Zumeist als Kegelrädertrieb ausgeführt, treibt es die beiden Räder einer Achse gemeinsam in gleicher Drehrichtung, erlaubt ihnen aber, sich bei Kurvenfahrt unterschiedlich schnell zu drehen.

Differenzialsperre – schafft starren Durchtrieb zwischen Rädern einer Achse oder beider Achsen für eine bessere Traktion des Fahrzeugs.

Direkteinspritzung – Spezielle Bauart von Motoren, bei denen der Kraftstoff durch Düsen unmittelbar in die Brennräume eingespritzt wird.

DOHC – (Double Overhead Camshaft) Bezeichnung für einen Motor mit zwei obenliegenden Nockenwellen, von denen eine die Ein und eine die Auslassventile betätigt. Dies erlaubt optimale Anordnung der Ventile in Bezug auf Leistung und Emissionen (strömungsgünstigere Kanalführung im Kopf).

DOT-Nummer – auf die Reifenflanke geprägt, verrät den Produktionszeitraum des Pneus.

Drehkolbenmotor – Siehe Wankelmotor.

Drehmoment – Die an einem Hebelarm wirkende Kraft, früher in mkp (MeterKilopond), heute in Nm (Newtonmeter) ausgedrückt (1 mkp = 9,81 Nm).

Drehmomentschlüssel – Werkzeug zum Anziehen von Schrauben und Muttern mit einem vorgegebenen Drehmoment.

Drehmomentwandler/»Wandler« – Flüssigkeitskupplung anstelle einer mechanischen Kupplung zwischen Motor und Automatikgetriebe. Kann das Motordrehmoment nach Bedarf verändern.

Drehstabfederung/Torsionsfederung – Eine in manchen Automodellen angewandte Art der Federung, die auf der Verdrehung eines geraden Stabes (Drehstab) um seine eigene Achse beruht.

Drive-by-wire – (Fahren per Draht). die Fahrbefehle werden dabei elektronisch übermittelt.

Drosselklappe – Vom Gaspedal betätigte Ventilklappe vor dem Saugrohr, die mehr oder weniger Luft zu den Einlaßventilen strömen läßt.

Drosselklappenschalter – Bauteil des MotorManagementsystems, das dem Steuergerät die jeweilige Stellung der Drosselklappe signalisiert.

Druckfester Verschluss (Kühler) – Schraubkappe auf dem Ausdehnungsgefäß. Wirkt als Sicherheitsventil bei Über und Unterdruck im Kühlsystem, um dieses vor Beschädigungen zu schützen.

Dynamische Kopfstützen – auch aktive Kopfstützen, sollen vor allem bei Auffahrunfall vor Verletzungen der Halswirbelsäule (Schleudertrauma) schützen.

Dynamisches Energiemanagement – sorgt in Abhängigkeit von Batterieladezustand und Temperatur selbstständig dafür, dass stets genügend Energie für einen Motorstart zur Verfügung steht. Dies gilt auch dann, wenn das Fahrzeug einmal für einen längeren Zeitraum abgestellt ist.
Moderne Fahrzeuge entnehmen ihren Batterien selbst im Ruhezustand Energie: Verkehrsfunkspeicher, aber auch Diebstahlwarnanlage oder der Empfänger für die Funkfernbedienung verbrauchen konstant ein geringes Quantum Strom. Wenn ein kritischer Ladezustand der Batterie droht, reduziert das Energiemanagement im Ruhezustand den Verbrauch durch stufenweises Abschalten der Verbraucher. Während der Fahrt kontrolliert das dynamische Energiemanagement laufend die Batteriespannung und die Ladeaktivität. Bei Bedarf erhöht das System die Leerlaufdrehzahl geringfügig, um die Leistung des Ladegenerators zu erhöhen. In extremen Fällen werden kurzzeitig besonders verbrauchsintensive Komponenten wie etwa die Sitz- oder Heckscheibenheizung deaktiviert. Der Komfort leidet darunter nicht.

DynAPS – dynamisches Autopilot-System. Dabei berücksichtigt das Navigationssystem Staumeldungen bei der Routenberechnung.

EBD – Electronic Brake Distribution, sorgt für eine elektronische Bremskraftverteilung.

EBV – elektronische Bremskraftverteilung.

ECE – Economic Comission for Europe (Wirtschaftskommission für Europa), befasst sich mit der Harmonisierung von Vorschriften rund ums Auto.

EDS – elektronische Differentialsperre.

E–Gas – »E« steht für elektronisch. Das Gaspedal wirkt bei Fahrzeugen mit EGas wie ein Sensor. Dieser erkennt anhand der Pedalstellung unmittelbar den Leistungswunsch des Fahrers. Auf Basis dieses Ausgangssignals regelt die Motorelektronik Drosselklappe, Ladedruck und Zündung. Dieses elektronische System löst die bisherige Übertragungstechnik per Seilzug ab und bringt wesentliche Vorteile: EGas erleichtert die elektronische Motorsteuerung, reagiert schneller und ist eine technische Voraussetzung für das elektronische Stabilisierungsprogramm (ESP).

EGR – Exhaust Gas Recirculation. Verfahren zur Abgasentgiftung: Ein Teil der Abgase wird der Ansaugluft wieder zugeführt, um unverbrannte Kraftstoffanteile weiter zu verbrennen.

Einscheiben–Sicherheitsglas – Scheibe aus thermisch behandeltem Glas in nur einer Schicht. Wenn die Scheibe zerspringt, zerfällt sie in viele kleine Teile mit stumpfen Kanten. Zerspringt sie beim Auftreffen eines Körpers nicht, wird der Durchblick sehr stark behindert.

Einspritzdüse – Gerät, das den Kraftstoff direkt oder indirekt in den Brennraum eines Otto- oder Dieselmotors einspritzt.

Einspritzpumpe (Diesel) – Gerät, das beim Dieselmotor für die Zumessung der Kraftstoffmenge und die Einspritzung unter hohem Druck zum genau festgelegten Zeitpunkt sorgt.

Einspritzzeitpunkt (Diesel) – Die kurz vor dem Erreichen des oberen Totpunkts (OT) liegende Stellung des Kolbens, in welcher der Kraftstoff eingespritzt wird.

Einzelradfederung – Federungssystem, bei welchem jedes Rad ohne gegenseitige Wirkung auf die übrigen Räder des Wagens Auf und Abbewegungen ausführt.

Elektrode – An der Zündkerze springt zwischen ihnen der Zündfunke über; zwischen Verteilerfinger und Verteilerkappe sorgen Elektroden für die Übertragung des hochgespannten Stroms an alle Kerzen.

Elektrodenabstand (Kerze) – Einstellbare Distanz zwischen Plus und Masse-Elektrode der Zündkerze.

Elektrolyt – In der Batterie die Strom leitende Flüssigkeit aus Schwefelsäure und destilliertem Wasser.

Elektronische Einspritzung – Kraftstoffeinspritzung mit elektronischer Steuerung.

Elektronische Zündung – Zündanlage, die von einer Elektronik gesteuert wird, welche die Funktion des Verteilers und der Unterbrecherkontakte übernimmt.

Elektronisches Steuergerät – Elektronische Zentraleinheit, die Signale von diversen Sensoren empfängt, verarbeitet und entsprechende Befehle an Zünd-, Einspritz- und andere Systeme erteilt.

Emissionen/Abgasemissionen – Vom Auspuff und verschiedenen anderen Teilen des Autos (Tank, Kurbelgehäuse) in die Atmosphäre abgegebene Substanzen, die gasförmig oder als Partikel auftreten.

Emissionskontrolle – Oberbegriff für diverse Systeme zur Verminderung schädlicher Emissionen.

Endanschlag – Dämpfendes Gummiteil, das beim Durchfedern auf schlechter Fahrbahn das Anschlagen der Radaufhängung an die Karosserie verhindert.

Entkohlen – Entfernen von Verbrennungsrückständen in den Brennräumen, den Kanälen und auf den Kolbenböden bei einer Motorüberholung.

Entlüftung – Öffnung oder Ventil, aus dem Luft oder Gase aus einem Gehäuse (z.B. Kurbelgehäuse) austreten bzw. in ein System eintreten können.

Entlüftungsnippel – Hohlschraube, durch die nach Lösen zur Entlüftung eines geschlossenen Systems (Bremse, Kupplung) Luft und Flüssigkeit austreten.

Entstörgerät – Gerät zur Beseitigung oder Unterdrückung elektrischer Störeinflüsse von Zündung oder anderen Bauteilen der Elektrik.

ESP – elektronisches StabilitätsProgramm; hält durch das Bremsen einzelner Räder die Spur.

Euro-NCAP – New Car Assessment Programme = Programm zur Bewertung der passiven Sicherheit von Kfz. Gilt heute als einer der wichtigsten Maßstäbe für die passive Fahrzeugsicherheit. Es stellt beim Offsetcrash noch härtere Anforderungen als das seit Oktober 1998 geltende EU-Gesetz. Die Aufprallgeschwindigkeit wurde von 56 km/h (Gesetz) auf 64 km/h (Euro NCAP) erhöht, was einer um über 30% höheren Aufprallenergie entspricht. Organisiert wird das Euro-NCAP unter anderem von der englischen und der schwedischen Verkehrsbehörde, vom internationalen Automobilverband FIA, vom ADAC sowie von anderen europäischen Automobilclubs.

Fading (Bremse) – Vorübergehendes Nachlassen der Bremsenfunktion infolge Überhitzung des Reibmaterials (vor allem bei Trommelbremsen).

Federbein – Siehe McPherson.

Federung – Oberbegriff für die Bauteile eines Fahrzeugs, die der Isolierung der Karosserie von den Rädern dienen und dafür sorgen, dass alle vier Räder ständigen Fahrbahnkontakt halten.

Fehlercode – Elektronischer Code, den das Steuergerät eines Diagnosesystems beim Auftreten eines Funktionsfehlers speichert. Er enthält Einzelheiten zur Fehlerquelle und steuert eine Warnlampe an.

Fehlercode-Transmitter – Elektronisches Bauteil, das den verschlüsselten Code für die Werkstatt lesbar macht.

Festsattelbremse – Fest am Radträger montierter Bremssattel der Scheibenbremse. Der Festsattel besitzt (im Gegensatz zum Schwimmsattel) mindestens zwei einander gegenüberliegende Hydraulikkolben.

Fettes Gemisch – Ein Kraftstoff–Luft–Gemisch mit einem höheren als dem optimalen Kraftstoffanteil.

Fliehkraftregler (Zündung) – Vorrichtung im Zündverteiler, die auf der Fliehkraft von kleinen Gewichten beruht und entsprechend der Motordrehzahl laufend automatisch den Zündzeitpunkt verstellt.

Fluid – Häufig benutzter Ausdruck für Flüssigkeit, Kühlmittel, Bremsöl usw.

Flüssiggas – (LPG = Liquefied Petroleum Gas) Gemisch von aus Rohöl gewonnenen Brenngasen (Butan, Propan...), das in manchen Fällen statt anderer Kraftstoffe für entsprechend eingerichtete Ottomotoren eingesetzt wird.

Frostschutz – flüssiger Kühlwasser-Zusatz, um das Einfrieren der Motorkühlung im Winter zu unterbinden und vor Korrosion zu schützen.

Fühlerlehre – Einfaches Messgerät zum genauen Messen einer Spaltbreite (z.B. den Elektrodenabstand einer Zündkerze); besteht aus einem Satz verschieden dicker Stahlblech-»Fühler«.

Gasgemisch – Mischung aus bestimmten Gewichtsanteilen an Luft und Kraftstoff zur Verbrennung im Ottomotor. Das optimale Verhältnis für eine vollständige Verbrennung beträgt 14,7:1.

Gelenkwelle/Antriebswelle – Welle zum Antrieb eines (Vorder- oder Hinter-)Rades vom Differenzial aus. Gelenkwellen an derselben Achse können gleich oder auch verschieden lang sein und ein oder zwei Gelenke besitzen.

Generator (Wechselstromgenerator) – Stromerzeuger, vom Motor über Riemen getrieben. Er liefert bei laufendem Motor den Strom für die elektrische Anlage des Wagens und zum Aufladen der Batterie.

Getriebe/Schaltgetriebe – Aus Wellen und veränderlichen Zahnradübersetzungen aufgebautes Aggregat, angeordnet zwischen Kupplung und Achstrieb. Mit den im Getriebe wählbaren Übersetzungen kann der Motor trotz veränderlicher Fahrgeschwindigkeiten in seinem günstigsten Arbeitsbereich verbleiben.

Getriebeeingangswelle – Von der Kupplung (oder dem Drehmomentwandler) ins Getriebe (oder in die Automatik) führende Welle.

Gleichlaufgelenk – Variante des Kardangelenks für Gelenkwellen (Antriebswellen) frontangetriebener Wagen. Dieses Gelenk ermöglicht eine gleichförmige, ruckfreie Kraftübertragung trotz der Überlagerung von Federungs- und Lenkbewegungen.

Gleitlager – Metallische oder sonstige verschleißarme Oberfläche an einem Bauteil, gegen die sich ein anderes Bauteil frei bewegen (normal: rotieren) kann, und die zur Minderung von Reibung und Verschleiß ausgelegt ist. Gleitlager werden gewöhnlich geschmiert.

Gleitmittel gegen Fressen – Schmiermittel, das besonders temperatur und druckbeanspruchte Bauteile am »Fressen« (Festgehen bei Trockenlauf) hindert.

Glühkerze – Elektrisches Heizgerät, das in die Brennräume der (zumeist aller) Zylinder eines Dieselmotors hineinragt, um ihn beim Kaltstart vorzuwärmen und damit die Rauchentwicklung unmittelbar nach dem Anspringen zu verringern.

GPS – Global Positioning System. Satellitensystem zur Positionsbestimmung, wird von Navigationssystemen benutzt.

Gürtel-/Radialreifen – Reifen, bei dem die Kordfäden in der Karkasse (Grundstruktur des Reifens) im rechten Winkel zur Reifenflanke verlaufen.

Gurtstraffer – zieht bei einem Aufprallunfall den Gurt fest an den Körper.

Handling – Häufig benutzter Ausdruck für das Fahrverhalten eines Autos, schließt Kurvenverhalten, Geradeauslauf und gefühlsmäßige »Handhabung« ein.

Hauptbremszylinder (Geberzylinder) – Hydraulikzylinder mit Kolben, gefüllt mit Hydraulikfluid. Das Brems- oder Kupplungspedal wirkt direkt (oder über ein Bremsservo) auf den Kolben und gibt die eingeleitete Kraft (ggf. verstärkt) über das Fluid an die Nehmerzylinder weiter.

Head-up-Display – Überkopf-Anzeige, spiegelt Armaturanzeigen in die Windschutzscheibe.

Heizungs-Wärmetauscher – Kleiner »Kühler«, der in den Kühlkreislauf des Motors eingefügt und für die Bereitstellung von Warmluft für die Wagenheizung zuständig ist.
Die durch die Rippen strömende Kaltluft erwärmt sich am heißen Kühlwasser des Motors, das durch den Wärmetauscher fließt.

Hilfsrahmen – Kleiner Rahmen aus Stahlprofilen, der unter der Karosserie montiert ist und Radaufhängungen und/oder Antriebsaggregate aufnimmt.

Hochspannungskreis (Zündanlage) – Stromkreis mit hoher Voltzahl für die Erzeugung des Funkens an der Zündkerze.

Hub/Kolbenhub – Weg, den der Kolben eines Verbrennungsmotors im Zylinder vom oberen zum unteren Totpunkt zurücklegt.

Hubraum, -volumen – Gesamtes Volumen aller Zylinder eines Motors, gerechnet zwischen dem unteren und oberen Totpunkt der Kolben.

Hybridantrieb – Kombination von zwei verschiedenen Abtriebsquellen.

Hydraktives Fahrwerk – Hydropneumatik (siehe unten) mit elektronischer Steuerung.

Hydraulik – Bezeichnung für ein mit Drucköl arbeitendes Übertragungssystem.

Hydraulikstößel – Ventilstößel, in dem das Ventilspiel bei allen Betriebszuständen durch Drucköl ausgeglichen wird. Die Ventilspieleinstellung entfällt.

Hydropneumatik – Eine mit Gas und Öl gefüllte Kugel übernimmt die Funktion herkömmlicher Dämpfer. Erstmals von Citroën in den 50er Jahren bei ID/DS eingesetzt.

Hydropneumatische Federung – Fahrzeugfederung, bei welcher eine Kombination aus Hydraulik und Luftfederung die Stelle der üblichen Stahlfedern (zuweilen auch der Stoßdämpfer) übernimmt.

IDE – Benzindirekteinspritzer der französischen Hersteller (siehe Direkteinspritzung).

Indirekte Einspritzung – Dieselmotoren-Bauart, bei der der Kraftstoff nicht unmittelbar in den Brennraum, sondern in eine benachbarte Wirbelkammer eingespritzt wird.

IPS – Intelligent Protection System (intelligentes Sicherheitssystem). Es handelt sich um eine Kombination aller passiven Sicherheitssysteme im Auto.

Isofix – Ein international normiertes System zur sicheren Befestigung von Kindersitzen an den normalen Sitzen und Rücksitzbänken im Fahrzeug.

Kardangelenk – Flexible, das Drehmoment übertragende Verbindung zwischen zwei Wellen, die ein mehr oder weniger starkes Abknicken der Wellen zu einander erlaubt. Wird in Kardanwellen und manchen Gelenkwellen verwendet, ergibt jedoch keine gleichförmige, ruckfreie Drehbewegung.

Kardanwelle – Welle, die die Kraft vom Schalt–/Automatikgetriebe zur Hinterachse (Motor vorn und Hinterradantrieb) und ggf. vom Verteilergetriebe zur Vorderachse (bei Vierradantrieb) überträgt.

Katalysator – In die Abgasanlage eines Autos eingebautes Gerät, das die in die Atmosphäre austretenden Schadstoffe auf chemischem Wege reduziert, ohne sich selbst zu verändern.

Kerzen – Siehe Zündkerzen.

Keyless Go – Schlüssel oder Chipkarten, die Signale mit dem Auto tauschen. Berührt der Fahrer den Türgriff, öffnet sich der Wagen. Starten per Knopfdruck, Schlüssel oder Karte bleibt in der Tasche.

Kickdown (Automatik) – Vorrichtung, die bei vollem Durchtreten des Gaspedals einen kleineren Gang einschaltet und starkes Beschleunigen erlaubt.

Kipphebel – Übertragungsteil im Ventiltrieb, in der Mitte gelagert, setzt die Aufwärtsbewegung des Nockens (bzw. der Stoßstange) in eine Abwärtsbewegung des Ventils um.

Klimaanlage (AC) – Anlage zur Kühlung und Entfeuchtung der in den Fahrgastraum von außen einströmenden Luft. Dient dem Fahrkomfort und der Freihaltung der Scheiben von Beschlag.

Klingeln – Siehe Klopfen/Klingeln.

Klopfen/Klingeln – Metallisches Motorgeräusch, das oft bei zu frühem Zündzeitpunkt, zu niedriger Oktanzahl des Kraftstoffs oder starken Ablagerungen im Brennraum auftritt. Es rührt von Druckwellen her, die die Zylinderwände in Schwingungen versetzen.

Klopfsensor – Signalgeber, der beim ersten Auftreten von Klopfgeräuschen einen Befehl an das Steuergerät im Motor-Managementsystem erteilt, um Abhilfe durch Gegenmaßnahmen zu bewirken.

Kolben – Zylindrisches Bauteil, das sich in einer Bohrung linear bewegt. Beim Motor verdichtet der Kolben ein Kraftstoff-Luft-Gemisch, überträgt lineare Kraft durch das Pleuel auf die rotierende Kurbelwelle und schiebt verbranntes Gas durch Auslassventile aus dem Zylinder.

Kolbenring – Federnder Feingussring, der in einer um den Kolben laufenden Nut liegt und sich im Betrieb derart an die Zylinderwand anschmiegt, dass der Kolben im Zylinder praktisch gasdicht ist.

Kompakt-Van – Großraumlimousine auf Basis der Kompaktklasse.

Kompressor – mechanischer Lader, bläst Luft in den Ansaugtrakt; wird vom Keilriemen angetrieben.

Kondensator – Zündanlage: Gerät zur Unterdrückung zu starker Funkenbildung an den Zündkontakten; Klimaanlage: Gerät zur Umwandlung des Kühlmittels vom gasförmigen in den flüssigen Zustand.

Kontakte – Siehe Zündkontakte.

Kontermutter/Gegenmutter – Schraubenmutter, mit der eine Einstellmutter oder ein anderes Gewindeteil gegen Lösen gesichert wird.

Kopfdichtung – Siehe Zylinderkopfdichtung.

Kraftstoff – Bezeichnung für die verschiedenen in Verbrennungsmotoren verwendeten Treibstoffe wie Benzin, Diesel, Flüssiggas usw.

Kraftstoff-Druckregler (Systemdruckregler) – Regler in der Einspritzanlage, der für konstanten Kraftstoffdruck an den Einspritzdüsen sorgt. Arbeitet gewöhnlich mit dem Saugrohr-Unterdruck.

Kraftstoffeinspritzung – siehe Einspritzung.

Kraftstofffilter – Auswechselbarer Filter, der Fremdkörper und Wasser aus dem Kraftstoff abscheidet.

Kraftstoffpumpe/Benzinpumpe – Pumpe, heute meist elektrisch angetrieben, fördert den Kraftstoff vom Tank zur Vergaser- oder Einspritzanlage.

Kraftübertragung – Allgemeine Bezeichnung für die Baugruppen des Antriebsstrangs (Getriebe, Achsantrieb, Wellen) mit Ausnahme des Motors.

Kugelgelenk – Wartungsfreies, in mehreren Ebenen bewegliches Übertragungsteil, vor allem in Radaufhängungen und Lenksystemen verwendet. Es besteht aus Kugel und Kugelpfanne sowie einer Gummiabdichtung, die kein Fett austreten lässt.

Kugellager – Reibungsarme Wellenlagerung, besteht aus zwei gehärteten Stahlringen und zwischen ihnen abwälzenden Kugeln (»Wälzkörper«).

Kühler – Bauteil des Kühlsystems, durch dessen feine Röhren oder Waben das heiße Kühlmittel fließt. Er ist vorn im Motorraum so angeordnet, daß er vom Fahrtwind durchströmt und dabei das Kühlmittel abkühlt.

Kühlmittel – Mischung aus Wasser und Frostschutzmittel für die Motorkühlung.

Kühlmittel der Klimaanlage – Flüssigkeit, die beim Betrieb der Klimaanlage wechselweise gasförmig und wieder verflüssigt wird.

Kühlmittelpumpe – Siehe »Wasserpumpe«.

Kühlmittelsensor – Sensor, der im Motor-Managementsystem Informationen über die momentane Temperatur des Kühlmittels an das Steuergerät gibt.

Kühlerventilator – Siehe Ventilator.

Kupplung – Auf Reibung beruhende Einrichtung zur Übertragung und zur weichen Einleitung (Einkuppeln) des Drehmoments vom Motor ins Getriebe, ohne dass hierzu eine der beiden Komponenten zum Stillstand kommen muss.

Kupplungs–Ausrückhebel – Überträgt die Pedalkraft auf das Kupplungs-Ausrücklager..

Kupplungsscheibe – Metallscheibe mit verzahnter Nabe, trägt auf beiden Seiten Reibbeläge; gewöhnlich abgefedert zur weichen Einleitung der Kräfte.

Kurbelgehäuse – Der unterhalb der Zylinder liegende Teil des Motorblocks, in welchem die Kurbelwelle gelagert ist.

Kurbelwelle – Welle mit außermittigen (exzentrischen) Kurbelzapfen, durch die die geradlinige Bewegung der Kolben über die Pleuel in Drehbewegung umgewandelt wird.

Kurbelwellensensor – Sensor, der im Motor-Managementsystem Informationen über die momentane Kurbelwellenstellung (und evtl. -drehzahl) an das Steuergerät gibt.

kW/PS – Siehe PS/kW.

Ladeluftkühler – kühlt die vom Turbolader komprimierte Luft.

Lader/Kompressor – Luftverdichter, der Frischluft unter Druck zu den Einlassventilen des Motors fördert, um einen höheren Zylinderfüllungsgrad und damit erhöhte Leistung zu erzielen. Laderantrieb erfolgt entweder mechanisch von der Kurbelwelle oder beim Abgasturbolader über den Abgasdruck und eine Turbine.

Lambda–Regelung (Geregelter Katalysator) – Geschlossener Regelkreis mit Lambda–Sonde und Katalysator zur optimalen Abgasentgiftung. Die von der Lambda-Sonde ans Steuergerät geleiteten Signale sorgen in der Einspritzanlage für eine genaue Kraftstoffzumessung, um die bestmögliche Funktion des Katalysators zu erzielen.

Lambdasonde – Bauteil in der Abgasleitung eines Ottomotors mit geschlossenem Regelkreis (Lambda–Regelung), das den Sauerstoffgehalt der Abgase überwacht. Von L. ans Steuergerät geleitete Signale sorgen in der Einspritzanlage für genaue Kraftstoffzumessung und bestmögliche Katalysator-Funktion.

Längslenker – Parallel zur Fahrtrichtung auf und ab schwenkender Tragarm, an dessen Ende das Rad montiert ist. Seine Schwenkachse liegt im rechten Winkel zur Fahrzeuglängsachse.

LCD–Display/Info Display – Der bedarfsorientierte Aufbau des Info Displays erlaubt sowohl das Reduzieren fester Anzeigen auf den gesetzlichen Minimalumfang als auch eine umfangreiche Informationsauswahl. Möglich wird diese Vielfalt durch die Koppelung von mechanischen Zeigern mit LCD-Displays. Ob Navigationshinweise oder Tempomat-Einstellungen – der Fahrer hat alles stets im Blick. Über das Info Display kann er z.B. den Stufentempomat ab ca. 30 km/h aktivieren. Dieser kann bis zu sechs Wunschgeschwindigkeiten speichern und bei Bedarf aufrufen. Über die Navigationshinweise werden die Routenführung zu einem gewünschten Zielpunkt und aktuelle Staumeldungen angezeigt. Weiterhin befinden sich insgesamt 14 Kontroll- und Warnleuchten im LCD–Display. Die Palette reicht von »Klassikern« wie »Bitte angurten« über Fahrassistenten wie die Dynamische Stabilitäts Kontrolle (DSC) bis hin zur Parkbremse mit Automatic-Hold-Funktion.

LED–Technologie – Die LED (Light Emitting Diode) ist ein Licht emittierender Halbleiter, der eine wesentlich längere Lebensdauer und einen geringeren Stromverbrauch als konventionelle Glühlampen aufweist. Die Vorzüge der LED-Technologie liegen in ihrem niedrigeren Energieverbrauch, kürzeren Ansprechzeiten, geringerem Raumbedarf sowie einer höheren Lebensdauer (Fahrzeuglebensdauer).
Die hohe Betriebssicherheit und Lebensdauer von LEDs erhöhen die Sicherheit durch die verringerte Ausfallwahrscheinlichkeit von Rückleuchten und Bremslichtern.

Leerlaufdrehzahl – Drehzahl des Motors bei geschlossener Drosselklappe.

Leerweg/Spiel – Freie Beweglichkeit eines Bauteils (z.B. eines Pedals), ehe eine Wirkung oder Funktion einsetzt.

Lenkgetriebe – Siehe Zahnstangenlenkung.

Lenkung – Oberbegriff für die Bauteile der Lenkanlage. Das eigentliche Lenkgetriebe ist heute in der Regel eine Zahnstangenlenkung.

LHM–Fluid (Citroën) – Spezielle Hydraulikflüssigkeit auf Mineralölbasis für Citroën-Modelle.

LongLife–Öl – Je nach Motor- und Modellvariante sind Intervalle für Service oder Ölwechsel von bis zu 30.000 Kilometern oder maximal zwei Jahren bei Benzinmotoren und bis zu 50.000 Kilometern oder maximal zwei Jahren bei Dieselmotoren möglich.

Lufteinblasung – Maßnahme zur Schadstoffreduktion mit Katalysator. In den Auspuffkrümmer wird Frischluft eingeblasen, um die Abgastemperatur zu erhöhen. Dies hilft dem Kat, seine Betriebstemperatur rascher zu erreichen.

Luftfilter – Ein auswechselbarer Einsatz aus Papier oder Schaumstoff in einem Gehäuse. Hält Fremdkörper aus der zum Motor strömenden Luft zurück.

Luftmengenmesser – Messvorrichtung im Motor–Managementsystem, die die durchfließende Luftmenge zu den Zylindern misst und diese Information an das Steuergerät weitergibt.

Mageres Gemisch – Ausdruck für ein Kraftstoff-Luft-Gemisch mit geringerem als dem optimalen Kraftstoffanteil.

Massekabel – Flexibles Kabel, das den Minuspol der Batterie mit der Karosserie bzw. die Karosserie mit dem Motor/Getriebe-Aggregat verbindet. Die Metallteile dienen der elektrischen Anlage als Rückleitung.

McPherson–Federbein – Einzelradfederung. Kombinierte Einheit aus Schraubenfeder und Stoßdämpfer, bildet bei Einbau an der Vorderachse gleichzeitig die Lenkdrehachse der Vorderräder.

Mehrventiler – Motor mit mehr als zwei Ventilen pro Zylinder, nämlich zumeist vier (2 Einlass-, 2 Auslassventile), seltener drei (2 Einlass-, 1 Auslassventil).

Membrane – Scheibe aus flexiblem, luftundurchlässigem Werkstoff, z.B. im Bremsservo verwendet, wo die Membrane vom Unterdruck gesteuert wird.

Minivan – auf Kleinwagen basierender Van (siehe Van).

Motor–Managementsystem – Anlage in modernen Fahrzeugen, die mit Hilfe eines elektronischen Steuergeräts die Motorfunktionen (Zündung, Einspritzung, Abgasemission) regelt und überwacht.

Motornachlauf – Neigung eines Motors zum Weiterlaufen nach dem Ausschalten der Zündung. Zumeist verursacht durch zu geringe Oktanzahl des Benzins, zu frühe Zündeinstellung, starke Ablagerungen im Brennraum oder schlechte Wartung des Motors.

Motronik – Motorsteuerung von Bosch.

MP3 – Komprimierte digitale Audiodaten. Das MP3-Format ist ein weit verbreiteter Standard zur Komprimierung digitaler Audiodateien. Bei gleicher Klangqualität belegen MP3-Dateien in etwa nur ein Zehntel des Speicherplatzes einer Audio-CD.
MP3 steht für MPEG 1 Audio Layer 3. Es ist ein von der »Motion Picture Experts Group« entwickeltes Verfahren zur Komprimierung digitaler Video- und Audiodaten. Nötig: ein MP3-fähiges Wiedergabegerät.

MPV – Multi Purpose Vehicle (Mehrzweckfahrzeug) – andere Ausdruck für Van (siehe Van).

Multi-Point-Einspritzung – Einspritzanlage bei Ottomotoren mit je einer Einspritzdüse pro Zylinder.

Nachlauf – Winkel zwischen der Lenkdrehachse der Vorderräder und einer Senkrechten durch den Berührpunkt des Rades mit dem Boden.

Nachschleifen (Kurbelwelle) – Verfahren zum Nacharbeiten der Lagerzapfen der Kurbelwelle bei starkem Verschleiß. Die um ein geringes Maß verkleinerten Zapfen werden mit Lagerschalen mit entsprechend kleinerem Durchmesser montiert. Nur nach langer Laufzeit erforderlich.

Navigationssystem – elektronisches Gerät, das zur geographischen Positionsbestimmung dient und gegebenenfalls bei der Erreichung eines gewünschten Zieles behilflich ist.
Das System besteht aus den drei wesentlichen Elementen GPS-Antenne, Navigationsrechner und Display. Mit Hilfe der Antenne für das Global Positioning System (GPS) peilt das Navigationssystem Satelliten an, die sich in einer geostationären Umlaufbahn um die Erde befinden. Diese Peilung ermöglicht es, den exakten Standort des Fahrzeuges auf der Erdoberfläche auf wenige Meter genau zu bestimmen..

NCAP – New Car Assessment Program (Neuwagen–Sicherheitsprogramm). Stellt die Crashtest–Definition für Europa dar.

NEFZ – Neuer europäischer Fahrzyklus; Messverfahren für Durchschnittsverbrauch und Abgas.

Nehmerzylinder (Radbremszylinder) – Hydraulikzylinder mit Kolben unmittelbar an der Radbremse, gefüllt mit Hydraulikfluid. Er erhält den hydraulischen Druck über Rohrleitungen vom Hauptbremszylinder. Seine Kolbenbewegung wirkt auf die Bremsbacken bzw. Bremsbeläge.

NOx (Stickoxide) – Einer der Schadstoffe in den Abgasen von Otto- und Dieselmotoren.

Nocken – Exzentrische Erhebungen an der Nockenwelle zur Betätigung der Ventile.

Nockenwelle – Umlaufende, von der Kurbelwelle angetriebene Welle mit Nocken. Sie betätigt die Ein– und Auslassventile über diverse Zwischenglieder

Nockenwellen-Antriebsriemen/Zahnriemen – Alternative zur Steuerkette. Verstärkter, verzahnter Flachriemen aus Gummi-Gewebe-Material, der über Riemenscheiben mit flachen Zähnen die Nockenwelle(n) von der Kurbelwelle aus antreibt.

Nockenwellensensor – Sensor, der im Motor-Managementsystem Informationen über die momentane Stellung der Nockenwelle(n) ans Steuergerät gibt.

Oberer Totpunkt (OT) – Höchste Position in der Kolbenbewegung. Im OT bleibt der Kolben für Sekundenbruchteile stehen, ehe er abwärts geht.

OHC – (Overhead Camshaft) Obenliegende Nockenwelle(n). Bezeichnet die Motorbauart, bei welcher die Nockenwelle(n) über den Zylindern im Kopf angeordnet ist (angetrieben über Zahnriemen, Kette oder Zahnräder). Infolge der direkteren Betätigung der Ventile für Motoren höherer Leistung vorteilhaft.

OHV – (Overhead Valves) Stoßstangenmotor. Die Ventile sind im Zylinderkopf, werden jedoch von einer unten im Gehäuse liegenden Nockenwelle über Stoßstangen betätigt.

Oktanzahl – Vergleichszahl, die die Klopffestigkeit eines Otto-Kraftstoffs angibt. Siehe dazu auch unter Klopfen/Klingeln.

Ölfilter – Auswechselbares Filter, das Fremdkörper und Kondenswasser aus dem Motorenöl abscheidet.

Ölkühler – Kleiner Kühler, der mit Hilfe des Fahrtwinds hauptsächlich bei Diesel- und Hochleistungsmotoren das Motorenöl zusätzlich kühlen soll.

Ölpeilstab – Metall- oder Kunststoffstab mit mehreren Markierungen zum Prüfen des Ölstands.

Ölsumpf/Ölwanne – Auffangschale und Reservoir unter dem Kurbelgehäuse für das im Motor umlaufende Öl.

O-Ring – Gummi-Dichtring mit kreisrundem Querschnitt. Wird oft zur Abdichtung zylindrischer Flächen in eine Nut eingesetzt.

Oxidations-Katalysator – Die Abgase von Dieselmotoren können, da sie mit Luftüberschuss arbeiten, mit dem Dreiwege-Katalysator nicht nachbehandelt werden. Der Einsatz einer Lambdaregelung ist hier technisch ausgeschlossen. Es kommt zur Reduzierung von Kohlenwasserstoff (HC) und Kohlenmonoxid (CO) in Kohlendioxid (CO_2) der Oxidationskatalysator zur Anwendung. Er eignet sich jedoch nicht zum Abbau von Stickoxiden.

Pleuel – Bauteil im Motor, das den Kolben (auf- und abgehend) mit der Kurbelwelle (rotierend) verbindet.

Pleuellager – Unteres Gleitlager des Pleuels, das dessen Bewegung auf den zugehörigen Zapfen der Kurbelwelle überträgt.

PME/Pflanzen-Methyl-Ester – Pflanzen-Methyl-Ester, oder auch Biodiesel, wird aus nachwachsenden Rohstoffen (Pflanzen) gewonnen. In Deutschland wird häufig Raps zur Gewinnung von Biodiesel genutzt. Daher hat sich auch die Bezeichnungen Raps-Methyl-Ester (RME) durchgesetzt.
Aus ökologischer Sicht stellt PME eine sinnvolle Alternative zu herkömmlichem Dieselkraftstoff dar, da man sich in einem geschlossenen CO_2-Kreislauf bewegt. Das bedeutet, dass die Pflanze während ihres Wachstums soviel an CO_2 aufnimmt, wie nachher bei der Verbrennung wieder abgegeben wird. Da sich Biodiesel jedoch in seiner Zusammensetzung von herkömmlichem Dieselkraftstoff unterscheidet, kann er nicht uneingeschränkt als direkter Ersatz für Diesel genommen werden.
Größtes Problem ist derzeit, dass es keine einheitliche Norm für die Qualität und die Zusammensetzung von Biodiesel gibt. Daher gibt es auch keine bedingungslose Freigabe der Fahrzeughersteller für die Verwendung von Biodiesel in ihren Fahrzeugen.

PS/kW (Leistung) – Ausdruck für die pro Zeiteinheit von einem Motor (Verbrennungs-, Elektromotor) aufgebrachte Arbeit. Die jahrzehntelang nur in PS (Pferdestärken) angegebene Leistung misst man heute in kW (Kilowatt; 1 kW entspricht 1,36 PS).

Querstabilisator – Federstahl-Drehstab, an Vorderachse und/oder Hinterachse montiert, um die Neigung der Karosserie zum »Rollen« (Wankbewegungen um die Fahrzeug-Längsachse) zu reduzieren. Wird nicht in jedem Auto verwendet.

Radbremszylinder – Siehe »Nehmerzylinder«.

Rad(muttern)schlüssel – Werkzeug, mit dem die Radschrauben oder -muttern eines Autos gelöst oder festgezogen werden.

Radträger – Teil der Vorder- oder Hinterradaufhängung, in dem die Radlagerung und der feste Teil der Bremsanlage untergebracht sind.

RDS/Radio Data System – Ein Service der Rundfunkanstalten. Neben dem hörbaren Sendeprogramm werden Zusatzinformationen in Form verschlüsselter Digitalsignale ausgesendet. Durch die Übermittlung des Sendernamens (Program Service) wird nicht die Sendefrequenz, sondern der Name des jeweiligen Senders im Radio angezeigt. Die Angabe von alternativen Frequenzen ermöglicht den Empfang der am jeweiligen Ort am besten zu empfangenden Frequenz des gehörten Programms.

Regensensor/Lichtsensor – Der Regensensor sorgt für mehr Fahrkomfort und -sicherheit. Mittels optischer Messung erkennt er automatisch die Regenstärke. Einmal eingeschaltet, aktiviert der Regensensor automatisch die Scheibenwischer und regelt selbsttätig die Wischfrequenz. Mit der integrierten Fahrtlichtautomatik wird das Fahren noch sicherer und praktischer. Über zwei Lichtsensoren in der Frontscheibe werden die Lichtverhältnisse, etwa Dämmerung, Dunkelheit oder Tunnelfahrten, erkannt und das Abblendlicht wird selbsttätig eingeschaltet.

Reihenmotor – Verbrennungsmotor, bei welchem alle Zylinder in einer Reihe angeordnet sind.

Ritzel – Bezeichnung für ein Zahnrad mit kleiner Zähnezahl, das in eines mit größerer Zähnezahl oder in eine Zahnstange eingreift.

Rußpartikelfilter – Mit diesem Diesel-Partikelfilter werden Rußpartikel zu mehr als 95 Prozent aus dem Abgas entfernt. Der Grenzwert für EU4- und EU5-Norm wird dabei deutlich unterschritten.

Sattel – Siehe Bremssattel.

Saugrohr/Ansaugrohr – Bauteil des Motors, in dem je nach Art der Gemischaufbereitung entweder reine Luft oder Kraftstoff-Luft-Gemisch zu den Einlassventilen befördert wird.

Saugrohrdrucksensor – Gerät, das den Innendruck im Saugrohr eines Ottomotors misst und Signale an das Steuergerät im Motor-Management gibt.

Schaltsaugrohr – In der Länge variabler Ansaugtrakt.

Scheibenwaschmittel – Wasser mit handelsüblichen Zusätzen (Frostschutz– und Reinigungsmittel) zum Befüllen der Scheibenwaschanlage.

Schräglenker – Auf und ab schwenkender Tragarm, an dessen Ende eines der Hinterräder montiert ist. Seine Schwenkachse liegt nicht im rechten Winkel zur Fahrzeuglängsachse.

Schrägverzahnte Räder – Zahnradpaar, dessen Verzahnung unter einem Winkel zur Radachse steht. Sorgt für besseren Zahneingriff und ruhigeren Lauf.

Schraubenfeder – Für Personenwagen-Federungen heute meistverwendete, gewindeförmige Stahlfeder.

Schwimmsattelbremse – Scheibenbremse mit am Radträger seitlich verschiebbar montiertem Bremssattel. Ein Schwimmsattel (Gegensatz: Festsattel) hat nur auf einer Seite Hydraulikkolben.

Schwungrad – Schwere metallene Scheibe am Abtriebsende der Kurbelwelle. Soll die von den Kolbenkräften herrührende Ungleichförmigkeit teilweise ausgleichen.

Selbstbeteiligung – Der vom Versicherten selbst zu übernehmende Kostenanteil im Schadensfall.

Sequenzielles Manuelles Getriebe – Das SMG basiert auf dem bewährten Schaltgetriebe. Die Gangreihenfolge verläuft immer sequenziell (nacheinander) und nicht wie bei konventionellen Schaltungen durch die direkte Ganganwahl.

Service-Heft – Nachweis (wichtig beim Wiederverkauf), dass das Fahrzeug von Anbeginn und lückenlos in Fachwerkstätten gewartet wurde.

Servolenkung – System, das hydraulische Hilfskraft (Servokraft) zur Verfügung stellt, sobald der Fahrer am Lenkrad dreht.

Servo–Unterstützung – Anlage, die mit Hilfskräften (Hydraulik, Pneumatik) die vom Fahrer aufgewendete Kraft (am Lenkrad, am Pedal usw.) unterstützt.

Sicherungsblech – Blechscheibe mit einer oder mehreren Laschen, mit denen eine Mutter oder ein Schraubenkopf gegen Lösen gesichert wird.

Sidebag – Seitenairbag in der Tür oder im Sitz.

Single-Point-Einspritzung – Einspritzanlage mit nur einer Einspritzdüse für alle Zylinder.

SLS – Self Leveling Suspension (automatische Fahrwerk-Höhenverstellung).

SOHC – (Single Overhead Camshaft) Bezeichnung für einen Motor mit nur einer obenliegenden Nockenwelle, die Ein- und Auslassventile betätigt.

Spannungsregler – Elektrischer Regler, der die Spannung des Generators konstant hält.

Speedster – sportliches Cabrio mit extrem flacher Frontscheibe.

Sprengring – Ringförmigige Sicherung in einer Bohrung oder auf einer Welle, eingelassen in eine Innen- oder Außennut. Der Ring stoppt die ungewollte axiale Bewegung von Bauteilen.

Spurstange – Lenkgestänge, das Lenkbewegungen vom Lenkgetriebe zum Vorderradträger überträgt.

SRS – Safety Restraint System bzw. Supplemental Restraint System, ein passives Sicherheitssystem in Kraftfahrzeugen, bestehend aus Airbag, aktiven Gurtstraffern, elektronisch aktiviertem passivem Fußgängerschutz und aktiver Überrollvorrichtung.

Starrachse – Aufhängung der Hinterräder an einem sie verbindenden Achskörper. Federbewegung des einen Rades wirkt sich direkt auf das andere aus.

Starthilfekabel – Siehe Überbrückungskabel.

Steuerkette – Metallgliederkette, treibt über Kettenräder die Nockenwelle(n) von der Kurbelwelle aus an.

STC – Stability Traction Control (stabile Traktionskontrolle); anderer Ausdruck für ASR (siehe oben).

Stoß-/Schwingungsdämpfer – Bauteil der Radaufhängung, welches das Auf- und Abschwingen der Federung eines Wagens beim Überfahren schlechter Wegstrecken absorbiert.

Stößel – Siehe Ventilstößel, Tassenstößel.

Sturz, Radsturz – Der Winkel, unter dem sich die Räder von der Senkrechten nach außen neigen. Negativer Sturz bedeutet, dass die Räder nach innen gekippt sind.

SUV – Sport Utility Vehicle, sportliches Nutzfahrzeug.

Synchronisierung – Vorrichtung im Schaltgetriebe. Sie gleicht zum Schalten eines Ganges die Drehzahlen der beiden in Eingriff zu bringenden Teile einander an, um geräuschloses Schalten zu ermöglichen.

Tagfahrlicht – 50 Prozent aller Unfälle an Kreuzungen tagsüber werden durch das nicht rechtzeitige Erkennen anderer Verkehrsteilnehmer verursacht. Als Abhilfe gilt unter Experten das Einschalten des Abblendlichtes am Tag oder der immer mehr üblich werdende Einsatz von zusätzlichen Tagfahrlichtern.

Tassenstößel – Topfförmiges Zwischenglied, geführt in einer zylindrischen Bohrung, das zwischen den Ventilen des Motors und der (obenliegenden) Nockenwelle eingebaut ist (zuweilen mit einer spielausgleichenden Hydraulik versehen).

Telematik – Verbindung aus Telekommunikation, Informatik und Satelliten-Ortung zur Verkehrsleitung.

Thermostat – Temperaturabhängige Regelanlage im Kühlkreislauf, die das Erwärmen des Kühlmittels beschleunigt, indem sie ihm erst ab einer bestimmten Temperatur den Weg zum Kühler freigibt.

Tire Mobility Set – Reifenreparaturset, mit dem leichte Reifenleckagen behoben werden können. Das Set enthält Dichtmittel und einen Luftkompressor (12 Volt) zum Befüllen des Reifens.

Totpunktmarke/Einstellmarke – Kerben oder Markierungen an der vorderen Riemenscheibe der Kurbelwelle oder am Schwungrad und an den Antriebsteilen der Nockenwelle(n); sie dienen zum exakten Einstellen des Zünd- bzw. Einspritzzeitpunkts eines bestimmten Zylinders.

Transaxle – Kombination von Getriebe und Achstrieb in einem Gehäuse.

Turbolader/Abgasturbolader – Lader (s.d.), dessen Antrieb über den Druck der Abgase des Motors erfolgt, die auf eine Turbine wirken. Der Lader fördert zusätzliche Luft in die Zylinder und erreicht damit einen höheren Füllungsgrad und höhere Leistung.

Überbrückungs-/Starthilfekabel – Kabelsatz (1 rotes, 1 schwarzes) mit großem Querschnitt und kräftigen Klemmen an den Enden. Bei leerer Batterie kann mit Hilfe der Kabel und einer vollen »Spenderbatterie« der Motor angelassen werden.

Ungeregelter Katalysator – »Offenes« System, das die Schadstoffe im Abgas mit Hilfe eines von der Gemischbildung unabhängig arbeitenden (ungeregelten) Katalysators nur teilweise reduzieren kann.

Unterdruckpumpe – Dieselmotor: Für die Servobremse erforderlicher Unterdruck wird von einer vom Motor angetriebenen Pumpe geliefert (»Bremsservo«).

Unterer Totpunkt (UT) – Tiefste Position in der Kolbenbewegung. In diesem UT bleibt der Kolben für Sekundenbruchteile stehen, ehe er sich wieder aufwärts bewegt.

Unverbleites Benzin (Bleifrei) – Benzin, das außer dem im Rohöl enthaltenen Bleianteil bei der Herstellung nicht zusätzlich verbleit wird, was zur Beschädigung des Katalysators und zu Umweltschäden führt.

Van – Großraumlimousine. Im deutschen Sprachgebrauch ein Kraftfahrzeug mit fünf bis sieben, manchmal auch bis zu neun Sitzen, wenn vorn eine durchgehende Sitzbank eingebaut ist. Vans lassen sich dank variabler Sitzkonzepte, die in der Regel auch Einzelsitze hinten umfassen, sowie einer hohen Silhouette deutlich variabler nutzen als herkömmliche Kombis. Im weitesten Sinne werden als Van alle Arten von PKW mit erhöhter Karosserie, auch Hochdachkombis und Kleinbusse bezeichnet.

Variomatic – einfaches CVT-Getriebe (siehe oben) von DAF, erstmals 1958 im DAF 33 eingesetzt.

VDC – (Vehicle Dynamics Control) Fahrzeugdynamische Kontrolle; Fahrdynamik-Regelung für allradgetriebene Autos.

Ventil – Eine Vorrichtung, die geöffnet und geschlossen werden kann, um den Durchfluss von Gasen oder Flüssigkeiten zu ermöglichen bzw. zu stoppen.

Ventilator – Heute meist elektrisch, früher vom Motor angetriebener, vorn im Motorraum hinter dem Kühler angeordneter Lüfter (Ventilatorflügel). Soll die Kühlung unterstützen.

Ventilatorriemen – Keilriemen, der bei mechanischem Antrieb des Ventilators von der Kurbelwelle aus verwendet wird.

Ventileinstellung – Siehe Ventilspiel.

Ventilspiel – Gesamter Leerweg zwischen dem Ende des Ventilschafts und dem Nocken der Nockenwelle. Das Spiel ist erforderlich, um das völlige Schließen des Ventils trotz Wärmedehnung der Bauteile zu gewährleisten. Es wird entweder an einer Stellschraube manuell eingestellt oder von einem Hydraulikstößel (s.d.) automatisch ausgeglichen.

Ventilsteuerung – Oberbegriff für die Bauteile, die das Öffnen und Schließen der Ein- und Auslasskanäle des Motors bewirken: Nockenwelle(n), Stößel, Stoßstangen, Kipphebel, Ventile usw.

Ventilstößel – Bauteil im Motor, das die Drehbewegung der Nockenwelle in die Auf- und Abbewegung der Ventile umwandelt. Siehe auch »Tassenstößel«.

Verbleites Benzin (Bleibenzin) – Benzin, das außer dem im Rohöl enthaltenen Bleianteil bei der Herstellung zusätzlich verbleit wird, um es »klopffester« zu machen. Nicht für Katalysatorbetrieb geeignet, da Blei dem Kat schadet und außerdem ein Umweltgift ist.

Verbundglas – Sicherheitsglas für Autoscheiben. Besteht aus zwei dünnen Schichten aus gehärtetem Glas mit einer dünnen Schicht aus Spezial-Kunststoff dazwischen. Bei einem Aufprall zerbröselt das Glas nicht, und die Sicht bleibt weitgehend erhalten.

Verdichtung (-sverhältnis) – Gibt an, auf welches Volumen die Zylinderfüllung zwischen unterem und oberem Totpunkt des Kolbens verdichtet wird (Volumen eines Zylinders plus Brennraumvolumen im Verhältnis zum Brennraumvolumen allein, z.B. 10:1).

Vergaser – Vorrichtung, mit der (bei älteren Autos) das Kraftstoff-Luft-Gemisch in dem zur Verbrennung nötigen Verhältnis gebildet wird. Heute meist durch ein Einspritzsystem ersetzt.

Verteilerfinger – Im Zündverteiler umlaufendes Teil, dessen Elektrode über weitere Elektroden in der Verteilerkappe den Zündstrom an die Kerzen befördert.

Verteilerkappe – Kunststoffkappe, die auf den Verteiler aufgesetzt wird und von welcher die Zündkabel (Hochspannungskabel) zu den Kerzen führen.

4 T 4 – Eine der vielen vom jeweiligen Hersteller stammenden Bezeichnungen für den Allradantrieb. Bei Škoda ist z.B. auch 4x4 geläufig.

Viertaktmotor – Bezeichnet einen Otto- oder Dieselmotor, der nach dem Viertaktverfahren arbeitet, d.h. für jeden vollständigen Arbeitszyklus zwei Auf- und zwei Abwärtshübe des Kolbens benötigt

Vierventiler/16-Ventiler – Bezeichnung für einen Verbrennungsmotor mit zwei Einlass- und zwei Auslassventilen pro Zylinder. Der Ausdruck 16-Ventiler wird für den weit verbreiteten Vierzylindermotor mit je vier Ventilen pro Zylinder verwendet.

V-Motor – Motorbauweise, bei welcher 6 oder 8 Zylinder in zwei Reihen angeordnet sind, die von vorn oder hinten gesehen ein »V« bilden. Zum Beispiel hat ein V8-Motor zwei Reihen zu jeweils vier Zylindern.

Vorderachseinstellung – Prüfung und Berichtigung gemäß der werksseitig vorgeschriebenen Einstellung von Vorspur, Sturz und Nachlauf. Einstellbar sind an den meisten Autos nur die Vorspurwerte. Fehlerhafte Einstellung kann hohen Reifenverschleiß und schlechtes »Handling« zur Folge haben.

Vorkammer-Diesel (Wirbelkammer-Diesel) – Traditioneller Dieselmotor. Der Kraftstoff wird vor der eigentlichen Verbrennung im Brennraum in einer Vor- oder Wirbelkammer gezündet.

Vorspur/Nachspur – Der Winkel oder der Betrag, um den die Stellung der Vorderräder bei Geradeausfahrt von einer Geraden parallel zur Fahrzeuglängsachse abweicht. Vorspur bedeutet, dass die Räder vorn leicht einwärts gerichtet sind.

VSA – Vehicle Stability Assistent. Fahrzeug-Stabilitätshelfer; entspricht ESP (siehe ESP).

VTC – Variable Timing Camshaft. Variable Nockensteuerung, steuert Öffnungszeiten der Einlassventile.

VTG – (Variable Turbine Geometrie) Variable Turbolader-Geometrie.

Wankel-/Drehkolben-/Kreiskolbenmotor – Verbrennungsmotor, der im wesentlichen nur rotierende Teile besitzt. Der Kolben (Rotor) ist etwa dreiecksförmig und rotiert in einem Gehäuse mit spezieller, langovaler Innenform (Epitrochoide). Nur wenige Automodelle sind mit einem solchen Motor ausgerüstet.

Wasserpumpe/Kühlmittelpumpe – Vom Motor angetriebene Flügelpumpe, die das Kühlmittel durch alle Teile des Kühlkreislaufs pumpt.

Wertminderung – Mit dem Altern eines Autos verbundene Minderung des möglichen Verkaufserlöses.

Windowbag – Airbag vor dem Seitenfenster.

Wirbelkammer (Diesel) – Hohlraum im Zylinderkopf von Dieselmotoren. Bei Indirekteinspritzung wird Kraftstoff statt in den Brennraum in die Wirbelkammer eingespritzt und dort mit der Luft »verwirbelt«.

Xenonlicht – Modernes Autolicht ohne Glühdraht. In der dafür eingesetzten Gasentladungslampe befindet sich unter anderem das Edelgas Xenon.

Zahnriemen – Siehe Nockenwellen-Antriebsriemen.

Zahnstangenlenkung – Heute weit verbreitete Ausführung des Lenkgetriebes, bestehend aus einem Ritzel und einer Zahnstange, welche die Räder über Spurstangen einschlägt.

Zündanlage – Elektrisches System beim Ottomotor für das Zünden des Gasgemisches im Zylinder.

Zündfolge – Reihenfolge, in der die Zylinder eines Motors gezündet werden.

Zündkabel – Besonders stark isolierte Kabel für die Übertragung des hochgespannten Stroms vom Zündverteiler zu den Kerzen.

Zündkerze – Bauteil des Ottomotors. Die Kerze ragt mit zwei Elektroden in den Brennraum hinein, zwischen denen zum Zünden des Kraftstoff-Luft-Gemisches ein Funken erzeugt wird.

Zündkontakte – In der Zündanlage älterer Autos dient ein Kontaktpaar zum Unterbrechen des Niederspannungsstroms und erzeugt dadurch in der Zündspule eine Hochspannung, die an der Kerze Zündfunken überspringen lässt.

Zündspule – Elektrisches Bauteil, das beim Ottomotor die eingeleitete Batteriespannung in Hochspannung (12 Volt) für den Zündfunken umsetzt.

Zündverteiler – Für die Verteilung der Hochspannungsenergie an die Zündkerzen zuständig.

Zündzeitpunkt – Die kurz vor dem Erreichen des oberen Totpunkts (OT) liegende Stellung des Kolbens, in welcher der Zündfunken überspringt.

Zylinder – Hohlraum, in welchem der Kolben eines Motors auf und ab geht. Die Zylinder können entweder direkt in den Motorblock gebohrt sein, oder es werden Laufbüchsen in den Block eingesetzt.

Zylinderblock/Motorblock – Hauptbauteil des Motors, das im oberen Teil die Zylinder und im unteren die Lagerung der Kurbelwelle (Kurbelgehäuse) umfasst.

Zylinderbohrung – Innendurchmesser eines Motorzylinders.

Zylinderkopf – Gussteil unmittelbar über dem Motorblock, in dem die Brennräume und die Ein-/Auslasskanäle sowie der Ventiltrieb untergebracht sind. Der Zylinderkopf ist mit dem Block verschraubt.

Zylinderkopfdichtung/Kopfdichtung – Dichtung, die zwischen den miteinander verschraubten Teilen Zylinderblock und Zylinderkopf liegt und für Abdichtung unter hohem Arbeitsdruck sorgt.

Zylinder-Laufbüchsen – Metallhülsen, die in entsprechende Bohrungen im Zylinderblock eingeschoben werden und in denen die Kolben auf und ab gehen. Bei Verschleiß können Laufbüchsen und Kolben miteinander ausgetauscht werden.

Škoda-spezifische Begriffe beim Superb

Swing und Bolero – Original-Musiksysteme von Škoda. Verfügen über Line-in-Audioanschluss in der Mittelkonsole sowie über MP3-, DA- oder WMA-Abspielfunktion.

Bluetooth – Auch im VW-Konzern und mithin von Škoda genutzte Technologie für die drahtlose Anbindung von Mobiltelefonen an Freisprecheinrichtungen (»Handsfree Profile«). Bluetooth bezeichnet einen offenen und weltweit gültigen Standard zur drahtlosen Nahbereichskommunikation für Sprache und Daten im lizenzfreien 2,4-GHz-Frequenzband.

Climatronic – Im Superb verbaute automatische Klimaanlage. Mit dem Kältemittel R134a befüllt. Es enthält kein Chlor und ist ozonunschädlich. Dieses Mittel löste nach 1992 das Kältemittel R12 ab, das wegen seiner Chloratome ein hohes Ozonabbaupotenzial und zusätzlich auch ein Potenzial zur Verstärkung des Treibhauseffektes hat. Die Climatronic bietet getrennte Temperaturregelung für Fahrer und Beifahrer und in optionaler Ausstattung auch eine Kühlmöglichkeit im Handschuhfach.

Downsizing – Zukunftsweisende Technologie des Volkswagenkonzerns zur Reduzierung von Schadstoffemissionen und Kraftstoffverbrauch der TSI- und der TDI-Motoren. Die Einflussnahme geschieht konstruktiv und durch die Steuerung.

DSG – Ein innovatives Automatikgetriebe von Volkswagen. Dieses Doppelkupplungsgetriebe wechselt in Sekundenbruchteilen, fast unmerklich und ohne Zugkraftunterbrechung in den bereits vorgewählten nächsten Gang. Es wird im Superb je nach Motor als 6- oder 7-Gang-DSG verbaut. Unterschied: Das 6-Gang-DSG hat im Ölbad arbeitende Nasskupplungen, das 7-Gang-DSG arbeitet mit Trockenkupplungen

GreenLine / Green tec – Auf eine signifikante Reduzierung von Normverbrauch und Schadstoffausstoß gerichtete, sehr erfolgreich eingesetzte Technologien von Škoda.

Parksensoren – Erleichtern dem Superbfahrer das Einparken durch akustische Warnsignale bei Hindernissen im Heckbereich.

Sunset – Heckscheiben und hintere Seitenscheiben dunkel getönt.

TDI – Diesel-Direkteinspritzung mit Turboaufladung. TDI-Motoren vereinen auf überzeugende Weise Antriebskraft und ausgeprägte Sparsamkeit. Haben seit mehr als zehn Jahren einen hohen Anteil an der Produktion.

TDI CR – Gegenwärtige Generation der Diesel-Direkteinspritzer. Sie lösen die im Konzern über ein Jahrzehnt lang gebauten TDI PD = TDI Pumpe/Düse ab und verwenden zur Einspritzung Hochdruckpumpe und »Common Rail« CR, also ein gemeinsames Kraftstoff-Verteilerrohr.

TSI – Benzin-Direkteinspritzung mit Turboaufladung. Dieses Arbeitsprinzip ähnelt in der Zielstellung hinsichtlich Verbrauch und Schadstoffausstoß den TDI-Motoren.